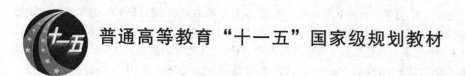

普通高等教育"十一五"国家级规划教材

电机及拖动基础

（第 4 版）

吴浩烈　主编

重庆大学出版社

内 容 简 介

全书内容包括:直流电机,直流电机的电力拖动,变压器,交流电机的绕组、磁通势和电动势,三相异步电动机,三相异步电动机的电力拖动,单相异步电动机和三相同步电动机,控制电机,电力拖动系统电动机的选择,共9章。讲述了各种电机和变压器的基本结构、工作原理、特性以及使用方法,包括各种电动机的启动、调速、制动和反转的方法等。本书主要作为工业电气自动化专业、应用电子技术专业、电气技术专业和机电一体化专业等电气类专业的高职高专教材,也可作为成人高等教育的教材,还可供工程技术人员进修及工作参考。

图书在版编目(CIP)数据

电机及拖动基础/吴浩烈主编.—4版.—重庆:重庆大学出版社,2014.6(2022.7重印)
(高等学校电气类系列教材)
ISBN 978-7-5624-0729-4

Ⅰ.电… Ⅱ.吴… Ⅲ.①电机—高等学校—教材②电力传动—高等学校—教材 Ⅳ.TM3 TM921

中国版本图书馆 CIP 数据核字(2007)第 168445 号

普通高等教育"十一五"国家级规划教材
电机及拖动基础
(第4版)
吴浩烈　主编

责任编辑:曾令维　穆安民　　版式设计:曾令维
责任校对:谢　芳　　　　　　责任印制:张　策

*

重庆大学出版社出版发行
出版人:饶帮华
社址:重庆市沙坪坝区大学城西路 21 号
邮编:401331
电话:(023) 88617190　88617185(中小学)
传真:(023) 88617186　88617166
网址:http://www.cqup.com.cn
邮箱:fxk@ cqup.com.cn (营销中心)
全国新华书店经销
重庆巍承印务有限公司印刷

*

开本:787mm×1092mm　1/16　印张:19.5　字数:487 千
2014 年 6 月第 4 版　　2022 年 7 月第 23 次印刷
印数:81 001—83 000
ISBN 978-7-5624-0729-4　定价:49.80 元

前　言

　　本书是在《电机及电力拖动基础》初版和第 2 版的基础上,根据普通高等教育"十一五"国家级规划教材的要求,本着"必须、够用"为度、以应用为目的的原则,吸取了部分院校师生多年来使用前两版教材的反馈意见,充分考虑了高职高专教育的特点,参考近年出版的同类教材,进行了较为认真的修订改写而成的。

　　在本书修订过程中,首先对教材内容进行了删繁就简,删去了推导比较繁琐、应用又较少的内容;对基本的内容则进行较为详细的阐述,便于学生自学;对比较重要而又难以理解的内容则采用数学公式推导和作图分析并举的方法;全书突出"电生磁、磁变生电、电磁生力"客观规律的具体应用;电机部分以各种电机的用途、基本结构、工作原理、特性、优缺点和适用场合为纲;拖动基础部分以电动机的启动、调速、制动和反转的实现方法、原理、特性、优缺点和适用场合为主线,有助于学生掌握学习本门课程的思路与学习方法;本书在内容编排上采取先直流,后交流;先电机,后拖动;交流部分先静止(变压器)后转动(异步电动机、同步电动机);先普通,后特殊(控制电机),最后介绍电力拖动系统电动机选择的基本概念和方法,以适应人们的认识规律。

　　本书内容包括绪论、直流电机,直流电机的电力拖动,变压器,交流电机的绕组、磁通势和电动势,三相异步电动机,三相异步电动机的电力拖动,单相异步电动机和三相同步电动机,控制电机,电力拖动系统电动机的选择,共 9 章。书中每章后面附有小结、思考题和习题,书末附有习题答案,供复习和练习使用。为方便教学和学生复习,本书将同时提供配套的电子教案。

　　《电机及电力拖动基础》初版为重庆大学组织出版的电气类系列教材之一,由贵州大学吴浩烈主编,攀枝花大学刘正德和四川轻化工学院夏忠毅参编,清华大学李发海教授主审;第 2 版由吴浩烈教授负责,参加修订工作的有贵州大学的冯济缨副教授、李捍东教授、徐凌桦和覃涛两位讲师;这次按高职高专教材修订出版,并改名为《电机及拖动基础》,由冯济缨改写前3章,吴浩烈改写后6章并负责全书的统稿工作,由清华大学李发海教授和贵州大学黄明琪教授担任主审。

两位主审认真审阅了书稿,提出了不少宝贵的修改意见,修订过程中参考了不少同类教材和其他院校的有关资料,在此一并表示衷心感谢;同时感谢《电机及电力拖动基础》初版和第2版的所有参编人员。最后感谢重庆大学出版社为本书的出版付出了辛勤劳动的全体工作人员。

由于编者水平所限,书中缺点和错误在所难免,欢迎使用本教材的老师、学生和所有读者批评指正。

编　者
2007 年 9 月

主要符号表

A——线负载

a——直流电机电枢绕组并联支路对数;交流电机电枢绕组并联支路数

B——磁通密度

B_{av}——平均磁通密度

B_m——磁通密度最大值

B_δ——气隙磁通密度

C_e——电动势常数

C_T——转矩常数

D——直径

D_a——直流电机电枢铁芯外径

E——感应电动势

E_a——直流电机电枢绕组感应电动势

E_m——感应电动势最大值

E_1——变压器一次绕组电动势;交流电机定子绕组感应电动势

E_2——变压器二次绕组电动势;异步电动机转子不动时的感应电动势

E_{S1}——变压器一次绕组漏电动势

E_{S2}——变压器二次绕组漏电动势

E_ν——ν 次谐波电动势

e——电动势的瞬时值;自然对数数底

e_L——直流电机换向元件中的自感电动势

e_M——直流电机换向元件中的互感电动势

e_r——直流电机换向元件中的电抗电动势

e_a——直流电机换向元件中的电枢反应电动势

F——磁通势

F_a——电枢磁通势

F_{ad}——直轴电枢反应磁通势

F_{aq}——交轴电枢反应磁通势

F_f——励磁磁通势

F_0——空载磁通势

f——频率;力;磁通势瞬时值

f_N——额定频率

f_1——定子电路频率

f_2——转子电路频率

f_ν——ν 次谐波频率

1

GD^2——飞轮矩

H——磁场强度

I——电流

I_a——直流电机电枢电流

I_m——异步电机的励磁电流

I_N——额定电流

I_0——空载电流

I_{Fe}——空载电流的铁耗分量

I_μ——空载电流的励磁分量

I_1——变压器一次绕组电流;交流电机定子电流

I_2——变压器二次绕组电流;异步电机转子电流

I_f——直流电机、同步电机的励磁电流

I_{st}——启动电流

J——转动惯量

K——直流电机换向片数;系数

k——变压器的变比

k_e——异步电机电动势变比

k_i——异步电机电流变比

k_q——交流绕组的分布系数

k_W——交流绕组的绕组系数

k_y——交流绕组的短距系数

k_μ——饱和系数

L——自感系数

l——有效导体的长度

M——互感系数

m——相数;直流电动机启动级数

N——直流电机电枢绕组总导体数;步进电动机的拍数

N_c——直流电机电枢元件匝数;交流绕组线圈匝数

n——转速

n_N——额定转速

n_1——同步转速

n_0——直流电动机理想空载转速

P_N——额定功率

P_{em}——电磁功率

P_{mec}——总机械功率

P_1——输入功率

P_2——输出功率

p——极对数

p_{ad}——附加损耗

p_{Cu}——铜损耗

p_{Fe}——铁损耗

p_{mec}——机械损耗

p_f——励磁损耗

p_k——短路损耗

p_0——空载损耗

Q——无功功率

q——每极每相槽数

R——电阻

R_a——直流电机电枢回路电阻

R_{cr}——直流发电机励磁回路的临界电阻

R_f——励磁回路电阻

R_k——变压器、异步电机的短路电阻

R_L——负载电阻

R_m——磁阻、变压器、异步电机的励磁电阻

R_1——变压器一次绕组电阻;异步电机定子绕组电阻

R_2——变压器二次绕组电阻;异步电机转子绕组电阻

S——直流电机元件数;变压器视在功率

s——异步电机转差率

s_m——临界转差率

s_N——额定转差率

T——转矩;周期;时间常数;电磁转矩

T_L——负载转矩

T_m——最大电磁转矩

T_N——额定转矩

T_{st}——启动转矩

T_0——空载制动转矩

T_1——输入转矩

T_2——输出转矩

U——电压

U_k——变压器短路电压;控制电压

U_N——额定电压

U_1——变压器一次侧电压;交流电机定子电压

U_2——变压器二次侧电压;异步电机转子电压

U_{20}——变压器二次侧空载电压

u_k——短路电压百分值

u_{kr}——短路电压的有功分量

u_{kx}——短路电压的无功分量

v——线速度

X——电抗

X_k——短路电抗

X_L——负载电抗

X_m——励磁电抗

X_1——变压器一次侧漏电抗;交流电机定子漏电抗

X_2——变压器二次侧漏电抗;异步电机转子不动时的漏电抗

y——节距;直流电机电枢绕组的合成节距

y_k——直流电机换向器节距

y_1——直流电机第一节距;交流电机绕组节距

y_2——第二节距

Z——电机槽数;阻抗

Z_L——负载阻抗

Z_m——励磁阻抗

Z_R——步进电动机转子齿数

Z_1——变压器一次侧漏阻抗;异步电机定子漏阻抗

Z_2——变压器二次侧漏阻抗;异步电机转子漏阻抗

α——角度;槽距角

β——角度;变压器负载系数

γ——角度

δ——气隙长度

η——效率

η_{max}——最大效率

θ——角度;温度

θ_b——步进电动机的步距角

μ——磁导率

μ_{Fe}——铁磁性材料磁导率

μ_r——相对磁导率

ν——谐波次数

τ——极距;温升

τ_{max}——绝缘材料允许的最高温升

Φ——主磁通;每极磁通

Φ_m——主磁通最大值

Φ_{S1}——一次侧漏磁通

Φ_{S2}——二次侧漏磁通

Φ_1——基波磁通

Φ_ν——ν 次谐波磁通

Φ_0——空载磁通;励磁磁通

φ——相位角;功率因数角

φ_1——变压器一次侧功率因数角;异步电机定子边功率因数角

4

φ_2——变压器二次侧功率因数角;异步电机转子电路功率因数角

ψ——磁链;相位角

Ω——机械角速度

Ω_1——同步机械角速度

ω——电角速度;角频率

电学、磁学和力学单位符号

Wb——韦伯

Mx——麦克斯韦

Gs——高斯

H——亨利

Ω——欧姆(欧)

Hz——赫兹

A——安培(安)

V——伏特(伏)

kV——千伏

W——瓦特(瓦)

kW——千瓦

var——乏

kvar——千乏

kVA——千伏安

rad/s——弧度/秒

r/min——转/分

m——米

N——牛顿(牛)

N·m——牛·米

N·m^2——牛·米^2

目 录

1

2

绪 论

0.1 电机及电力拖动在国民经济中的作用

电机是利用电磁作用原理工作的机械,电机的功能是进行机电能量(或信号)的转换和传递。电机按其用途不同可以分为发电机、电动机、变压器和控制电机四类。发电机是将机械能转换为电能,将机械能转换为直流电能的为直流发电机,将机械能转换为交流电能的为交流发电机,现代工业、农业、交通运输、科学技术、邮电通讯和日常生活等各个方面广泛应用的电能,大多是由火电厂或水电站的交流发电机所发出的交流电能。电动机将交流或直流电能转换为机械能,用作拖动各种生产机械的动力,是在国民经济各部门中应用最多的动力机械,也是最主要的用电设备,各种电动机所消耗的电能占全国总发电量的 60% 以上。变压器是将一种电压的交流电能转换为另一种电压的交流电能,由于发电机发出的电压受绝缘材料和结构的限制,最高只能是 27 kV 左右,进行远距离输电时,输电线路上将产生较大的电压降落和能量损耗,输电质量和经济性都无法保证,为此,在电厂或电站,需用变压器将电压升高,使输送功率不变的情况下输电线路中的电流明显减小,以求输电的经济,在用电中心和用电单位,再用变压器将电压降低到用电设备的电压等级,以求用电的安全。控制电机主要用于信号的变换与传递,在自动控制系统中作为多种控制元件使用,除国防工业应用较多以外,新兴的数控机床、计算机外围设备、机器人和音像设备等均需应用大量控制电机。

电力拖动是指用电动机作为原动机拖动各种生产机械,例如金属切削机床、轧钢机、风机、水泵、起重机械和电力机车等。现代的电力拖动大都采用多电动机拖动方式,即在同一台生产机械上,不同的工作机构采用多台电动机分别单独拖动,例如桥式起重机的大车、小车、主钩、辅钩均由各自独立的电动机拖动;B2012A 系列龙门刨床的各个工作机构分别用 9 台电动机单独拖动。电力拖动比起其他拖动方法(例如风力拖动、水力拖动、内燃机拖动等)具有许多无法比拟的优点,最主要的优点是启动、调速、制动、反转等都比其他方法容易实现,而且可得所需的静态特性和动态特性,特别是数控技术和电子计算机技术的应用,进一步提高了电力拖动的性能指标,使采用电力拖动时的生产率和产品质量进一步提高,为生产过程的自动化提供了十分有利的条件。

电能是国民经济中应用最为广泛的能源,而电能的产生、传输、分配和使用等各个环节都依赖于各种各样的电机;电力拖动是国民经济各部门中采用最多最普遍的拖动方式,是生产过程电气化、自动化的重要前提。由此可见,电机及电力拖动在国民经济中起着极其重要的作用。

0.2 本课程的性质、任务、内容和特点

"电机及拖动基础"是自动化、电气工程以及机电一体化等专业的重要专业基础课之一,在整个专业教学计划中起承上启下的作用,它是"数学"、"物理学"和"电路与磁路"的后续课程,又是"自动控制原理"、"电力拖动自动控制系统"和"工厂电气控制技术"等专业课的先导课程。

"电机及拖动基础"课程的任务是使学生掌握各种电机和变压器的基本结构、工作原理和主要特性,并掌握各种电动机启动、调速、制动和反转的各种方法、原理、优缺点和适用场合;培养电机及电力拖动方面分析问题、解决问题的能力,包括一定的计算能力;学习测试各种电机、变压器的性能和参数的基本方法,进行实验技能的训练,为学习后续课程和今后的工作创造必要的条件。

本课程的内容包括:直流电机、直流电动机的电力拖动、变压器、三相异步电动机、三相异步电动机的电力拖动、单相异步电动机和三相同步电动机、控制电机和电力拖动系统电动机的选择,共9章。

本课程的特点是理论性强、实践性也强。分析电机与电力拖动的工作原理要用电学、磁学和动力学的基础理论,既要有时间概念,又要有空间概念,所以理论性较强;而用理论分析各种电机和电力拖动的实际问题时,必须结合电机的具体结构、采用工程观点和工程分析方法,除要掌握基本理论以外,还应注意培养实验操作技能和计算能力,所以实践性也较强。鉴于以上原因,学习本门课程应该特别注意理论联系实际。

0.3 本课程常用的电磁定律与公式

0.3.1 电路定律

各种电机、变压器内部均有电路,电路中各物理量之间的关系符合欧姆定律和基尔霍夫第一、二定律。

(1)欧姆定律

流过电阻 R 的电流 I 的大小与加于电阻两端的电压 U 成正比,与电阻 R 的大小成反比。对直流电路的公式为

$$I = \frac{U}{R} \quad \text{或} \quad U = IR, \quad R = \frac{U}{I}$$

对于正弦交流电路,电阻 R 改为阻抗 Z,电压与电流以复数有效值表示,公式为

$$\dot{I} = \frac{\dot{U}}{Z} \quad \text{或} \quad \dot{U} = \dot{I}Z, \quad Z = \frac{\dot{U}}{\dot{I}}$$

(2)基尔霍夫第一定律(电流定律)

对电路中任意一个节点,电流的代数和等于零。对直流电路的公式为

$$\sum I = 0$$

对于正弦交流电路,公式为

$$\sum i = 0 \quad \text{或} \quad \sum \dot{I} = 0$$

如设流进节点的电流为正,则流出节点的电流为负。

(3)基尔霍夫第二定律(电压定律)

对于电路中的任一闭合回路,所有电压降的代数和等于所有电动势的代数和。对于直流电路,公式为

$$\sum U = \sum E$$

对于正弦交流电路,公式为

$$\sum u = \sum e \quad \text{或} \quad \sum \dot{U} = \sum \dot{E}$$

式中各个电压和电动势,凡是正方向与所取回路巡行方向相同者为正,相反者为负。

0.3.2 全电流定律

(1)电流的磁效应

凡是电流均会在其周围产生磁场,这就是电流的磁效应,即所谓"电生磁"。例如电流通过一根直的导体,在导体周围产生的磁场用磁力线描写时,磁力线为以导体为轴线的同心圆,磁力线的方向可根据电流的方向由右手螺旋定则确定,即将右手四指轻握作螺旋状,大拇指伸直,当大拇指指向电流方向,则弯曲的四指所指方向即为磁力线方向,如图0.1(a)所示。如果是电流通过导体绕成的线圈,产生的磁场的磁力线方向仍可用右手螺旋定则确定,这时,使弯曲的四指方向与电流方向一致,则大拇指的方向即为线圈内磁力线的方向,如图0.1(b)所示。

(a)

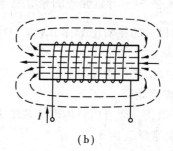

(b)

图 0.1　电流磁场磁力线的方向

(2)磁路的几个基本物理量

1)磁感应强度 B

磁场中任意一点的磁感应强度 B 的方向,即过该点磁力线的切线方向,磁感应强度 B 的大小为通过该点与 B 垂直的单位面积上的磁力线的数目。磁感应强度 B 的单位为特斯拉

(T),工程上常沿用高斯(Gs)为单位,其换算关系为

$$1 \text{ T} = 10^4 \text{ Gs}$$

2) 磁感应通量 Φ

穿过某一截面 S 的磁感应强度 B 的通量,即穿过某截面 S 的磁力线的数目称为磁感应通量,简称磁通

$$\Phi = \int_S \boldsymbol{B} \cdot \mathrm{d}\boldsymbol{S}$$

设磁场均匀,且磁场与截面垂直时,上式可简化为

$$\Phi = BS$$

磁通的单位为韦伯(Wb),有时沿用麦克斯韦(Mx)为单位,其换算关系为

$$1 \text{ Wb} = 10^8 \text{ Mx}$$

由上式可知,磁场均匀,且磁场与截面垂直时,磁感应强度的大小可用下式表示

$$B = \frac{\Phi}{S}$$

为此,磁感应强度 B 又称为磁通密度。其单位与磁通和面积的单位相对应,即 $1 \text{ T} = 1 \frac{\text{Wb}}{\text{m}^2}$, $1 \text{ Gs} = 1 \frac{\text{Mx}}{\text{cm}^2}$。

3) 磁场强度 H

磁场强度 H 是为建立电流与由其产生的磁场之间的数量关系而引入的物理量,其方向与 B 相同,其大小与 B 之间相差一个导磁介质的磁导率 μ,即

$$H = \frac{B}{\mu} \text{ 或 } B = \mu H$$

磁导率 μ 是反映导磁介质导磁性能的物理量,磁导率 μ 越大的介质,其导磁性能越好。磁导率的单位是亨每米(H/m)。真空中的磁导率

$$\mu_0 = 4\pi \times 10^{-7} \text{ H/m}$$

其他导磁介质的磁导率通常用 μ_0 的倍数来表示,即

$$\mu = \mu_r \mu_0$$

式中　　$\mu_r = \dfrac{\mu}{\mu_0}$——导磁介质的相对磁导率。

铁磁性材料的相对磁导率 $\mu_r = 2\,000 \sim 6\,000$,但不是常数,非铁磁性材料的相对磁导率 $\mu_r \approx 1$,且为常数。

磁场强度的单位为安每米(A/m),工程上常沿用安每厘米(A/cm)为单位。

(3) 全电流定律

磁场中沿任一闭合回路的磁场强度 H 的线积分等于该闭合回路所包围的所有导体电流的代数和,其数学表达式为

$$\oint_l \boldsymbol{H} \mathrm{d}\boldsymbol{l} = \sum I$$

这就是全电流定律。当导体电流的方向与积分路径的方向符合右螺旋关系时为正,如图 0.2 中的 I_1 和 I_3,反之则为负,如图中的 I_2。

(4) 磁路的欧姆定律

磁力线流通的路径称为磁路。工程上将全电流定律用于磁路时,通常把磁路分成若干段,

使每一段的磁场强度 H 为常数,则线积分 $\oint_l \boldsymbol{H}\mathrm{d}\boldsymbol{l}$ 可用和式 $\sum H_k l_k$ 来代替,全电流定律可以表示为

$$\sum H_k l_k = \sum I$$

式中　H_k——第 k 段的磁场强度;

　　　l_k——第 k 段的磁路长度。

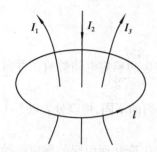

图 0.2　全电流定律

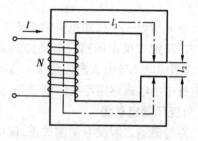

图 0.3　无分支磁路

对图 0.3 所示的磁路,$\sum H_k l_k = H_1 l_1 + H_2 l_2$,$\sum I = NI$,$N$ 为线圈匝数,I 为线圈中的电流,则有

$$H_1 l_1 + H_2 l_2 = NI$$

将 $H = \dfrac{B}{\mu}$ 和 $B = \dfrac{\Phi}{S}$ 代入上式即得

$$\frac{\Phi}{\mu_1 S_1}l_1 + \frac{\Phi}{\mu_2 S_2}l_2 = \Phi R_{m_1} + \Phi R_{m_2} = NI = F$$

式中　　$R_{m1} = \dfrac{l_1}{\mu_1 S_1}$,$R_{m2} = \dfrac{l_2}{\mu_2 S_2}$——第 1 和 2 段磁路的磁阻;

　　　　ΦR_{m_1},ΦR_{m_2}——第 1 和 2 段磁路的磁压降;

　　　　$F = NI$——磁路的磁通势。

一般情况下,磁路分为 n 段时,则有

$$\Phi R_{m1} + \Phi R_{m2} + \cdots + \Phi R_{mn} = F$$

即

$$\Phi = \frac{F}{R_{m1} + R_{m2} + \cdots + R_{mn}} = \frac{F}{R_m}$$

此式称为磁路的欧姆定律,表明无分支磁路中的磁通 Φ 与磁通势 F 成正比,与磁路中总的磁阻 R_m 成反比。

根据 $R_{mk} = \dfrac{l_k}{\mu_k S_k}$ 可知,各段磁路的磁阻与磁路的长度成正比和与磁路的截面积成反比以外,还与磁路导磁介质的磁导率成反比。由于铁磁性材料的磁导率比真空等非铁磁性材料大得多,因而前者的磁阻比后者小得多。同时,由于铁磁性材料的磁导率 μ 不是常数,因此磁阻 R_m 也不是常数。

分析磁路时,有时不用磁阻 R_m 而采用磁导 λ_m,它们互为倒数关系,即

$$\lambda_m = \frac{1}{R_m}$$

0.3.3 电磁感应定律

磁场变化会在线圈中产生感应电动势,即所谓"磁变生电",感应电动势的大小与线圈的匝数 N 和线圈所匝链的磁通对时间的变化率 $\dfrac{\mathrm{d}\Phi}{\mathrm{d}t}$ 成正比,这是电磁感应定律。当按惯例规定电动势的正方向与产生它的磁通的正方向之间符合右手螺旋关系时,感应电动势的公式为

$$e = -N\frac{\mathrm{d}\Phi}{\mathrm{d}t} = -\frac{\mathrm{d}\psi}{\mathrm{d}t}$$

式中　　$\psi = N\Phi$ ——线圈匝链的总磁链。

按楞茨定律确定的感应电动势的实际方向与按惯例规定的感应电动势的正方向正好相反,所以感应电动势公式右边总加一负号。

电机中由电磁感应产生的电动势,根据其产生的具体原因的不同,可以分为以下 3 种:

(1) 变压器电动势

线圈与磁通之间没有切割关系,仅由线圈匝链的磁通发生变化而引起的感应电动势称为变压器电动势。这类电动势又分自感电动势和互感电动势两种。

1) 自感电动势 e_L

线圈中流过交变电流 i 时,由 i 产生的与线圈自身匝链的交变磁通在本线圈中感应产生的电动势,称为自感电动势,用 e_L 表示,则其公式为

$$e_L = -N\frac{\mathrm{d}\Phi_L}{\mathrm{d}t} = -\frac{\mathrm{d}\psi_L}{\mathrm{d}t}$$

式中　　Φ_L——自感磁通;

　　　　$\psi_L = N\Phi_L$——自感磁链。

线圈中流过单位电流所产生的自感磁链称为线圈的自感系数 L,即

$$L = \frac{\psi_L}{i}$$

自感系数 L 为常数时,自感电动势的公式可改为

$$e_L = -\frac{\mathrm{d}\psi_L}{\mathrm{d}t} = -L\frac{\mathrm{d}i}{\mathrm{d}t}$$

2) 互感电动势 e_M

在相邻的两个线圈中,当线圈 1 中的电流 i_1 交变时,由它产生并与线圈 2 相匝链的磁通 Φ_{21} 亦发生变化,由此在线圈 2 产生的感应电动势称为互感电动势,用 e_M 表示,则其公式为

$$e_{M2} = -N_2\frac{\mathrm{d}\Phi_{21}}{\mathrm{d}t} = -\frac{\mathrm{d}\psi_{21}}{\mathrm{d}t}$$

式中　　e_{M2}——线圈 2 中产生的互感电动势;

　　　　$\psi_{21} = N_2\Phi_{21}$——线圈 1 产生而与线圈 2 匝链的互感磁链。

如果引入线圈 1 与 2 之间的互感系数 $M = \dfrac{\psi_{21}}{i_1}$,则互感电动势的公式可改为

$$e_{M2} = -\frac{\mathrm{d}\psi_{21}}{\mathrm{d}t} = -M\frac{\mathrm{d}i_1}{\mathrm{d}t}$$

（2）切割电动势 e

如果磁场恒定不变,导体或线圈与磁场的磁力线之间有相对切割运动时,在线圈中产生的感应电动势称为切割电动势,又称为速度电动势。若磁力线、导体与切割运动方向三者互相垂直,则由电磁感应定律的电动势公式可以推导出切割电动势的公式为

$$e = Blv$$

式中 B——磁场的磁感应强度;

　　l——导体切割磁力线部分的有效长度;

　　v——导体切割磁力线的线速度。

切割电动势的方向可用右手定则确定,即将右手掌摊平,四指并拢,大拇指与四指垂直,让磁力线指向手掌心,大拇指指向导体切割磁力线的运动方向,则四个手指的指向就是导体中感应电动势的方向,如图 0.4 所示。

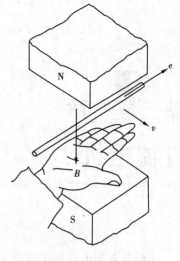

图 0.4　右手定则

0.3.4　电磁力定律

载流导体在磁场当中会受到电磁力的作用,当磁力线和导体方向互相垂直时,载流导体所受电磁力的公式为

$$f = Bli$$

式中 f——载流导体所受的电磁力;

　　B——载流导体所在处的磁感应强度;

　　l——载流导体处在磁场中的有效长度;

　　i——载流导体中流过的电流。

这就是电磁力定律,反映了"电磁生力"的规律。

电磁力的方向可用左手定则确定,即将左手掌摊平,四指并拢,大拇指与四指垂直,让磁力线指向手掌心,四指指向导体中电流的方向,则大拇指的指向就是导体受力的方向,如图 0.5 所示。

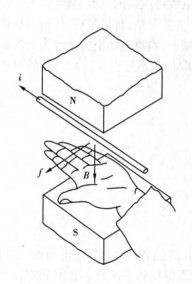

图 0.5　左手定则

综上所述,电磁作用原理基本上包括以下 3 个方面:①有电流必定产生磁场,即"电生磁",方向由右手螺旋定则确定,大小关系符合全电流定律的公式 $\oint_l H \mathrm{d}l = \sum I$。②磁场变化会在导体或线圈中产生感应电动势,即"磁变生电"。变压器电动势的方向由楞茨定律确定,大小关系符合电磁感应定律的基本公式 $e = -N\dfrac{\mathrm{d}\Phi}{\mathrm{d}t} = -\dfrac{\mathrm{d}\psi}{\mathrm{d}t}$;切割电动势的方向用右手定则确定,计算其大小的公式为 $e = Blv$。③载流导体在磁场中要受到电磁力的作用,即"电磁生力",电磁力的方向由左手定则确定,计算其大小的公式为 $f = Bli$。以上 3 个方面可以简单地概括为"电生磁,磁变生电,电磁生力",这 11 个字是分析各种电机工作原理的共同的理论基础。

第 1 章
直流电机

电机是利用电磁作用原理进行能量转换的机械装置。直流电机能将直流电能转换为机械能，或将机械能换转为直流电能。将直流电能转换为机械能的叫做直流电动机，将机械能转换为直流电能的叫做直流发电机。

直流电动机的主要优点是启动性能和调速性能好，过载能力大。因此，应用于对启动和调速性能要求较高的生产机械，例如大型机床、电力机车、轧钢机、矿井卷扬机、船舶机械、造纸机和纺织机械等。

直流发电机主要用作直流电源，供给直流电动机、电解、电镀等所需的直流电能。

直流电机的主要缺点是结构复杂，使用有色金属多，生产工艺复杂，价格昂贵，运行可靠性差。随着近年电力电子学和微电子学的迅速发展，在很多领域内，直流电动机将逐步为交流调速电动机所取代，直流发电机则正在被电力电子整流装置所取代。不过在今后相当长的时期内，直流电机仍将在许多场合继续发挥作用。

本章主要分析直流电机的原理、结构和运行性能。

1.1 直流电机的基本工作原理

1.1.1 直流电动机的基本工作原理

图 1.1 是一台最简单的直流电机的模型。N 和 S 是一对固定的磁极，可以是电磁铁，也可以是永久磁铁。磁极之间有一个可以转动的铁质圆柱体，称为电枢铁芯。铁芯表面固定一个用绝缘导体构成的电枢线圈 $abcd$，线圈的两端分别接到相互绝缘的两个弧形铜片上，弧形铜片称为换向片，它们的组合体称为换向器，在换向器上放置固定不动而与换向片滑动接触的电刷 A 和 B，线圈 $abcd$ 通过换向器和电刷接通外电路。电枢铁芯、电枢线圈和换向器构成的整体称为电枢。

此模型作为直流电动机运行时，将直流电源加于电刷 A 和 B，例如将电源正极加于电刷 A，电源负极加于电刷 B，则线圈 $abcd$ 中流过电流，在导体 ab 中，电流由 a 流向 b，在导体 cd 中，电流由 c 流向 d。载流导体 ab 和 cd 均处于 N，S 极之间的磁场当中，受到电磁力的作用，电磁力的方向用左手定则确定,可知这一对电磁力形成一个转矩,称为电磁转矩,转矩的方向为逆时针方向,使整个电枢逆时针方向旋转。当电枢旋转180°,导体cd转到N极下,ab转到S极下,如图1.1(b)所示,由于电流仍从电刷A流入,使cd中的电流变为由d流向c,而ab中的电流由b流向a,从电刷B流出,用左手定则判别可知,电磁转矩的方向仍是逆时针方向。

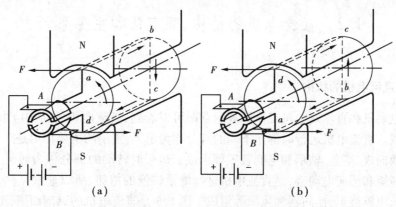

(a)　　　　　　　　　　　(b)

图1.1　直流电动机的工作原理图

由此可见,加于直流电动机的直流电源,借助于换向器和电刷的作用,使直流电动机电枢线圈中流过的电流,方向是交变的,从而使电枢产生的电磁转矩的方向恒定不变,确保直流电动机朝确定的方向连续旋转。这就是直流电动机的基本工作原理。

实际的直流电动机,电枢圆周上均匀地嵌放许多线圈,相应地换向器由许多换向片组成,使电枢线圈所产生的总的电磁转矩足够大并且比较均匀,电动机的转速也就比较均匀。

1.1.2　直流发电机的基本工作原理

直流发电机的模型与直流电动机相同,不同的是电刷上不加直流电压,而是用原动机拖动电枢朝某一方向例如朝逆时针方向旋转,如图1.2所示。这时导体ab和cd分别切割N极和S极下的磁力线,感应产生电动势,电动势的方向用右手定则确定。图示情况,导体ab中电动势的方向由b指向a,导体cd中电动势的方向由d指向c,所以电刷A为正极性,电刷B为负极性。电枢旋转180°时,导体cd转至N极下,感应电动势的方向由c指向d,电刷A与d所连换向片接触,仍为正极性;导体ab转至S极下,感应电动势的方向变为a指向b,电刷B与a所连换向片接触,仍为负极性。可见,直流发电机电枢线圈中的感应电动势的方向

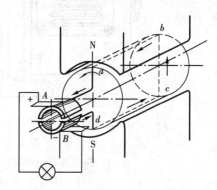

图1.2　直流发电机的工作原理图

是交变的,而通过换向器和电刷的作用,在电刷A,B两端输出的电动势是方向不变的直流电动势。若在电刷A,B之间接上负载,发电机就能向负载供给直流电能。这就是直流发电机的基本工作原理。

从以上分析可以看出:一台直流电机原则上既可以作为电动机运行,也可以作为发电机运行,取决于外界不同的条件。将直流电源加于电刷,输入电能,电机能将电能转换为机械能,拖

9

动生产机械旋转,作电动机运行;如用原动机拖动直流电机的电枢旋转,输入机械能,电机能将机械能转换为直流电能,从电刷上引出直流电动势,作发电机运行。同一台电机,既能作电动机运行,又能作发电机运行的原理,称为电机的可逆原理。

1.2 直流电机的结构、额定值和主要系列

1.2.1 直流电机的结构

由直流电动机和直流发电机工作原理示意图可以看到,直流电机的结构应由定子和转子两大部分组成。直流电机运行时静止不动的部分称为定子,定子的主要作用是产生磁场,由机座、主磁极、换向极、端盖、轴承和电刷装置等组成。运行时转动的部分称为转子,其主要作用是产生电磁转矩和感应电动势,是直流电机进行能量转换的枢纽,所以通常又称为电枢,由转轴、电枢铁芯、电枢绕组,换向器和风扇等组成。图1.3是直流电机的纵剖面图,图1.4是横剖面示意图。下面对图中各主要结构部件分别作一简单介绍。

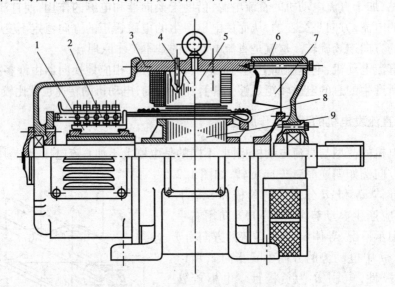

图1.3 直流电机的纵剖面图

1—换向器;2—电刷装置;3—机座;4—主磁极;5—换向极;
6—端盖;7—风扇;8—电枢绕组;9—电枢铁芯

(1)定子部分

1)主磁极 主磁极的作用是产生气隙磁场。主磁极由主磁极铁芯和励磁绕组两部分组成,如图1.5所示。铁芯用0.5~1.5 mm厚的钢板冲片叠压铆紧而成,上面套励磁绕组的部分称为极身,下面扩宽的部分称为极靴,极靴宽于极身,既可以使气隙中磁场分布比较理想,又便于固定励磁绕组。励磁绕组用绝缘铜线绕制而成。励磁绕组套在极身上,再将整个主磁极用螺钉固定在机座上。

2)换向极 两相邻主磁极之间的小磁极叫换向极,也叫附加极或间极。换向极的作用是

改善换向,减小电机运行时电刷与换向器之间可能产生的火花。换向极由换向极铁芯和换向极绕组组成,如图 1.6 所示。换向极铁芯一般用整块钢制成,对换向性能要求较高的直流电机,换向极铁芯可用 1.0～1.5 mm 厚的钢板冲制叠压而成。换向极绕组用绝缘导线绕制而成,套在换向极铁芯上。整个换向极用螺钉固定于机座上。换向极的数目与主磁极相等。

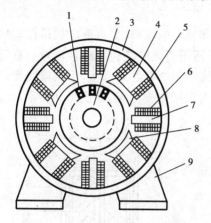

图 1.4　直流电机横剖面示意图
1—电枢绕组;2—电枢铁芯;3—机座;
4—主磁极铁芯;5—励磁绕组;6—换向极绕组;
7—换向极铁芯;8—主磁极极靴;9—机座底脚

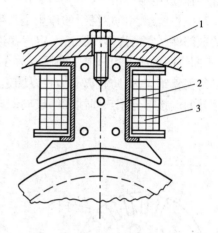

图 1.5　主磁极
1—机座;2—主磁极铁芯;3—励磁绕组

3)机座　电机定子部分的外壳称为机座,见图 1.3 中的 3,机座一方面用来固定主磁极、换向极和端盖,并起整个电机的支撑和固定作用,另一方面也是磁路的一部分,借以构成磁极之间磁的通路,磁通通过的部分称为磁轭。为保证机座具有足够的机械强度和良好的导磁性能,一般为铸钢件或由钢板焊接而成。

4)电刷装置　电刷装置用以引入或引出直流电压和直流电流。电刷装置由电刷、刷握、刷杆和刷杆座等组成。电刷放在刷握内,用弹簧压紧,使电刷与换向器之间有良好的滑动接触,如图 1.7 所示,刷握固定在刷杆上,刷杆装在圆环形的刷杆座上,相互之间必须绝缘。刷杆座装在端盖或轴承内盖上,圆周位置可以调整,调好以后加以固定。

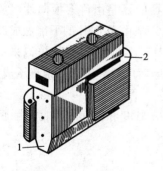

图 1.6　换向极
1—换向极铁芯;2—换向极绕组

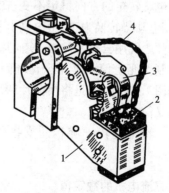

图 1.7　电刷装置
1—刷握;2—电刷;3—压紧弹簧;4—铜丝辫

(2)转子(电枢)部分

1)电枢铁芯　是主磁通磁路的主要部分,同时用以嵌放电枢绕组。为了降低电机运行时电枢铁芯中产生的涡流损耗和磁滞损耗,电枢铁芯用0.5 mm厚的硅钢片冲制的冲片叠压而成,冲片的形状如图1.8所示。叠成的铁芯固定在转轴或转子支架上。铁芯的外圆开有电枢槽,槽内嵌放电枢绕组。

2)电枢绕组　电枢绕组的作用是产生电磁转矩和感应电动势,是直流电机进行能量变换的关键部件。它由许多线圈按一定规律连接而成,线圈用高强度漆包线或玻璃丝包扁铜线绕成,不同线圈的线圈边分上下两层嵌放在电枢槽中,线圈与铁芯之间和上、下两层线圈边之间都必须妥善绝缘,为防止离心力将线圈边甩出槽外,槽口用槽楔固定,如图1.9所示。线圈伸出槽外的端接部分用热固性无纬玻璃带进行绑扎。

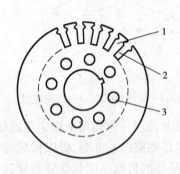

图1.8　电枢铁芯冲片
1—齿;2—槽;3—轴向通风孔

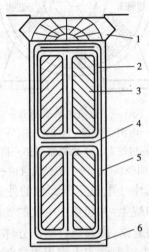

图1.9　电枢槽内绝缘
1—槽楔;2—线圈绝缘;3—导体;
4—层间绝缘;5—槽绝缘;6—槽底绝缘

3)换向器　在直流电动机中,换向器配以电刷,能将外加直流电源转换为电枢线圈中的交变电流,使电磁转矩的方向恒定不变;在直流发电机中,换向器配以电刷,能将电枢线圈中感应产生的交变电动势转换为正、负电刷上引出的直流电动势。换向器是由许多换向片组成的圆柱体,换向片之间用云母片绝缘,换向片的紧固通常如图1.10所示,换向片的下部做成鸽尾形,两端用钢制V形套筒和V形云母环固定,再用螺母锁紧。对于小型直流电机,可以采用塑料换向器,如图1.11所示,是将换向片和片间云母片叠成圆柱体后用酚醛玻璃纤维热压成形,既节省材料,又简化了工艺。

4)转轴　转轴起转子旋转的支撑作用,需有一定的机械强度和刚度,一般用圆钢加工而成。

1.2.2　直流电机的额定值

电机制造厂按照国家标准,根据电机的设计和试验数据而规定的每台电机的主要数据称为电机的额定值。额定值一般标在电机的铭牌上或产品说明书上。

直流电机的额定值主要有下列几项:

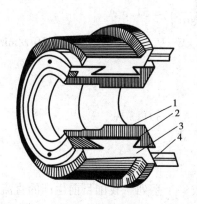

图 1.10 普通换向器
1—V 形套筒；2—云母环；3—换向片；4—连接片

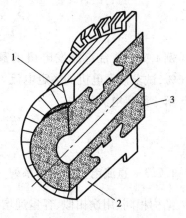

图 1.11 塑料换向器
1—云母片；2—换向片；3—塑料

1)额定功率 P_N 　额定功率是指电机按照规定的工作方式运行时所能提供的输出功率。对电动机来说，额定功率是指轴上输出的机械功率；对发电机来说，额定功率是指电枢输出的电功率，单位为 kW(千瓦)。

2)额定电压 U_N 　额定电压是电机电枢绕组能够安全工作的最大外加电压或输出电压，单位为 V(伏)。

3)额定电流 I_N 　额定电流是电机按照规定的工作方式运行时，电枢绕组允许流过的最大电流，单位为 A(安)。

4)额定转速 n_N 　额定转速是指电机在额定电压、额定电流和输出额定功率的情况下运行时，电机的旋转速度，单位为 r/min(转/分)。

额定值一般标在电机的铭牌上，故又称为铭牌数据。还有一些额定值，例如额定转矩 T_N、额定效率 η_N 和额定温升 τ_N 等，不一定标在铭牌上，可查产品说明书或由铭牌上的数据计算得到。

额定功率与额定电压和额定电流的关系：

直流电动机　　　　　　　　$P_N = U_N I_N \eta_N \times 10^{-3} \text{ kW}$　　　　　　　　　　(1.1)

直流发电机　　　　　　　　$P_N = U_N I_N \times 10^{-3} \text{ kW}$　　　　　　　　　　　(1.2)

直流电机运行时，如果各个物理量均为额定值，就称电机工作在额定运行状态，亦称为满载运行。在额定运行状态下，电机利用充分，运行可靠，并具有良好的性能。如果电机的电流小于额定电流，称为欠载运行；电机的电流大于额定电流，称为过载运行。过分欠载运行，电机利用不充分，效率低；过载运行，易引起电机过热损坏。根据负载选择电机时，最好使电机接近于满载运行。

例 1.1　某台直流电动机的额定值为：$P_N = 10$ kW，$U_N = 220$ V，$n_N = 1\ 500$ r/min，$\eta_N = 88.6\%$，试求该电动机额定运行时的输入功率 P_1 及额定电流 I_N。

解　额定输入功率

$$P_1 = \frac{P_N}{\eta_N} = \frac{10}{0.886} \text{ kW} = 11.29 \text{ kW}$$

额定电流

$$I_N = \frac{P_N \times 10^3}{U_N \eta_N} = \frac{10 \times 10^3}{220 \times 0.886} A = 51.3\ A$$

例 1.2 某台直流发电机的额定值为：$P_N = 90\ kW$，$U_N = 230\ V$，$n_N = 1\ 450\ r/min$，$\eta_N = 89.6\%$，试求该发电机的额定电流 I_N。

解 额定电流

$$I_N = \frac{P_N \times 10^3}{U_N} = \frac{90 \times 10^3}{230} A = 391.3\ A$$

1.2.3 直流电机的主要系列

结构相同、用途相似、容量递增的一系列电机构成一个系列。我国目前生产的直流电机主要有以下系列：

Z_2 系列是一般用途的中小型直流电机，包括电动机和发电机，功率范围为 $0.4 \sim 200\ kW$，转速范围为 $600 \sim 3\ 000\ r/min$。其型号表示方法及含义举例如下：

例：Z_2—31

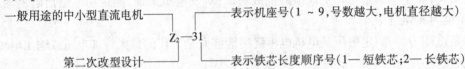

Z_3，Z_4 系列是一般用途中小型直流电机的新产品，与 Z_2 系列相比，体积小、重量轻、转动惯量小、调速范围较大、还适用于静止的整流电源供电。

ZD_2，ZF_2 系列是一般用途的中型直流电机，ZD_2 是中型直流电动机，ZF_2 是中型直流发电机，功率范围为 $55 \sim 1\ 000\ kW$，转速范围为 $320 \sim 1\ 500\ r/min$。

ZZY 系列是起重冶金用直流电动机，功率范围为 $3 \sim 30\ kW$，转速范围为 $900 \sim 1\ 550\ r/min$。

各个系列直流电动机的详细型号、规格和技术指标等数据，可以从电机产品样本或有关手册中查到。

1.3 直流电机的电枢绕组

电枢绕组是直流电机产生电磁转矩和感应电动势，实现机电能量转换的枢纽，电枢绕组的名称由此而来，并为此把直流电机的转子称为电枢。

电枢绕组由许多线圈（以下称元件）按一定规律连接而成。按照连接规律的不同，电枢绕组分为单叠绕组和单波绕组等多种形式。本节先介绍元件的基本特点，再以单叠绕组和单波绕组阐述电枢绕组的构成原理和连接规律。

1.3.1 元件与节距

(1)电枢绕组元件

电枢绕组元件由绝缘铜线绕制而成，每个元件有两个嵌放在电枢槽中、能与磁场作用产生转矩或电动势的有效边，称为元件边，元件的槽外部分亦即元件边以外的部分称为端接部分，如图 1.12 所示。为便于嵌线,每个元件的一个元件边嵌放在某一槽的上层,称为上层边,画图时以实线表示;另一个元件边则嵌放在另一槽的下层,称为下层边,画图时以虚线表示。每个元件有两个出线端,称为首端和末端,均与换向片相连,如图 1.12 所示。

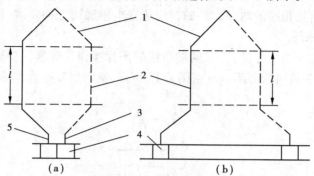

图 1.12　电枢绕组元件

(a)叠绕组元件;(b)波绕组元件

1—端接部分;2—有效边;3—末端;4—换向片;5—首端

每一个元件有两个元件边,每片换向片又总是接一个元件的上层边和另一个元件的下层边,所以元件数 S 总等于换向片数 K,即

$$S = K \tag{1.3}$$

每个元件有两个元件边,而每个电枢槽分上下两层嵌放两个元件,所以元件数 S 又等于槽数 Z,即

$$S = K = Z \tag{1.4}$$

对于小容量电机,电枢直径小,电枢铁芯外圆不宜开太多槽时,往往在一个槽的上层和下层各放 u 个元件边,即把一个实槽当成 u 个虚槽使用。虚槽数 Z_u 与实槽数 Z 之间的关系为

$$Z_u = uZ = S = K \tag{1.5}$$

为分析方便起见,本书中均设 $u = 1$。

(2)节距

表征电枢绕组元件本身和元件之间连接规律的数据为节距,直流电机电枢绕组的节距有第一节距 y_1、第二节距 y_2、合成节距 y 和换向器节距 y_k 四种。

1)第一节距　同一元件的两个元件边在电枢圆周上所跨的距离,用槽数来表示,称为第一节距 y_1。一个磁极在电枢圆周上所跨的距离称为极距 τ,当用槽数表示时,极距的表达式为

$$\tau = \frac{Z}{2p} \tag{1.6}$$

式中　p——磁极对数。

为使每个元件的感应电动势最大,第一节距 y_1 应等于一个极距 τ,但 τ 不一定是整数,而 y_1 必须是整数,为此,一般取第一节距

$$y_1 = \frac{Z}{2p} \mp \varepsilon = 整数 \tag{1.7}$$

式中　ε——小于 1 的分数。

$y_1 = \tau$ 的元件称为整距元件,绕组称为整距绕组;$y_1 < \tau$ 的元件称为短距元件,绕组称为短

距绕组；$y_1 > \tau$ 的元件，其电磁效果与 $y_1 < \tau$ 的元件相近，但端接部分较长，耗铜多，一般不用。

2）第二节距　第一个元件的下层边与直接相连的第二个元件的上层边之间在电枢圆周上的距离，用槽数表示，称为第二节距 y_2，如图 1.13 所示。

3）合成节距　直接相连的两个元件的对应边在电枢圆周上的距离，用槽数表示，称为合成节距 y，如图 1.13 所示。

4）换向器节距　每个元件的首、末两端所接的两片换向片在换向器圆周上所跨的距离，用换向片数表示，称为换向器节距 y_k。由图 1.13 可见，换向器节距 y_k 与合成节距 y 总是相等的，即

$$y_k = y \tag{1.8}$$

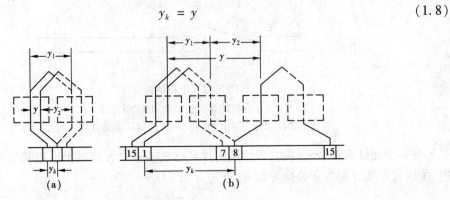

图 1.13　电枢绕组的节距
(a)单叠绕组；(b)单波绕组

1.3.2　单叠绕组

后一元件的端接部分紧叠在前一元件的端接部分之上，这种绕组称为叠绕组。当叠绕组的换向器节距 $y_k = 1$ 时称为单叠绕组，如图 1.13(a)所示。

下面举一例说明单叠绕组的连接规律和特点。

一台直流电机，$Z = S = K = 16$，$2p = 4$，接成单叠绕组。

(1)计算节距

第一节距

$$y_1 = \frac{Z}{2p} \mp \varepsilon = \frac{16}{4} = 4$$

换向器节距和合成节距

$$y_k = y = 1$$

第二节距，由图 1.13(a)可见，对于单叠绕组

$$y_2 = y_1 - y = 4 - 1 = 3$$

(2)绘制绕组展开图

假想把电枢从某一齿的中间沿轴向切开展成平面，所得绕组连接图称为绕组展开图，如图 1.14 所示。

绘制直流电机单叠绕组展开图的步骤如下：

1）画 16 根等长、等距的平行实线代表 16 个槽的上层，在实线旁画 16 根平行虚线代表 16 个槽的下层。一根实线和一根虚线代表一个槽，编上槽号，如图 1.14 所示。

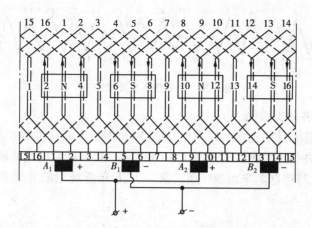

图1.14　$Z=16$, $2p=4$ 单叠绕组展开图

2)按节距 y_1 连接一个元件。例如将1号元件的上层边放在1号槽的上层,其下层边应放在 $1+y_1=1+4=5$ 号槽的下层。由于一般情况下,元件是左右对称的,为此,可把1号槽的上层(实线)和5号槽的下层(虚线)用左右对称的端接部分连成1号元件。注意首端和末端之间相隔一片换向片宽度($y_k=1$),为使图形规整起见,取换向片宽度等于一个槽距,从而画出与1号元件首端相连的1号换向片和相邻的与末端相连的2号换向片,并依次画出3至16号换向片。显然,元件号、上层边所在槽号和该元件首端所连换向片的编号相同。

3)画1号元件的平行线,可以依次画出2至16号元件,从而将16个元件通过16片换向片连成一个闭合的回路。

单叠绕组的展开图已经画成,但为帮助理解绕组工作原理和电刷位置的确定,一般在展开图上还应画出磁极和电刷。

4)画磁极,本例有4个主磁极,在圆周上应该均匀分布,即相邻磁极中心之间应间隔4个槽。设某一瞬间,4个磁极中心分别对准3,7,11,15槽,并让磁极宽度为极距的0.6~0.7,画出4个磁极,如图1.14所示。依次标上极性 N_1, S_1, N_2, S_2,一般假设磁极在电枢绕组的上面。

5)画电刷,电刷组数也就是刷杆数等于极数,本例中为4,必须均匀分布在换向器表面圆周上,相互间隔 $16/4=4$ 片换向片。为使被电刷短路的元件中感应电动势最小,正负电刷之间引出的电动势最大,由图1.14分析可以看出:当元件左右对称时,电刷中心线应对准磁极中心线。图中设电刷宽度等于一片换向片的宽度。

设此电机工作在电动机状态,并欲使电枢绕组向左移动,根据左手定则可知电枢绕组各元件中电流的方向应如图1.14所示,为此应将电刷 A_1, A_2 并联起来作为电枢绕组的"+"端,接电源正极,将电刷 B_1, B_2 并联起来作为"−"端,接电源负极。如果工作在发电机状态,设电枢绕组的转向不变,则电枢绕组各元件中感应电动势的方向用右手定则确定可知,与电动机状态时电流方向相反,因而电刷的正负极性不变。

(3)单叠绕组连接顺序表

绕组展开图比较直观,但画起来比较麻烦,为简便起见,绕组连接规律也可用连接顺序表表示。本例的连接顺序表如图1.15所示。表中上排数字同时代表上层元件边的元件号、槽号和换向片号,下排带"'"的数字代表下层元件边所在的槽号。

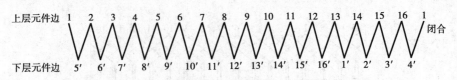

图 1.15　单叠绕组连接顺序表

（4）单叠绕组的并联支路图

保持图 1.14 中各元件的连接顺序不变,将此瞬间不与电刷接触的换向片省去不画,可以得到图 1.16 所示的并联支路图。对照图 1.16 和图 1.14,可以看出单叠绕组的连接规律是将同一磁极下的各个元件串联起来组成一条支路。所以,单叠绕组的并联支路对数 a 总等于极对数 p,即

$$a = p \tag{1.9}$$

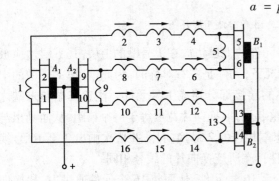

图 1.16　图 1.14 所示瞬间绕组的并联支路图

（5）单叠绕组的特点

1）位于同一磁极下的各元件串联起来组成一条支路,并联支路对数等于极对数,即 $a = p$。

2）当元件形状左右对称、电刷在换向器表面的位置对准磁极中心线时,正、负电刷间的感应电动势最大,被电刷短路元件中的感应电动势最小。

3）电刷刷杆数等于极数。

1.3.3　单波绕组

单波绕组的元件如图 1.13（b）所示,首、末端之间的距离接近两个极距,$y_k > y_1$,两个元件串联起来成波浪形,故称波绕组。p 个元件串联后,其末尾应该落在起始换向片 1 前 1 片的位置,才能继续串联其余元件,为此,换向器节距必须满足以下关系:

$$py_k = K - 1$$

换向器节距

$$y_k = \frac{K-1}{p} = 整数 \tag{1.10}$$

合成节距

$$y = y_k$$

第二节距

$$y_2 = y - y_1$$

第一节距 y_1 的确定原则与单叠绕组相同。

下面亦以一例说明单波绕组的连接规律和特点。

一台直流电机:$Z = S = K = 15$,$2p = 4$,接成单波绕组。

（1）计算节距

$$y_1 = \frac{Z}{2p} \mp \varepsilon = \frac{15}{4} - \frac{3}{4} = 3$$

$$y = y_k = \frac{K-1}{p} = \frac{15-1}{2} = 7$$

$$y_2 = y - y_1 = 7 - 3 = 4$$

（2）绘制展开图

绘制单波绕组展开图的步骤与单叠绕组相同,本例的展开图如图 1.17 所示。电刷在换向器表面上的位置也是在主磁极的中心线上。要注意的是因为本例的极距

$$\tau = \frac{Z}{2p} = \frac{15}{4} = 3\frac{3}{4}$$

不是整数,所以相邻主磁极中心线之间的距离不是整数,相邻电刷中心线之间的距离用换向片数表示时也不是整数。

（3）单波绕组的连接顺序表

按图 1.17 所示的连接规律可得相应的连接顺序表,如图 1.18 所示。

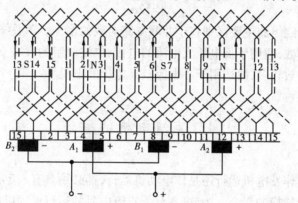

图 1.17　$Z = 15, 2p = 4$ 单波绕组展开图

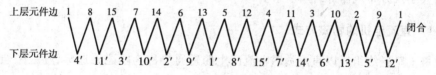

图 1.18　单波绕组连接顺序表

（4）单波绕组的并联支路图

按图 1.17 中各元件的连接顺序,将此刻不与电刷接触的换向片省去不画,可以得此单波绕组的并联支路图,如图 1.19 所示。将并联支路图与展开图对照分析可知:单波绕组是将同一极性磁极下所有元件串联起来组成一条支路,由于磁极极性只有 N 和 S 两种,因此单波绕组的并联支路数总是 2,并联支路对数恒等于 1,即

$$a = 1$$

（5）单波绕组的特点

1）上层边位于同一极性磁极下的所有元件串联起来组成一条支路,并联支路对数恒等于 1,与极对数无关。

2）当元件形状左右对称、电刷在换向器表面上的位置对准主磁极中心线时,支路电动势最大。

3）单从支路对数来看,单波绕组可以只要两根刷杆,但在实际电机中,为缩短换向器长

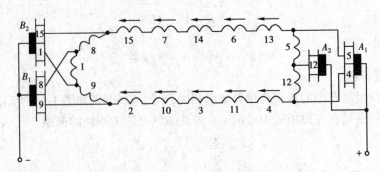

图 1.19　图 1.17 所示瞬间绕组的并联支路图

度,以降低成本,仍使电刷杆数等于极数,亦即所谓采用全额电刷。

设绕组每条支路的电流为 i_a,电枢电流为 I_a,无论是单叠绕组还是单波绕组,均有

$$I_a = 2ai_a$$

单叠绕组与单波绕组的主要区别在于并联支路对数的多少。单叠绕组可以通过增加极对数来增加并联支路对数,适用于低电压大电流的电机;单波绕组的并联支路对数 $a = 1$,但每条并联支路串联的元件数较多,故适用于小电流较高电压的电机。

1.4　直流电机的磁场

直流电机无论是作发电机运行还是作电动机运行,都必须具有一定强度的磁场,所以磁场是直流电机进行能量转换的媒介。为此,在分析直流电机的运行原理以前,必须先对直流电机中磁场的大小及分布规律等有所了解。

1.4.1　直流电机的励磁方式

主磁极上励磁绕组通以直流励磁电流产生的磁通势称为励磁磁通势,励磁磁通势单独产生的磁场称为励磁磁场,又称主磁场。励磁绕组的供电方式称为励磁方式。按励磁方式的不同,直流电机可以分为以下 4 类。

(1)他励直流电机

励磁绕组由其他直流电源供电,与电枢绕组之间没有电的联系,如图 1.20(a)所示。永磁直流电机也属于他励直流电机,因其励磁磁场与电枢电流无关。图 1.20 中电流正方向是以电动机为例设定的。

(2)并励直流电机

励磁绕组与电枢绕组并联,如图 1.20(b)所示。励磁电压等于电枢绕组端电压。

以上两类电机的励磁电流只有电机额定电流的 1% ~5%,所以励磁绕组的导线细而匝数多。

(3)串励直流电机

励磁绕组与电枢绕组串联,如图 1.20(c)所示。励磁电流等于电枢电流,所以励磁绕组的导线粗而匝数较少。

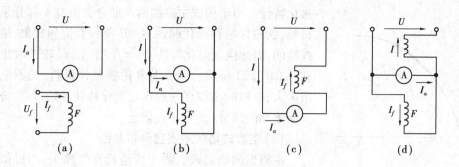

图 1.20 直流电机的励磁方式
(a)他励;(b)并励;(c)串励;(d)复励

(4)复励直流电机

每个主磁极上套有两个励磁绕组,一个与电枢绕组并联,称为并励绕组,一个与电枢绕组串联,称为串励绕组,如图 1.20(d)所示。两个绕组产生的磁通势方向相同时称为积复励,两个磁通势方向相反时称为差复励,通常采用积复励方式。

直流电机的励磁方式不同,运行特性和适用场合也不同。

1.4.2 直流电机的空载磁场

直流电机不带负载(即不输出功率)时的运行状态称为空载运行。空载运行时电枢电流为零或近似等于零,所以,空载磁场是指主磁极励磁磁通势单独产生的励磁磁场。一台四极直流电机空载磁场的分布示意图如图 1.21 所示,图中只画出了一半。

(1)主磁通和漏磁通

图 1.21 表明,当励磁绕组通以励磁电流时,产生的磁通大部分由 N 极出来,经气隙进入电枢齿,通过电枢铁芯的磁轭(电枢磁轭)到 S 极下的电枢齿,又通过气隙回到定子的 S 极,再经机座(定子磁轭)形成闭合回路,这部分同时与励磁绕组和电枢绕组相匝链的磁通称为主磁通,用 Φ_0 表示。

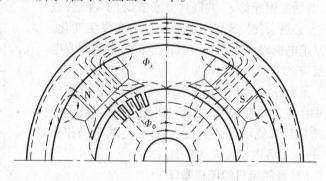

图 1.21 直流电机的空载磁场

主磁通经过的路径称为主磁路。显然,主磁路由主磁极、气隙、电枢齿、电枢磁轭和定子磁轭 5 部分组成。另有一部分磁通不通过气隙,直接经过相邻磁极或定子磁轭形成闭合回路,这部分仅与励磁绕组匝链的磁通称为漏磁通,以 Φ_s 表示。漏磁通路径主要为空气,磁阻很大,所以漏磁通的数量比主磁通的小得多。

(2)直流电机的空载磁化特性

直流电机运行时,要求气隙磁场每个极下有一定数量的主磁通,叫每极磁通 Φ,当励磁绕组的匝数 N_f 一定时,每极磁通 Φ 的大小主要决定于励磁电流 I_f。空载时每极磁通 Φ_0 与空载励磁电流 I_{f0}(或空载励磁磁通势 $F_{f0} = N_f I_{f0}$)的关系 $\Phi_0 = f(I_{f0})$ 或 $\Phi_0 = f(F_{f0})$ 称为电机的空载

21

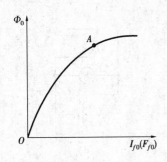

图 1.22　空载磁化特性

磁化特性。由于构成主磁路的 5 部分当中有 4 部分是铁磁性材料,铁磁性材料磁化时的 B—H 曲线有饱和现象,磁阻是非线性的,因此空载磁化特性 $\Phi_0 = f(I_{f0})$ 在 I_{f0} 较大时也出现饱和,如图 1.22 所示。为充分利用铁磁性材料,又不至于使磁阻太大,电机的工作点一般选在磁化特性开始转弯,亦即磁路开始饱和的部分(图中 A 点附近)。

(3) 空载磁场气隙磁密分布曲线

主磁极的励磁磁通势主要消耗在气隙上,当近似地忽略主磁路中铁磁性材料的磁阻时,主磁极下气隙磁密的分布就取决于气隙 δ 大小分布情况。一般情况下,磁极极靴宽度约为极距 τ 的 75%,如图 1.23(a)所示。磁极中心及其附近,气隙 δ 较小且均匀不变,磁通密度较大且基本为常数,靠近两边极尖处,气隙逐渐变大,磁通密度减小,超出极尖以外,气隙明显增大,磁通密度显著减小,在磁极之间的几何中性线处,气隙磁通密度为零,为此,空载气隙磁通密度分布为一礼帽形的平顶波,如图 1.23(b)所示。

1.4.3　直流电机的电枢反应及负载磁场

(1) 直流电机的电枢反应

直流电机空载时励磁磁通势单独产生的气隙磁密分布为一平顶波,如图 1.23(b)所示。负载时,电枢绕组流过电枢电流 I_a,产生电枢磁通势 F_a,与励磁磁通势 F_f 共同建立负载时的气隙合成磁密,必然会使原来气隙磁密的分布发生变化。通常把电枢磁通势对气隙磁密分布的影响称为电枢反应。

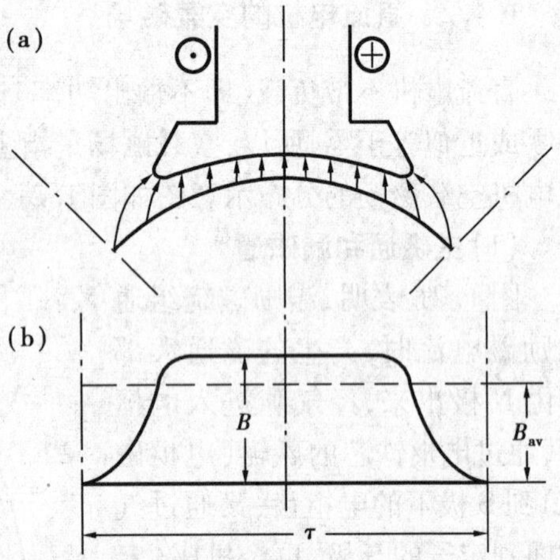

下面先分析电枢磁通势单独作用时在电机气隙中产生的电枢磁场,再将电枢磁场与空载气隙磁场合起来就可得到负载磁场,与空载磁场相比较,可以了解电枢反应的影响。

(2) 直流电机的电枢磁场

图 1.24 表示一台两极直流电机电枢磁通势

图 1.23　空载时气隙磁密分布

单独作用产生的电枢磁场分布情况。图中没有画出换向器,所以把电刷直接画在几何中性线处,以表示电刷是通过换向器与处在几何中性线上的元件边相接触的。由于电刷轴线上部所有元件构成一条支路,下部所有元件构成另一条支路,电枢元件边中电流的方向以电刷轴线为分界。图例中设上部元件边中电流为出来,下部元件边电流是进去,由右手螺旋定则可知,电枢磁通势的方向由左向右,电枢磁场轴线与电刷轴线相重合,在几何中性线上,亦即与磁极轴线相垂直。

下面进一步分析电枢磁通势和电枢磁场气隙磁密的分布情况。如果假设图 1.24 所示电机电枢绕组只有一个整距元件,其轴线与磁极轴线相垂直,如图 1.25(a)所示。该元件有 N_c 匝,元件中电流为 i_a,每个元件的磁通势为 $i_a N_c$ 安匝,由该元件建立的磁场的磁力线分布如图

1.25(a)所示。如果假想将此电机从几何中性线处切开展
平,如图 1.25(b)所示。以图中磁力线路径为闭合磁路,根
据全电流定律可知,作用在这一闭合磁路的磁通势等于它所
包围的全电流 $i_a N_c$,当忽略铁磁性材料的磁阻,并认为电机
的气隙是均匀的,则每个气隙所消耗的磁通势为 $\frac{1}{2} i_a N_c$。一
般取磁力线自电枢出,进定子时的磁通势为正,反之为负。
这样可得一个整距绕组元件产生的磁通势的分布情况如图
1.25(b)所示。说明一个整距元件所产生的电枢磁通势在空
间的分布为一个以两个极距 2τ 为周期、幅值为 $\frac{1}{2} i_a N_c$ 的矩
形波。

　　当电枢绕组有许多整距元件均匀分布于电枢表面时,每
一个元件产生的磁通势仍是幅值为 $\frac{1}{2} i_a N_c$ 的矩形波,把这许

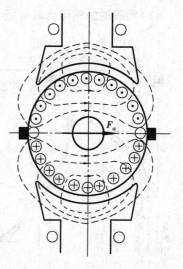

图 1.24　电枢磁场

多个矩形波磁通势叠加起来,可得电枢磁通势在空间的分布为一个以两个极距 2τ 为周期的多
级阶梯形波。为分析简便起见,可以近似地认为电枢磁通势空间分布为一三角形波,三角形波
磁通势的最大值在几何中性线位置,磁极中心线处为零,如图1.26中的曲线 2 所示。

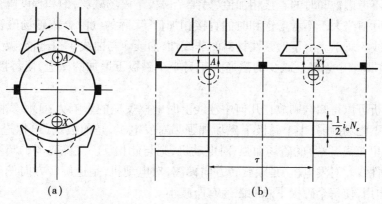

图 1.25　一个绕组元件的磁通势

(a)磁力线路径;(b)磁通势的空间分布

　　如果忽略铁芯中的磁阻,认为电枢磁通势全部消耗在气隙上,则根据磁路的欧姆定律,可
得电枢磁场磁密的表达式为:

$$B_{ax} = \mu_0 \frac{F_{ax}}{\delta} \tag{1.11}$$

式中　F_{ax}——气隙中 x 处的磁通势;

　　　B_{ax}——气隙中 x 处的磁密。

　　由式(1.11)可知,在磁极极靴下,气隙 δ 较小且变化不大,所以,气隙磁密 B_{ax} 与电枢磁通
势 F_{ax} 成正比,而在两磁极间的几何中性线附近,气隙较大,超过 F_{ax} 增加的程度,使 B_{ax} 反而减
小,所以,电枢磁场磁密分布波形为马鞍形,如图 1.26 中的曲线 3 所示。

(3) 负载时的气隙合成磁场

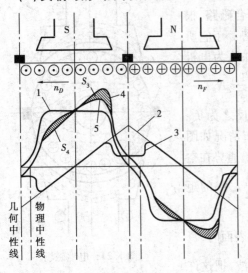

图 1.26 直流电机的电枢反应

1) 如果磁路不饱和或不考虑磁路饱和现象时,可以利用叠加原理,将空载磁场的气隙磁密分布曲线 1 和电枢磁场的气隙磁密分曲线 3 相加,即得负载时气隙合成磁场的磁密分布曲线,如图 1.26 中的曲线 4 所示。对照曲线 1 和 4 可见:电枢反应的影响是使气隙磁场发生畸变,使半个磁极下的磁场加强,磁通增加,另半个磁极下的磁场减弱,磁通减少。由于增加和减少的磁通量相等,每极总磁通 Φ 维持不变。由于磁场发生畸变,使电枢表面磁密等于零的物理中性线偏离了几何中性线,如图 1.26 所示。利用图 1.26 可以分析得知,对发电机,物理中性线顺着旋转方向(n_F 的方向)偏离几何中性线,而对电动机,则是逆着旋转方向(n_D 的方向)偏离几何中性线。

2) 考虑磁路饱和影响时,半个磁极下磁场相加,由于饱和程度增加,磁阻增大,气隙磁密的实际值低于不考虑饱和时的直接相加值,另半个磁极下磁场减弱,饱和程度降低,磁阻减小,气隙磁密的实际值略大于不考虑饱和时的直接相加值,实际的气隙合成磁场磁密分布曲线如图1.26中的曲线 5 所示。由于铁磁性材料的非线性,曲线 5 与曲线 4 相比较,减少的面积大于增加的面积,亦即半个磁极下减少的磁通大于另半个磁极下增加的磁通,使每极总磁通 Φ 有所减小。

由以上分析可以得知电刷放在几何中性线上时电枢反应的影响为:①使气隙磁场发生畸变,半个磁极下磁场削弱,半个磁极下磁场加强。对发电机,是前极端(电枢进入端)的磁场削弱,后极端(电枢离开端)的磁场加强;对电动机,则与此相反。气隙磁场的畸变使物理中性线偏离几何中性线。对发电机,是顺旋转方向偏离;对电动机,是逆旋转方向偏离。②磁路饱和时,有去磁作用,使每个磁极下总的磁通有所减小。

1.4.4 电枢绕组的感应电动势

电枢绕组的感应电动势是指直流电机正负电刷之间的感应电动势,也就是电枢绕组一条并联支路的电动势。电枢旋转时,电枢绕组元件边内的导体切割气隙合成磁场,产生感应电动势,由于气隙合成磁密在一个极下的分布不均匀,如图 1.27 所示,因此导体中感应电动势的大小是变化的。为分析推导方便起见,可把磁密看成是均匀分布的,取一个极下气隙磁密的平均值 B_{av},从而可得一根导体在一个极距范围内切割气隙磁密产生的电动势的平均值 e_{av},其表达式为

$$e_{av} = B_{av}lv$$

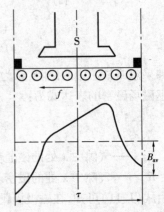

图 1.27 气隙合成磁场磁通密度的分布和平均磁通密度

式中 B_{av}——一个极下气隙磁密的平均值,称平均磁通密度;

l——电枢导体的有效长度(槽内部分);

v——电枢表面的线速度。

由于

$$B_{av} = \frac{\Phi}{\tau l}$$

$$v = \frac{n}{60}2p\tau$$

因而,一根导体感应电动势的平均值

$$e_{av} = \frac{\Phi}{\tau l}l\frac{n}{60}2p\tau = \frac{2p}{60}\Phi n$$

设电枢绕组总的导体数为 N,$N = 2SN_c$,则每一条并联支路总的串联导体数为 $\frac{N}{2a}$,因而电枢绕组的感应电动势

$$E_a = \frac{N}{2a}e_{av} = \frac{N}{2a} \cdot \frac{2p}{60}\Phi n = \frac{pN}{60a}\Phi n = C_e\Phi n \qquad (1.12)$$

式中 $C_e = \frac{pN}{60a}$——对已经制造好的电机,是一常数,故称为直流电机的电动势常数。

每极磁通 Φ 的单位用 Wb,转速单位用 r/min 时,电动势 E_a 的单位为 V。

式(1.12)表明:电枢电动势 E_a 与每极磁通 Φ 和转速 n 成正比。

推导式(1.12)过程中,假定电枢绕组是整距的($y_1 = \tau$),如果是短距绕组($y_1 < \tau$),电枢电动势将稍有减小,因为一般短距不大,影响很小,可以不予考虑。

式(1.12)中的 Φ 一般是指负载时气隙合成磁场的每极磁通。

1.4.5 电枢绕组的电磁转矩

电枢绕组中流过电枢电流 I_a 时,元件的导体中流过支路电流 i_a,成为载流导体,在磁场中受到电磁力的作用。电磁力 f 的方向按左手定则确定,如图 1.27 所示。一根导体所受电磁力的大小为

$$f_x = B_x l i_a$$

如果仍把气隙合成磁场看成是均匀分布的,气隙磁密用平均值 B_{av} 表示,则每根导体所受电磁力的平均值为

$$f_{av} = B_{av} l i_a$$

一根导体所受电磁力形成的电磁转矩,其大小为

$$T_{av} = f_{av}\frac{D}{2}$$

式中 D——电枢外径。

不同极性磁极下的电枢导体中电流的方向也不同,所以电枢所有导体产生的电磁转矩方向都是一致的,因而电枢绕组的电磁转矩等于一根导体电磁转矩的平均值 T_{av} 乘以电枢绕组总的导体数 N,即

$$T = NT_{av} = NB_{av}li_a\frac{D}{2} = N\frac{\Phi}{\tau l}l\frac{I_a}{2a} \cdot \frac{1}{2} \cdot \frac{2p\tau}{\pi} = \frac{pN}{2\pi a}\Phi I_a = C_T\Phi I_a \qquad (1.13)$$

式中　$C_T = \dfrac{pN}{2\pi a}$——对已制成的电机是一常数,称为直流电机的转矩常数。

磁通的单位用 Wb,电流的单位用 A 时,电磁转矩 T 的单位为 N·m(牛·米)。

式(1.13)表明,电磁转矩 T 与每极磁通 Φ 和电枢电流 I_a 成正比。

电枢电动势 $E_a = C_e \Phi n$ 和电磁转矩 $T = C_T \Phi I_a$ 是直流电机两个重要的公式。对于同一台直流电机,电动势常数 C_e 和转矩常数 C_T 之间具有确定的关系:

$$C_T = \frac{60a}{2\pi a} C_e = 9.55 C_e \tag{1.14}$$

或

$$C_e = \frac{2\pi a}{60a} C_T = 0.105 C_T$$

1.5　直流电动机

按励磁方式的不同,直流电动机分他励直流电动机、并励直流电动机、串励直流电动机和复励直流电动机 4 类。一般情况下,额定励磁电压与电枢电压相等,他励和并励直流电动机就无实质性区别。本节以分析并励直流电动机为重点。

1.5.1　直流电动机稳态运行的基本关系式

图 1.28 为并励直流电动机的示意图。接通直流电源时,励磁绕组中流过励磁电流 I_f,建

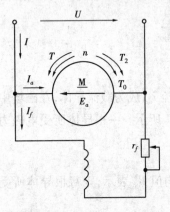

立主磁场,电枢绕组流过电枢电流 I_a,一方面形成电枢磁通势 F_a,通过电枢反应使主磁场变为气隙合成磁场,另一方面使电枢元件导体中流过支路电流 i_a,与磁场作用产生电磁转矩 T,使电枢朝 T 的方向以转速 n 旋转。电枢旋转时,电枢导体又切割气隙合成磁场,产生电枢电动势 E_a,在电动机中,此电动势的方向与电枢电流 I_a 的方向相反,称为反电动势。当电动机稳态运行时,有几个平衡关系,分别用方程式表示。

(1)电压平衡方程式

根据图 1.28 中用电动机惯例所设各量的正方向,用基尔霍夫电压定律,可以列出电压平衡方程式

图 1.28　并励直流电动机

$$U = E_a + I_a R_a \tag{1.15}$$

式中　R_a——电枢回路电阻,其中包括电刷和换向器之间的接触电阻。

此式表明:直流电动机在电动机运行状态下的电枢电动势 E_a 总小于端电压 U。

(2)转矩平衡方程式

稳态运行时,作用在电动机轴上的转矩有 3 个。一个是电磁转矩 T,方向与转速 n 相同,为拖动转矩;一个是电动机空载损耗转矩 T_0,是电动机空载运行时的阻转矩,方向总与转速 n 相反,为制动转矩;还有一个是轴上所带生产机械的转矩 T_2,即电动机轴上的输出转矩,一般亦为制动转矩。稳态运行时的转矩平衡关系式为拖动转矩等于总的制动转矩,即

$$T = T_2 + T_0 \tag{1.16}$$

(3) 功率平衡方程式

将式(1.15)两边乘以电枢电流 I_a,得

$$UI_a = E_aI_a + I_a^2R_a$$

可以写成

$$P_1 = P_{em} + p_{Cua} \tag{1.17}$$

式中　$P_1 = UI_a$——电动机从电源输入的电功率;

　　　$P_{em} = E_aI_a$——电磁功率;

　　　$p_{Cua} = I_a^2R_a$——电枢回路的铜损耗。

电磁功率

$$P_{em} = E_aI_a = \frac{pN}{60a}\Phi nI_a = \frac{pN}{2\pi a}\Phi I_a\frac{2\pi n}{60} = T\Omega \tag{1.18}$$

式中　$\Omega = \frac{2\pi n}{60}$——电动机的机械角速度,rad/s(弧度/秒)。

从式(1.18)中 $P_{em} = E_aI_a$ 可知,电磁功率具有电功率性质,从 $P_{em} = T\Omega$ 可知,电磁功率又具有机械功率性质,其实质是由于电磁功率是电机由电能转换为机械能的那一部分功率。

将式(1.15)两边乘以机械角速度 Ω,得

$$T\Omega = T_2\Omega + T_0\Omega$$

可写成

$$P_{em} = P_2 + p_0 = P_2 + p_{mec} + p_{Fe} \tag{1.19}$$

式中　$P_{em} = T\Omega$——电磁功率;

　　　$P_2 = T_2\Omega$——轴上输出的机械功率;

　　　$p_0 = T_0\Omega$——空载损耗,包括机械损耗 p_{mec} 和铁损耗 p_{Fe}。

由式(1.17)和式(1.19)可以作出并励直流电动机的功率流程图,如图 1.29(a)所示。图中 p_{Cuf} 为励磁绕组的铜损耗,称为励磁损耗,并励时, p_{Cuf} 由输入功率 P_1 供给,他励时, p_{Cuf} 由其他直流源供给,功率流程图如图 1.29(b)所示。

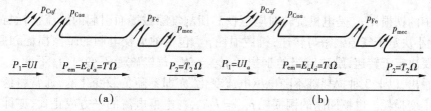

图 1.29　直流电动机功率流程图

(a)并励直流电动机;(b)他励直流电动机

并励直流电动机的功率平衡方程式

$$P_1 = P_2 + p_{Cuf} + p_{Cua} + p_{Fe} + p_{mec} = P_2 + \sum p \tag{1.20}$$

式中　$\sum p = p_{Cuf} + p_{Cua} + p_{Fe} + p_{mec}$——并励直流电动机的总损耗。

1.5.2　并励直流电动机的工作特性

并励直流电动机的工作特性是指当电动机的端电压 $U = U_N$、励磁电流 $I_f = I_{fN}$、电枢回路不

串外加电阻时,转速 n、电磁转矩 T、效率 η 分别与电枢电流 I_a 之间的关系。

(1)转速特性 $n = f(I_a)$

当 $U = U_N$,$I_f = I_{fN}(\Phi = \Phi_N)$ 时,转速 n 与电枢电流 I_a 之间的关系 $n = f(I_a)$ 称为转速特性。

将电动势公式 $E_a = C_e \Phi n$ 代入电压平衡方程式 $U = E_a + I_a R_a$,可得转速特性公式

$$n = \frac{U_N}{C_e \Phi_N} - \frac{R_a}{C_e \Phi_N} I_a \tag{1.21}$$

可见,如果忽略电枢反应的影响,$\Phi = \Phi_N$ 保持不变,则 I_a 增加时,转速 n 下降,但因 R_a 一般很小,所以转速 n 下降不多,$n = f(I_a)$ 为一条稍稍向下倾斜的直线,如图 1.30 中的曲线 1 所示。如果考虑负载较重,I_a 较大时电枢反应去磁作用的影响,则随着 I_a 的增大,Φ 将减小,因而使转速特性可能出现上翘现象,如图 1.30 中的虚线所示。

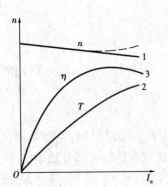

图 1.30 并励电动机的工作特性
1—转速特性;2—转矩特性;
3—效率特性

(2)转矩特性 $T = f(I_a)$

当 $U = U_N$,$I_f = I_{fN}(\Phi = \Phi_N)$ 时,电磁转矩 T 与电枢电流 I_a 之间的关系 $T = f(I_a)$ 称为转矩特性。

由 $T = C_T \Phi I_a$ 可知,不考虑电枢反应影响时,$\Phi = \Phi_N$ 不变,T 与 I_a 成正比,转矩特性为过原点的直线。如果考虑电枢反应的去磁作用,则当 I_a 增大时,转矩特性略为向下弯曲,如图 1.30 中的曲线 2 所示。

(3)效率特性 $\eta = f(I_a)$

当 $U = U_N$,$I_f = I_{fN}$ 时,效率 η 与电枢电流 I_a 的关系 $\eta = f(I_a)$ 称为效率特性。

并励直流电动机的效率

$$\eta = \frac{P_2}{P_1} \times 100\% = \left(1 - \frac{\sum p}{P_1}\right) \times 100\% = \left(1 - \frac{p_{Fe} + p_{mec} + p_{Cuf} + p_{Cua}}{U(I_a + I_f)}\right) \times 100\% \tag{1.22}$$

上式中的铁损耗 p_{Fe} 是电机旋转时电枢铁芯切割气隙磁场而引起的涡流损耗与磁滞损耗之和,其大小决定于气隙磁密与转速;机械损耗 p_{mec} 包括轴承及电刷的摩擦损耗和通风损耗,其大小主要决定于转速;励磁绕组的铜损耗 $p_{Cuf} = UI_f$,每极磁通不变时,I_f 不变,p_{Cuf} 也不变。由此可以看出,以上 3 种损耗都不随电枢电流变化,亦即不随负载变化的,通常将这 3 种损耗之和称为不变损耗。电枢回路的铜损耗 $p_{Cua} = I_a^2 R_a$,与电枢电流的平方成正比,亦即随负载的变化明显变化,故称为可变损耗。

当电枢电流 I_a 开始由零增大时,可变损耗增加缓慢,总损耗变化小,效率 η 明显上升;当忽略式(1.22)分母中的 I_f(因 $I_f \ll I_a$)时,可以由 $\dfrac{\mathrm{d}\eta}{\mathrm{d}I_a} = 0$ 求得当 I_a 增大到电动机的不变损耗等于可变损耗,即

$$p_{Fe} + p_{mec} + p_{Cuf} = I_a^2 R_a$$

时,电动机的效率达到最高;I_a 再进一步增大时,可变损耗在总损耗中所占的比例大了,可变损耗和总损耗都将明显上升,使效率 η 反而略为下降。并励直流电动机的效率特性如图 1.30 中的曲线 3 所示。一般电动机在负载为额定值的 75% 左右时效率最高。

1.5.3　串励直流电动机的工作特性

图 1.31 是串励直流电动机的原理接线图。串励直流电动机最根本的特点是励磁绕组与电枢绕组串联,励磁电流 I_f 就是电枢电流 I_a,即 $I_f = I_a$。因而他的转速特性与转矩特性和并励直流电动机有明显的不同。

(1) 转速特性

串励直流电动机的电压平衡方程式可以根据图 1.31 的电路用基尔霍夫电压定律列出如下:

$$U = E_a + I_a R_a + I_a R_f = E_a + I_a(R_a + R_f) = E_a + I_a R'_a$$

式中　$R'_a = R_a + R_f$——串励电动机的总电阻;

　　　R_f——串励绕组的电阻。

将电动势公式 $E_a = C_e \Phi n$ 代入上式,可得

$$n = \frac{U}{C_e \Phi} - \frac{R'_a}{C_e \Phi} I_a$$

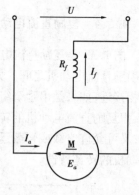

图 1.31　串励直流电动机

当 $I_a = I_f$ 较小时,磁路没有饱和,$\Phi = k_f I_f = k_f I_a$,代入上式,可得

$$n = \frac{U}{C_e k_f I_a} - \frac{R'_a}{C_e k_f I_a} I_a = \frac{U}{C'_e I_a} - \frac{R'_a}{C'_e} \tag{1.23}$$

式中　$C'_e = k_f C_e$——常数;

　　　k_f——磁通与励磁电流的比例系数。

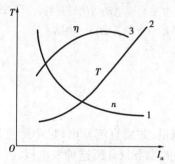

图 1.32　串励电动机的工作特性
1—转速特性;2—转矩特性;
3—效率特性

由式(1.23)可知,电枢电流不大时,串励直流电动机的转速特性具有双曲线性质,转速随电枢电流增大而迅速降低。当电枢电流较大时,由于磁路趋于饱和,磁通近似为常数,转速特性与并励时相似,为稍稍向下倾斜的直线,如图 1.32 中的曲线 1 所示。要注意的是当电枢电流较小时,电动机的转速将升得很高,因为 I_a 较小时,气隙磁通 Φ 和电阻压降 $I_a R'_a$ 均很小,为使 $E_a = C_e \Phi n$ 能与电源电压 U 相平衡,转速 n 必须很高才行。理论上,I_a 接近于零时,电动机转速将趋近于无穷大,导致转子损坏,所以串励直流电动机不允许在空载或轻载下运行。

(2) 转矩特性

串励时,电动机的转矩公式

$$T = C_T \Phi I_a = C_T k_f I_a^2 = C'_T I_a^2 \tag{1.24}$$

式中　$C'_T = C_T k_f$——对已制成的电机,磁路不饱和时为常数。

式(1.24)表明:电磁转矩与电枢电流的平方成正比,转矩特性如图 1.32 中的曲线 2 所示。这一特性使串励直流电动机在同样电流限值(一般为额定电流的 2 倍左右)下具有比他励直流电动机大得多的启动转矩和最大转矩,适用于启动能力或过载能力要求较高的场合,如拖动闸门、电力机车等负载。

(3)效率特性

串励直流电动机的效率特性与并励直流电动机相同,如图1.32中的曲线3所示。

1.5.4 复励直流电动机的工作特性

图1.33是复励直流电动机的接线图。一般采用积复励,其转速特性介于并励直流电动机和串励直流电动机之间。如果是并励绕组磁通势起主要作用,它的转速特性与并励直流电动机相接近;如果是串励绕组磁通势起主要作用,转速特性就与串励直流电动机接近。一般情况下,积复励直流电动机的转速特性如图1.34中的曲线2所示,既有较高的启动能力和过载能力,又可允许空载或轻载运行。为便于比较,图1.34中同时画出并励直流电动机和串励直流电动机的转速特性。

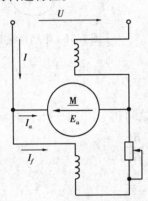

图1.33 复励直流电动机

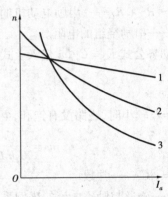

图1.34 复励直流电动机的转速特性
1—并励;2—积复励;3—串励

1.6 直流发电机

根据励磁方式的不同,直流发电机可以分为他励直流发电机、并励直流发电机、串励直流发电机和复励直流发电机。现在主要采用他励直流发电机,为此本节只介绍这种发电机。

1.6.1 直流发电机稳态运行时的基本方程式

图1.35为一台他励直流发电机的示意图。电枢旋转时,电枢绕组切割主磁通,产生电枢电动势E_a,如果外电路接有负载,则产生电枢电流I_a,按发电机惯例,I_a的正方向与E_a相同,端电压U的正方向与I_a相同,如图1.35所示。

(1)电动势平衡方程式

根据图1.35中所示电枢回路各量正方向,用基尔霍夫电压定律,可以列出电动势平衡方程式

$$U = E_a - I_a R_a \tag{1.25}$$

式(1.25)表明:直流发电机的端电压U等于电枢电动势E_a

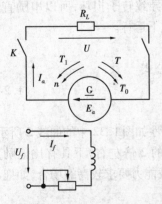

图1.35 他励直流发电机

减去电枢回路内部的电阻压降 $I_a R_a$,所以电枢电动势 E_a 应大于端电压 U。

(2)转矩平衡方程式

直流发电机以转速 n 稳态运行时,作用在电机轴上的转矩有 3 个:一个是原动机的拖动转矩 T_1,方向与 n 相同;一个是电磁转矩 T,方向与 n 相反,为制动性质的转矩;还有一个由电机的机械损耗及铁损耗引起的空载损耗转矩 T_0,也是制动性质的转矩。因此,可以写出稳态运行时的转矩平衡方程式

$$T_1 = T + T_0 \tag{1.26}$$

(3)功率平衡方程式

将式(1.26)两边乘以电枢机械角速度 Ω,得

$$T_1 \Omega = T\Omega + T_0 \Omega$$

可以写成

$$P_1 = P_{em} + p_0 \tag{1.27}$$

式中　$P_1 = T_1\Omega$——原动机输给发电机的机械功率,即输入功率;

$P_{em} = T\Omega$——发电机的电磁功率;

$p_0 = T_0\Omega$——发电机的空载损耗功率。

电磁功率

$$P_{em} = T\Omega = \frac{pN}{2\pi a}\Phi I_a \frac{2\pi n}{60} = \frac{pN}{60a}\Phi I_a n = E_a I_a$$

和直流电动机一样,直流发电机的电磁功率亦是既具有机械功率的性质,又具有电功率的性质,所以是机械能转换为电能的那一部分功率。

直流发电机的空载损耗功率也是包括机械损耗 p_{mec} 和铁损耗 p_{Fe} 两部分。

式(1.27)表明:发电机输入的功率 P_1,其中一小部分供给空载损耗 p_0,大部分为电磁功率,由机械功率转换为电功率。

将式(1.25)两边乘以电枢电流 I_a,得

$$E_a I_a = U I_a + I_a^2 R_a$$

即

$$P_{em} = P_2 + p_{Cua} \tag{1.28}$$

式中　$P_2 = U I_a$——发电机输出的电功率;

$p_{Cua} = I_a^2 R_a$——电枢回路铜损耗。

式(1.28)可以写成如下形式

$$P_2 = P_{em} - p_{Cua} \tag{1.29}$$

说明电磁功率扣除电枢回路铜损耗,余下部分为输出电功率。

综合以上功率关系,可得功率平衡方程式

$$P_1 = P_{em} + p_0 = P_2 + p_{Cua} + p_{mec} + p_{Fe} \tag{1.30}$$

他励直流发电机的功率流程图如图1.36所示。图中画出了励磁损耗 p_{Cuf},他励时,由其他直流电源供给,不在 P_1 的范围之内;并励时,由

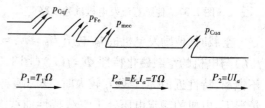

图 1.36　他励直流发电机的功率流程图

发电机本身供给,是 P_1 的一部分,相应地在式(1.29)中,右边应加上 p_{Cuf}。

一般情况下,直流发电机的总损耗

$$\sum p = p_{Cua} + p_{Cuf} + p_{Fe} + p_{mec}$$

直流发电机的效率

$$\eta = \frac{P_2}{P_1} \times 100\% = \left(1 - \frac{\sum p}{P_2 + \sum p}\right) \times 100\%$$

1.6.2 他励直流发电机的运行特性

直流发电机运行时,有 4 个主要物理量,它们是电枢端电压 U,励磁电流 I_f、负载电流 I(他励时 $I = I_a$)和转速 n。其中转速 n 由原动机确定,一般保持为额定值不变。因此,运行特性就是 U, I_f, I_a 3 个物理量保持其中一个不变时,另外两个物理量之间的关系。显然,运行特性应有 3 个。

(1)空载特性

$n = n_N, I_a = 0$ 时端电压 U_0 与励磁电流 I_f 之间的关系 $U_0 = f(I_f)$ 称为空载特性。

空载特性可以通过空载试验来测定,试验线路如图 1.37 所示。发电机由原动机拖动,转速 n 保持恒定,闸刀 K 断开,逐步调节励磁回路的分压电组 r_f,使励磁电流 I_f 单方向由零逐步增大,直至 $U_0 \approx 1.25 U_N$ 为止。然后单方向逐步减小 I_f,直至 $I_f = 0$,测取相应的 U_0 和 I_f,作出特性曲线如图 1.38 所示。由于铁磁性材料的磁滞现象,所求特性的上升分支 3 和下降分支 1 不重合,一般取其平均值作为该电机的空载特性,称为平均空载特性,如图中曲线 2 所示。图中 $I_f = 0$ 时,$U_0 = E_r$,为剩磁电压,为额定电压的 2% ~ 4%。

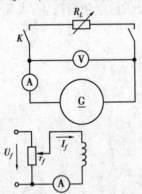

图 1.37 他励直流发电机试验线路

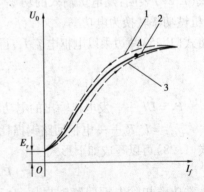

图 1.38 他励直流发电机的空载特性

空载时,他励发电机的端电压 $U_0 = E_a = C_e \Phi n$,$n =$ 常数时,$U_0 \propto \Phi$,所以空载特性 $U_0 = f(I_f)$ 与电机的空载磁化特性 $\Phi = f(I_f)$(图 1.22)相似,都是一条饱和曲线。I_f 比较小时,铁芯不饱和,特性近似为直线,I_f 较大时,铁芯随 I_f 的增大而逐步饱和,空载特性出现饱和段。一般情况下,电机的额定电压处于空载特性曲线开始弯曲的线段上,即图中 A 点附近。既能使磁通势的较小变化不致引起端电压的明显波动,又能通过调节 I_f 在一定范围内调节输出电压。

空载特性应在电机的额定转速下测出。如果转速不是额定值,则空载特性应按转速成正比地上升或下降。并励和复励直流发电机的空载特性也用他励方式测取,故特性形状也与图

1.38 相同。

（2）外特性

$n = n_N, I_f = I_{fN}$ 时，端电压 U 与负载电流 I 之间的关系 $U = f(I)$ 称为外特性。

外特性可以通过负载试验来测定，试验线路仍如图 1.37 所示。发电机由原动机拖动，转速 n 保持恒定，在负载电阻 R_L 置于最大位置时合上闸刀 K，同时调节励磁电流 I_f 和负载电阻 R_L，使 $U = U_N, I = I_N$，这时的 I_f 称为额定励磁电流 I_{fN}，保持 $I_f = I_{fN}$ 不变，调节 R_L，使 I 从零增加到 $1.2I_N$ 左右，测取各点相应的 I 和 U，就可得到他励直流发电机的外特性，如图 1.39 所示，是一条稍稍向下倾斜的曲线。

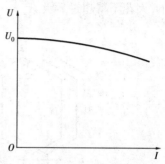

图 1.39 他励直流发电机的外特性

他励直流发电机的负载电流 I（亦即电枢电流 I_a）增大时，端电压有所下降。从电势方程式 $U = E_a - I_a R_a = C_e \Phi n - I_a R_a$ 分析可以得知，使端电压 U 下降的原因有两个：一个原因是当 $I = I_a$ 增大时，电枢回路电阻上压降 $I_a R_a$ 增大，引起端电压下降；另一个原因是 $I = I_a$ 增大时，电枢磁通势增大，电枢反应的去磁作用使每极磁通 Φ 减小，E_a 减小，从而引起端电压 U 下降。

发电机端电压随负载电流增大而降低的程度用电压变化率来表示。电压变化率是指 $n = n_N, I_f = I_{fN}$ 时发电机由额定负载（$U = U_N, I = I_N$）过渡到空载（$U = U_0, I = 0$）时电压升高的数值对额定电压的百分比

$$\Delta U = \frac{U_0 - U_N}{U_N} \times 100\% \tag{1.31}$$

ΔU 是衡量发电机运行性能的一个重要数据，一般他励发电机的电压变化率为 $5\% \sim 10\%$。

如欲维持电压 U 基本恒定不变，只需适当调节励磁电流 I_f。

1.7　直流电机的换向

直流电机运行时，随着电枢的转动，电枢绕组的元件从一条支路经过被电刷短路一下后进入另一条支路，元件中的电流随之改变方向的过程称为换向过程，简称换向。

图 1.40 表示直流电机一个元件的换向过程。图中以单叠绕组为例，且设电刷宽度等于一片换向片的宽度，电枢从右向左运动。换向开始时，电刷正好与换向片 1 完全接触，元件 1 位于电刷右边一条支路，设电流为 $+i_a$，方向为顺时针，如图 1.40（a）所示。换向过程中，电刷同时与换向片 1 和 2 接触，1 号元件被短路，元件中电流为 i，如图 1.40（b）所示。当电枢转动到电刷与换向片 2 完全接触时，1 号元件从电刷右边的支路进入电刷左边的支路，电流变为逆时针方向，即为 $-i_a$，至此，1 号元件换向结束。处于换向过程中的元件称为换向元件。从换向开始到换向结束所经历的时间称为换向周期，用 T_k 表示，直流电机的换向周期 T_k 一般只有千分之几秒甚至更短的时间，但换向的过程比较复杂，而且如果换向不良，会在电刷与换向器之间产生较大的火花。微弱的火花，对直流电机的正常运行没有影响，如果火花超过一定限度，就

会烧坏电刷和换向器,使电机不能正常工作。国家标准将火花的大小划分为 5 个等级,如表 1.1 所示。如果没有特殊说明,对正常工作的直流电机,火花等级不超过 $1\frac{1}{2}$ 级,在短时过载情况下,火花不得超过 2 级。

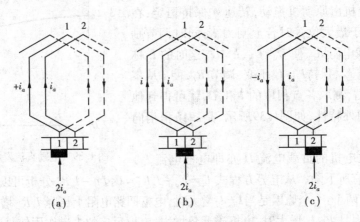

图 1.40 电枢绕组元件的换向过程

表 1.1 直流电机火花等级表

火花等级	电刷下的火花程度	换向器与电刷的状态
1	无火花	换向器上没有黑痕及电刷上没有灼痕
$1\frac{1}{4}$	电刷边缘仅小部分有微弱的点状火花,或有非放电性的红色火花	
$1\frac{1}{2}$	电刷边缘大部分或全部有轻微火花	换向器上有黑痕,但不发展,用汽油可擦去,电刷上有轻微灼痕
2	电刷边缘大部分或全部有较强烈的火花	换向器上有黑痕,擦不掉,电刷上有灼痕,如短时出现这一级火花换向器上不出现灼痕,电刷不被烧焦或损坏
3	电刷整个边缘有强烈火花,同时有大火花飞出	黑痕相当严重,汽油擦不掉,电刷上有灼痕,如在这一级火花下运行,换向器上将出现灼痕,电刷将被烧焦或烧坏

1.7.1 直线换向、延迟换向和电磁性火花

产生换向火花的原因有多种,最主要是电磁原因,为此,先分析电磁原因产生的电磁性火花。

(1) 直线换向

换向元件中的电流决定于该元件中的感应电动势和回路的电阻。假设换向元件中没有任何电动势,且将换向元件、引线与换向片的电阻均忽略不计,回路中只有电刷与换向片 1 的接触电阻 r_1 和电刷与换向片 2 的接触电阻 r_2,则换向元件中的电流只决定于回路中的电阻 r_1 和 r_2 的大小。

根据基尔霍夫电压定律,可得换向元件回路的电压方程式为

$$i_1 r_1 - i_2 r_2 = 0$$

$$\frac{i_1}{i_2} = \frac{r_2}{r_1} \tag{1.32}$$

式中 i_1, i_2——流过换向片 1,2 的电流。

电刷与换向片之间的接触电阻与接触面积成反比,即

$$\frac{r_2}{r_1} = \frac{A_1}{A_2} \tag{1.33}$$

式中 A_1, A_2——电刷与换向片 1,2 的接触面积。

由式(1.32)和式(1.33)可得

$$\frac{i_1}{i_2} = \frac{r_2}{r_1} = \frac{A_1}{A_2} \tag{1.34}$$

设换向元件中的电流为 i,则根据基尔霍夫电流定律,可以列出下面的电流关系式

$$i_1 = i_a + i$$

$$i_2 = i_a - i \tag{1.35}$$

对照图 1.40,由式(1.34)和式(1.35)分析可知:$t = 0$ 时,$A_2 = 0$,$i_2 = 0$,$i = +i_a$,换向开始;$0 < t < \dfrac{T_k}{2}$ 时,$A_1 > A_2$,$i_1 > i_2$,$i > 0$,与原方向相同;$t = \dfrac{T_k}{2}$ 时,$A_1 = A_2$,$i_1 = i_2$,$i = 0$;$\dfrac{T_k}{2} < t < T_k$ 时,$A_1 < A_2$,$i_1 < i_2$,$i < 0$,开始反向;$t = T_k$ 时,$A_1 = 0$,$i_1 = 0$,$i = -i_a$,换向结束。换向过程中,换向元件的电流 i 均匀地由 $+i_a$ 变为 $-i_a$,变化过程为一条直线,如图 1.41 中的曲线 1 所示,这种换向称为直线换向。直线换向时不产生火花,故又称为理想换向。

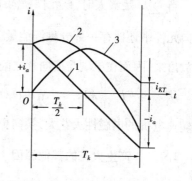

图 1.41　直线换向与延迟换向

(2)延迟换向和电磁性火花

实际上,换向元件回路中会有电抗电动势和旋转电动势存在,对换向产生不利影响。

1)电抗电动势

换向元件中的电流在换向周期 T_k 内,由 $+i_a$ 变化为 $-i_a$,必将在换向元件中产生自感电动势 e_L;另外,实际电机的电刷宽度通常为 2～3 片换向片宽,因而相邻几个元件同时进行换向,由于互感作用,换向元件中还会产生由于相邻元件电流变化时在本元件中引起的互感电动势,用 e_M 表示。通常将自感电动势 e_L 和互感电动势 e_M 合起来,称为电抗电动势,用 e_r 表示,故有

$$e_r = e_L + e_M = -(L + M)\frac{di}{dt} = -L_r \frac{di}{dt}$$

式中 $L_r = L + M$——换向元件的电感系数;

L——换向元件的自感系数;

M——换向元件的互感系数。

根据楞次定律,电抗电动势 e_r 的作用总是阻碍电流变化的,因此,e_r 的方向与元件换向前电流 $+i_a$ 的方向相同。

2) 旋转电动势

由于电枢反应使磁场发生畸变,使几何中性线附近存在电枢磁通势产生的磁场(马鞍形分布的凹部),换向元件旋转时切割此电枢磁场所感应的电动势称为旋转电动势,也称电枢反应电动势,用 e_a 表示。

$$e_a = 2N_c B_a l v_a \qquad (1.36)$$

式中　N_c——元件的匝数;

　　　B_a——换向元件边所在处的气隙磁密;

　　　l——元件边导体的有效长度;

　　　v_a——电枢表面线速度。

参看图 1.26,用右手定则可以确定,无论是在电动机还是发电机运行状态,换向元件切割电枢磁场所产生的旋转电动势 e_a 总与元件换向前的电流 $+i_a$ 的方向相同。

电抗电动势 e_r 和旋转电动势 e_a 的方向相同,都企图阻碍换向元件中电流的变化,使换向电流的变化延迟,如图 1.41 中曲线 2 所示,这种情况称为延迟换向。显然,曲线 2 与曲线 1 的电流之差就是电动势 $e_r + e_a$ 在换向元件中产生的电流,称为附加换向电流,用 i_k 表示。

$$i_k = \frac{\sum e}{r_1 + r_2} = \frac{e_r + e_a}{r_1 + r_2} \qquad (1.37)$$

附加换向电流 i_k 的方向与换向前电流 $+i_a$ 的方向相同,如图 1.41 中的曲线 3 所示。

当 $\sum e$ 足够大时,该元件换向结束瞬间,即 $t = T_k$ 时,附加换向电流 $i_k \neq 0$ 而为 i_{kT},所以,换向元件中还储存一部分磁场能量 $\frac{1}{2} L_r i_{kT}^2$,由于能量不能突变,$\frac{1}{2} L_r i_{kT}^2$ 就会以弧光放电的形式释放出来,因而在电刷与换向片之间产生火花,这种由电磁原因产生的火花称为电磁性火花。

从 $e_r = -L_r \frac{\mathrm{d}i}{\mathrm{d}t}$ 和 $e_a = 2N_c B_a l v_a$ 可以看出,两者均和电枢电流与转速成正比,所以大电流、高转速电机的电磁性火花大,换向更为困难。

1.7.2　产生火花的其他原因

产生换向火花的原因是复杂的,除上面分析过的电磁原因以外,还有机械方面和化学方面的原因。

(1) 机械原因

产生换向火花的机械原因有很多,主要是由于换向器偏心、换向片片间云母绝缘凸出、转子平衡不良、电刷在刷握中松动、电刷压力过大或过小、电刷与换向器的接触面研磨得不好因而接触不良等。为使电机能正常工作,应经常进行检查、维护和保养。

(2) 化学原因

电机运行时,由于空气中氧气、水蒸气以及电流通过时热和电化学的综合作用,在换向器表面形成一层氧化亚铜薄膜,这层薄膜有较高的电阻值,能有效地限制换向元件中的附加换向电流 i_k,有利于换向。同时薄膜吸附的潮气和石墨粉能起润滑作用,使电刷与换向器之间保持良好而稳定的接触。电机运行时,由于电刷的摩擦作用,氧化亚铜薄膜经常遭到破坏,可在正常使用环境中,新的氧化亚铜薄膜又能不断形成,对换向不会有影响。如果周围环境氧气稀薄、空气干燥或者电刷压力过大时,氧化亚铜薄膜难以生成,或者周围环境中存在化学腐蚀性气体能破坏氧化亚铜薄膜,都将使换向困难,火花变大。

1.7.3 改善换向的方法

改善换向的目的在于消除或削弱电刷下的火花。产生火花的原因是多方面的,其中最主要的是电磁原因,为此,下面分析如何消除或削弱电磁原因引起的电磁性火花。

产生电磁性火花的直接原因是附加换向电流 i_k,为改善换向,必须限制附加换向电流 i_k,由式(1.37)可知,欲限制 i_k,应设法增大电刷与换向器之间的接触电阻 r_1 和 r_2,或者减小换向元件中的感应电动势 $e_r + e_a$。为此,改善换向的方法一般有以下两种。

(1)选用合适的电刷,增加电刷与换向片之间的接触电阻

电机用电刷,型号规格很多,其中炭-石墨电刷的接触电阻最大,石墨电刷和电化石墨电刷次之,铜-石墨电刷的接触电阻最小。

直流电机如果选用接触电阻大的电刷,有利于换向,但接触压降较大,电能损耗大,发热厉害。设计制造电机时综合考虑两方面的因素,选择了恰当的电刷牌号。为此,在使用维修中,欲更换电刷时,必须选用与原来同一牌号的电刷,如果实在配不到相同牌号的电刷,那就尽量选择特性与原来相接近的电刷,并全部更换。

(2)装设换向极

换向极装设在相邻两主磁极之间的几何中性线上,如图1.42所示。几何中性线附近一个不大的区域称为换向区,是换向元件的元件边在换向过程中所转过的区域。换向极的作用是在换向区产生换向极磁通势,首先抵消换向区内电枢磁通势的作用,从而消除换向元件中电枢反应电动势(旋转电动势)e_a的影响,同时在换向区建立一个换向极磁场,其方向与电枢反应磁场方向相反,使换向元件切割该磁场时产生一个与电抗电动势 e_r 大小相等或近似相等、方向相反的附加电动势 e_k,以抵消或明显削弱电抗

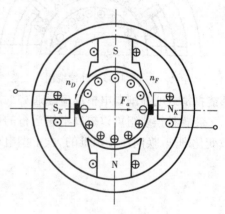

图1.42 用换向极改善换向

电动势 e_r,从而使换向元件回路中的合成电动势 $\sum e$ 为零或接近于零,换向过程为直线换向或接近于直线换向,火花小,换向良好。

为使附加电动势 e_k 的方向与电抗电动势 e_r 的方向相反,亦即使 e_k 的方向与旋转电动势 e_a 的方向相反,就必须使换向极磁通势的方向与电枢磁通势 F_a 的方向相反。为此,由图1.42可以看出:对发电机,换向极的极性应与顺电枢旋转方向下一个主磁极的极性相同;对电动机,换向极的极性应与顺电枢旋转方向下一个主磁极的极性相反。

电枢磁通势和电抗电动势 e_r 均与电枢电流成正比,为使换向极磁通势在电枢电流随负载大小变化时,都能抵消电枢磁通势的影响并产生与 e_r 相等或近似相等的附加电动势 e_k,换向极绕组应与电枢绕组串联,并使换向极磁路处于不饱和状态,从而保证负载变化时换向元件回路中的总电动势总接近于零,都有良好的换向。

装设换向极是改善换向最有效的方法,容量在 1 kW 以上的直流电机大都装有与主磁极数目相等的换向极。

1.7.4 环火与补偿绕组

(1)产生环火的原因

电枢反应使磁场发生畸变,如图1.26所示。负载较大时,气隙磁密分布严重畸变,元件边处于磁密最大位置的元件感应电动势很大,相应的换向片之间的电位差 U_{kx} 也就很大。当此换向片间的电位差超过一定限度时,会使换向片之间的空气电离击穿,产生所谓电位差火花。在换向不利的情况下,这种电位差火花会和电刷与换向器之间的换向火花连成一片,形成跨越正、负电刷之间的电弧,使整个换向器被一圈火环所包围,这种现象称为环火。环火发生时,轻则烧坏电刷和换向器,严重时会烧坏电枢绕组,使电机无法运行。

(2)防止环火的措施——装补偿绕组

由以上分析可知,产生环火的主要原因是电枢磁通势使磁场发生畸变,为防止环火,必须设法克服电枢磁通势对气隙磁场的影响,有效的办法是在主磁极上装置补偿绕组,如图1.43所示。主磁极极靴上开有均匀分布的槽,槽内嵌放补偿绕组,使补偿绕组电流的方向与所对应的主磁极下电枢绕组的电流方向相反,确保补偿绕组磁通势和电枢反应磁通势的方向相反,从而补偿电枢反应磁通势的影响。为了使补偿作用在任何负载下

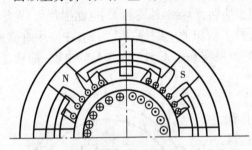

图1.43 补偿绕组

都能抵消或明显削弱电枢反应磁通势的影响,补偿绕组应与电枢绕组串联。

装置补偿绕组可以提高电机运行的可靠性,但使电机结构复杂,成本提高,一般仅用于负载变化剧烈、换向比较困难的大、中型电机。

小 结

直流电机的基本工作原理包含两个要点:一是巧妙地利用了"电生磁、磁变生电、电磁生力"的电磁作用原理,分析时应能熟练地应用右手螺旋定则、右手定则和左手定则,确定有关物理量的方向;二是换向器和电刷的作用。在直流电动机中,换向器和电刷的作用是将正负电刷引入的直流电流变换为电枢绕组元件中的交变电流,从而保证电枢绕组所受电磁转矩的方向恒定不变,电动机得以连续旋转;在直流发电机中,换向器和电刷的作用是将电枢绕组元件中产生的交变电动势变换为正负电刷引出的直流电动势。

旋转电机均由定子和转子两部分组成。直流电机的定子部分包括主磁极、换向极、机座和电刷装置等,主要作用是建立磁场;转子部分包括电枢铁芯、电枢绕组、换向器和转轴等,主要作用是产生电磁转矩和感应电动势,是直流电机进行能量转换的枢纽,所以直流电机的转子又称为电枢。

直流电机的额定值包括额定功率、额定电压、额定电流、额定转速和额定励磁电流等,是正确选择和使用直流电机的依据。为此,应充分理解每个额定值的涵义。

电枢绕组是直流电机进行能量变换的枢纽,由若干个相同的元件通过换向器的换向片以

一定规律连接成为闭合绕组。根据元件及连接规律的不同,分为叠绕组和波绕组两类。单叠绕组的连接规律是把上层边位于同一极下的所有元件串联起来构成一条支路,所以并联支路对数等于极对数,即 $a = p$。单波绕组的连接规律是把上层边位于同一极性各磁极下的所有元件串联起来构成一条支路,所以并联支路对数恒等于1,即 $a = 1$,与极对数 p 无关。单叠绕组适用于电压较低电流较大的电机,单波绕组适用于电压较高电流较小的电机。电刷的数目等于极数,电刷的位置应使被电刷短路的元件的电动势最小,正负电刷间的电动势最大,当元件端部左右对称时,电刷的中心线应对准磁极的中心线。

磁场是直流电机进行能量变换的媒介。直流电机空载时,只有励磁绕组励磁磁通势建立的励磁磁场,又称主磁场,其每极磁通为 Φ_0,负载时,电枢绕组流过电流,产生电枢磁通势,电枢磁通势对主磁场的影响称为电枢反应。电刷放在几何中性线上时,电枢反应使磁场发生畸变,半个极下磁场增强,半个极下磁场减弱,物理中性线偏离几何中性线,磁路饱和时,有去磁作用,使每极磁通 Φ 小于空载时的每极磁通 Φ_0。

直流电机作为电动机或是发电机运行,电枢绕组都产生感应电动势和电磁转矩。电枢绕组的电动势 $E_a = \dfrac{pN}{60a}\Phi n = C_e \Phi n$,与每极磁通 Φ 和转速 n 成正比;电磁转矩 $T = \dfrac{pN}{2\pi a}\Phi I_a = C_T \Phi I_a$ 与每极磁通 Φ 和电枢电流 I_a 成正比。

直流电机的励磁方式分为他励和自励两种,自励又分为并励、串励和复励3种。采用的励磁方式不同,电机的特性也不同。

直流电动机将输入的直流电能转换为轴上输出的机械能。直流电动机运行时各物理量之间的关系可用电压平衡方程式、转矩平衡方程式和功率平衡方程式表示,对于并励直流电动机,这3个方程式为

$$U = E_a + I_a R_a$$
$$T = T_2 + T_0$$
$$P_2 = P_1 - p_{Cuf} - p_{Cua} - p_{Fe} - p_{mec} = P_1 - \sum p$$

根据这3个平衡方程式和电动势、电磁转矩的公式可以求得并励直流电动机的工作特性,包括转速特性 $n = f(I_a)$、转矩特性 $T = f(I_a)$ 和效率特性 $\eta = f(I_a)$,其中最重要的是转速特性 $n = f(I_a)$。他励直流电动机的转速特性与并励直流电动机相类同,转速随电枢电流变化不大。串励直流电动机的转速特性有明显不同,当电枢电流很小时转速将升至很高,导致电机损坏,为此,不能在空载或轻载下运行。复励直流电动机的转速特性则处于并励和串励直流电动机之间。

直流发电机将轴上输入的机械能转换为正负电刷输出的直流电能。直流发电机运行时各物理量之间的关系亦是用电压平衡方程式、转矩平衡方程式和功率平衡方程式表示。对于他励直流发电机,这3个方程式为

$$U = E_a - I_a R_a = C_e \Phi n - I_a R_a$$
$$T_1 = T + T_0$$
$$P_2 = P_1 - p_{Cua} - p_{mec} - p_{Fe} = P_1 - \sum p$$

根据这些方程式可以求得他励直流发电机的运行特性,主要是空载特性 $U_0 = f(I_f)$ 和外特性 $U = f(I)$。他励直流发电机的外特性是稍稍向下倾斜的曲线。端电压 U 随负载电流 I 的增

大稍有下降的原因有两个：一是电枢回路电阻上的压降；二是电枢反应的去磁作用。端电压随负载电流变化的程度用电压变化率$\Delta U = \dfrac{U_0 - U_N}{U_N} \times 100\%$表示。适当调节励磁电流，可以调节端电压的高低或维持其基本恒定不变。

直流电机的换向是指电枢绕组元件从一条支路经过被电刷短路转入另一条支路、元件内电流变换方向的过程。换向不良会引起电刷下面的换向火花超过容许的火花等级，损坏电刷和换向器。产生换向火花的原因有机械原因、化学原因和电磁原因3种，主要是电磁原因。针对产生换向火花的电磁原因，改善换向减小火花的有效方法是设置换向极。换向极的数目等于主磁极，装于主磁极之间的几何中性线位置；换向极的极性必须使换向极的磁通势与电枢磁通势的方向相反，即在电动机中，换向极的极性应与下一个主磁极的极性相反，在发电机中，换向极的极性应与下一个主磁极的极性相同；换向极绕组应与电枢绕组相串联。在容量较大或负载变化剧烈的电动机中，电枢反应使磁场发生严重畸变，使某些换向片之间的电位差超过一定限度，会产生电位差火花，与换向火花会合，可能引起环火，烧坏电机。防止环火的有效方法是采用补偿绕组。

思 考 题

1.1 直流电机有哪些主要结构部件？它们各起什么作用？分别用什么材料制成？

1.2 换向器和电刷在直流电动机和直流发电机中分别起什么作用？

1.3 单叠绕组和单波绕组的连接规律有什么不同？为什么单叠绕组的并联支路对数$a = p$，而单波绕组的并联支路对数$a = 1$？

1.4 一台四极单叠绕组的直流发电机，若因故取去一组电刷，对电机运行有什么影响？如果电机采用的是单波绕组，若取去一组电刷，对其运行有什么影响？

1.5 何谓电枢反应？电枢反应对气隙磁场有什么影响？

1.6 公式$E_a = C_e \Phi n$和$T = C_T \Phi I_a$中的Φ指的是什么磁通？直流电机空载和负载时的Φ是否相同？为什么？

1.7 电枢绕组元件左右对称时，在电枢绕组的展开图中，电刷在换向器表面位置应放在何处，才能使正、负电刷之间的电动势为最大？

1.8 何谓直流电动机的转速特性和转矩特性？电动机的电磁转矩是拖动性质的转矩，电磁转矩增大时，转速似乎应该上升，但从直流电动机的转速和转矩特性看，电磁转矩增大时，转速反而下降，这是什么原因？

1.9 直流电机的电磁功率指的是什么功率？他励直流电动机运行时有哪些损耗？画出其功率流程图。

1.10 串励直流电动机的转速特性有何特点？串励直流电动机为什么不允许空载运行？

1.11 并励直流电动机正在运行时励磁绕组突然断开，试问在电机有剩磁或没有剩磁的情况下有什么后果？若启动时就断了线又有何后果？

1.12 如何改变他励、并励、串励、复励直流电动机的转向？

1.13 何谓直流电机的可逆原理？如何判别直流电机运行于电动机状态还是发电机状

态？它们的 T,n,E_a,U,I_a 的方向有何不同？能量转换关系如何？

1.14 用什么方法能改变他励直流发电机正负电刷的极性？

1.15 何谓直流发电机的外特性？他励直流发电机的外特性向下倾斜的原因有哪些？有什么方法能使发电机的负载变化时,其输出电压基本保持恒定？

1.16 直流电机运行时,以下哪些量是交变的,哪些量是不交变的:(1)励磁电流;(2)每极磁通;(3)电枢绕组元件中的电流;(4)电枢电流;(5)电枢绕组元件中的感应电动势。

1.17 换向元件在换向过程中可能出现哪些电动势？是什么原因引起的？它们对换向各有什么影响？

1.18 直流电机运行时产生火花的原因有哪些？火花对电机运行有何影响？消除或减小电磁性火花的方法有哪些？

1.19 换向极的作用是什么？装在什么地方？绕组如何励磁？如果换向极绕组的极性接反,运行时会出现什么现象？

1.20 如何确定直流电机换向极的极性,一台直流发电机改为直流电动机运行时,是否需要改接换向极绕组？为什么？

1.21 环火是怎样引起的？补偿绕组的作用是什么？如何装置？其绕组怎样连接？

习 题

1.1 一台直流电动机的数据为:额定功率 $P_N = 22$ kW,额定电压 $U_N = 220$ V,额定转速 $n_N = 1\,500$ r/min,额定效率 $\eta_N = 86\%$,试求:

(1)额定电流 I_N;

(2)额定负载时的输入功率 P_{IN}。

1.2 一台直流发电机的数据为:额定功率 $P_N = 10$ kW,额定电压 $U_N = 230$ V,额定转速 $n_N = 1\,450$ r/min,额定效率 $\eta_N = 85\%$,试求:

(1)额定电流 I_N;

(2)额定负载时的输入功率 P_{IN}。

1.3 一台直流电机,已知极对数 $p = 2$,槽数 Z 和换向片数 K 均等于 22,采用单叠绕组。

(1)计算绕组各节距;

(2)画出绕组展开图、主磁极和电刷的位置;

(3)求并联支路数。

1.4 一台直流电机的数据为:极数 $2p = 4$,元件数 $S = 120$,每个元件的电阻为 0.2 Ω,当转速为 1 000 r/min 时,每个元件的平均感应电动势为 10 V,问当电枢绕组为单叠或单波绕组时,电刷间的电动势和电阻各为多少？

1.5 已知一台直流电机的极对数 $p = 2$、元件数 $S = Z = K = 21$,元件的匝数 $N_c = 10$,单波绕组,试求当每极磁通 $\Phi = 1.42 \times 10^{-2}$ Wb、转速 $n = 1\,000$ r/min 时的电枢电动势。

1.6 一台直流电机,极数 $2p = 6$,电枢绕组总的导体数 $N = 400$,电枢电流 $I_a = 10$ A,气隙每极磁通 $\Phi = 2.1 \times 10^{-2}$ Wb,试求采用单叠绕组时电枢所受电磁转矩为多大？如把绕组改为单波绕组,保持支路电流 i_a 的数值不变,电磁转矩又为多大？

1.7 一台他励直流电机,极对数 $p=2$,并联支路对数 $a=1$,电枢总导体数 $N=372$,电枢回路总电阻 $R_a=0.208\ \Omega$,运行在 $U=220\ \text{V}$,$n=1\ 500\ \text{r/min}$,$\Phi=0.011\ \text{Wb}$ 的情况下。铁耗 $p_{\text{Fe}}=362\ \text{W}$,$p_{\text{mec}}=204\ \text{W}$,试问:

(1)该电机运行在发电机状态还是电动机状态?

(2)电磁转矩是多大?

(3)输入功率、输出功率、效率各是多少?

1.8 一台并励直流电动机的额定数据为:$U_{\text{N}}=220\ \text{V}$,$I_{\text{N}}=92\ \text{A}$,$R_a=0.08\ \Omega$,$R_f=88.7\ \Omega$,$\eta_{\text{N}}=0.86$,试求额定运行时的:

(1)输入功率;

(2)输出功率;

(3)总损耗;

(4)电枢回路铜损耗;

(5)励磁回路铜损耗;

(6)机械损耗与铁损耗之和。

1.9 一台并励直流电动机的额定数据为:$P_{\text{N}}=17\ \text{kW}$,$U_{\text{N}}=220\ \text{V}$,$I_{\text{N}}=92\ \text{A}$,$n_{\text{N}}=1\ 500\ \text{r/min}$,电枢回路总电阻 $R_a=0.1\ \Omega$,励磁回路电阻 $R_f=110\ \Omega$,试求:

(1)额定负载时的效率;

(2)额定运行时的电枢电动势 E_a;

(3)额定负载时的电磁转矩。

1.10 一台他励直流发电机,额定转速为 $1\ 000\ \text{r/min}$,当满载时电压为 $220\ \text{V}$,电枢电流为 $10\ \text{A}$,励磁电流保持为 $2.5\ \text{A}$。已知在 $n=750\ \text{r/min}$ 时的空载特性为

I_f/A	0.4	1.0	1.6	2.0	2.5	2.6	3.0	3.6	4.4
E_0/V	33	78	120	150	176	180	194	206	225

试求:

(1)转速为额定、励磁电流保持 $2.5\ \text{A}$ 时的空载电动势;

(2)该电机额定运行时的电压变化率。

第2章

直流电机的电力拖动

2.1　电力拖动系统的运动方程式

　　用各种原动机带动生产机械的工作机构运转以完成一定的生产任务称为拖动。用电动机作为原动机的拖动称为电力拖动。

　　电力拖动系统一般由电动机、生产机械的工作机构、传动机构、控制设备及电源5部分组成,如图2.1所示。电动机作为整个系统的动力,拖动生产机械的工作机构,电动机和工作机构不同轴时,两者之间有传动机构,用以变速或变换运动方式,控制设备用以控制电动机的运动,控制设备和电动机均需有电源供给电能。下面先分析电力拖动系统中电动机带动工作机构运动的动力学基础。

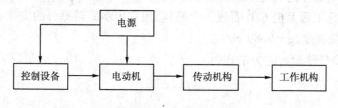

图2.1　电力拖动系统

　　电力拖动系统工作时,有些部件是作直线运动的,例如直线电动机、起重机的吊钩、电梯的轿箱和龙门刨床的工作台等;有些部件是作旋转运动的,例如旋转电动机、齿轮机构及各种作旋转运动的工作机构等。所以运动方程式亦有两种不同的形式:

(1)直线运动方程式

$$F - F_L = m\frac{\mathrm{d}v}{\mathrm{d}t} \tag{2.1}$$

式中　F——作用在直线运动部件上的拖动力,单位为 N(牛顿);

　　　　F_L——作用在直线运动部件上的阻力,单位为 N;

　　　　m——直线运动部件的质量,单位为 kg(千克);

　　　　v——直线运动部件的线速度,单位为 m/s;

$\dfrac{\mathrm{d}v}{\mathrm{d}t}$ ——直线运动部件的加速度，单位为 m/s^2。

（2）旋转运动方程式

$$T - T_L = J\dfrac{\mathrm{d}\Omega}{\mathrm{d}t} \tag{2.2}$$

式中　T——电动机的电磁转矩，一般为拖动转矩，单位为 N·m；

　　　T_L——负载转矩，一般为制动转矩，应为生产机械负载转矩 T_2 与电动机空载转矩 T_0 之和，单位为 N·m；

　　　J——转动部分的转动惯量，单位为 kg·m^2；

　　　Ω——转动部分的机械角速度，单位为 rad/s（弧度/秒）；

　　　$\dfrac{\mathrm{d}\Omega}{\mathrm{d}t}$——转动部分的机械角加速度，单位为 rad/s^2。

转动惯量表示转动部分的惯性，转动惯量越大，则其惯性越大，改变其角速度 Ω 就越困难。转动惯量 J 可用下式表示

$$J = m\rho^2 \tag{2.3}$$

式中　m——转动部分的质量，单位为 kg；

　　　ρ——转动部分的惯性半径，单位为 m。

若以 $m = \dfrac{G}{g}$ 和 $\rho^2 = (\dfrac{D}{2})^2 = \dfrac{D^2}{4}$ 代入式（2.3），则可得

$$J = m\rho^2 = \dfrac{G}{g}\cdot\dfrac{D^2}{4} = \dfrac{GD^2}{4g} \tag{2.4}$$

式中　G——转动部分的重量，单位为 N；

　　　D——转动部分的惯性直径，单位为 m；

　　　GD^2——转动部分的飞轮矩，在数值上等于 G 和 D^2 的乘积，因 $GD^2 = 4gJ$ 与 J 成正比，为此工程上把 GD^2 看成一个整体，用它表示旋转部分的惯性，单位为 N·m^2；

　　　g——重力加速度，$g = 9.80$ m/s^2。

机械角速度 Ω 与转速 n 的关系式为

$$\Omega = \dfrac{2\pi n}{60}$$

将此式与式（2.4）代入式（2.2）可得旋转运动方程式的实用形式

$$T - T_L = \dfrac{GD^2}{375}\dfrac{\mathrm{d}n}{\mathrm{d}t} \tag{2.5}$$

式（2.5）中 T 和 T_L 的单位为 N·m。

电动机和其他转动部件的飞轮矩 GD^2 的值可从相应的产品目录中查到，但其单位多数尚用工程上沿用单位 kgf·m^2，为此要乘以 9.80 才是法定计量单位制以 N·m^2 为单位的数值。

式（2.5）中的 T，T_L 和 n 都是有方向的量，计算时必须要能正确确定各量的正负号，才能正确反映各量之间的动力学关系。通常首先选定转速 n 的正方向，则拖动转矩 T 的正方向与转速 n 的正方向相同时为正，反之为负；负载转矩 T_L 与转速 n 的正方向相反时为正，反之为负。

转速的正方向可以任意选取，选逆时针或顺时针方向均可，但工程上一般对起重机械取提

升重物时的转速方向定为正;龙门刨床工作台则以切削时的转速方向为正等;如为单向旋转运动,尽可能取其实际转向为 n 的正方向。

$\frac{GD^2}{375}\frac{\mathrm{d}n}{\mathrm{d}t}$ 称为加速转矩,其大小和正负号由转矩 T 和 T_L 的代数和决定。如果 T,T_L,n 均为正时,则可按式(2.5)分析电力拖动系统的运转状态如下:

1) $T = T_L$,加速转矩 $\frac{GD^2}{375}\frac{\mathrm{d}n}{\mathrm{d}t}=0$,$\frac{\mathrm{d}n}{\mathrm{d}t}=0$,所以 $n=0$ 或 $n=$ 常数,电力拖动系统处于静止或稳定运转状态。

2) $T > T_L$,加速转矩 $\frac{GD^2}{375}\frac{\mathrm{d}n}{\mathrm{d}t}>0$,$\frac{\mathrm{d}n}{\mathrm{d}t}>0$,所以电力拖动系统处于加速状态。

3) $T < T_L$,加速转矩 $\frac{GD^2}{375}\frac{\mathrm{d}n}{\mathrm{d}t}<0$,$\frac{\mathrm{d}n}{\mathrm{d}t}<0$,所以电力拖动系统处于减速状态。

2.2　工作机构的转矩、力、飞轮矩和质量的折算

式(2.5)是对旋转运动系统中的某一根轴而言的,如用于电动机轴,则 T 是电动机的电磁转矩,T_L 是作用在电动机轴上的负载转矩,GD^2 是轴上总的飞轮矩,$\frac{\mathrm{d}n}{\mathrm{d}t}$ 是该轴的加速度。在实际的电力拖动系统中,电动机与负载机械的工作机构之间经常采用齿轮传动、蜗轮蜗杆传动或皮带传动等传动机构,使电力拖动系统的轴不止一根,这样的系统称为多轴系统,如图2.2(a)所示。要分析多轴系统,必须对每根轴列出其运动方程式,再列各轴之间相互联系的关系式,而后联立求解。显然,这种方法比较复杂,同时一般只需以电动机轴为研究对象,而不需详细研究每根轴的问题。为此,通常将一个实际的多轴系统折算为一个等效的单轴系统,如图2.2(b)所示。折算的方法是以电动机轴为折算对象,把工作机构的转矩、系统中各轴(电动机轴除外)的飞轮矩、直线运动部分的质量和直线部分的负载力都折算到电动机的轴上去。折算的原则是保持传递的功率不变和系统储存的动能不变。具体的折算方法和折算公式可查阅有关资料。

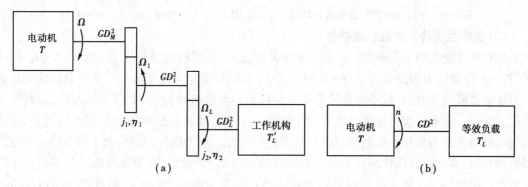

图2.2　电力拖动系统的简化

(a)实际的多轴系统;(b)简化的等效单轴系统

2.3 负载的机械特性

生产机械工作机构的负载转矩 T_L 与转速 n 的关系称为负载的机械特性。生产机械品种繁多,它们的机械特性各不相同,但根据统计分析,可以归纳为以下 3 类。

2.3.1 恒转矩负载机械特性

负载转矩 T_L 的大小与转速 n 无关,转速 n 变化时,负载转矩 T_L 恒定不变。这种负载称为恒转矩负载,这种机械特性称为恒转矩负载机械特性。恒转矩负载又分为反抗性恒转矩负载和位能性恒转矩负载两种。它们的机械特性也分为两种。

(1)反抗性恒转矩负载机械特性

其特点是负载转矩的大小恒定不变,但其方向总是与运动方向相反,当运动方向改变时,负载转矩的方向也随之改变。反抗性恒转矩负载的机械特性如图 2.3 所示,总在第一或第三象限。

摩擦力的方向总与运动方向相反,摩擦力的大小只与正压力和摩擦系数有关,而与运动的速度无关,所以像机床刀架的平移运动、轧钢机轧辊、行车的行车机构等由摩擦力产生的负载转矩均为反抗性恒转矩,这类机械的机械性特性为反抗性恒转矩负载机械特性。

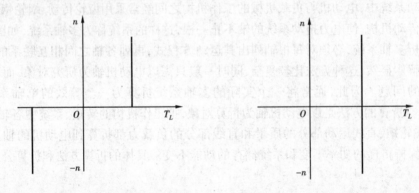

图 2.3　反抗性恒转矩负载机械特性　　图 2.4　位能性恒转矩负载机械特性

(2)位能性恒转矩负载机械特性

负载转矩的大小恒定不变,而且具有固定的方向,不随转速方向的改变而改变,即 $n>0$ 时,$T_L>0$,负载转矩为制动转矩;$n<0$ 时,$T_L>0$,负载转矩变为拖动转矩。这种负载称为位能性恒转矩负载,它们的机械特性就称为位能性恒转矩负载机械特性,如图 2.4 所示,总在第一或第四象限。起重机类机械提升和下放重物时产生的负载转矩是典型的位能性恒转矩,这类机械的机械特性为典型的位能性恒转矩负载机械特性。当考虑传动机构由于摩擦阻力产生的转矩损耗时,实际的位能性恒转矩负载机械特性如图 2.5 所示。图中虚线所示为重物产生的位能性负载转矩 T_{L1},传动机构的损耗转矩为 ΔT,提升重物时($n>0$),损耗转矩由电动机提供,折算到电动机轴上的负载转矩应为两者之和,即 $T_L=T_{L1}+\Delta T$;下放重物时($n<0$),损耗转矩由负载提供,折算到电动机轴上的负载转矩应为两者之差,即 $T_L=T_{L1}-\Delta T$。

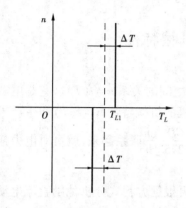

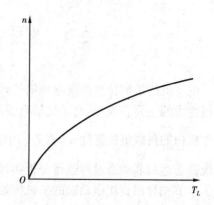

图2.5 考虑传动损耗转矩的实际位
能性恒转矩负载机械特性

图2.6 泵类负载机械特性

2.3.2 泵类负载机械特性

负载转矩的大小基本上与转速的平方成正比,即 $T_L = Kn^2$,且属反抗性负载,即转速反向时,负载转矩亦随之反向。机械特性在第一和第三象限,第一象限的泵类负载机械特性如图2.6所示,第三象限的特性与第一象限的特性相对称。

工业上应用很广的风机、水泵、油泵等均属泵类负载,它们的机械特性均属图2.6所示的泵类负载机械特性。

2.3.3 恒功率负载机械特性

负载转矩的大小基本上与转速 n 成反比,即 $T_L = \dfrac{K}{n}$,式中 K 为比例常数。这时负载的功率

$$P_2 = T_L\Omega = T_L\frac{2\pi n}{60} = \frac{T_L n}{9.55} = \frac{K}{9.55} = 常数$$

所以这种负载称为恒功率负载,其机械特性称为恒功率负载机械特性。由于此类负载亦属反抗性负载,机械特性在第一和第三象限,第一象限的恒功率负载机械特性如图2.7所示。

金属切削机床是典型的恒功率负载,因为它们在粗加工时,切削量大,切削力和负载转矩大,但通常切削速度较低;在精加工时,切削量小,切削力和负载转矩小,但切削速度较高,切削功率则基本不变。所以金属切削机床的机械特性属于恒功率负载机械特性。

以上3类负载机械特性是从各种实际负载中概括出来的典型化的负载机械特性,实际的负载机械特性可能是以某种典型特性为主的几种典型特性的组合。

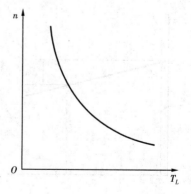

图2.7 恒功率负载机械特性

2.4　他励直流电动机的机械特性

电动机的机械特性是指电动机的转速 n 与电磁转矩 T 之间的关系 $n = f(T)$。它是电动机机械性能的主要表现，是电动机最重要的特性。因为电动机的机械特性 $n = f(T)$ 和生产机械工作机构的负载机械特性 $n = f(T_L)$ 用运动方程式 $T - T_L = \dfrac{GD^2}{375}\dfrac{dn}{dt}$ 联系起来，就可对电力拖动系统稳态运行和动态过程进行分析和计算。

本节先导出直流电动机的机械特性方程式 $n = f(T)$，再根据方程式分析他励直流电动机在各种不同情况下的机械特性。

2.4.1　机械特性方程式

将电动势公式 $E_a = C_e \Phi n$ 代入电动势平衡方程式 $U = E_a + I_a(R_a + R_{sa})$，可得直流电动机的转速特性方程式

$$n = \frac{U}{C_e \Phi} - \frac{R_a + R_{sa}}{C_e \Phi} I_a \tag{2.6}$$

再将转矩公式 $T = C_T \Phi I_a$，即 $I_a = \dfrac{T}{C_T \Phi}$ 代入上式，即得直流电动机的机械特性方程式

$$n = \frac{U}{C_e \Phi} - \frac{R_a + R_{sa}}{C_e C_T \Phi^2} T = n_0 - \beta T \tag{2.7}$$

式中　R_{sa}——电枢回路串接的附加电阻；

$n_0 = \dfrac{U}{C_e \Phi}$——$T = 0$ 时的转速，称为理想空载转速；

$\beta = \dfrac{R_a + R_{sa}}{C_e C_T \Phi^2}$——机械特性的斜率。

当 U，R_{sa} 和 Φ 均为常数时，根据式(2.7)可以画出他励直流电动机的机械特性如图2.8所示。根据式(2.7)和图2.8，可以得到以下几点结论：

1）他励直流电动机的转矩平衡方程式 $T = T_2 + T_0$，空载时 $T_2 = 0$，$T = T_0 \neq 0$，只有理想空载时，$T_0 = 0$，才有 $T = 0$，所以把 $T = 0$ 时的转速 $n_0 = \dfrac{U}{C_e \Phi}$ 称为理想空载转速，是机械特性与纵坐标交点处的转速。理想空载转速 n_0 的大小与电压 U 成正比，与每极磁通 Φ 成反比。

2）机械特性方程式中的斜率 $\beta = \dfrac{R_a + R_{sa}}{C_e C_T \Phi^2}$，当电枢回路的总电阻 $R_a + R_{sa}$ 和每极磁通 Φ 保持不变时，β 为常数，所以他励直流电动机的机械特性 $n = n_0 - \beta T$

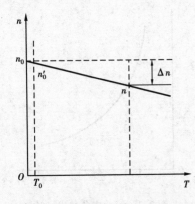

图2.8　他励直流电动机的机械特性

为一条向下倾斜的直线，向下倾斜的程度与斜率 β 成正比。理想空载转速 n_0 和斜率 β 两个值

的大小就确定了相应的机械特性。

由图 2.8 的机械特性可以清楚看出，负载时转速 n 低于理想空载转速 n_0，负载时转速下降的数值

$$\Delta n = n_0 - n = \beta T$$

称为电动机负载时的转速降，此值亦与斜率 β 成正比，β 越大，Δn 就越大。通常称 β 大的机械特性为软特性，β 小的机械特性为硬特性。

3）电动机空载时，$T = T_0$，转速 $n = n_0' = n_0 - \beta T_0$ 称为实际空载转速，显然 n_0' 略低于 n_0，如图 2.8 所示。

2.4.2　固有机械特性

电源电压 $U = U_N$、气隙每极磁通 $\Phi = \Phi_N$、电枢回路不串附加电阻（$R_{sa} = 0$）时的机械特性称为固有机械特性。固有机械特性的方程式根据式（2.7）可得

$$n = \frac{U_N}{C_e \Phi_N} - \frac{R_a}{C_e C_T \Phi_N^2} T = n_0 - \beta_N T \qquad (2.8)$$

按式（2.8）给出的固有机械特性如图 2.9 所示。理想空载转速 $n_0 = \dfrac{U_N}{C_e \Phi_N}$，特性斜率 $\beta_N =$

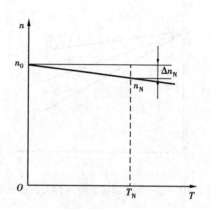

图 2.9　他励直流电动机的固有机械特性

$\dfrac{R_a}{C_e C_T \Phi_N^2}$。因为 R_a 一般很小，所以 β_N 较小，为此他励直流电动机的固有机械特性为硬特性，负载变化时，电动机的转速变化不大。

额定负载转矩（$T = T_N$）时的转速为额定转速

$$n_N = n_0 - \beta_N T_N$$

额定负载时的转速降为额定转速降

$$\Delta n_N = n_0 - n_N = \beta_N T_N$$

额定转速降 Δn_N 对额定转速 n_N 的比值用百分数表示时称为额定转速变化率

$$\Delta n_N\% = \frac{\Delta n_N}{n_N} \times 100\% = \frac{n_0 - n_N}{n_N} \times 100\%$$

中小型他励直流电动机的 $\Delta n_N\%$ 为 $5\% \sim 10\%$。

2.4.3　人为机械特性

使用直流电动机时，其固有机械特性往往不能满足要求，这时可改变电源电压 U、每极磁通 Φ 和电枢回路串接的附加电阻 R_{sa} 三个量中的某个量，从而改变电动机的机械特性，这样得到的机械特性称为人为机械特性。显然，人为机械特性根据获得的方法不同分为 3 种。

（1）电枢回路串接电阻时的人为机械特性

$U = U_N$，$\Phi = \Phi_N$，电枢回路串接附加电阻 R_{sa} 时可得电枢回路串接电阻时的人为机械特性。特性的方程式为

$$n = \frac{U_N}{C_e \Phi_N} - \frac{R_a + R_{sa}}{C_e C_T \Phi_N^2} T \qquad (2.9)$$

比较式(2.9)和式(2.8)可知,理想空载转速 $n_0 = \dfrac{U_N}{C_e \Phi_N}$ 与固有机械特性相同,斜率 $\beta = \dfrac{R_a + R_{sa}}{C_e C_T \Phi_N^2}$ 大于固有机械特性的斜率 β_N,串接的附加电阻 R_{sa} 越大,则斜率 β 越大,机械特性越软,负载转矩变化时转速变化越大,如图 2.10 所示。

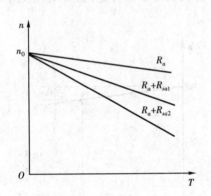

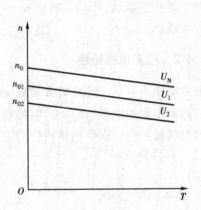

图 2.10　电枢回路串接电阻时的人为机械特性
$(R_{sa1} < R_{sa2})$

图 2.11　降低电压时的人为机械特性
$(U_2 < U_1 < U_N)$

(2) 降低电压时的人为机械特性

$\Phi = \Phi_N (I_f = I_{fN})$,$R_{sa} = 0$,降低电压 U 时可得降低电压时的人为机械特性,特性方程式为

$$n = \frac{U}{C_e \Phi_N} - \frac{R_a}{C_e C_T \Phi_N^2} T \qquad (2.10)$$

比较此式和式(2.8)可知,理想空载转速 $n_0 = \dfrac{U}{C_e \Phi_N}$ 与电压 U 成正比下降,特性斜率 $\beta = \dfrac{R_a}{C_e C_T \Phi_N^2} = \beta_N$,与固有机械特性相同,说明电压变化时,机械特性的斜率不变。为此,不同电压时的人为机械特性为一组平行于固有机械特性的平行线,如图 2.11 所示。电压因受绝缘水平的限制,一般不允许超过额定值,因此,为改变机械特性,只能降低电压。

(3) 减弱每极磁通时的人为机械特性

$U = U_N$,$R_{sa} = 0$,减小每极磁通 Φ 时即得减弱每极磁通时的人为机械特性。根据以上条件,其特性方程式为

$$n = \frac{U_N}{C_e \Phi} - \frac{R_a}{C_e C_T \Phi^2} T \qquad (2.11)$$

比较此式和式(2.8)可以看出,$n_0 = \dfrac{U_N}{C_e \Phi}$ 随磁通的减弱而上升,斜率 $\beta = \dfrac{R_a}{C_e C_T \Phi^2}$ 则与每极磁通 Φ 的平方成反比而增大,机械特性变软。不同磁通时的人为机械特性如图 2.12 所示。由于一般电机,当 $\Phi = \Phi_N$ 时磁路已经饱和,再要增加磁通已不容易,因此为得人为机械特性,一般只能在 Φ_N 的基础上减弱磁通。

2.4.4 机械特性的绘制

设计电力拖动系统时,往往需要知道所选电动机的机械特性,以确定是否能够满足系统的要求。机械特性产品目录中没有给出,但可以根据产品目录或铭牌数据(额定值)进行估算,从而绘制出直流电动机的固有机械特性,也可估算绘出各种人为机械特性。

(1)固有机械特性的绘制

从前面分析已经知道他励直流电动机的固有机械特性是一条稍稍向下倾斜的直线。为此,只要求出这条直线上的两个特定点,一般选择理想空载点$(0,n_0)$和额定点(T_N,n_N)比较方便,因为n_N是直接给出的,所以只要求出n_0和T_N两个数据,就可得以上两点,过此两点作一直线,即为该电动机的固有机械特性。根据产品目录或铭牌数据求直流电动机固有机械特性的方法与步骤如下:

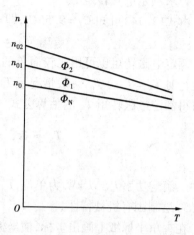

图2.12 减弱每极磁通时的人为机械特性
$(\Phi_2 < \Phi_1 < \Phi_N)$

1)估算电枢回路电阻R_a

对于已有的电动机,R_a的数值可用实测方法得到,如果还只有产品目录或铭牌数据,则可用下面两个方法之一进行估算:

①一般直流电动机的电枢铜损耗约占电动机总损耗的$\frac{1}{3} \sim \frac{1}{2}$,为此可用下式估算$R_a$

$$R_a \approx \left(\frac{1}{3} \sim \frac{1}{2}\right)\frac{U_N I_N - P_N \times 10^3}{I_N^2} \tag{2.12}$$

②一般直流电动机额定运行时电枢回路的电阻压降$I_N R_a$占额定电压的$3\% \sim 7\%$,为此,也可用下式估算R_a

$$R_a = \frac{(0.03 \sim 0.07)U_N}{I_N} = (0.03 \sim 0.07)R_N \tag{2.13}$$

式中 $R_N = \dfrac{U_N}{I_N}$常称额定电阻,但不是实际存在的电阻,没有物理意义,仅是一个有时用来表示R_a大小的计算量而已。容量较大的电机取式中较小的系数,容量较小时取较大的系数,对一般中小容量的直流电机可取0.05。

2)计算$C_e\Phi_N$

根据$E_a = C_e\Phi n = U - I_a R_a$可得额定运行时的$C_e\Phi_N$

$$C_e\Phi_N = \frac{U_N - I_N R_a}{n_N} \tag{2.14}$$

将已知数据U_N, I_N, n_N和上面估算得到的R_a代入即得所求的$C_e\Phi_N$。

3)求理想空载转速n_0

由式(2.8)可知

$$n_0 = \frac{U_N}{C_e\Phi_N} \tag{2.15}$$

将 U_N 和 $C_e\Phi_N$ 代入即得该电动机固有机械特性上的理想空载转速 n_0。

4)求额定电磁转矩 T_N

由式(1.14)可知 $C_T = 9.55C_e$，即 $C_T\Phi_N = 9.55C_e\Phi_N$，所以额定电磁转矩的计算公式为

$$T_N = C_T\Phi_N I_N = 9.55C_e\Phi_N I_N \tag{2.16}$$

额定电磁转矩也可用比较简单的方法进行估算。根据转矩平衡方程式 $T = T_2 + T_0$，知额定运行时 $T_N = T_{2N} + T_0$，一般情况下 $T_0 \ll T_{2N}$，可以忽略 T_0，T_N 就近似等于额定输出转矩 T_{2N}，为此可得额定电磁转矩 T_N 的估算公式

$$T_N \approx T_{2N} = \frac{P_N}{\Omega_N} = \frac{P_N \times 10^3}{\frac{2\pi n_N}{60}} = 9\,550\frac{P_N}{n_N} \tag{2.17}$$

式中 额定功率 P_N 以 kW 为单位，T_N 的单位为 N·m。

5)绘制固有机械特性

在直角坐标纸上画出坐标，横坐标表示电磁转矩 T，纵坐标表示转速 n，根据已知的 n_N 和计算所得的 n_0，T_N，在坐标纸上画出 $(0, n_0)$ 和 (T_N, n_N) 两点，过此两点作一直线，即为所求固有机械特性。

例 2.1 一台他励直流电动机的额定数据为：$P_N = 7.5$ kW，$U_N = 220$ V，$I_N = 39.8$ A，$n_N = 1\,500$ r/min，试计算绘制其固有机械特性。

解 1)估算 R_a 根据式(2.12)，取系数为 $\frac{1}{2}$，得

$$R_a = \frac{1}{2}\frac{U_N I_N - P_N \times 10^3}{I_N^2} = \frac{1}{2}\frac{220 \times 39.8 - 7.5 \times 10^3}{39.8^2} = 0.396\ \Omega$$

2)计算 $C_e\Phi_N$ 根据式(2.14)得

$$C_e\Phi_N = \frac{U_N - I_N R_a}{n_N} = \frac{220 - 39.8 \times 0.396}{1\,500} = 0.136\,2$$

3)求 n_0 根据式(2.15)得

$$n_0 = \frac{U_N}{C_e\Phi_N} = \frac{220}{0.136\,2} = 1\,615\ \text{r/min}$$

4)求 T_N 引用式(2.16)得

$$T_N = 9.55C_e\Phi_N I_N$$
$$= 9.55 \times 0.136\,2 \times 39.8$$
$$= 51.77\ \text{N·m}$$

5)绘制固有机械特性

在坐标纸上画出理想工作点 $A(0, 1\,615)$ 和额定工作点 $B(51.77, 1\,500)$，过此两点作一直线，即为该直流电动机的固有机械特性，如图 2.13 所示。

(2)人为机械特性的绘制

计算绘制他励直流电动机的人为机械特性，只要把相应的参数变化代入相应的人为机械特性方程式，计算绘制步骤与计算绘制固有机械特性时相同。

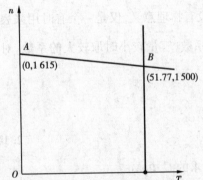

图 2.13 例 2.1 直流电动机的固有机械特性

1)绘制电枢回路串接附加电阻 R_{sa} 时的人为机械特性

参数变化是 $R_{sa} \neq 0$，电枢回路总电阻 $R_a + R_{sa}$ 增大，这时理想空载转速 n_0 和额定电磁转矩 T_N 因与电阻无关，所以不变，变化的只有额定转矩时的转速，由原来的 n_N 降为 n'_N，根据相应的人为机械特性方程式(2.9)可得

$$n'_N = n_0 - \frac{R_a + R_{sa}}{C_e C_T \Phi_N^2} T_N$$

根据 $(0, n_0)$ 作理想空载点 A'，根据 (T_N, n'_N) 作额定转矩点 B'，过点 A' 和 B' 作一直线即得所求机械特性，如图2.14中的曲线 1 所示。

2)绘制降低电压时的人为机械特性

降低电压 U 时，T_N 不变，n_0 与电压成正比下降为

$$n'_0 = \frac{U}{C_e \Phi_N} = \frac{U}{U_N} n_0$$

额定转矩时的转速

$$n''_N = n'_0 - \frac{R_a}{C_e C_T \Phi_N^2} T_N = n'_0 - \Delta n_N$$

根据 $(0, n'_0)$ 作理想工作点 A''，根据 (T_N, n''_N) 作额定转矩点 B''，过点 A'' 和 B'' 作一直线即得所求机械特性，如图2.14中的曲线 2 所示。

3)绘制减弱磁通时的人为机械特性

减弱磁通 Φ 时，T_N 不变，n_0 与每极磁通 Φ 成反比上升为

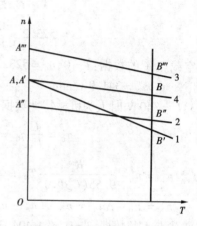

图2.14　例2.2 的人为机械特性
1—电枢回路串电阻;2—降低电压;
3—减弱磁通;4—固有机械特性

$$n''_0 = \frac{U_N}{C_e \Phi}$$

额定转矩时的转速

$$n'''_N = n''_0 - \frac{R_a}{C_e C_T \Phi^2} T_N$$

根据 $(0, n''_0)$ 作理想空载点 A'''，根据 (T_N, n'''_N) 作额定转矩点 B'''，过点 A''' 和 B''' 作一直线即为所求机械特性，如图2.14 中的曲线 3 所示。

为便于比较，图2.14 中同时画出了固有机械特性，如曲线 4 所示，特性上的 A 点为理想空载点，B 点为额定负载点。

例2.2　一台他励直流电动机的额定数据为：$P_N = 96$ kW，$U_N = 440$ V，$I_N = 250$ A，$n_N = 500$ r/min，$R_a = 0.078$ Ω。计算：

1)固有机械特性上的理想空载点和额定负载点数据;

2)电枢回路串接附加电阻 $R_{sa} = 0.532$ Ω 时的人为机械特性数据;

3)电压 $U = 340$ V 时的人为机械特性数据;

4)磁通减弱为 $0.8\Phi_N$ 时的人为机械特性数据。

解　1)固有机械特性数据

$$C_e\Phi_N = \frac{U_N - I_N R_a}{n_N} = \frac{440 - 250 \times 0.078}{500} = 0.841$$

$$n_0 = \frac{U_N}{C_e\Phi_N} = \frac{440}{0.841} = 523.2 \text{ r/min}$$

$$T_N = C_T\Phi_N I_N = 9.55 C_e\Phi_N I_N = 9.55 \times 0.841 \times 250 = 2\,008 \text{ N}\cdot\text{m}$$

理想空载点 A 的数据：$T=0$，$n_0 = 523.2$ r/min；额定负载点 B 的数据：$T = T_N = 2\,008$ N·m，$n_N = 500$ r/min。

2）$R_{sa} = 0.532\ \Omega$ 时人为机械特性数据

$$n'_N = n_0 - \frac{R_a + R_{sa}}{C_e C_T \Phi_N^2} T_N = n_0 - \frac{R_a + R_{sa}}{9.55(C_e\Phi_N)^2} T_N$$

$$= 523.2 - \frac{0.078 + 0.532}{9.55 \times 0.841^2} \times 2\,008 = 341.9 \text{ r/min}$$

理想空载点 A' 的数据：$T=0$，$n_0 = 523.2$ r/min，与 A 点相同；额定转矩点 B' 的数据：$T = T_N = 2\,008$ N·m，$n'_N = 341.9$ r/min。

3）$U = 340$ V 时人为机械特性数据

$$n'_0 = \frac{U}{U_N} n_0 = \frac{340}{440} \times 523.2 = 404.3 \text{ r/min}$$

$$n''_N = n'_0 - \frac{R_a}{9.55(C_e\Phi_N)^2} T_N = 404.3 - \frac{0.078}{9.55 \times 0.841^2} \times 2\,008 = 381.1 \text{ r/min}$$

或　　　$n''_N = n'_0 - \Delta n_N = n'_0 - (n_0 - n_N) = 404.3 - (523.2 - 500) = 381.1$ r/min

理想空载点 A'' 的数据：$T=0$，$n'_0 = 404.3$ r/min；额定转矩点 B'' 的数据：$T = T_N = 2\,008$ N·m，$n''_N = 381.1$ r/min。

4）$\Phi = 0.8\Phi_N$ 时人为机械特性数据

$$C_e\Phi = 0.8 C_e\Phi_N = 0.8 \times 0.841 = 0.673$$

$$n''_0 = \frac{U_N}{C_e\Phi} = \frac{440}{0.673} = 653.8 \text{ r/min}$$

$$n'''_N = n''_0 - \frac{R_a}{9.55(C_e\Phi)^2} T_N = 653.8 - \frac{0.078}{9.55 \times 0.673^2} \times 2\,008 = 617.6 \text{ r/min}$$

理想空载点 A''' 的数据：$T=0$，$n''_0 = 653.8$ r/min；额定转矩点 B''' 的数据：$T = T_N = 2\,008$ N·m，$n'''_N = 617.6$ r/min。

并励直流电动机的励磁绕组与电枢绕组并联后接同一电源，与他励直流电动机的不同之处仅是电动机电流 I 不等于电枢电流 I_a，额定运行时的电枢电流 $I_{aN} = I_N - I_f \neq I_N$，用式（2.14）和式（2.16）计算 $C_e\Phi_N$ 和 T_N 时，公式中的 I_N 均应改为 I_{aN}，由于 $I_f \ll I_N$，影响不大，因此并励直流电动机的机械特性与他励直流电动机相类同。

2.4.5　电力拖动系统稳定运行的条件

前面分别分析了负载的机械特性和电动机的机械特性。当将电动机与负载机械构成电力拖动系统时就有一个两者机械特性的配合问题，配合恰当，才能正常运行。

为分析方便起见，将一台他励直流电动机的机械特性 $n = f(T)$ 与一恒转矩负载机械特性 $n = f(T_L)$ 画于同一个坐标图上，如图 2.15 所示，前者为曲线 1，后者为曲线 2。根据旋转运动

方程式 $T - T_L = \dfrac{GD^2}{375}\dfrac{\mathrm{d}n}{\mathrm{d}t}$ 可知，此电力拖动系统稳定运行的必要条件是 $T = T_L$，亦就是必须工作在两条机械特性的交点，如图中的 A 点，但是否满足稳定运行的充分条件，还要看电力拖动系统在受到某种干扰(例如电源电压波动、加负载、减负载、启动、制动、调速等)时能否移到新的工作点稳定运行，当干扰消失时能否回到原来的工作点稳定运行，如能，此系统是稳定的，反之则是不稳定的。下面分析图 2.15 所示系统在 A 点的工作情况，如果负载转矩突然由 T_{L1} 增大到 T_{L2}，由于机械惯性的作用，转速和电磁转矩不能突变，因而 $T = T_{L1} < T_{L2}$，$T - T_{L2} = \dfrac{GD^2}{375}\dfrac{\mathrm{d}n}{\mathrm{d}t} < 0$，$\dfrac{\mathrm{d}n}{\mathrm{d}t} < 0$，系统开始减速，随着转速下降，电枢电动势 $E_a = C_e\Phi n$ 随之下降，电枢电流 $I_a = \dfrac{U - E_a}{R_a}$ 上升，电磁转矩 $T = C_T\Phi I_a$ 增大，当增大到 $T = T_{L2}$ 时，系统进入新的工作点 B 以较低转速稳定运行。由此可见，电动机稳定运行时电磁转矩的大小由负载转矩的大小所决定。如果干扰消失，T_L 又从 T_{L2} 恢复到 T_{L1}，由于转速和电磁转矩不能突变，$T = T_{L2} > T_{L1}$，系统加速，E_a 上升，I_a 下降，T 下降，到 $T = T_{L1}$ 时又回到原来的 A 点运行，因此在 A 点系统运行是稳定的。

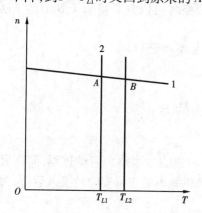

图 2.15　静态稳定运行

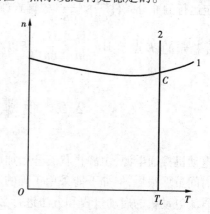

图 2.16　静态不稳定运行

如果由于电枢反应的影响，使机械特性在电磁转矩 T 较大时出现上翘现象，如图 2.16 中的曲线 1 所示。若有恒转矩负载的机械特性如图 2.16 中的曲线 2 所示，与上述电动机机械特性的上翘部分交于 C 点。这时如果负载转矩由 T_L 突然上升，则 $T < T_L$，转速 n 下降，由电动机机械特性(曲线 1)可以看出电磁转矩 T 将下降，使转速进一步下降；反之，如果 T_L 稍有下降，则 $T > T_L$，n 上升，T 增大，使转速进一步上升。因此在 C 点，虽然 $T = T_L$，满足稳定运行的必要条件，但负载转矩受干扰稍有上升或下降，当干扰消失时，拖动系统都无法恢复到原来的运行点 C，所以在 C 点运行不满足稳定运行的充分条件，运行是不稳定的。为避免他励直流电动机机械特性因电枢反应的去磁作用而上翘，以致引起不稳定，有时在主磁极上加一个匝数很少的串励绕阻，使其磁通势补偿电枢反应磁通势，从而克服电枢反应的去磁作用。由于串励绕组的磁通势很弱，因此仍属于他励直流电动机，所加串励绕组根据其作用称为稳定绕组。

对于不同的负载机械特性与他励直流电动机机械特性的配合，是否满足稳定运行的必要条件和充分条件，可用上面所述的方法分析判断，也可将必要条件和充分条件合为稳定运行的充要条件：

$$T = T_L \text{处}\qquad \frac{\mathrm{d}T}{\mathrm{d}n} < \frac{\mathrm{d}T_L}{\mathrm{d}n} \tag{2.18}$$

如果满足此条件,系统是稳定的,否则就是不稳定的。

例 2.3 图 2.17 中,曲线 1 为电动机机械特性,曲线 2 为负载机械特性,试判断图中哪些交点上运行是稳定的,哪些交点上运行是不稳定的。

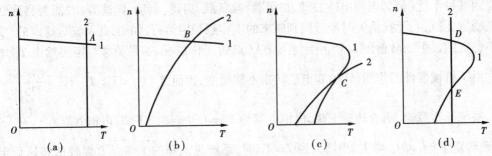

图 2.17 稳定运行点的判断

解 图中 A,B,C,D,E 各点均满足稳定运行的必要条件 $T = T_L$,但只有 A,B,C,D 四点满足稳定运行的充分条件 $\dfrac{\mathrm{d}T}{\mathrm{d}n} < \dfrac{\mathrm{d}T_L}{\mathrm{d}n}$,根据式(2.18)所示充要条件可以判断得知 A,B,C,D 四点上运行是稳定的,E 点不满足 $\dfrac{\mathrm{d}T}{\mathrm{d}n} < \dfrac{\mathrm{d}T_L}{\mathrm{d}n}$,所以在 E 点上运行是不稳定的。

2.5 他励直流电动机的启动

电动机接通电源,由静止状态开始加速到某一稳定转速的过程称为启动过程,简称启动。启动时间虽然很短,但如不能采用正确的启动方法,电动机就不能正常安全地投入运行,为此,应对直流电动机的启动过程和方法进行必要的分析。

他励直流电动机的启动一般有以下要求:①启动过程中启动转矩 T_{st} 足够大,使 $T_{st} \geqslant (1.1 \sim 1.2)T_L$,电动机的加速度 $\dfrac{\mathrm{d}n}{\mathrm{d}t} > 0$,保证电动机能够启动,且启动过程时间较短,以提高生产效率;②启动电流的起始值 $I_{st} \leqslant (2.0 \sim 2.5)I_N$,否则会使换向困难,产生强烈火花,损坏电机,还会产生转矩冲击,影响传动机构等;③启动设备与控制装置简单、可靠、经济、操作方便。

直流电动机的启动转矩 $T_{st} = C_T \Phi I_{st}$,为使 T_{st} 较大而 I_{st} 又不致太大,启动时应先加足励磁,再接通电枢电源。他励直流电动机的启动方法分 3 种:①直接启动;②电枢回路串电阻启动;③降压启动。

2.5.1 直接启动

先加足励磁,再将额定电压直接加至电枢两端进行启动,称为直接启动。由于启动初始时刻,因机械惯性还未及转起来,转速 $n = 0$,电动势 $E_a = C_e \Phi n = 0$,因而启动电流的起始值

$$I_{st} = \frac{U_N - E_a}{R_a} = \frac{U_N}{R_a} \tag{2.19}$$

由于他励直流电动机的 R_a 一般很小,因此直接启动时启动电流的起始值可达额定电流的 $10 \sim 20$ 倍以上,远远超出一般电机换向条件、转矩冲击、绕组发热等因素所允许的数值。所以

只有功率很小的,例如家用电器采用的某些直流电动机,相对来说 R_a 较大,I_{st} 的倍数较小,加上电机惯性小,启动快,可以直接启动以外,一般工业用他励直流电动机都不允许直接启动。

由 $I_{st} = \dfrac{U_N}{R_a}$ 可以看出,为限制启动电流,可以在电枢回路串接电阻,使分母增大;也可以降低电枢电压,使分子减小。

2.5.2 电枢回路串电阻分级启动

接线图如图 2.18 所示,图中 K 为接通电源用主接触器的触点,K_1,K_2,K_3 分别为控制用接触器 K_1,K_2,K_3 的触点,r_1,r_2,r_3 为电枢回路串入的三段附加电阻,一般称作启动电阻。三段启动电阻,通过 K_1,K_2,K_3 分三次切除,称为三级启动。图 2.19 为三级启动的机械特性图,图中 I_1 为限定的起始启动电流,通常取 $I_1 = 2I_N$,相应的启动过程中的最大转矩 $T_1 = 2T_N$;I_2 为启动过程中电流的切换值,通常取 $I_2 = (1.1 \sim 1.2)I_N$ 或 $I_2 = (1.2 \sim 1.5)I_L$,式中 I_L 为启动时电动机所带负载所对应的电枢电流,I_2 相应的转矩 T_2 称为切换转矩,显然 $T_2 = (1.1 \sim 1.2)T_N$ 或 $T_2 = (1.2 \sim 1.5)T_L$,假定启动过程中负载转矩 T_L 大小不变。

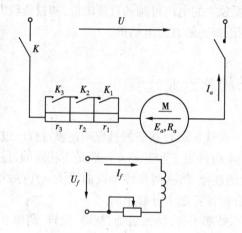

图 2.18　电枢串电阻三级启动电路图

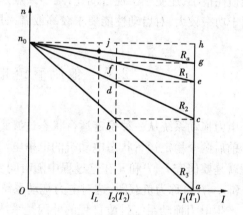

图 2.19　电枢串电阻三级启动机械特性图

启动时,先加励磁,使 $I_f = I_{fN}$,$\Phi = \Phi_N$,闭合触点 K,接通电枢电源,启动电流为 $I_1 = \dfrac{U_N}{R_3}$,启动转矩 $T_1 > T_L$,电动机沿 $R_3 = R_a + r_1 + r_2 + r_3$ 的机械特性 abn_0 升速,随着转速 n 上升,感应电动势 E_a 增大,电枢电流 $I_a = \dfrac{U - E_a}{R_3}$ 下降,转矩 T 下降,加速度变小,当 I_a 下降到 I_2 时,转矩降到切换转矩 T_2,加速度相当小了,为了加速启动过程,使控制接触器 K_3 的触点闭合,将电阻 r_3 短接,电枢回路电阻由 R_3 降为 $R_2 = R_a + r_1 + r_2$,机械特性变为 cdn_0,由于转速不能突变,工作点由 b 平移至 c,如果启动电阻配置恰当,则 c 点相应的转矩又上升为最大转矩 T_1,加速度增至最大,转速迅速上升,I_a 及 T 又下降,当 I_a 降至 I_2,T 降为 T_2 时,让接触器 K_2 的触点闭合,r_2 切除,电阻由 R_2 降为 $R_1 = R_a + r_1$,特性变为 efn_0,工作点由 d 平移至 e,转速沿 efn_0 上升,I_a 及 T 下降,到 f 点时,使 K_1 闭合,启动电阻全部切除,工作点由 f 平移至固有机械特性上的 g 点,然后沿固有机械特性 gin_0 继续升速,直至稳定负载转速 n_L,工作于固有机械特性与负载转矩特性的交点 j,启动结束。

这种启动方法的启动电流可以不超过限值,启动过程中启动转矩的大小、启动速度、启动的平稳性决定于所选择的启动级数。图 2.18 中的级数 $m = 3$,显然,级数越多,启动转矩平均值越大、启动越快、平稳性越好,但是自动切除各级启动电阻的控制设备也就越复杂,初投资高,维护工作量亦大,为此一般空载启动时取 $m = 1 \sim 2$,重载启动时取 $m = 3 \sim 4$。如果启动电阻的容量按长期工作选取,则启动电阻可兼作调速电阻。电枢回路串电阻启动,能量损耗较大,经济性较差。常用于容量不大,对启动调速性能要求不太高的场合。

根据选择的启动级数 m、最大启动转矩 T_1 和负载转矩 T_L 等,参照图 2.19,可以导出各级启动总电阻 $R_1, R_2, R_3 \cdots$ 和各段启动电阻 $r_1, r_2, r_3 \cdots$ 的计算公式,需用时可查阅有关资料。

2.5.3　降压启动

启动时,先加足励磁,再给电枢回路施加低电压,使 $I_{st} = \dfrac{U}{R_a} \leqslant 2I_N$,随着转速的上升,电动势的不断增大,相应地不断升高电枢端电压,使 $I_{st} = \dfrac{U - E_a}{R_a}$ 和 T_{st} 基本保持不变,启动快而且平稳,电能损耗很小,还便于实现自动化,唯一缺点是需要独立的电压可调的直流电源,初投资较大。适用于功率较大、对启动性能要求较高或者采用调压调速的直流电动机。

2.6　他励直流电动机的过渡过程

电力拖动系统从一种稳定运行状态过渡到另一种稳定运行状态的过程叫过渡过程。过渡过程前后两个稳定运行状态电动机的电枢电流 I_a、电磁转矩 T 和转速 n 一般是不相同的,过渡过程就是要研究 I_a、T 和 n 在这过程中随时间变化的规律,将这些规律画成曲线 $I_a = f(t)$,$T = f(t)$ 和 $n = f(t)$ 称为负载图,这对电力拖动系统的分析计算是十分有用的。

产生电力拖动系统过渡过程的外因是系统受到外部干扰,例如启动、制动、反转、调速及负载突变等;内因是系统本身有惯性,系统的机械惯性使转速不能突变,电动机绕组的电磁惯性使电流不能突变。实际的电力拖动系统总是同时具有机械惯性和电磁惯性的,同时考虑两种惯性影响的过渡过程称为电气—机械过渡过程。由于电磁惯性的影响远小于机械惯性的影响,为了分析方便起见,往往忽略电磁惯性的影响,只考虑机械惯性,这种过渡过程称为机械过渡过程。

本节只以启动过程为例分析机械过渡过程,目的在于了解过渡过程的分析方法,求出过渡过程中 I_a、T 和 n 的变化规律,并找出减少过渡过程持续时间从而提高生产率的途径。

2.6.1　机械过渡过程方程式

图 2.20 表示他励直流电动机电枢回路串固定电阻 R_{sa} 全压启动的原理图。启动时,先加足励磁,再使主接触器 K 闭合,电枢回路加上恒定电压 U_N,电动机启动。启动过程中,电枢回路总电阻 $R = R_a + R_{sa} =$ 常数,忽略电枢反应时,$\Phi = \Phi_N =$ 常数,电枢回路的电动势平衡方程式为

$$U_N = E_a + I_a R = C_e \Phi_N n + I_a R$$

由此式可得

$$n = \frac{U_N - I_a R}{C_e \Phi_N}$$

$$\frac{dn}{dt} = -\frac{R}{C_e \Phi_N}\frac{dI_a}{dt}$$

代入运动方程式

$$T - T_L = \frac{GD^2}{375}\frac{dn}{dt}$$

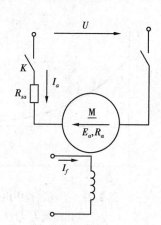

则得

$$T = T_L - \frac{GD^2}{375}\frac{R}{C_e \Phi_N}\frac{dI_a}{dt}$$

两边同时除以 $C_T \Phi_N$，可得

图 2.20　电枢串固定电阻
启动原理图

$$I_a = I_L - \frac{GD^2}{375}\frac{R}{C_e C_T \Phi_N^2}\frac{dI_a}{dt} = I_L - T_M \frac{dI_a}{dt} \qquad (2.20)$$

式中　$I_L = \dfrac{T_L}{C_T \Phi_N}$——负载转矩对应的负载电流，亦即过渡过程结束以后稳定运行时的电流；

$T_M = \dfrac{GD^2 R}{375 C_e C_T \Phi_N^2}$——机电时间常数。

将式(2.20)改写成微分方程的标准形式为

$$\frac{dI_a}{dt} + \frac{I_a}{T_M} = \frac{I_L}{T_M} \qquad (2.21)$$

根据这一微分方程不难导出机械过渡过程方程式，从而掌握 I_a，T 和 n 的变化规律。

(1)电流方程式 $I_a = f(t)$

式(2.21)所示微分方程的解为

$$I_a = I_L + K e^{-\frac{t}{T_M}} \qquad (2.22)$$

式中　K 为由初始条件决定的常数，以启动为例时，$t = 0$，$I_a = I_{st}$，代入上式，可得

$$K = I_{st} - I_L$$

将常数 K 代入式(2.22)，即得过渡过程的电流方程式

$$I_a = I_L + (I_{st} - I_L)e^{-\frac{t}{T_M}} \qquad (2.23)$$

式中　I_L——电流的稳态分量，又称强制分量；

$(I_{st} - I_L)e^{-\frac{t}{T_M}}$——电流的暂态分量，又称自由分量。

启动过程中电枢电流 I_a 的变化曲线 $I_a = f(t)$ 如图2.21所示。

(2)转矩方程式 $T = f(t)$

将式(2.23)两边同乘以 $C_T \Phi_N$，即得转矩方程式

$$T = T_L + (T_{st} - T_L)e^{-\frac{t}{T_M}} \qquad (2.24)$$

由于 $C_T \Phi_N$ 为常数，所以转矩变化曲线 $T = f(t)$ 与电流变化曲线 $I_a = f(t)$ 的形状相同，只要改变一下纵坐标的比例尺，图2.21 的 $I_a = f(t)$ 就变成了相应的 $T = f(t)$ 曲线。

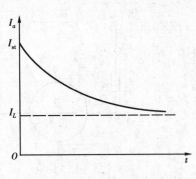

图 2.21　启动过程中电枢电流
变化曲线 $I_a = f(t)$

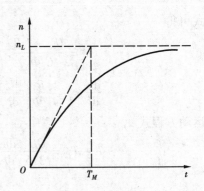

图 2.22　过渡过程中转速变化曲线

(3)转速方程式 $n = f(t)$

将转速公式

$$n = \frac{U_N - I_a R}{C_e \Phi_N}$$

代入式(2.23),加以整理可得

$$n = \frac{U_N - I_L R}{C_e \Phi_N} + \left(\frac{U_N - I_{st} R}{C_e \Phi_N} - \frac{U_N - I_L R}{C_e \Phi_N} \right) e^{-\frac{t}{T_M}}$$

对照转速公式,即得转速方程式

$$n = n_L + (n_{st} - n_L) e^{-\frac{t}{T_M}} \tag{2.25}$$

式中　$n_L = \dfrac{U_N - I_L R}{C_e \Phi_N}$ ——启动完毕时的稳态转速;

$n_{st} = \dfrac{U_N - I_{st} R}{C_e \Phi_N}$ ——起始转速,启动时 $n_{st} = 0$,代入上式则得启动时的转速方程式

$$n = n_L \left(1 - e^{-\frac{t}{T_M}} \right) \tag{2.26}$$

与式(2.26)相应的转速变化曲线如图 2.22 所示。

式(2.23)、式(2.24)和式(2.25)虽然是以启动为例推导而得的,实际上就是电力拖动系统过渡过程中 $I_a = f(t)$, $T = f(t)$ 和 $n = f(t)$ 的通用方程式,用于其他过渡过程时,只要把 I_{st}, T_{st}, n_{st} 理解为过渡过程的起始值,把 I_L, T_L, n_L 理解成过渡过程的稳态值,I_a, T, n 则为对应于时间 t 的瞬时值。

2.6.2　机电时间常数

由前面分析知道,过渡过程中的 I_a, T, n 均按指数规律变化,变化的快慢取决于机电时间常数

$$T_M = \frac{GD^2}{375} \frac{R}{C_e C_T \Phi_N^2} \tag{2.27}$$

此常数是在分析机械过渡过程中导出的,但其大小不但与反映机械惯性的飞轮矩 CD^2 成正比,而且还与电动机的电磁量(电枢回路总电阻 R 和每极磁通量 Φ_N)有关,故称为机电时间

常数。

机电时间常数的物理意义与分析电路过渡过程中遇到的时间常数是相类似的,以转速变化过程为例,是保持 $t=0$ 时的加速度 $\dfrac{\mathrm{d}n}{\mathrm{d}t}\Big|_{t=0}$ 不变,转速由起始值 n_{st} 上升或下降到稳态值 n_L 时所需的时间(参看图 2.22)。仍以转速变化过程为例,由式(2.25)可知,从理论上讲,只有时间 t 趋近于无穷大时,转速才能达到稳态转速 n_L,和分析电路过渡过程一样,实际上,当 $t=(3\sim4)T_M$ 时,n 已经达到 $(0.95\sim0.98)n_L$,为此,工程上可以认为过渡过程已经结束,n 已经等于 n_L。有关 T_M 的分析对于 I_a 和 T 同样适用。

2.6.3　过渡过程持续时间的计算

如欲计算过渡过程中某一段的持续时间,例如设 $t=0$ 时 $I=I_{\mathrm{st}}$,$t=t_x$ 时 $I_a=I_{ax}$,则这段过渡过程持续时间 t_x 的计算公式可推导如下:将给定条件代入式(2.23),得

$$I_{ax}=I_L+(I_{\mathrm{st}}-I_L)\mathrm{e}^{-\frac{t_x}{T_M}}$$

将此式对 t_x 求解,可得过渡过程的持续时间

$$t_x=T_M\ln\frac{I_{\mathrm{st}}-I_L}{I_{ax}-I_L} \tag{2.28}$$

同理可得

$$t_x=T_M\ln\frac{T_{\mathrm{st}}-T_L}{T_x-T_L} \tag{2.29}$$

$$t_x=T_M\ln\frac{n_{\mathrm{st}}-n_L}{n_x-n_L} \tag{2.30}$$

式(2.28)是计算过渡过程持续时间的通用公式,可用以求解启动、制动、反转、调速及负载突变等过渡过程的某段时间。式中的 I_{st},T_{st},n_{st} 为起始值,I_L,T_L,n_L 为稳态值,I_{ax},T_x,n_x 为所求过渡过程的终了值。

式(2.28)用于求电枢回路串电阻分级启动总的启动时间时,需分别计算各级启动时间,如为 m 级启动,则由 $m+1$ 段时间总加起来,最后一段时间如按公式计算,$n_x=n_L$,t_x 将为无穷大,这没有实用意义,而应按 $(3\sim4)T_M$ 计算。分段计算过渡过程持续时间时,除要注意各级起始值和稳态值都不同以外,各级相应的机电时间常数 T_M 也是不同的。

例 2.4　他励直流电动机电枢回路串电阻三级启动,已知有关数据:$I_N=39.8$ A,$C_e\varPhi_N=0.136\,2$,$R_a=0.396\ \Omega$,$r_1=0.361\ \Omega$,$r_2=0.689\ \Omega$,$r_3=1.318\ \Omega$,$I_1=79.6$ A,$I_2=41.7$ A,负载转矩 $T_L=0.8T_N$,系统总的飞轮矩 $GD^2=2$ N·m^2。

1)计算各级启动时的机电时间常数;

2)计算各级启动时间和总的启动时间。

解　1)计算各级启动时的机电时间常数

第一级启动时,$R=R_3=R_a+r_1+r_2+r_3=2.764\ \Omega$,机电时间常数

$$T_{M1}=\frac{GD^2}{375}\frac{R_3}{C_eC_T\varPhi_N^2}=\frac{GD^2}{375}\frac{R_3}{9.55(C_e\varPhi_N)^2}=\frac{2}{375}\frac{2.764}{9.55\times0.136\,2^2}\ \mathrm{s}=0.083\,2\ \mathrm{s}$$

同理可得

$$T_{M2} = \frac{GD^2}{375}\frac{R_2}{C_e C_T \Phi_N^2} = \frac{GD^2}{375}\frac{R_a + r_1 + r_2}{9.55(C_e\Phi_N)^2} = \frac{2}{375}\frac{0.396 + 0.361 + 0.689}{9.55 \times 0.136\,2^2}\,\text{s} = 0.043\,5\,\text{s}$$

$$T_{M3} = \frac{GD^2}{375}\frac{R_1}{C_e C_T \Phi_N^2} = \frac{GD^2}{375}\frac{R_a + r_1}{9.55(C_e\Phi_N)^2} = \frac{2}{375}\frac{0.396 + 0.361}{9.55 \times 0.136\,2^2}\,\text{s} = 0.022\,8\,\text{s}$$

启动电阻全部切除时的机电时间常数

$$T_M = \frac{GD^2}{375}\frac{R_a}{C_e C_T \Phi_N^2} = \frac{2}{375}\frac{0.396}{9.55 \times 0.136\,2^2}\,\text{s} = 0.005\,96\,\text{s}$$

2)计算各级启动时间

各级启动时间的计算公式

$$t_x = T_{MX}\ln\frac{I_{st} - I_L}{I_{ax} - I_L}$$

式中 $I_{st} = I_1 = 79.6\,\text{A}$，$I_{ax} = I_2 = 41.7\,\text{A}$，负载电流根据已知 $T_L = 0.8T_N$ 可得 $I_L = 0.8I_N = 0.8 \times 39.8 = 31.84\,\text{A}$，由此可得各级启动时间

$$t_1 = T_{M1}\ln\frac{I_1 - I_L}{I_2 - I_L} = 0.083\,2\ln\frac{79.6 - 31.84}{41.7 - 31.84} = 0.083\,2 \times 1.578 = 0.131\,3\,\text{s}$$

$$t_2 = T_{M2}\ln\frac{I_1 - I_L}{I_2 - I_L} = 0.043\,5 \times 1.578\,\text{s} = 0.068\,6\,\text{s}$$

$$t_3 = T_{M3}\ln\frac{I_1 - I_L}{I_2 - I_L} = 0.022\,8 \times 1.578\,\text{s} = 0.036\,\text{s}$$

$$t_4 = (3 \sim 4)T_M,\text{取}\ t_4 = 4T_M = 4 \times 0.005\,96\,\text{s} = 0.023\,8\,\text{s}$$

总的启动时间

$$t = t_1 + t_2 + t_3 + t_4 = (0.131\,3 + 0.068\,6 + 0.036 + 0.023\,8)\,\text{s} = 0.259\,7\,\text{s}$$

2.6.4 缩短过渡过程持续时间的方法

对于需要频繁启动、调速、制动的生产机械，例如轧钢机、龙门刨等，其电力拖动系统经常处在过渡过程状态，如何缩短系统过渡过程的持续时间，提高生产率，具有重要意义。

由旋转运动方程式可得

$$\frac{\mathrm{d}n}{\mathrm{d}t} = 375\frac{T - T_L}{GD^2}$$

由此可以看出，缩短过渡过程持续时间，加快过渡过程，就是要有较大加速度$\dfrac{\mathrm{d}n}{\mathrm{d}t}$，可以采取以下两种办法：

1)减小系统的飞轮矩 GD^2

系统的飞轮矩中电动机的飞轮矩是主要的，所以出路在于设法减小电动机的飞轮矩 GD_M^2，一种办法是采用细而长的电动机，另一种办法是采用双电动机拖动，即用两台功率为系统所需功率$\dfrac{1}{2}$的电动机，同轴连接后拖动负载机械，双电动机拖动相当于缩小直径，加长电枢，可使电动机的飞轮矩减小15%左右。减小系统的飞轮矩，机电时间常数 T_M 与 GD^2 成正比减小，过渡过程的持续时间 t 亦随之缩短。

2)改善启动电流波形

由图 2.19 和过渡过程方程式可以看出,电枢回路串电阻分级启动时,每级启动过程中,随着转速的上升,电流和转矩均按指数规律下降,切除一段电阻,进入下一级启动时,电流和转矩又变为最大值,以后又按指数规律下降,因而启动过程中的加速度不是常数,启动平稳性差,而且平均转矩小,启动时间就较长,如果设法改善启动电流的波形,理想情况如图 2.23 所示,一直保持启动电流 I_{st} 等于允许的最大电流(一般为 $2I_N$ 左右),直到启动结束电流突然降为负载电流 I_L,使启动过程中的 $T -$

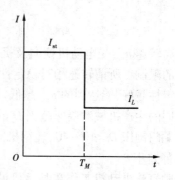

图 2.23　理想的启动电流变化曲线

T_L 为一较大之定值,加速度大而恒定,启动平稳,转速直线上升,启动过程总的时间只要一个机电时间常数 T_M,比一般情况下的 $(3 \sim 4)T_M$ 要缩短很多,所以这也是缩短启动过程持续时间的一种有效方法。至于如何使启动电流按图 2.23 所示的理想曲线变化,将在后续课程中分析。

2.7　他励直流电动机的调速

大量生产机械例如各种金属切削机床、轧钢机、电动车、电梯、纺织机械等,它们的工作机构的转速要求能够用人为的方法进行调节,以满足生产工艺过程的需要。电力拖动系统通常采用两种调速方法,一种是电动机的转速不变,通过改变机械传动机构(如齿轮、皮带轮等)的速比实现调速,这种方法称为机械调速,其特点是传动机构比较复杂,调速时一般需要停机,且多为有级调速;另一种是通过改变电动机的参数调节电动机的转速,从而调节生产机械转速的方法,称为电气调速,其特点是传动机构比较简单,调速时不用停机,可以实现无级调速,且易于实现电气控制自动化。也有一些负载机械将机械调速和电气调速配合使用。本节只讨论电气调速。

从他励直流电动机的机械特性方程式

$$n = \frac{U}{C_e \Phi} - \frac{R_a + R_{sa}}{C_e C_T \Phi^2}T$$

可以看出,他励直流电动机的调速方法有 3 种:①电枢回路串电阻调速;②降压调速;③弱磁调速。

在分析不同调速方法的性能和实际工作中为生产机械选择合适的调速方法时,都要以统一规定的调速方法的技术指标和经济指标为依据。

2.7.1　调速的技术指标和经济指标

(1)调速的技术指标

1)调速范围 D

在额定负载转矩下电动机可能调到的最高转速 n_{max} 与最低转速 n_{min} 之比称为调速范围,用 D 表示,即

$$D = \frac{n_{\max}}{n_{\min}} \tag{2.31}$$

式中最高转速 $n_{\max}$ 受电动机换向及机械强度的限制,最低转速则受生产机械对转速相对稳定性要求的限制。所谓转速相对稳定性,是指负载转矩变化时转速变化的程度,转速变化越小,相对稳定性越好,能达到的 $n_{\min}$ 越低,调速范围 D 越大。

不同的生产机械对调速范围 D 的要求是不同的,例如车床要求 $D = 20 \sim 120$,造纸机 $D = 3 \sim 20$,龙门刨床 $D = 10 \sim 40$,轧钢机 $D = 3 \sim 120$ 等。

2)静差率 δ

他励直流电动机工作在某条机械特性上,由理想空载到额定负载运行的转速降 Δn_N 与理想空载转速 n_0 之比,取其百分数,称为该特性的静差率,用 δ 表示。固有机械特性的静差率用 δ_N 表示

$$\delta_N = \frac{\Delta n_N}{n_0} \times 100\% = \frac{n_0 - n_N}{n_0} \times 100\% \tag{2.32}$$

一般为 $5\% \sim 10\%$。

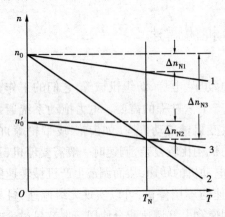

图 2.24 静差率与机械特性硬度的关系
1—固有机械特性;2—电枢回路串电阻的人为机械特性;3—降压时的人为机械特性

静差率 δ 的大小反映静态转速相对稳定的程度,δ 越小,额定转矩时的转速降 Δn_N 越小,转速相对稳定性越好。不同的生产机械要求不同的静差率,例如普通车床要求 $\delta \leq 30\%$,龙门刨床要求 $\delta \leq 10\%$,造纸机要求 $\delta \leq 0.1\%$ 等。

比较图 2.24 中的固有机械特性 1 和电枢回路串电阻时的人为机械特性 2 可知,n_0 一定时,电动机的机械特性越硬,则额定转矩时的转速降 Δn_N 越小,静差率 δ 越小;同时比较固有机械特性 1 和降低电压时的人为机械特性 3 可知,机械特性的硬度相同时,静差率 δ 并不相等,n_0 较低的特性其 δ 较大。可见静差率 δ 与特性的硬度有关系,但又不是同一概念。

从以上分析还可看出,生产机械对静差率的要求限制了电动机允许达到的最低转速 $n_{\min}$,从而限制了调速范围。下面以调压调速时的情况为例推导调速范围 D 与静差率 δ 的关系,参看图 2.24,曲线 1 和 3 是不同电压下的两条机械特性,在额定负载转矩下的转速降 $\Delta n_{N1} = \Delta n_{N2} = \Delta n_N$,设最低转速时的电压调整率 $\delta = \frac{\Delta n_N}{n_0'}$,则调速范围

$$D = \frac{n_{\max}}{n_{\min}} = \frac{n_{\max}}{n_0' - \Delta n_N} = \frac{n_{\max}}{n_0' - n_0'\delta} = \frac{n_{\max}}{n_0'(1-\delta)}$$

$$= \frac{n_{\max}}{\dfrac{\Delta n_N}{\delta}(1-\delta)} = \frac{n_{\max}\delta}{\Delta n_N(1-\delta)} \tag{2.33}$$

此式表明,生产机械允许的最低转速时的静差率 δ 越小,电动机允许的调速范围 D 也就越小,

如果允许的 δ 大,D 也就可以大,所以调速范围 D 只有在对 δ 有一定要求的前提下才有意义。此式同时表明,δ 要求一定时,调速范围 D 还受额定负载转矩下转速降 Δn_N 的影响,例如如果采用电枢回路串电阻的方法调速,其特性如图 2.24 中的曲线 2 所示,由于 Δn_{N3} 明显大于 Δn_{N2},因而与调压调速时相比,在同样条件下电枢回路串电阻调速的调速范围 D 要小得多。

3)平滑性

在允许的调速范围内,调节的级数越多,亦即每一级速度的调节量越小,则调速的平滑性越好,调速的平滑性可用平滑系数 φ 来表示,其定义为相邻两级(i 级和 $i-1$ 级)转速或线速度之比,即

$$\varphi = \frac{n_i}{n_{i-1}} = \frac{v_i}{v_{i-1}}$$

一般取 $n_i > n_{i-1}$,亦即取 $\varphi > 1$。显然,φ 越接近于 1,调速平滑性越好,如果 $\varphi - 1 = \varepsilon$ 可以小于任意正数,则 n 可调至任意数值,平滑性最好,称为平滑调速或无级调速。

4)调速时的容许输出

容许输出是指保持额定电流条件下调速时,电动机容许输出的最大转矩或最大功率与转速的关系。容许输出的最大转矩与转速无关的调速方法称为恒转矩调速方法;容许输出的最大功率与转速无关的调速方法称为恒功率调速方法。

(2)调速的经济指标

经济指标包括 3 个方面,一是调速设备初投资的大小,二是运行过程中能量损耗的多少,三是维护费用的高低,三者总和较小者经济指标较好。

2.7.2 电枢回路串电阻调速

保持电源电压 $U = U_N$,励磁磁通 $\Phi = \Phi_N$,电枢回路串入适当大小的电阻 R_{sa},如图 2.25(a)所示,从而调节转速。图 2.25(b)是电枢回路串电阻时的机械特性,设电动机带负载转矩 T_L 运行于固有机械特性上,工作点为 A,转速为 n,电枢回路串入电阻 R_{sa1} 时,特性斜率增大,工作点移至 B,转速降为 n_1,加大所串电阻为 R_{sa2} 时,人为特性斜率进一步增大,工作点移至 C,转速进一步降为 n_2。增大所串电阻 R_{sa} 时转速调低的物理过程可以分析如下:$R_{sa} \uparrow$ 时,由于 n 不能突变,$E_a = C_e \Phi n$ 不能突变,因此 $I_a = \dfrac{U - E_a}{R_a + R_{sa}} \downarrow$,$T = C_T \Phi I_a \downarrow$,$T < T_L$ 时 $n \downarrow$,$E_a \downarrow$,I_a 回升,T 回升,升至 $T = T_L$ 时恢复稳定运行。可见,负载转矩 T_L 不变时,调速前后电动机的电磁转矩 T 不变,电枢电流 $I_a = \dfrac{T}{C_T \Phi}$ 也保持不变。

电枢回路串电阻调速只能使转速由额定值往下调($n_{max} = n_N$),且转速降低时,特性变软,转速稳定性变差,转速降 Δn_N 增大,静差率明显增大,为此静差率要求一定时,调速范围较小,一般情况下 $D = 1.5 \sim 2$。调速电阻 R_{sa} 中流过的电流 I_a 较大,电阻不易实现连续调节,只能分段有级变化,所以调速平滑性差。调速时 Φ 和电枢绕组允许通过的 I_a 均不变,容许输出的转矩 $T = C_T \Phi I_a$ 也不变,故属恒转矩调速方法。电枢回路串电阻设备比较简单,初投资不大,但运行过程中 R_{sa} 上损耗较大,转速越低,电阻越大,损耗越大。为此,这种调速方法一般只适用于容量不大,低速运行时间不长,对于调速性能要求不高的场合,例如用于电瓶车和中小型起重机械等。

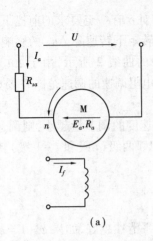 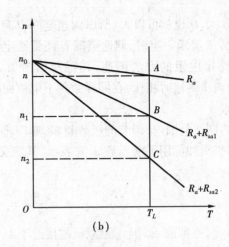

（a）　　　　　　　　　　　（b）

图 2.25　电枢回路串电阻调速

（a）原理接线图；（b）机械特性图

2.7.3　降低电源电压调速

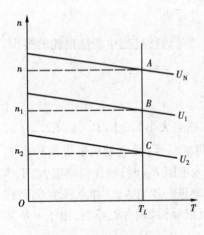

图 2.26　降低电源电压调速

$(U_2 < U_1 < U_{\mathrm{N}})$

保持 $\Phi = \Phi_{\mathrm{N}}$ 和 $R_{sa} = 0$，降低电源电压 U，从而调节电动机的转速。降低电源电压时的机械特性如图2.26所示，设电动机带负载转矩 T_L 工作于固有机械特性上的 A 点，转速为 n，降低电源电压为 U_1 时，特性平行下移，工作点移至 B，转速降为 n_1，电压再降为 U_2，工作点移至 C，转速进一步降为 n_2，电压越低，转速就越低。调速的物理过程可以分析如下：$U \downarrow$，$I_a = \dfrac{U - E_a}{R_a} \downarrow$，$T = C_T \Phi I_a \downarrow$，$n \downarrow$，$E_a = C_e \Phi n \downarrow$，$I_a$ 回升，T 回升，直至 $T = T_L$ 时恢复稳定运行，转速 n 低于调速前的数值。

显然，如果升高电源电压，机械特性并行上移，转速可以向上调，但是由于一般电动机的绝缘水平是按额定电压设计的，使用时电源电压不宜超过额定值，因此调压调速一般只宜自额定转速向下调。

降低电源电压调速需要专用的电压可调的直流电源，过去通常采用直流发电机组，如图2.27所示。他励直流发电机 G 由三相交流异步电动机 M 拖动恒速旋转，由励磁机 G_f（容量较小的直流发电机，专供励磁电流）供给可调的励磁电流，使发电机发出可调的直流电压，供给直流电动机 M，直流发电机与直流电动机组成的直流发电机-直流电动机组，简称 G-M 系统。这种系统电机多，重量重，价格贵，占地面积大，噪声大，效率低，维护也比较麻烦。随着电力电子技术的发展，现在逐步改用晶闸管可控整流装置作为可调直流电源，与直流电动机组成晶闸管—直流电动机系统，简称 SCR-M 系统，如图2.28所示。与 G-M 系统相比，SCR-M 系统的体积小，占地面积少，重量轻，噪声小，效率高，维护也比较省事，今后将逐步取代 G-M 系统。

降压调速虽然也只能使转速由额定转速向下调，但由于降压时机械特性是平行下移，硬度不变，转速降 Δn_{N} 不变，只是因为 n_0 变小，静差率略有增大而已，在静差率要求一定的条件下，

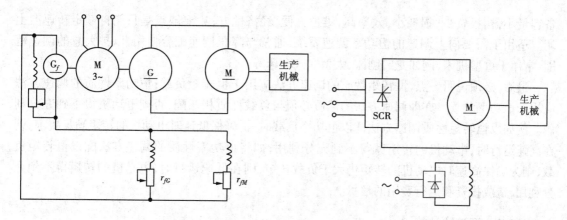

图 2.27　G-M 直流调速系统　　　　图 2.28　SCR-M 直流调速系统

调速范围比电枢回路串电阻调速时要大得多,一般 $D = 8 \sim 10$;电压可以连续调节,实现平滑调速;调压时每极磁通和电枢绕组容许通过的电流 I_a 不变,容许输出的转矩的最大值 $T = C_T \Phi I_a$ 不变,故亦属于恒转矩调速;调速时能量损耗小。主要缺点是需要专用的可调直流电源,价格较贵,初投资大,适用于对调速性能要求较高的中大容量拖动系统,例如重型机床、精密机床和轧钢机等。

2.7.4　弱磁调速

保持 $U = U_N$,$R_{sa} = 0$ 时调节电动机的励磁电流 I_f,使之减小,亦即减弱磁通,从而调节电动机的转速,称为弱磁调速。由于额定励磁($\Phi = \Phi_N$)情况下,电动机磁路已工作在饱和状态,如果要在此基础上增加磁通,即使大幅度增加励磁电流 I_f,效果也不明显,所以一般只是减小 I_f,使 Φ 由 Φ_N 向下调。

弱磁调速时的机械特性如图 2.29 所示,设原带负载转矩 T_L 工作于 A 点,转速为 n,磁通 Φ 减弱时,理想空载转速 $n_0 = \dfrac{U_N}{C_e \Phi}$ 上升,特性的斜率 $\beta = \dfrac{R_a}{C_e C_T \Phi^2}$ 增大,当 Φ 减小至 Φ_1 时,特性上升,工作点移至 B,转速升至 n_1;磁通减至 Φ_2 时,特性又上升,工作点移至 C,转速升至 n_2。

弱磁调速的物理过程可分析如下:$\Phi \downarrow$,$E_a = C_e \Phi n \downarrow$,$I_a = \dfrac{U - E_a}{R_a} \uparrow$,$T = C_T \Phi I_a \uparrow$(一般情况下 I_a 增加倍数大于 Φ 减小的倍数),$n \uparrow$,E_a 回升,I_a 回降,T 回降,直至 $T = T_L$ 时恢复稳定运行,转速升高了。

弱磁调速只能将转速向上调,转速的上限又受换向和机械强度的限制,因而调速范围不大,一般 $D \leqslant 2$,特殊设计的调磁直流电动机的 $D = 3 \sim 4$;弱磁调速时,n_0 增

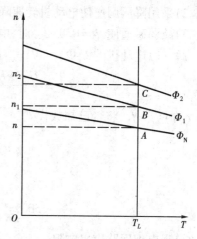

图 2.29　弱磁调速($\Phi_2 < \Phi_1 < \Phi_N$)

大,Δn_N 亦有所增大,静差率 δ 基本保持不变,转速稳定性好;励磁电流便于连续调节,可平滑调速;调速时容许的电枢电流 I_a 不变,容许输出的转矩 $T = C_T \Phi I_a$ 随磁通的减弱而减小,转速 n 则随磁通的减弱而升高,电动机容许输出的功率 $P \propto Tn$ 则基本不变,故属恒功率调速;控制设

备容量小,初投资少,损耗小,效率高,维护方便,经济性好;主要缺点是只能自额定转速向上调。适用于需要向上调速的恒功率调速系统,通常与降压调速配合使用,以扩大总的调速范围,常用于重型机床,例如龙门刨床、大型立式车床等。

最后,必须说明一点,恒转矩性质的调速方法应用于恒转矩负载;恒功率性质的调速方法应用于恒功率负载。亦即调速方法的性质必须与负载性质相匹配,否则电动机得不到充分利用。例如以恒转矩性质调速方法配以恒功率负载时,为确保低速时电动机的转矩满足要求,则在高速运行时,电动机的转矩就得不到充分利用;如将恒功率性质的调速方法配以恒转矩负载,则为确保高速时电动机的转矩仍大于负载转矩,则在低速运行时,电动机的转矩得不到充分利用,造成投资和运行费用的浪费。

2.7.5 调速的计算

在实际工作中,不但要能正确选择调速方法,还应能进行必要的定量计算。根据电动机参数(电压 U、磁通 Φ 或电枢回路串接的电阻 R_{sa})的改变求转速,或者根据所需转速计算参数应如何变化。计算的依据是机械特性方程式的一般形式

$$n = \frac{U}{C_e\Phi} - \frac{R_a + R_{sa}}{C_e C_T \Phi^2} T$$

或

$$n = \frac{U}{C_e\Phi} - \frac{R_a + R_{sa}}{C_e\Phi} I_a$$

利用方程式,代入已知数,即能求得所需未知数。必要时可画出相应的固有机械特性与人为机械特性,对于分析计算某些问题很有帮助。

例 2.5 一台他励直流电动机:$P_N = 55$ kW,$U_N = 220$ V,$I_N = 280$ A,$n_N = 635$ r/min,$R_a = 0.044$ Ω,带额定负载转矩运行,求:

1)欲使电动机转速降为 $n = 500$ r/min,电枢回路应串多大电阻?

2)采用降压调速使电动机转速降为 $n = 500$ r/min,电压应降至多少伏?

3)减弱磁通使 $\Phi = 0.85\Phi_N$ 时,电动机的转速将升至多高? 能否长期运行?

解 1)电动机的 $C_e\Phi_N$

$$C_e\Phi_N = \frac{U_N - I_N R_a}{n_N} = \frac{220 - 280 \times 0.044}{635} = 0.327$$

$T = T_N$ 时 $I_a = I_N$,将各已知数代入

$$n = \frac{U_N}{C_e\Phi_N} - \frac{R_a + R_{sa}}{C_e\Phi_N} I_N$$

得

$$500 = \frac{220}{0.327} - \frac{0.044 + R_{sa}}{0.327} \times 280$$

解之可得电枢回路应串电阻

$$R_{sa} = 0.158 \text{ Ω}$$

2)电动机的理想空载转速

$$n_0 = \frac{U_N}{C_e\Phi_N} = \frac{220}{0.327} = 672.8 \text{ r/min}$$

额定转矩时的转速降

$$\Delta n_N = n_0 - n_N = 672.8 - 635 = 37.8 \ \text{r/min}$$

降压调速时的理想空载转速

$$n_0' = n + \Delta n_N = 500 + 37.8 = 537.8 \ \text{r/min}$$

电枢电压

$$U = \frac{n_0'}{n_0}U_N = \frac{537.8}{672.8} \times 220 = 175.9 \ \text{V}$$

3）$\Phi = 0.85\Phi_N$ 时电动机的转速

$$n = \frac{U_N}{0.85C_e\Phi_N} - \frac{R_a}{0.85C_e\Phi_N}I_a = \frac{U_N}{0.85C_e\Phi_N} - \frac{R_a}{0.85C_e\Phi_N} \cdot \frac{C_e\Phi_N}{0.85C_e\Phi_N}I_N$$

$$= \frac{220}{0.85 \times 0.327} - \frac{0.044}{0.85 \times 0.327} \times \frac{1}{0.85} \times 280 = 739.4 \ \text{r/min}$$

电枢电流

$$I_a = \frac{C_e\Phi_N}{C_e\Phi}I_N = \frac{1}{0.85} \times 280 = 329.4 \ \text{A}$$

由于 $I_a > I_N$，因此不能长期运行。

例 2.6 他励直流电动机的数据与例 2.5 相同，仍带额定负载转矩，求：

1）如果要求静差率 $\delta \leq 20\%$，采用电枢回路串电阻调速和降压调速时所能达到的调速范围；

2）如果要求调速范围 $D = 4$，采用以上两种调速方法时的最大静差率。

解 1）求调速范围

①电枢回路串电阻调速时

$$\delta = \frac{\Delta n_N'}{n_0} \leq 20\%$$

额定负载转矩时容许的转速降

$$\Delta n_N' = 20\% n_0 = 0.2 \times 672.8 = 134.6 \ \text{r/min}$$

容许的最低转速

$$n_{min} = n_0 - \Delta n_N' = 672.8 - 134.6 = 538.2 \ \text{r/min}$$

调速范围

$$D = \frac{n_{max}}{n_{min}} = \frac{n_N}{n_{min}} = \frac{635}{538.2} = 1.18$$

②降压调速时（额定负载转矩下的转速降 $\Delta n_N = 37.8$ r/min）容许的最低理想空载转速

$$n_0' = \frac{\Delta n_N}{\delta} = \frac{37.8}{20\%} = 189 \ \text{r/min}$$

容许的最低转速

$$n_{min} = n_0' - \Delta n_N = 189 - 37.8 = 151.2 \ \text{r/min}$$

调速范围

$$D = \frac{n_{max}}{n_{min}} = \frac{n_N}{n_{min}} = \frac{635}{151.2} = 4.2$$

调速范围也可直接用式(2.33)计算如下：

$$D = \frac{n_{max}\delta}{\Delta n_N(1-\delta)} = \frac{635 \times 0.2}{37.8(1-0.2)} = 4.2$$

2）调速范围 $D=4$ 时的最大静差率

①电枢回路串电阻调速时

容许的最低转速

$$n_{min} = \frac{n_{max}}{D} = \frac{n_N}{D} = \frac{635}{4} = 158.8 \ r/min$$

最低转速时的转速降

$$\Delta n'_N = n_0 - n_{min} = 672.8 - 158.8 = 514 \ r/min$$

最大静差率

$$\delta = \frac{\Delta n'_N}{n_0} \times 100\% = \frac{514}{672.8} \times 100\% = 76.4\%$$

②降压调速时

容许的最低转速

$$n_{min} = \frac{n_{max}}{D} = \frac{635}{4} = 158.8 \ r/min$$

最低转速时的理想空载转速

$$n'_0 = n_{min} + \Delta n_N = 158.8 + 37.8 = 196.6 \ r/min$$

最大静差率

$$\delta = \frac{\Delta n_N}{n'_0} \times 100\% = \frac{37.8}{196.6} \times 100\% = 19.2\%$$

最大静差率也可根据式(2.33)所得公式计算如下：

$$\delta = \frac{D\Delta n_N}{n_{max} + D\Delta n_N} \times 100\% = \frac{4 \times 37.8}{635 + 4 \times 37.8} \times 100\% = 19.2\%$$

2.8 他励直流电动机的制动

许多生产机械的快速减速或停车,提升装置的匀速下放重物,都需要产生一个与旋转方向相反的制动转矩。利用机械摩擦获得制动转矩的方法称为机械制动,例如常见的抱闸装置;设法使电动机的电磁转矩与旋转方向相反,成为制动转矩的方法称为电气制动。与机械制动相比,电气制动没有机械磨损,容易实现自动控制,应用较为广泛。在某些特殊场合,也可同时采用电气制动和机械制动。

电动机制动运行的主要特点是电磁转矩的方向与转速的方向相反,从能量观点看,不是将电能变为机械能,而是将机械能变为电能全部消耗掉或大部分回馈电网。

制动运行的作用是使电力拖动系统快速减速或停车和匀速下放重物。

根据实现制动的方法和制动时电机内部能量传递关系的不同,制动方法分为3种,即能耗制动、反接制动和回馈制动。

2.8.1　能耗制动

(1) 实现能耗制动的方法

能耗制动的原理接线图如图 2.30 所示。设原工作在电动机运行状态,这时 K_1 闭合,K_2 打开,各物理量的正方向如图 2.30(a)所示。进行能耗制动时,只要将 K_1 断开,K_2 闭合,亦即将电动机电枢电路从直流电源上断开,串接一个附加电阻 R_{sa} 构成闭合回路,如图 2.30(b)所示。由于磁场依然存在,电枢因机械惯性继续朝原来的方向旋转,为此,电枢电动势 E_a 依然存在,且方向不变,不同的是电枢电流 I_a 变为由 E_a 产生,与原来反向,电磁转矩 $T = C_T \Phi I_a$ 随之反向,电动机转向未变,T 与 n 反向,进入制动运行状态。

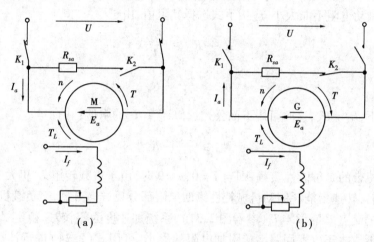

图 2.30　能耗制动原理接线图
(a)电动状态;(b)能耗制动状态

(2) 能耗制动的机械特性

能耗制动时,电动机脱离直流电源,即 $U = 0$,将此特点代入式(2.7)即得能耗制动的机械特性方程式

$$n = -\frac{R_a + R_{sa}}{C_e C_T \Phi^2}T \qquad (2.34)$$

由式(2.34)可见:$T = 0$ 时 $n = 0$,机械特性应过原点;$T > 0$ 时 $n < 0$,$T < 0$ 时 $n > 0$,机械特性应在第二、四象限;R_{sa} 一定时,特性的斜率 $\beta = \dfrac{R_a + R_{sa}}{C_e C_T \Phi^2} = $ 常数。所以能耗制动的机械特性为一通过坐标原点处于第二、四象限的直线,如图 2.31 所示。特性的斜率决定于电枢回路串

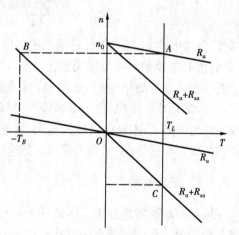

图 2.31　能耗制动的机械特性

接的电阻 R_{sa} 的大小,如果 $R_{sa} = 0$,特性与固有机械特性相平行,如果 R_{sa} 增大,则此特性的斜率增大,与电枢回路串接电阻 R_{sa} 时的人为机械特性相平行。

(3)能耗制动的分析

设能耗制动以前,电动机工作在正向电动机状态,工作点 A 在第一象限,负载转矩为 T_L,转速为 n_A,开始制动时,由于机械惯性,n_A 不能突变,因而工作点由 A 平移到能耗制动特性上的 B 点,电磁转矩由正的 T_L 变为负的 T_B,T_B 为制动转矩,与负载转矩 T_L 共同作用,使电动机迅速减速,工作点沿能耗制动机械特性下降,制动转矩随之下降,转矩降为零时,转速为零,电动机停车,制动完毕。制动过程中,电动机的动能不断转变为电能消耗在电动机电枢回路的总电阻 $R_a + R_{sa}$ 上,故称能耗制动。

能耗制动时电枢回路串接的附加电阻(称制动电阻)R_{sa} 越小,机械特性斜率越小,制动开始瞬间(B 点)的转矩和电流越大,一般直流电动机瞬时电流的最大值不允许超过 $2I_N$,为此,能耗制动时的制动电阻不能太小,应按下式选择其阻值,由于

$$R_a + R_{sa} \geqslant \frac{E_a}{2I_N}$$

故有

$$R_{sa} \geqslant \frac{E_a}{2I_N} - R_a \qquad (2.35)$$

由于一般情况下,$E_a \approx U_N$,这时可用下面公式近似计算 R_{sa} 的阻值:

$$R_{sa} \geqslant \frac{U_N}{2I_N} - R_a \qquad (2.36)$$

如果电动机带的是位能性负载,则当 $T = 0$,$n = 0$ 时,由于负载转矩 T_L 仍大于零,将倒拉电动机反方向运转,转速沿能耗制动机械特性第四象限部分反方向升高,至负载机械特性与能耗制动机械特性的交点 C 时,$T = T_L$(参看图 2.31),系统加速度为零,转速稳定,匀速下放重物,下放速度的高低取决于电枢回路串接附加电阻的大小,可用式(2.34)进行计算,如要求下放时电动机转速为 n_C,则以 $n = -n_C$ 代入式(2.34),解之可得

$$R_{sa} = -\frac{C_e C_T \Phi^2 n}{T} - R_a = \frac{C_e C_T \Phi^2 n_C}{T} - R_a \qquad (2.37)$$

计算时,公式中的 n_C 代以下放转速的绝对值。

(4)能耗制动的特点与适用场合

能耗制动设备简单,操作方便,运行可靠;制动转矩 T 随转速 n 的下降而减小,$n = 0$ 时 $T = 0$,为此制动比较平稳,便于准确停车;制动过程中将电动机储藏的动能转换为电能消耗在电枢回路的电阻上,不从电网输入电能;低速时制动效果较差。适用于一般生产机械和要求准确停车的场合快速停车,提升装置用于低速匀速下放重物。

2.8.2 反接制动

反接制动根据实现方法不同又分为两种,一种叫电源反接的反接制动(以下简称为电源反接制动),另一种叫转速反向反接制动。

(1)电源反接制动

1)实现电源反接制动的方法

电源反接制动的原理接线图如图 2.32 所示。K_1 闭合,K_2 断开时,电动机工作在正向电动机状态,设电磁转矩 T 和转速 n 的方向如图中实线箭头所示。反接制动时,将 K_1 断开,K_2 闭合,电枢所加电压反向,即 U 变为负,同时在电枢回路中串入附加电阻(制动电阻)R_{sa},电枢

电流

$$I_a = \frac{-U - E_a}{R_a + R_{sa}} = -\frac{U + E_a}{R_a + R_{sa}} \qquad (2.38)$$

变为负值,改变方向,电磁转矩 $T = C_T \Phi I_a$ 随之变负反向,如图中虚线箭头所示,T 与 n 反向,进入制动状态,这是由于电源反接而引起的制动,故称电源反接制动。

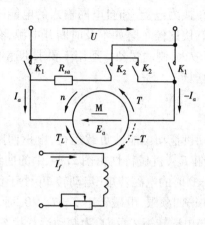

图 2.32　电源反接制动原理接线图　　　　图 2.33　电源反接制动的机械特性

2)电源反接制动的机械特性

电源反接时,U 为负,相应的机械特性方程式为

$$n = \frac{-U}{C_e \Phi} - \frac{R_a + R_{sa}}{C_e C_T \Phi^2} T$$

根据此式可以画出电源反接时的机械特性,如图 2.33 中的直线 $BCDEF$ 所示,特性过 $-n_0$ 点,特性的斜率决定于 $\beta = \dfrac{R_a + R_{sa}}{C_e C_T \Phi^2}$,磁通一定时决定于电阻 R_{sa} 的大小。直线 $BCDEF$ 在第三象限的部分为反向电动机运行状态的机械特性,第四象限的部分为回馈制动运行状态的机械特性,只有 BC 段为电源反接制动运行状态的机械特性。

3)电源反接制动的分析

设电动机制动以前带恒负载转矩 T_L 工作于固有机械特性上的 A 点,电枢电源反接时,转速不能突变,工作点由 A 平移至 B 点,转矩 T_B 为负值,与转速 n 反向,进入制动状态,在制动转矩 T_B 和负载转矩 T_L 的共同作用下,系统沿机械特性 BC 段快速减速,制动转矩随转速 n 的下降而下降,但到 n 降至零,反接制动过程结束时,制动转矩 $T_C \neq 0$,可见反接制动过程中制动转矩的平均值大于能耗制动时的数值,所以电源反接制动的制动作用比能耗制动更为强烈,制动更快。

由式(2.38)可知,电源反接制动时,如不串入附加电阻,则制动开始时的电枢电流 $I_a = -\dfrac{U + E_a}{R_a}$,其值将高达直接启动电流的两倍左右,这是绝对不允许的,为此必须串入制动电阻 R_{sa}。如果限制最大电流为 $2I_N$,则制动电阻 R_{sa} 的数值应取

$$R_{sa} \geq \frac{U_N + E_a}{2I_N} - R_a \approx \frac{U_N}{I_N} - R_a \qquad (2.39)$$

可见,限制制动电流起始值相同时,电源反接制动的制动电阻将近比能耗制动时大一倍,为此,机械特性的斜率也大得多。

电源反接制动用于快速停车,当转速快降到零时,应及时断开 K_2,否则电动机将反转。

4)电源反接制动的特点与适用场合

电源反接制动时,电动机仍接于电网,从电网输入电能,同时随着转速的迅速下降,系统储存的动能迅速减少,减少的动能从电动机的轴上输入,转换为电能,和自电网输入的电能一起消耗在电枢回路中,所以制动过程中能量损耗较大;再有快速停车时如不及时断开电源,有可能反转;优点是设备简单,操作方便;制动转矩的平均值较大,制动强烈。适用于要求迅速停车的拖动系统,对于要求迅速停车并立即反转的系统更为理想。

(2)转速反向反接制动

1)实现转速反向反接制动的方法

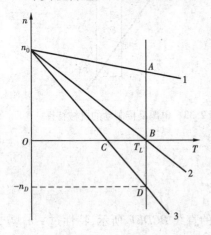

图 2.34　转速反向反接制动的机械特性

他励直流电动机拖动位能性负载运行,电枢回路串入较大的附加电阻 R_{sa},机械特性由图 2.34 中的曲线 1 变为曲线 3,使 $n=0$ 时的电磁转矩(启动转矩)小于负载转矩 T_L,工作点在第四象限,电磁转矩 $T=T_L>0$,而 $n=-n_D<0$,转速 n 与电磁转矩 T 反向,为制动运行状态,称为转速反向反接制动。此时电动机在 D 点($T=T_L$)稳定运行,匀速下放重物。

2)转速反向反接制动的机械特性

机械特性方程式

$$n = \frac{U_N}{C_e\Phi_N} - \frac{R_a+R_{sa}}{C_eC_T\Phi_N^2}T$$

$$= n_0 - \frac{R_a+R_{sa}}{C_eC_T\Phi_N^2}T \qquad (2.40)$$

机械特性为电枢回路串接较大附加电阻时的人为机械特性在第四象限的部分,也就是正向电动运行时机械特性向第四象限的延伸,如图 2.34 中曲线 3 的 CD 段所示。

3)转速反向反接制动的分析

转速反向反接制动时,电动机亦接在电源上,从电源吸取电能,负载下放时,负载的位能(机械能)不断减少,减少的这部分位能自轴上输入,转换为电能,与自电源吸取的电能一起消耗在电枢回路中,可见这种制动状态下的能量关系与电源反接制动时相同,故亦称其为反接制动。

4)转速反向反接制动的特点与适用场合

转速反向反接制动设备简单,操作方便;电枢回路所串电阻较大,机械特性较软,转速稳定性差;能量损耗较大,经济性较差,适用于低速匀速下放重物。

2.8.3　回馈制动

(1)实现回馈制动的方法

他励直流电动机在电动状态下提升重物时,将电源反接,电动机进入电源反接制动状态,转速 n 沿电源反接时机械特性的 BC 段(参看图 2.33)迅速下降,至 C 点转速降到零时,不断

开电源,电动机反向启动,转速反方向升高,至 E 点时,$T=0$,但 $T_L \neq 0$,系统在 T_L 的作用下沿机械特性的 EF 段继续反方向升速,工作点进入特性的第四象限部分,这时 $|-n|>|-n_0|$,$E_a>U$,电流 I_a 及电磁转矩 T 均变为正,而 n 为负,电动机进入制动状态。由于此时 $E_a>U$,电流 I_a 与 E_a 同方向,与外加电压 U 反方向,电动机从电源吸取的电功率 $UI_a<0$,实为向电网输出电能,此电能由位能性负载下放时释放的位能转化而来,除一小部分消耗在电枢回路的电阻上以外,大部分回馈给电网,故称回馈制动。在回馈制动特性上的 F 点,$T=T_L$,稳定运行,匀速下放重物,为使下放速度不致过快,通常将电枢回路串接的附加电阻 R_{sa} 全部切除,使电动机工作于固有机械特性。

他励直流电动机降压调速或弱磁调速增加磁通使 n_0 突然降低时也会出现回馈制动,例如一台他励直流电动机带恒转矩负载工作在机械特性曲线 1 的 A 点,如图 2.35 所示,突然降低电压,特性

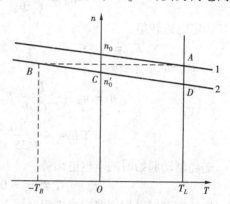

图 2.35　降压调速时出现的回馈制动

变为曲线 2,理想空载转速由 n_0 降至 n_0',由于转速不能突变,工作点移至特性曲线 2 上的 B 点,这时 $n>n_0'$,使 $E_a>U$,I_a 反向,电磁转矩反向变为 $-T_B$,而 n 的方向未变,因而进入制动状态,使转速沿特性迅速下降,到 C 点时 $n=n_0'$,制动结束。$T=0$,T_L 使转速 n 继续下降,电磁转矩由零正向增大,至 D 点时 $T=T_L$,进入降压调速后的稳定运行状态。可见特性的 BC 段是电动机降压调速时自动出现的回馈制动状态,作用是帮助减速,以加快减速过程。弱磁调速增加磁通减速时出现回馈制动帮助减速的情况与此类同,读者可自行分析。

回馈制动时,电动机能将系统减少的位能或动能变为电能大部分回馈给电网,能量损耗最少,经济性最好;实现回馈制动必须使转速高于理想空载转速,故不能用于快速停车。回馈制动适用于高速匀速下放重物,降压调速或增大磁通调速时会自动出现并加快减速过程。

他励直流电动机的 3 种制动状态,从能量变换角度来看有一个共同之点,就是制动状态下的电动机不是把电能变换为机械能,而是把机械能(动能或位能)变换为电能,消耗在电枢回路的电阻上或大部分回馈给电网。

例 2.7　一台他励直流电动机的额定数据为:$P_N=30$ kW,$U_N=220$ V,$I_N=156.9$ A,$n_N=1\,500$ r/min,$R_a=0.082$ Ω。试求:

1)电动机带反抗性负载 $T_L=0.8T_N$ 运行时,进行能耗制动,欲使起始制动转矩为 $2T_N$,电枢回路应串多大电阻?

2)电动机带位能性额定负载转矩,以 1 000 r/min 的速度下放时,可用哪些方法 ? 电枢回路分别应串多大电阻?

3)电动机带反抗性额定负载转矩运行时,进行电源反接制动停车,欲使起始制动转矩为 $2T_N$,电枢回路应串多大电阻?

4)电动机带位能性负载,$T_L=0.8T_N$,欲以 1 800 r/min 的速度下放时,应采用什么方法?电枢回路应串多大电阻?

解　1)计算电动机的 $C_e\Phi_N$

$$C_e\Phi_N = \frac{U_N - I_N R_a}{n_N} = \frac{220 - 156.9 \times 0.082}{1\ 500} = 0.138$$

理想空载转速

$$n_0 = \frac{U_N}{C_e\Phi_N} = \frac{220}{0.138} = 1\ 594\ \text{r/min}$$

额定电磁转矩

$$T_N = 9.55 C_e\Phi_N I_N = 9.55 \times 0.138 \times 156.9 = 206.8\ \text{N} \cdot \text{m}$$

$T_L = 0.8 T_N$ 时的转速

$$n = n_0 - \frac{R_a}{C_e C_T \Phi_N^2} T = n_0 - \frac{R_a}{9.55(C_e\Phi_N)^2} \times 0.8 T_N$$

$$= 1\ 594 - \frac{0.082}{9.55 \times 0.138^2} \times 0.8 \times 206.8 = 1\ 519.4\ \text{r/min}$$

能耗制动起始时的电枢电动势

$$E_a = C_e\Phi_N n = 0.138 \times 1\ 519.4 = 209.7\ \text{V}$$

能耗制动时电枢回路应串电阻

$$R_{sa} = \frac{E_a}{2I_N} - R_a = \frac{209.7}{2 \times 156.9} - 0.082 = 0.586\ \Omega$$

2）所需下放速度低于理想空载转速，故可用能耗制动或转速反向反接制动方法下放该重物。

用能耗制动方法下放时，由式（2.37）可得电枢回路应串电阻

$$R_{sa} = \frac{C_e C_T \Phi_N^2 n_C}{T_N} - R_a = \frac{9.55 \times 0.138^2 \times 1\ 000}{206.8} - 0.082 = 0.798\ \Omega$$

用转速反向反接制动方法下放时，由式（2.40）可得电枢回路应串电阻的计算公式，因为 $n = -n_C, T = T_N$，故有

$$R_{sa} = \frac{(n_0 + n_C) C_e C_T \Phi_N^2}{T_N} - R_a = \frac{(1\ 594 + 1\ 000) \times 9.55 \times 0.138^2}{206.8} - 0.082$$

$$= 2.2\ \Omega$$

3）$T_L = T_N$ 运行时的电枢电动势

$$E_a = C_e\Phi_N n_N = 0.138 \times 1\ 500 = 207\ \text{V}$$

反接制动停车时电枢回路应串电阻根据式（2.39）可得

$$R_{sa} = \frac{U_N + E_a}{2I_N} - R_a = \frac{220 + 207}{2 \times 156.9} - 0.082 = 1.279\ \Omega$$

4）所需下放速度大于理想空载转速，故应采用反向回馈制动方法。

参看式（2.9），电枢回路串电阻时的机械特性方程式为

$$n = \frac{U_N}{C_e\Phi_N} - \frac{R_a + R_{sa}}{C_e C_T \Phi_N^2} T = n_0 - \frac{R_a + R_{sa}}{C_e C_T \Phi_N^2} T$$

根据题意，$n = -1\ 800\ \text{r/min}$，$n_0 = -1\ 594\ \text{r/min}$，$T = 0.8 T_N = 0.8 \times 206.8\ \text{N} \cdot \text{m}$，代入上式得

$$-1\ 800 = -1\ 594 - \frac{0.082 + R_{sa}}{9.55 \times 0.138^2} \times 0.8 \times 206.8$$

解之得电枢回路应串电阻

$$R_{sa} = 0.144\ 5\ \Omega$$

小　　结

运动方程式是分析研究电力拖动系统的基本公式,对于单轴电力拖动系统

$$T - T_L = \frac{GD^2}{375} \frac{\mathrm{d}n}{\mathrm{d}t}$$

式中　T 为电动机轴上产生的电磁转矩;T_L 为电动机轴上的负载转矩,应为负载机械工作机构折算到电动机轴的负载转矩 T_2 与电动机空载转矩 T_0 之和,即 $T_L = T_2 + T_0$,由于一般 $T_0 \ll T_2$,故通常近似认为 $T_L = T_2$;GD^2 是轴上的飞轮矩;$\frac{\mathrm{d}n}{\mathrm{d}t}$ 是该轴的转速变化率。应用此式时必须注意各量正方向的设定和各量自身的正负号。

对于多轴电力拖动系统和既有旋转运动又有直线运动的系统,通常都要折算到电动机轴上,变成等效的单轴系统,用运动方程式进行分析计算。

生产机械的机械特性是指生产机械工作机构折算到电动机轴上的转速 n 与负载转矩 T_L 之间的关系曲线 $n = f(T_L)$。各种生产机械的机械特性可以分为 3 类:负载转矩 T_L 保持常数不随转速变化的称为恒转矩负载机械特性,包括反抗性恒转矩负载机械特性和位能性恒转矩负载机械特性两种;负载转矩 T_L 与转速 n 成反比的称为恒功率负载机械特性;负载转矩 T_L 与转速 n 的平方成正比的称为泵类负载机械特性。

他励直流电动机的机械特性是指 $U =$ 常数、$\varPhi =$ 常数、电枢回路总电阻 $R_a + R_{sa}$ 不变时转速 n 与电磁转矩 T 之间的关系曲线 $n = f(T)$。机械特性方程式为

$$n = \frac{U}{C_e \varPhi} - \frac{R_a + R_{sa}}{C_e C_T \varPhi^2} T = n_0 - \beta T$$

式中　n_0 为理想空载转速,β 为特性的斜率,在求机械特性时均为常数,为此,机械特性为向下倾斜的直线。$U = U_N$、$\varPhi = \varPhi_N$、电枢回路不串接附加电阻($R_{sa} = 0$)时的机械特性称为固有机械特性,由于 R_a 很小,β 很小,因此他励直流电动机的固有机械特性是一条稍稍向下倾斜的直线。$U \neq U_N$,$\varPhi \neq \varPhi_N$ 或 $R_{sa} \neq 0$ 时的机械特性称为人为机械特性。降低电压 U 时,理想空载转速 n_0 与电压 U 成正比下降,斜率 β 不变,人为机械特性是固有机械特性向下平移;减弱磁通 $\varPhi$ 时,理想空载转速 n_0 与 $\varPhi$ 成反比上升,斜率 β 与 $\varPhi^2$ 成反比增大,人为机械特性升至固有机械特性的上面;电枢回路串电阻 R_{sa} 时,理想空载转速 n_0 不变,斜率 β 增大,人为机械特性的倾斜程度加大,特性变软。根据他励直流电动机的额定值可以求得理想空载运行点($T = 0, n = n_0$)与额定运行点($T = T_N, n = n_N$),连接两点的直线即为该电动机的固有机械特性。将相应的 U,$\varPhi$ 或 R_{sa} 的变化情况代入特性方程式,即可计算绘制出各种不同情况下的人为机械特性。

生产机械机械特性与电动机机械特性画在同一直角坐标,他们的配合是分析研究电力拖动系统的有力工具。电力拖动系统稳定运行的充要条件是负载机械机械特性与电动机机械特性有交点,且在交点满足 $\dfrac{\mathrm{d}T}{\mathrm{d}n} < \dfrac{\mathrm{d}T_L}{\mathrm{d}n}$。

直流电动机的启动要求启动转矩 T_{st} 足够大,启动电流 I_{st} 尽可能小,一般不容许超过 $2I_N$。他励直流电动机直接启动时,由于启动起始时 $n = 0$,$E_a = 0$,启动电流 $I_{st} = \dfrac{U}{R_a}$ 可达$(10 \sim 30)I_N$,

损坏电机,因此一般不能直接启动,而应采用电枢回路串电阻启动或降压启动的方法,所串电阻或所加电压的大小可以通过计算求得。

忽略电磁惯性,只考虑机械惯性的过渡过程称为机械过渡过程。以启动时的机械过渡过程为例,导出了他励直流电动机机械过渡过程的一般公式,可以用于分析过渡过程中电动机电枢电流 I_a、电磁转矩 T 和转速 n 的变化规律,可以计算过渡过程所需的时间,并找出缩短过渡过程时间的主要方法是减小电动机的飞轮矩 GD^2。

在负载转矩不变的条件下,人为地改变某个参数,从而使电动机的转速改变称为调速。利用电动机调速的技术指标和经济指标可以分析得知各种调速方法的优缺点和适用场合。电枢回路串电阻调速设备简单、初投资少,但调速范围较小、平滑性差、损耗较大,适用于功率不大、低速运行时间不长、对调速要求不高的场合;降低电源电压调速的调速范围较大、平滑性好、能量损耗小,但需要独立的电压可调的直流电源,初投资较大,适用于功率较大、对调速性能要求较高的场合;弱磁调速设备简单、平滑性好、损耗很小,但只能自额定转速向上调,一般将其与调压调速配合使用,以扩大整个系统的调速范围。前两种为恒转矩调速方法,后一种为恒功率调速方法。

电动机制动的特征是电磁转矩 T 与转速 n 的方向相反,电动机将轴上输入的机械能转换为电能消耗掉或大部分回馈电网。制动的作用是快速减速或停车和匀速下放重物。他励直流电动机的制动方法有能耗制动、反接制动(又分电源反接制动和转速反向反接制动两种)和回馈制动 3 类 4 种。能耗制动的优点是设备和控制线路比较简单,制动平稳可靠。缺点是制动效果不如反接制动强烈。适用于要求减速平稳或准确停车的场合和低速匀速下放重物。电源反接制动的优点是平均制动转矩大,制动强烈。缺点是能量损耗大,转速降至零时,如不及时切断电源,可能反转。适用于要求迅速制动并立即反转的场合。转速反向反接制动的优点是设备简单,操作方便。缺点是机械特性软,转速稳定性差,能量损耗大。适用于低速匀速下放重物。回馈制动的优点是能量损耗少,经济性最好。缺点是转速的绝对值必须高于理想空载转速 n_0 的绝对值。适用于高速($|n| > |n_0|$)下放重物。

他励直流电动机调速和制动运行的分析计算可以根据电动机机械特性与负载机械特性的配合情况,找到相应的特性工作线段和工作点的大致位置,再由工作点所在象限确定有关各量的正负号,直接代入机械特性的通用方程式进行计算。对于各种制动运行,也可根据已知条件采用各种制动方法相应的计算公式,这时有关各已知量只要代入其绝对值就行。

思 考 题

2.1 电力拖动系统旋转运动方程式中各量的物理意义是什么? 它们的正负号如何确定?

2.2 转矩的动态平衡关系与静态平衡关系有什么不同?

2.3 拖动系统的飞轮矩 GD^2 与转动惯量 J 是什么关系?

2.4 把多轴电力拖动系统简化为单轴电力拖动系统时,负载转矩的折算原则是什么? 各轴飞轮矩的折算原则是什么?

2.5 起重机提升和下放重物时,传动机构的损耗由电动机还是重物负担? 提升和下放同一重物时,传动机构损耗的大小是否相同?

2.6　生产机械的负载机械特性归纳起来,可以分为哪几种基本类型?

2.7　何谓直流电动机的机械特性、固有机械特性和人为机械特性?何谓特性硬度、硬特性和软特性?

2.8　如何计算并绘制他励直流电动机的固有机械特性和人为机械特性?

2.9　什么叫静态稳定运行?电力拖动系统静态稳定运行的充要条件是什么?

2.10　他励直流电动机稳定运行时,电磁转矩和电枢电流的大小由什么量决定?改变电源电压或电枢回路串电阻时,电枢电流的稳定值是否发生变化?为什么?

2.11　电动机启动一般有些什么要求?为什么他励直流电动机一般不允许直接启动?应采用什么启动方法?

2.12　什么叫过渡过程?产生电动机过渡过程的外因和内因是什么?什么叫机械过渡过程?

2.13　机电时间常数的大小与哪些量有关?其大小对电动机的机械过渡过程有什么影响?

2.14　调速与转速变化有什么不同?评价直流电动机调速方法的技术指标和经济指标有哪些?

2.15　静差率与硬度的概念有什么联系和区别?静差率与调速范围有什么关系?为什么要同时提出才有意义?

2.16　他励直流电动机有哪几种调速方法?试用调速的技术指标和经济指标分别比较各种调速方法的优缺点和适用场合。

2.17　电动机制动运行的主要特点是什么?制动运行的作用是什么?他励直流电动机有哪几种制动方法?

2.18　他励直流电动机的各种制动方法如何实现?各有哪些优缺点?分别适用于什么场合?

习　　题

2.1　一台他励直流电动机,$P_N = 10$ kW,$U_N = 220$ V,$I_N = 53.8$ A,$n_N = 1\,500$ r/min,$R_a = 0.286$ Ω,试计算并绘制:

(1)固有机械特性;

(2)电枢回路串入电阻 $R_{sa} = 1.0$ Ω 时的人为机械特性;

(3)电源电压降至 $U = 120$ V 时的人为机械特性;

(4)磁通减弱至 $\Phi = 0.8\Phi_N$ 时的人为机械特性。

2.2　一台他励直流电动机,$P_N = 10$ kW,$U_N = 110$ V,$n_N = 1\,500$ r/min,$R_a = 0.096$ Ω,$\eta_N = 84\%$,试计算:

(1)直接启动时的启动电流 I_{st} 是额定电流的几倍?

(2)如欲限制启动电流为额定电流的1.5倍,采用电枢回路串电阻的启动方法时,电枢回路应串多大电阻?采用降压启动方法时,起始电压应降为多少伏?

2.3　一台他励直流电动机,$P_N = 18$ kW,$U_N = 220$ V,$I_N = 94$ A,$n_N = 1\,000$ r/min,

$R_a = 0.15\ \Omega$,在额定负载转矩下试求:

(1)欲使转速降至 800 r/min 稳定运行,采用电枢回路串电阻调速时,电枢回路应串入多大电阻?

(2)欲使转速降至 800 r/min 稳定运行,采用调压调速时,电枢电压应降为多少伏?

(3)欲使转速升高至 1 100 r/min 稳定运行,弱磁系数 Φ/Φ_N 应为多少?

2.4 一台他励直流电动机,$P_N = 30\ kW$,$U_N = 220\ V$,$I_N = 158.5\ A$,$n_N = 1\ 000\ r/min$,$R_a = 0.1\ \Omega$,$T_L = 0.8T_N$,试求:

(1)固有机械特性上的稳定转速;

(2)电枢回路串入 0.3 Ω 电阻时电动机的稳定转速;

(3)电枢外加电压降到 180 V 时电动机的稳定转速;

(4)磁通减弱到 $\Phi = 0.8\Phi_N$ 时电动机的稳定转速。

2.5 一台他励直流电动机,$P_N = 29\ kW$,$U_N = 440\ V$,$I_N = 76\ A$,$n_N = 1\ 000\ r/min$,$R_a = 0.065R_N$,采用降压及弱磁调速方法进行调速,要求最低理想空载转速为 250 r/min,最高理想空载转速为 1 500 r/min,试求额定转矩时的最高转速和最低转速,并比较最高转速机械特性和最低转速机械特性的斜率和静差率。

2.6 一台他励直流电动机,$P_N = 13\ kW$,$U_N = 220\ V$,$I_N = 68.7\ A$,$n_N = 1\ 500\ r/min$,$R_a = 0.224\ \Omega$,电枢串电阻调速,要求 $\delta_{max} = 0.3$,试求:

(1)电动机拖动额定负载转矩时的最低转速;

(2)此时电动机的调速范围;

(3)电枢回路需串入电阻的最大值;

(4)拖动额定负载转矩在最低速运行时,电动机的输入功率、输出功率(略去空载损耗转矩 T_0)及外串电阻上的损耗。

2.7 一台他励直流电动机,$P_N = 17\ kW$,$U_N = 110\ V$,$I_N = 185\ A$,$n_N = 1\ 000\ r/min$,$R_a = 0.036\ \Omega$。电动机最大允许电流为 $1.8I_N$,拖动 $T_L = 0.8T_N$ 负载电动运行时进行制动。试求:

(1)若采用能耗制动停车,电枢回路应串入多大电阻?

(2)若采用反接制动停车,电枢回路应串入多大电阻?

(3)两种制动方法在制动开始瞬间的电磁转矩各为多少?

(4)两种制动方法在制动到 $n = 0$ 时的电磁转矩各是多大?

2.8 一台他励直流电动机拖动某起重机提升机构,电动机的数据为 $P_N = 30\ kW$,$U_N = 220\ V$,$I_N = 158\ A$,$n_N = 1\ 000\ r/min$,$R_a = 0.069\ \Omega$。忽略空载损耗。

(1)电动机以转速 600 r/min 提升重物时,负载转矩 $T_L = 0.8T_N$,此时电动机运行在什么状态,画出相应的机械特性和工作点,并求电枢回路应串入的电阻值。

(2)电动机以转速 600 r/min 下放重物时,负载转矩 $T_L = 0.8T_N$,此时电动机可能运行在哪几种制动状态? 画出相应的机械特性和工作点,并求各种制动状态下电枢回路应串入的电阻值。

(3)电动机以转速 1 200 r/min 下放重物时,负载转矩 $T_L = T_N$,此时电动机运行在什么状态,画出相应的机械特性和工作点,并求电枢回路应串入的电阻值。

2.9 某卷扬机由他励直流电动机拖动,电动机的数据为 $P_N = 11\ kW$,$U_N = 440\ V$,

$I_N = 29.5$ A, $n_N = 730$ r/min, $R_a = 1.05$ Ω, 下放某重物时负载转矩 $T_L = 0.8T_N$, 试求：

（1）采用能耗制动下放此重物时, 电动机的最低转速；

（2）采用转速反向的反接制动, 以 500 r/min 的转速下放此重物时, 电枢回路应串入的电阻值；

（3）采用回馈制动下放此重物时, 电动机的最低转速。

第**3**章
变压器

变压器是一种变换交流电能的静止电机,主要功能是把一种交流电压的电能变换为同频率的另一种电压的交流电能。在电力系统中,变压器是一个十分重要的设备。发电厂(站)发电机发出的电压受绝缘条件限制,通常为 10.5 ~ 20 kV,要进行大功率远距离输送,几乎不可能。因为低电压大电流输电,会在输电线路上产生很大的损耗和压降,为此,必须用变压器将电压升高至 110,220 或 500 kV 进行输电,以求输电的经济。当电能送到用电区,再用变压器将电压降低至 35,10 kV 或 380/220 V,供给用户使用,以求用电的安全。其中通常需要进行多次变压,所以变压器的安装容量为发电机容量的 5 ~ 8 倍。电力系统使用的变压器称为电力变压器。

除电力变压器以外,还有多种满足特殊需要的特种变压器,例如电炉变压器、整流变压器、电焊变压器、仪用互感器、控制变压器等,种类繁多。

在电力拖动自动控制系统中,变压器作为能量变换或信号传递的元件,应用也十分广泛。本章以电力变压器为主,其分析方法与主要结论同样适用于其他种类的变压器。

3.1 变压器的原理、结构及额定值

3.1.1 变压器的原理

变压器的主要部件是一个铁芯和套在铁芯上的两个线圈,如图 3.1 所示。

通常两个线圈中一个接交流电源,称为一次绕组,也叫一次侧;另一个接负载,称为二次绕组,也叫二次侧。当一次侧外加交流电压 u_1,一次绕组中便有交流电流 i_1 流过,并在铁芯中产生交变磁通 Φ,磁通 Φ 同时匝链一、二次绕组,根据电磁感应定律,在一、二次绕组中感应出电动势 e_1,e_2。其大小分别正比于一、二次绕组的匝数。二次侧有了电动势,便向负载供电,实现能量的传递。只要改变一、二次绕组的匝数,就可改变一、二次侧感应电动势的大小,从而达到改变电压的目的。这就是变压器利用电磁感应作用变压的原理。

二次侧电压高于一次侧电压时,叫做升压变压器,反之就是降压变压器。电压高的绕组叫高压绕组;反之就叫低压绕组。

图3.1及以后的图中,一次侧各量均标以下标"1",二次侧各量均注下标"2",以示区别。

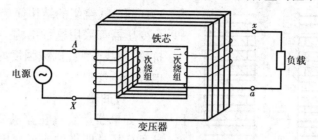

图3.1 变压器工作原理图

3.1.2 变压器的结构

从变压器的功能来看,铁芯和绕组是其基本组成部分,统称为器身,对油浸电力变压器还有油箱、绝缘套管及其他附件。现分述如下:

(1)铁芯

变压器的铁芯由铁芯柱(外面套绕组的部分)和铁轭(连接铁芯柱的部分)组成,分别如图3.2中的2和1所示。铁芯是变压器的磁路部分,为了提高磁路的导磁系数,降低铁芯内的磁滞、涡流损耗和减小励磁电流,铁芯常用0.35 mm厚、表面涂绝缘漆的硅钢片叠压而成,叠装时相邻两层铁芯叠片的接缝要互相错开,图3.3中(a)和(b)是相邻两层硅钢片的不同排法。

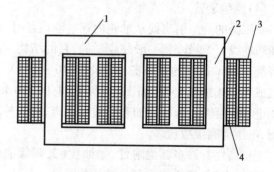

图3.2 三铁芯柱式变压器
1—铁轭;2—铁芯柱;3—高压绕组;4—低压绕组

为了充分利用空间,大型变压器的铁芯柱一般做成阶梯形截面,如图3.4(a)所示,而小型变压器铁芯柱截面可采用矩形或方形,如图3.4(b)所示。

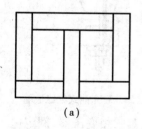 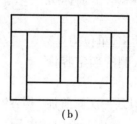

(a)　　　　　(b)

图3.3 硅钢片的排法
(a)第1,3,5,…层;(b)第2,4,6,…层

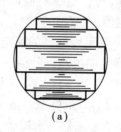 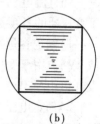

(a)　　　(b)

图3.4 铁芯柱截面

(2)绕组

变压器的绕组由绝缘扁导线或圆导线绕成(铜或铝线),它是变压器的电路部分。

根据绕组排列方式不同,变压器绕组可分为同心式和交叠式两类。同心式的高、低压绕组同心地套在铁芯柱上,如图3.2所示。为了便于绕组和铁芯绝缘,通常低压绕组靠近铁芯。交叠式绕组都做成饼式,高、低压绕组互相交叠放置,如图3.5所示。为了减小绝缘距离,通常低压绕组靠近铁轭。

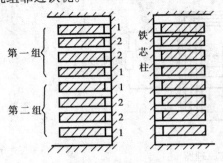

图 3.5　交叠式绕组
1—低压绕组；2—高压绕组

同心式绕组的结构简单，制造方便，国产电力变压器都采用这种结构。交叠式绕组的漏电抗小，引线方便，机械强度好，主要用在电炉和电焊变压器中。

（3）油箱

如果器身放置在盛满变压器油的油箱里，这种变压器叫做油浸式变压器。它是生产量最大，应用最广的一种变压器。油箱内的变压器油起冷却和绝缘作用。

油箱包括油箱体和油箱盖。为了把变压器运行时铁芯和绕组中产生的热量及时散出去，一般在油箱体的箱壁上焊有许多散热管，帮助散热，有的则安装散热器，散热效果更好。

（4）绝缘套管

变压器的绕组引出线从油箱内穿过油箱盖时，必须经过绝缘套管，以使带电的引线和接地的油箱绝缘。绝缘套管一般是瓷质的，它的结构主要取决于电压等级。1 kV 以下的采用实心瓷套管；10 ~ 35 kV 的采用空心充气或充油式绝缘套管，如图3.6所示；电压 110 kV 及以上的采用电容式套管。为了增加表面放电距离，套管外形做成多级伞形，电压愈高级数愈多。

变压器还有许多其他附件，如油枕（又叫储油柜）、测温装置、气体继电器、安全气道和分接开关等。

图 3.7 是一台油浸式电力变压器的示意图。

3.1.3　变压器的额定值

和直流电机一样，每台变压器也都有一个铭牌，上面标明了变压器的各项额定值，主要有：

1）额定容量 S_N　它是变压器的额定视在功率，单位为 VA 或 kVA。由于变压器效率很高，通常把一、二次侧的额定容量设计得相等。

2）额定电压 U_{1N}/U_{2N}　单位为 V 或 kV。U_{1N} 是一次侧所加的电压额定值，U_{2N} 是当变压器一次侧加上 U_{1N}、二次侧开路时的电压。对三相变压器，额定电压是指线电压。

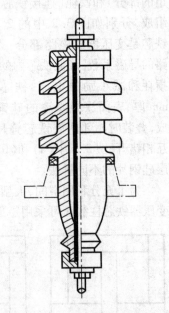

图 3.6　35 kV 充油式绝缘套管

3）额定电流 I_{1N}/I_{2N}　根据额定容量和额定电压算出的一、二次侧电流即为额定电流，单位为 A。对三相变压器，也指线值。为此，

对单相变压器

$$I_{1N} = \frac{S_N}{U_{1N}}; \quad I_{2N} = \frac{S_N}{U_{2N}} \tag{3.1}$$

对三相变压器

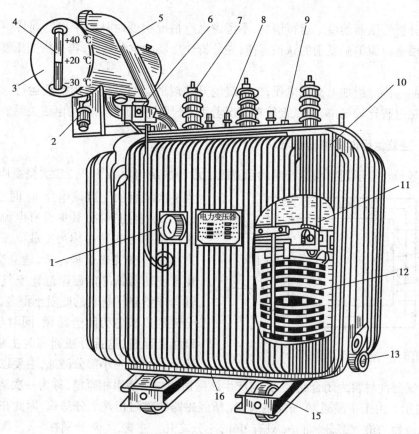

图 3.7　油浸式电力变压器

1—信号式温度计;2—吸湿器;3—储油柜;4—油表;5—安全气道;6—气体继电器;7—高压套管;
8—低压套管;9—分接开关;10—油箱;11—铁芯;12—绕组及绝缘;13—放油阀门

$$I_{1N} = \frac{S_N}{\sqrt{3}U_{1N}}; \quad I_{2N} = \frac{S_N}{\sqrt{3}U_{2N}} \tag{3.2}$$

4)额定频率 f_N　我国规定标准工业用电频率为 50 Hz。

此外,额定运行时变压器的效率、温升等数据也是额定值。除额定值外,铭牌上还标有变压器的相数、接线图及连接组别等。

例 3.1　一台三相油浸自冷式电力变压器: $S_N = 200$ kVA, $U_{1N}/U_{2N} = 10/0.4$ kV,试求一、二次侧的额定电流。

解　$I_{1N} = \dfrac{S_N}{\sqrt{3}U_{1N}} = \dfrac{200 \times 10^3}{\sqrt{3} \times 10 \times 10^3} = 11.55$ A

$I_{2N} = \dfrac{S_N}{\sqrt{3}U_{2N}} = \dfrac{200 \times 10^3}{\sqrt{3} \times 0.4 \times 10^3} = 288.68$ A

3.2　变压器的空载运行

本章分析变压器的基本原理和运行性能时,先分析单相变压器,再分析有关三相变压器的特殊问题。

本章只分析变压器的稳定运行情况,不考虑运行情况突变时从一个稳态到另一个稳态的过渡过程。根据由简单到复杂的认识规律,先分析变压器的空载运行,再分析变压器的负载运行情况。

变压器的一次绕组加上交流电压,二次绕组开路时的运行状态称为空载运行。这时变压器内部的电磁过程比较简单,先从最简单情况着手,来研究变压器内部的电磁关系。

3.2.1 空载运行时的物理情况

图 3.8 是单相变压器空载运行时的示意图。设一次绕组匝数为 N_1,二次绕组匝数为 N_2。

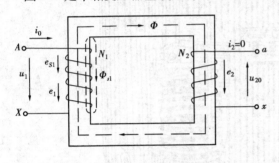

图 3.8 单相变压器空载运行

当一次绕组加上交流电压 u_1 时,流过电流 i_0。二次绕组开路,其中没有电流。这时一次绕组中的电流 i_0 称为空载电流。此电流产生一个交变磁通势 $i_0 N_1$,建立交变磁场。由于变压器铁芯的磁阻远比空气或变压器油等非铁磁性材料的磁阻小得多,因此大部分磁通以铁芯为闭合路径,同时与一、二次绕组相匝链,这部分磁通称为主磁通,以 Φ 表示。另有一小部分磁通,主要以空气或变压器油等非铁磁性材料为闭合路径,只与产生该磁通的一次绕组相匝链,称为一次绕组的漏磁通,以 Φ_{S1} 表示。由于主磁通 Φ 与漏磁通 Φ_{S1} 所经磁路的磁阻相差十分悬殊,因此在变压器中主磁通占总磁通的绝大部分,而 Φ_{S1} 只有 Φ 的千分之几。主磁通 Φ 分别在一、二次绕组中感应电动势 e_1 和 e_2,漏磁通 Φ_{S1} 仅在一次绕组中感应漏电动势 e_{S1},另外,空载电流 i_0 会在一次绕组的电组 R_1 上产生电阻压降 $i_0 R_1$。

空载运行时各物理量的正方向可以随意设定,但一经设定以后,就不能随意改变。在图 3.8 中,先设定电源电压 u_1 的正方向,空载电流 i_0 的正方向与 u_1 的正方向一致,磁通 Φ 和 Φ_{S1} 的正方向由 i_0 的正方向用右手螺旋定则设定,要特别注意的是按照人们的惯例,都是假定感应电动势与产生它的磁通的正方向之间符合右螺旋关系,由此设定感应电动势 e_1,e_2 的正方向,漏磁通 Φ_{S1} 在一次绕组中感应的漏电动势 e_{S1} 的正方向按同样方法设定。图 3.8 中标明了各个物理量的正方向。

变压器空载运行的物理情况可以简单表示如下:

$$u_1 \rightarrow i_0 \rightarrow i_0 N_1 \underset{\Phi_{S1}}{\overset{\Phi}{\underbrace{\qquad}}} \begin{matrix} e_2 = U_{20} \\ e_1 \\ e_{S1} \end{matrix}$$
$$\longrightarrow i_0 R_1$$

3.2.2 感应电动势和变比

根据电磁感应定律,当磁通 Φ 和 Φ_{S1} 交变时,分别在它们所匝链的绕组中感应的电动势,按图 3.8 所规定的正方向可得

$$e_1 = -N_1 \frac{\mathrm{d}\Phi}{\mathrm{d}t} \tag{3.3}$$

$$e_2 = -N_2 \frac{\mathrm{d}\Phi}{\mathrm{d}t} \tag{3.4}$$

$$e_{S1} = -N_1 \frac{\mathrm{d}\Phi_{S1}}{\mathrm{d}t} \tag{3.5}$$

式中 e_1, e_2——主磁通 Φ 在一、二次绕组的感应电动势瞬时值;

e_{S1}—— 一次绕组漏磁通 Φ_{S1} 在一次侧的感应电动势瞬时值。

根据基尔霍夫第二定律,原边电动势平衡方程式为

$$u_1 = i_0 R_1 + (-e_{S1}) + (-e_1) \tag{3.6}$$

由于 $\Phi_{S1} \ll \Phi$,故 $e_{S1} \ll e_1$。另外,在一般变压器中,一次绕组的电阻压降 $i_0 R_1$ 值很小,仅占一次绕组电压的 0.1% 以下,因此 $i_0 R_1 \ll e_1$。若忽略 e_{S1} 及 $i_0 R_1$,由式(3.6)或图 3.8 可看出,电源电压 u_1 主要由主磁通感应的电动势 e_1 来平衡,即可近似认为 $u_1 \approx -e_1$。如 u_1 随时间按正弦规律变化,则 e_1 亦按正弦规律变化,从式(3.3)可知,主磁通也按正弦规律变化。设

$$\Phi = \Phi_{\mathrm{m}} \sin \omega t \tag{3.7}$$

式中 Φ_{m}——主磁通的幅值;

$\omega = 2\pi f$——磁通变化的角频率。

将式(3.7)代入式(3.3),得

$$e_1 = -N_1 \frac{\mathrm{d}\Phi}{\mathrm{d}t} = -\omega N_1 \Phi_{\mathrm{m}} \cos \omega t$$

$$= \omega N_1 \Phi_{\mathrm{m}} \sin(\omega t - 90°) = E_{1\mathrm{m}} \sin(\omega t - 90°) \tag{3.8}$$

同理有 $\qquad e_2 = -N_2 \frac{\mathrm{d}\Phi}{\mathrm{d}t} = E_{2\mathrm{m}} \sin(\omega t - 90°) \tag{3.9}$

由上两式可知 e_1 及 e_2 在相位上均比主磁通 Φ 滞后 90°电角度,它们的有效值分别为

$$E_1 = \frac{E_{1\mathrm{m}}}{\sqrt{2}} = \frac{\omega N_1 \Phi_{\mathrm{m}}}{\sqrt{2}} = \frac{2\pi f N_1 \Phi_{\mathrm{m}}}{\sqrt{2}} = 4.44 f N_1 \Phi_{\mathrm{m}} \tag{3.10}$$

$$E_2 = \frac{E_{2\mathrm{m}}}{\sqrt{2}} = \frac{\omega N_2 \Phi_{\mathrm{m}}}{\sqrt{2}} = \frac{2\pi f N_2 \Phi_{\mathrm{m}}}{\sqrt{2}} = 4.44 f N_2 \Phi_{\mathrm{m}} \tag{3.11}$$

写成相量表达式,则为

$$\dot{E}_1 = -\mathrm{j}4.44 f N_1 \dot{\Phi}_{\mathrm{m}} \tag{3.12}$$

$$\dot{E}_2 = -\mathrm{j}4.44 f N_2 \dot{\Phi}_{\mathrm{m}} \tag{3.13}$$

由式(3.10)和式(3.11)可得一、二次绕组感应电动势有效值之比为

$$\frac{E_1}{E_2} = \frac{4.44 f N_1 \Phi_{\mathrm{m}}}{4.44 f N_2 \Phi_{\mathrm{m}}} = \frac{N_1}{N_2} = k \tag{3.14}$$

k 称为变压器的变比,上式表明,变压器的变比等于一、二次绕组的匝数比。

空载运行时,变压器二次侧电流 $i_2 = 0$,由图 3.8,根据基尔霍夫第二定律有 $u_{20} = e_2$,而 $u_1 \approx -e_1$,故可用相量表示为

$$\dot{U}_{20} = \dot{E}_2$$

$$\dot{U}_1 \approx -\dot{E}_1$$

比较一、二次侧电压的大小,则有

$$\frac{U_1}{U_{20}} \approx \frac{E_1}{E_2} = \frac{N_1}{N_2} = k \tag{3.15}$$

只要 $N_1 \neq N_2, k \neq 1$,一、二次侧电压也就不同,起到变压的作用。只要恰当选择一、二次绕组的匝数比,就可把一次侧电压变到所需要的二次侧电压。

3.2.3 空载电流

变压器空载运行时,空载电流 i_0 包含两个分量,分别承担两项不同的任务。一个是励磁

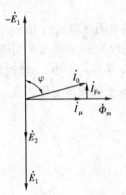

图 3.9 空载运行时的空载电流、主磁通及其感应电动势

分量 i_μ,其任务是建立幅值为 Φ_m 的主磁通 Φ,相位与主磁通 Φ 相同,为一无功电流。用相量 $\dot{I}_\mu$ 表示时应与磁通相量 $\dot{\Phi}$(或 Φ_m)同相,如图 3.9 所示。另一个是铁耗分量 i_{Fe},其任务是由电网向变压器传递有功功率,以补偿交变的主磁通在铁芯中引起的磁滞损耗和涡流损耗(统称为铁损耗),此电流为一有功电流,故在相量图上 $\dot{I}_{Fe}$ 应与 $\dot{I}_\mu$ 相垂直,即超前磁通相量 $\dot{\Phi}_m$90°,如图 3.9 所示。由此可得空载电流

$$\dot{I}_0 = \dot{I}_\mu + \dot{I}_{Fe} \tag{3.16}$$

其有效值 $I_0 = \sqrt{I_\mu^2 + I_{Fe}^2}$,由于采用导磁性能好、铁损耗小的硅钢片作铁芯材料,I_μ 和 I_{Fe} 都很小,所以中小型变压器的空载电流 I_0 只有额定电流的 2% ~ 10%。

通常 $I_\mu \gg I_{Fe}$,所以 $\dot{I}_0$ 超前 $\dot{\Phi}_m$ 的相位角 α_{Fe}(称为铁耗角)很小,且 $\dot{I}_\mu$ 是 $\dot{I}_0$ 的主要分量。

3.2.4 电动势平衡方程式

变压器一次绕组的漏磁通 Φ_{S1} 主要是沿非铁磁性物质闭合的,磁路不会饱和,即 $\Phi_{S1} \propto i_0$,一次绕组的漏电感 $L_{S1} = \frac{N_1 \Phi_{S1}}{i_0}$ 为一常数,代入式(3.5)可得漏磁通感应的漏电动势为

$$e_{S1} = -N_1 \frac{d\Phi_{S1}}{dt} = -L_{S1} \frac{di_0}{dt}$$

若电流随时间按正弦规律变化,则上式可写成相量形式,即

$$\dot{E}_{S1} = -j\omega L_{S1} \dot{I}_0 = -jX_1 \dot{I}_0 \tag{3.17}$$

式中 $X_1 = \omega L_{S1}$——一次绕组的漏电抗,也是个常数。

当考虑漏电动势 e_{S1} 和电阻压降 $i_0 R_1$ 时,变压器空载运行时用相量形式表示的电动势平衡方程式为

$$\dot{U}_1 = \dot{I}_0 R_1 + (-\dot{E}_{S1}) + (-\dot{E}_1) \tag{3.18}$$

将式(3.17)代入上式,得

$$\dot{U}_1 = \dot{I}_0 R_1 + j\dot{I}_0 X_1 + (-\dot{E}_1) = -\dot{E}_1 + \dot{I}_0 Z_1 \tag{3.19}$$

式中 $Z_1 = R_1 + jX_1$——一次绕组的漏阻抗,显然也是常数。

空载时，I_0Z_1 比 E_1 小得多，可以认为 $\dot{U}_1 \approx (-\dot{E}_1)$。

二次侧电动势平衡方程式为

$$\dot{U}_{20} = \dot{E}_2 \tag{3.20}$$

3.2.5 等效电路

在前面，用了一个电抗压降 $\mathrm{j}\dot{I}_0X_1$ 来表示漏磁压降（$-\dot{E}_{S1}$），从而引出了漏电抗。如果主磁路也如此处理，把电动势 $\dot{E}_1$ 也看成一个电抗压降，从而引出励磁电抗的概念，这对变压器的分析和计算将带来许多方便。但考虑到主磁路和漏磁路不同，主磁通会在铁芯中引起铁耗，故不能单纯地引入一个电抗，而应引入一个阻抗 Z_m 把 $\dot{E}_1$ 和 $\dot{I}_0$ 联系起来，即 $-\dot{E}_1$ 为 $\dot{I}_0$ 流过 Z_m 时所引起的阻抗压降，即

$$-\dot{E}_1 = \dot{I}_0 Z_m = \dot{I}_0(R_m + \mathrm{j}X_m) \tag{3.21}$$

式中 $Z_m = R_m + \mathrm{j}X_m$——变压器的励磁阻抗；

    R_m——励磁电阻，对应于铁损耗的等效电阻，$I_0^2 R_m$ 等于铁损耗；

    X_m——励磁电抗，表征铁芯磁化性能的一个集中参数，其数值随铁芯饱和程度不同而改变。

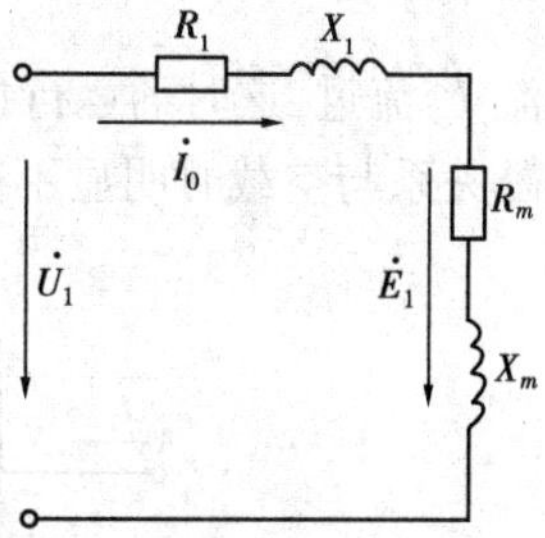

通常 $X_m \gg R_m$，Z_m 的值主要决定于 X_m。

将式(3.21)代入式(3.19)，得

$$\dot{U}_1 = -\dot{E}_1 + \dot{I}_0 Z_1 = \dot{I}_0 Z_m + \dot{I}_0 Z_1$$

$$= \dot{I}_0(Z_1 + Z_m) \tag{3.22}$$

图 3.10 变压器空载时的等效电路

由此可以画出相应的电路图，如图 3.10 所示。从图可见，空载运行的变压器，可看成两个阻抗串联的电路。

其中一个是一次绕组的漏阻抗 $Z_1 = R_1 + \mathrm{j}X_1$，另一个是励磁阻抗 $Z_m = R_m + \mathrm{j}X_m$。这样就把变压器中电和磁的相互关系简化为纯电路的形式来表达。图 3.10 所示的电路，综合了空载时变压器内部的物理情况，称为变压器空载时的等效电路。

必须强调：R_1，X_1 是常量，而 R_m，X_m 均为变量，它们随铁芯饱和程度的增加而减小。但在实际运行中，电源电压的变化不大，铁芯中主磁通的变化也不大，所以 Z_m 的值可以认为基本上不变。

3.2.6 相量图

由式(3.20)及式(3.22)，画出变压器空载时的相量图如图 3.11 所示。从图上可直观地看出变压器空载运行时各量的数量与相位关系。若以 $\dot{\Phi}_m$ 为参考相量，$\dot{E}_1$，$\dot{E}_2$ 滞后

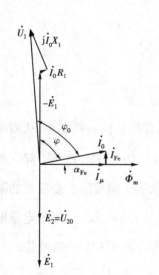

图 3.11 变压器空载时的相量图

$\dot{\Phi}_{m}90°$，大小由式（3.10）、式（3.11）确定，$\dot{I}_0$ 由式（3.21）确定，滞后 $-\dot{E}_1$ 一个 φ 角，由式（3.19），在 $-\dot{E}_1$ 上加上与 $\dot{I}_0$ 同相位的 $\dot{I}_0R_1$，再加上相位超前于 $\dot{I}_0$ 90°的 $j\dot{I}_0X_1$，三项之相量和即为 $\dot{U}_1$。

图中相量 $\dot{I}_0R_1$ 及 $j\dot{I}_0X_1$ 是为了更清楚地表示它们的关系而放大了的，实际上 $\dot{U}_1$ 很接近于（$-\dot{E}_1$）。

电源电压 $\dot{U}_1$ 与励磁电流 $\dot{I}_0$ 之间的夹角 φ_0，为变压器空载运行时的功率因数角，由图3.11可以看出，$\varphi_0 \approx 90°$，因此变压器空载运行时的功率因数是很低的。

3.3　变压器的负载运行

当变压器的二次侧接上负载阻抗 Z_L，如图3.12所示，在一次侧加上电压 $\dot{U}_1$ 时，二次绕组就有电流 $\dot{I}_2$ 流过，这时的运行情况称为变压器的负载运行。由于 $\dot{I}_2$ 的出现，变压器负载运行时的电磁关系与空载时明显不同。

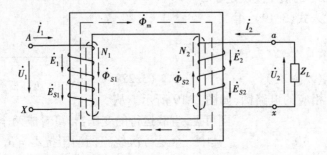

图3.12　单相变压器负载运行

3.3.1　磁通势平衡关系

变压器负载运行时，二次绕组的电流 $\dot{I}_2$ 产生磁通势 $\dot{I}_2N_2$，作用在同一铁芯上，从而要改变铁芯中的主磁通 $\dot{\Phi}_m$ 以及由主磁通所感应的电动势 $\dot{E}_1$，由式（3.19）可知，这将引起一次绕组的电流发生变化而由 $\dot{I}_0$ 上升为 $\dot{I}_1$，这就打破了原来的平衡状态。但实际上变压器的漏阻抗 Z_1 很小，其上的阻抗压降 $I_1Z_1 \ll E_1$，忽略 I_1Z_1 时可以近似认为 $\dot{U}_1 = -\dot{E}_1$。由于电源电压 $U_1 =$ 常数，相应地 E_1 与产生 E_1 的主磁通 Φ_m 也近似为常数，负载运行时的合成磁通势 $\dot{I}_1N_1 + \dot{I}_2N_2$ 应与空载运行时近似相等，由此可得磁通势平衡关系为

$$\dot{I}_1N_1 + \dot{I}_2N_2 = \dot{I}_0N_1 \qquad (3.23)$$

经移项整理后得

$$\dot{I}_1 = \dot{I}_0 + \left(-\frac{N_2}{N_1}\dot{I}_2 \right) \tag{3.24}$$

上式表明,负载时一次绕组电流 $\dot{I}_1$ 由两个分量组成:一个分量是维持主磁通的空载电流分量 $\dot{I}_0$;另一个分量是 $\left(-\frac{N_2}{N_1}\dot{I}_2 \right)$,用以抵消或平衡二次侧电流 $\dot{I}_2$ 的去磁作用,它是随负载变化而变化的量,故称为负载分量。

负载时,由于 $I_0 \ll I_1$,可以忽略 I_0,则式(3.24)变为:

$$\dot{I}_1 \approx -\frac{N_2}{N_1}\dot{I}_2 = -\frac{\dot{I}_2}{k} \tag{3.25}$$

这表明,变压器一、二次绕组的电流与它们的匝数成反比,当二次侧负载电流 I_2 增大时,一次侧电流 I_1 将随之增大,即 I_1 决定于 I_2,二次侧输出功率增大时,一次侧输入功率随之增大。可见变压器是一个能量传递装置。式(3.25)还表明变压器在改变电压的同时,也改变电流,二次侧的电流 I_2 为一次侧电流 I_1 的 k 倍。

3.3.2　基本方程式

变压器负载运行时,除一、二次绕组磁通势共同产生主磁通外,还有一、二次绕组磁通势在各自的绕组中产生的只匝链其本身的漏磁通 Φ_{S1},Φ_{S2},它们相应在各自的绕组中感应出漏电动势 $\dot{E}_{S1}$,$\dot{E}_{S2}$。

如前所述,一次绕组漏电动势 $\dot{E}_{S1}$ 可用漏电抗压降 $-j\dot{I}_1X_1$ 来表示,其中 X_1 是一次绕组的漏电抗,是一常数。同理,二次绕组漏电动势 $\dot{E}_{S2}$ 也可用漏电抗压降 $-j\dot{I}_2X_2$ 来表示,式中 X_2 称为二次绕组的漏电抗,也是常数。再考虑到一、二次绕组有电阻 R_1 和 R_2,按图3.11所规定的各物理量的正方向,根据基尔霍夫第二定律,可写出变压器负载运行时一、二次绕组的电动势平衡方程式为

$$\dot{U}_1 = (-\dot{E}_1) + (-\dot{E}_{S1}) + \dot{I}_1R_1$$
$$= -\dot{E}_1 + \dot{I}_1R_1 + j\dot{I}_1X_1$$
$$= -\dot{E}_1 + \dot{I}_1Z_1 \tag{3.26}$$
$$\dot{U}_2 = \dot{E}_2 + \dot{E}_{S2} - \dot{I}_2R_2$$
$$= \dot{E}_2 - \dot{I}_2R_2 - j\dot{I}_2X_2$$
$$= \dot{E}_2 - \dot{I}_2Z_2 \tag{3.27}$$

式中　$Z_1 = R_1 + jX_1$,$Z_2 = R_2 + jX_2$ 是一、二次绕组的漏阻抗,均为常数,与电流大小无关。

从负载看,根据电路的欧姆定律可得

$$\dot{U}_2 = \dot{I}_2Z_L \tag{3.28}$$

综合以上的推导分析,可得出变压器负载运行时的6个基本方程式:

$$\left.\begin{array}{l} \dot{I}_1 N_1 + \dot{I}_2 N_2 = \dot{I}_0 N_1 \\[2mm] \dot{U}_1 = -\dot{E}_1 + \dot{I}_1 Z_1 \\[2mm] \dot{U}_2 = \dot{E}_2 - \dot{I}_2 Z_2 \\[2mm] -\dot{E}_1 = \dot{I}_0 Z_m \\[2mm] \dfrac{\dot{E}_1}{\dot{E}_2} = \dfrac{N_1}{N_2} = k \\[4mm] \dot{U}_2 = \dot{I}_2 Z_L \end{array}\right\} \qquad (3.29)$$

这 6 个方程式综合了变压器内部的电磁关系,可以利用这组方程式来研究、分析和计算变压器的各种运行性能。但是,用这些复数方程式来联立求解时是相当复杂的,并且由于电力变压器的变比 k 较大,使一、二次侧电压、电流、阻抗等的数量级相差很大,分析计算和绘制相量图均有所不便,且易产生较大的误差,因此,通常引入一种分析变压器的绕组折算法。这是一种处理问题的方法,其目的是为了导出一个既能反映变压器内部电磁关系,又便于分析计算变压器运行性能的等效电路。

3.3.3 折算法

绕组折算既可以把一次绕组折算到二次绕组,也可以把二次绕组折算到一次绕组,一般是把二次绕组折算到一次绕组。从式(3.23)的磁通势平衡关系式可以看出,二次绕组是通过它的磁通势 F_2 来影响一次绕组的。如果用一个匝数和一次绕组相同的假想二次绕组去替代实际的二次绕组,只要保持二次绕组的磁通势 F_2 不变,那么,变压器内部的电磁过程和功率传递关系就不会改变。为保持折算前后二次绕组的磁通势 F_2 和功率传递关系不变,二次绕组各个电量的数值都应相应改变,这种改变后的量称为折算值,并用原来的符号加上一撇"′"表示。下面导出各量的折算关系。

(1)电动势的折算

由于电动势和匝数成正比,故得出:

$$\frac{\dot{E}_2'}{\dot{E}_2} = \frac{N_1}{N_2} = k$$

或

$$\dot{E}_2' = k\dot{E}_2 \qquad\qquad (3.30)$$

(2)电流的折算

要求折算后变压器二次侧的磁通势 $\dot{F}_2$ 保持不变,即要求:$N_1 \dot{I}_2' = N_2 \dot{I}_2$,故可得

$$\dot{I}_2' = \frac{N_2}{N_1}\dot{I}_2 = \frac{1}{k}\dot{I}_2 \qquad\qquad (3.31)$$

(3)阻抗的折算

从电动势和电流的关系,可找出阻抗的关系。要在式(3.30)的电动势下产生式(3.31)的电流,那么,等效二次侧的阻抗必须是

$$Z_2' + Z_L' = \frac{\dot{E}_2'}{\dot{I}_2'} = \frac{k\dot{E}_2}{\frac{1}{k}\dot{I}_2} = k^2 \frac{\dot{E}_2}{\dot{I}_2} = k^2(Z_2 + Z_L) = k^2 Z_2 + k^2 Z_L$$

因为要求在任何负载及功率因数下上式成立,所以必须把实际的电阻或漏电抗分别乘以 k^2 才行,即

$$\left. \begin{array}{l} R_2' = k^2 R_2 \\ X_2' = k^2 X_2 \\ Z_L' = k^2 Z_L \end{array} \right\} \tag{3.32}$$

(4) 电压的折算

根据等效二次侧回路的电压关系,可得:

$$\dot{U}_2' = \dot{E}_2' - \dot{I}_2' Z_2' = k\dot{E}_2 - \frac{1}{k}\dot{I}_2 k^2 Z_2 = k(\dot{E}_2 - \dot{I}_2 Z_2) = k\dot{U}_2 \tag{3.33}$$

以上折算关系表明,当把二次绕组折算到一次绕组时,凡是单位为 V 的量(电动势、电压),折算值等于实际值乘以变比 k;凡是单位是 Ω 的量(电阻、电抗、阻抗),折算值等于实际值乘以 k^2;电流的折算值等于实际值除以 k。

上面介绍的折算法,是把二次侧折算到一次侧,必要时也可以把一次侧折算到二次侧,这时电动势、电压应乘以 $\frac{1}{k}$,阻抗应乘以 $\frac{1}{k^2}$,电流应乘以 k。

采用折算法后,变压器负载运行时的基本方程式变为如下形式

$$\left. \begin{array}{l} \dot{U}_1 = -\dot{E}_1 + \dot{I}_1 Z_1 \\ \dot{U}_2' = \dot{E}_2' - \dot{I}_2' Z_2' \\ \dot{E}_1 = \dot{E}_2' \\ \dot{I}_1 + \dot{I}_2' = \dot{I}_0 \\ -\dot{E}_1 = \dot{I}_0 Z_m \\ \dot{U}_2' = \dot{I}_2' Z_L' \end{array} \right\} \tag{3.34}$$

3.3.4 等效电路

利用折算过的变压器的基本方程式可导出变压器负载运行时的等效电路。

首先,按式(3.34)分别画出一、二次侧的电路如图 3.13 所示。图中二次绕组各量均已折算到一次绕组,即 $N_2' = N_1$,$\dot{E}_2' = \dot{E}_1$。也就是一、二次绕组中感应电动势相等,可用导线将它们之间的等电位点连接起来(如图中虚线所示),而不会改变变压器内部的电磁关系。这样便可将两个绕组合并成一个绕组,在这个绕组中有励磁电流 $\dot{I}_0 = \dot{I}_1 + \dot{I}_2'$ 流过。这时,合并后的绕组连同变压器铁芯在内就相当于一个绕在铁芯上的电感线圈,如 3.2 节中所述,可用一个等效阻抗 $Z_m = R_m + jX_m$ 来代表。这样就导出了变压器负载运行时的等效电路,如图 3.14 所示。若只看变压器本身的三个阻抗,其形状像字母"T",故称为"T"形等效电路。

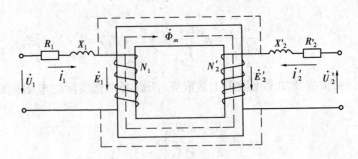

图 3.13 变压器负载运行示意图

实际上,"T"形等效电路也可用数学的方法导出。解基本方程式(3.34)可求得原边电流:

$$\dot{I}_1 = \frac{\dot{U}_1}{Z_1 + \cfrac{1}{\cfrac{1}{Z_m} + \cfrac{1}{Z_2' + Z_L'}}} = \frac{\dot{U}_1}{Z_d} \qquad (3.35)$$

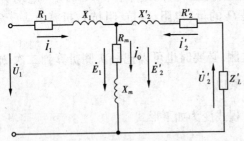

图 3.14 变压器的"T"形等效电路

式中
$$Z_d = Z_1 + \cfrac{1}{\cfrac{1}{Z_m} + \cfrac{1}{Z_2' + Z_L'}}$$

由 Z_d 的公式就可以画出如图 3.14 所示的"T"形等效电路。

"T"形等效电路反映了变压器内部的电磁关系,因而能准确地代表实际的变压器。但它含有串并联支路,进行复数运算比较繁琐。考虑到一般电力变压器中,$I_{1N} \gg I_0$,$Z_m \gg Z_1$,因而压降 $I_0 Z_1$ 很小,可忽略不计;同时,在一定的电源电压下,负载变化时,$\dot{E}_1 = \dot{E}_2'$ 的变化也很小,因此可认为 $\dot{I}_0$ 不随负载而变。这样,便可把 Z_m 构成的励磁支路移到 Z_1 的前面,如图3.15所示,这对 $\dot{I}_1$,$\dot{I}_2'$ 和 $\dot{E}_1$ 不会引起多大的误差,却使计算和分析大为简化。这种电路称为"Γ"形等效电路。

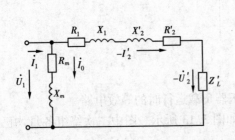

图 3.15 变压器的"Γ"形等效电路

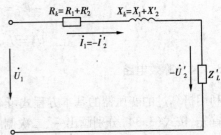

图 3.16 变压器的简化等效电路

在分析变压器的许多负载问题时,如二次侧电压变化、并联运行的负载分配等,变压器的漏阻抗压降起着重要的作用。由于这时 I_0 在 I_1 中占的比例很小,它在 Z_1 上产生的压降很小,为此在工程实际中,可以忽略 I_0,即去掉励磁支路,从而得到一个更简单的串联电路,如图3.16所示,称为变压器的简化等效电路。使用这个电路,分析问题更简便,而结果的准确程度也能满足工程要求。

从图 3.16 中可看出,当二次侧短路,即 $Z'_L = 0$ 时,变压器的阻抗为

$$Z_k = R_k + jX_k = Z_1 + Z'_2$$

式中

$$R_k = R_1 + R'_2 = R_1 + k^2 R_2$$

$$X_k = X_1 + X'_2 = X_1 + k^2 X_2$$

Z_k 称为短路阻抗,其中 R_k 称为短路电阻,X_k 称为短路电抗,统称为变压器的短路参数。

3.3.5 相量图

按照式(3.34)和图 3.14,可以画出变压器负载时的相量图。相量图不仅表明变压器中的电磁关系,而且还可较直观地看出变压器中各物理量大小和相位关系,图 3.17 表示感性负载时变压器的相量图。

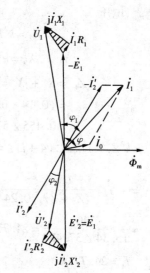

相量图的画法视给定的条件而定。例如已知 U_2,I_2,$\cos\varphi_2$ 及变压器的各个参数,画图的步骤是:先根据变比 k 求出 U'_2,I'_2,R'_2,X'_2,然后按比例尺画出 $\dot{U}'_2$ 和 $\dot{I}'_2$ 的相量,它们的夹角是 φ_2。在 $\dot{U}'_2$ 的末端加上二次绕组的漏阻抗压降 $\dot{I}'_2 R'_2$ 和 $j\dot{I}'_2 X'_2$,便得电动势 $\dot{E}'_2$,其中 $\dot{I}'_2 R'_2$ 平行于 $\dot{I}'_2$,$j\dot{I}'_2 X'_2$ 超前于 $\dot{I}'_2 90°$。由于 $\dot{E}_1 = \dot{E}'_2$,所以也得到了 $\dot{E}_1$。将它转 180°便是 $-\dot{E}_1$。主磁通 $\dot{\Phi}_m$ 领先 $\dot{E}_1 90°$,大小由 $\Phi_m = \dfrac{E_1}{4.44 f_1 N_1}$ 算出。励磁电流 $\dot{I}_0$ 的大小为 E_1 / Z_m,相位落后于 $-\dot{E}_1$ 一个角度 $\varphi = \arctan\dfrac{X_m}{R_m}$,有了 $\dot{I}_0$ 和 $\dot{I}'_2$ 后,根据 $\dot{I}_1 = \dot{I}_0 + (-\dot{I}'_2)$ 便

图 3.17 感性负载时变压器的相量图

可求出 $\dot{I}_1$。再在 $-\dot{E}_1$ 上加上原边的漏阻抗压降 $\dot{I}_1 R_1$ 和 $j\dot{I}_1 X_1$,便可画出一次侧端电压 $\dot{U}_1$,其中 $\dot{I}_1 R_1$ 与 $\dot{I}_1$ 平行,$j\dot{I}_1 X_1$ 比 $\dot{I}_1$ 超前 90°。$\dot{U}_1$ 与 $\dot{I}_1$ 之间的夹角 φ_1 是一次侧输入功率的功率因数角。

图中为了清楚起见,各漏阻抗压降的相量是夸大了的,实际变压器中 $\dot{U}_1$ 与 $-\dot{E}_1$,$\dot{U}'_2$ 与 $\dot{E}'_2$ 相差没有这么大。

基本方程式、等效电路和相量图是分析变压器运行的 3 种方法。基本方程式是变压器电磁关系的数学表达式,等效电路是基本方程式的模拟电路,而相量图则是基本方程式的图形表示法。因此三者之间是一致的、相辅相成的。既可单独使用,也可联合使用,这视具体情况而定。进行定量计算时,用等效电路与基本方程式比较方便,而定性分析各物理量之间的大小和相位关系时,则用相量图比较方便。

例 3.2 一台单相变压器,$S_N = 10$ kVA,$U_{1N}/U_{2N} = 380/220$ V,$R_1 = 0.14$ Ω,$R_2 = 0.035$ Ω,$X_1 = 0.22$ Ω,$X_2 = 0.055$ Ω。一次侧加额定电压,二次侧负载阻抗 $Z_L = 4 + j3$ Ω,试用简化等效

电路计算：

1）变压器一、二次侧电流及二次侧电压；

2）一、二次侧功率因数、有功功率和无功功率；

3）效率。

解 先计算额定电流与变比

$$I_{1N} = \frac{S_N}{U_{1N}} = \frac{10 \times 10^3}{380} = 26.32 \text{ A}$$

$$I_{2N} = \frac{S_N}{U_{2N}} = \frac{10 \times 10^3}{220} = 45.45 \text{ A}$$

$$k = \frac{U_{1N}}{U_{2N}} = \frac{380}{220} = 1.727$$

1）电流、电压

$$R_2' = k^2 R_2 = 1.727^2 \times 0.035 = 0.104\,4 \text{ } \Omega$$

$$X_2' = k^2 X_2 = 1.727^2 \times 0.055 = 0.164 \text{ } \Omega$$

$$Z_k = R_k + jX_k = (R_1 + R_2') + j(X_1 + X_2')$$
$$= (0.14 + 0.104\,4) + j(0.22 + 0.164) = 0.244 + j0.384$$
$$= 0.455 \angle 57.57° \text{ } \Omega$$

$$Z_L' = k^2 Z_L = 1.727^2(4 + j3) = 11.93 + j8.95 = 14.92 \angle 36.9° \text{ } \Omega$$

$$\dot{I}_1 = -\dot{I}_2' = \frac{\dot{U}_1}{Z_k + Z_L'} = \frac{380 \angle 0°}{0.244 + j0.384 + 11.93 + j8.95}$$

$$= \frac{380}{15.34 \angle 37.48°} = 24.77 \angle -37.48° \text{ A}$$

所以 $I_1 = 24.77$ A

$$I_2 = kI_1 = 1.727 \times 24.77 = 42.78 \text{ A}$$

$$U_2 = I_2 Z_L = 42.78 \sqrt{4^2 + 3^2} = 213.9 \text{ V}$$

2）功率因数与功率

一次侧功率因数角 $\varphi_1 = 37.48°$

一次侧功率因数 $\cos\varphi_1 = 0.794$（滞后）

输入有功功率 $P_1 = U_1 I_1 \cos\varphi_1 = 380 \times 24.77 \times 0.794 = 7\,473.6 \text{ W}$

输入无功功率 $Q_1 = U_1 I_1 \sin\varphi_1 = 380 \times 24.77 \times 0.608 = 5\,722.9 \text{ var}$

二次侧功率因数角 $\varphi_2 = 36.9°$

二次侧功率因数 $\cos\varphi_2 = 0.8$（滞后）

输出有功功率 $P_2 = U_2 I_2 \cos\varphi_2 = 213.9 \times 42.78 \times 0.8 = 7\,320.5 \text{ W}$

输出无功功率 $Q_2 = U_2 I_2 \sin\varphi_2 = 213.9 \times 42.78 \times 0.6 = 5\,490.4 \text{ var}$

3）效率

$$\eta = \frac{P_2}{P_1} = \frac{7\,320.5}{7\,473.6} = 0.979\,5 = 97.95\%$$

3.4　变压器参数的测定

从上节可知,当用基本方程式、等效电路或相量图分析变压器的运行性能时,必须知道变压器的参数。这些参数直接影响变压器的运行性能,在设计变压器时,可根据使用的材料及结构尺寸把它们计算出来,而对已制成的变压器,可用试验的方法求得。

3.4.1　空载试验

从空载试验可以求出变压器的变比 k,铁损耗 p_{Fe} 以及励磁阻抗 Z_m。

单相变压器空载试验的接线图如图 3.18 所示。在工频正弦的额定电压 U_{1N} 下,测取 U_1,I_0,p_0 和 U_{20}。

空载时 $I_2' = 0$,$I_1 = I_0$,从变压器空载时的等效电路图 3.10 可以得知空载等效阻抗

$$Z_0 = \frac{U_1}{I_0} = |Z_1 + Z_m|$$

$$= \sqrt{(R_1 + R_m)^2 + (X_1 + X_m)^2}$$

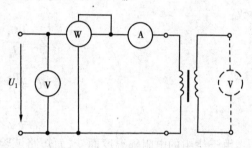

图 3.18　变压器空载试验接线图

由于空载电流 I_0 很小,并且 $R_m \gg r_1$,$I_0^2 R_1$ 可忽略不计,因此输入功率即空载损耗 p_0 可以近似认为全部是铁损耗($p_0 \approx p_{Fe} \approx I_0^2 R_m$)。

又 $X_m \gg X_1$,即 $Z_m \gg Z_1$,可以认为 $Z_0 \approx Z_m$,于是可得励磁参数:

$$\left.\begin{array}{l} Z_m \approx Z_0 = \dfrac{U_1}{I_0} \\[3mm] R_m \approx R_0 = \dfrac{p_0}{I_0^2} \\[3mm] X_m \approx X_0 = \sqrt{Z_m^2 - R_m^2} \end{array}\right\} \tag{3.36}$$

变比

$$k = \frac{U_1}{U_{20}} \tag{3.37}$$

应当注意,由于 Z_m 与磁路的饱和程度有关,不同的电源电压下测出的数值不同,故应以额定电压下测出的数据来计算励磁阻抗。同时,对三相变压器,运用上述公式时必须采用每相值,即用一相的功率以及相电压和相电流来计算。

理论上空载试验在变压器的哪边做都行,但为了方便和安全起见,一般都在低压侧进行。不过,低压侧所测得的 Z_m 要乘以变比 k 的平方,才是高压侧的励磁阻抗。

3.4.2　短路试验

从短路试验可以求出变压器的铜耗 p_{Cu} 和短路阻抗 Z_k。

单相变压器短路试验的接线图如图 3.19 所示。

进行短路试验时,因为二次侧短路,$Z_L' = 0$,在一次侧加额定电压是绝不允许的,否则一、

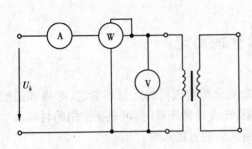

图 3.19 变压器短路试验接线图

二次侧电流过大会烧坏绕组。所以试验时一次侧所加电压很低,以一次侧电流达到额定值为止。这时一次侧所加电压 U_k 为额定电压的 $5\% \sim 10\%$。测取这时的电压 U_k,一次侧电流 I_k 和输入功率 p_k。

由于短路试验时外加电压很低,铁芯中的主磁通很小,励磁电流和铁损耗均可忽略不计,即认为 $Z_m = \infty$,故短路情况下可采用变压器的简化等效电路(图 3.16)。这时输入的功率全部消耗

在一、二次绕组的铜损耗上,即 $p_k \approx p_{Cu} = I_k^2(R_1 + R_2') = I_k^2 R_k$。同时,根据测量数据,可算出短路参数:

$$\left. \begin{array}{l} Z_k = \dfrac{U_k}{I_k} \\[3mm] R_k = \dfrac{p_k}{I_k^2} \\[3mm] X_k = \sqrt{Z_k^2 - R_k^2} \end{array} \right\} \tag{3.38}$$

由于绕组的电阻随温度而变,而短路试验一般在室温下进行,故按国家标准规定,油浸式变压器的短路电阻应换算到标准工作温度(75 ℃)时的数值

$$R_{k75\ ℃} = R_k \frac{T_\theta + 75}{T_\theta + \theta} \tag{3.39}$$

式中 θ ——试验时的室温;

T_θ ——对铜线为 234.5,对铝线为 228。

75 ℃时的短路阻抗为

$$Z_{k75\ ℃} = \sqrt{R_{k75\ ℃}^2 + X_k^2} \tag{3.40}$$

同样,如果是三相变压器,都用一相的数据来计算。做短路试验时,如能保持电流为额定值,这时测得的损耗更符合实际情况。短路试验在高压侧或低压侧做都行,但为便于测量,一般在高压侧加电压,低压侧短路。这时所测得 Z_k 的数据是折算到高压侧的数值。

短路试验时,当绕组中电流达到额定值,则加在一次绕组上的电压应为 $U_k = I_{1N} Z_{k75\ ℃}$,此电压称为阻抗电压或短路电压。通常用额定电压的百分数表示,即得阻抗电压的相对值

$$u_k = \frac{I_{1N} Z_{k75\ ℃}}{U_{1N}} \times 100\% \tag{3.41}$$

阻抗电压的有功分量

$$u_{kr} = \frac{I_{1N} R_{k75\ ℃}}{U_{1N}} \times 100\%$$

阻抗电压的无功分量

$$u_{kx} = \frac{I_{1N} X_k}{U_{1N}} \times 100\%$$

阻抗电压是变压器一个很重要的参数,其大小反映了变压器在额定负载下运行时,漏阻抗压降的大小。它标在变压器的铭牌上。从运行角度来看,希望 u_k 小一些,使变压器输出电压随负

载变化波动小一些。但 u_k 太小时,变压器由于某种原因短路时电流太大,可能损坏变压器。一般中小型电力变压器的 u_k 为 4% ~ 10.5% ,大型的为 12.5% ~ 17.5%。

3.5 变压器的运行特性

表征变压器运行性能的主要指标有两个:一是电压变化率,二是效率。

3.5.1 电压变化率

(1)负载时二次侧端电压的变化

由于变压器一、二次绕组有电阻和漏电抗,负载时,负载电流通过这漏阻抗必然产生内部电压降,使其二次侧端电压随负载的变化而变化。这种变化规律,和直流发电机一样,可用外特性来描述。外特性是指一次侧加额定电压,负载功率因数 $\cos \varphi_2$ 一定时,二次侧端电压随负载电流变化的关系,即 $U_2 = f(I_2)$,画成曲线如图 3.20 所示。变压器在纯电阻和感性负载时,外特性是下降的,而容性负载时,可能上翘。

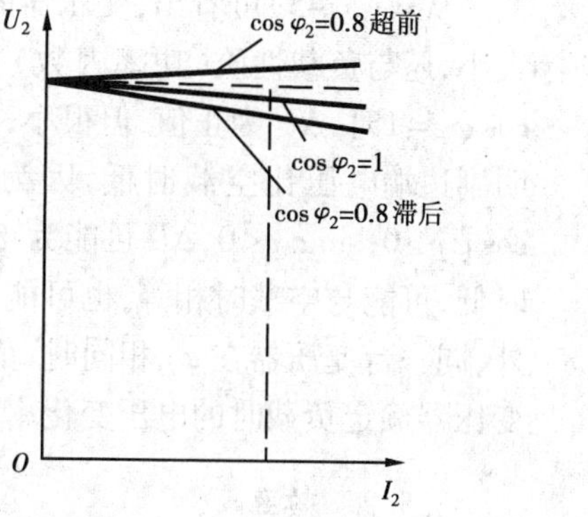

(2)电压变化率

变压器二次侧端电压随负载变化的程度用电压变

图 3.20 变压器的外特性

化率来表示。所谓电压变化率 ΔU 是指一次侧加额定电压、负载功率因数一定,空载与负载时二次侧端电压之差 $(U_{20} - U_2)$ 用额定电压 U_{2N} 的百分数表示的数值,即

$$\Delta U = \frac{U_{20} - U_2}{U_{2N}} \times 100\% = \frac{U_{2N} - U_2}{U_{2N}} \times 100\%$$

$$= \frac{U_{1N} - U'_2}{U_{1N}} \times 100\% \tag{3.42}$$

变压器的电压变化率表征了变压器二次侧电压的稳定性,反映了变压器的供电质量,所以它是变压器的一个重要性能指标。

由图 3.16 所示简化等效电路,可得电压平衡方程式 $\dot{U}_1 = -\dot{U}'_2 + \dot{I}_1 (R_k + jX_k)$。由此式可以画出与简化等效电路所对应的相量图,如图 3.21 所示。根据此图可以推导出电压变化率的定量计算公式。

在图 3.21 中,$(-\dot{U}'_2)$ 相量的延长线 $\overline{ab}$ 上,从 $\dot{U}_{1N}$ 相量的末端 c 作 $\overline{ab}$ 的垂线 $\overline{cb}$,根据几何关系可得

$$\overline{ab} = I_1 R_k \cos \varphi_2 + I_1 X_k \sin \varphi_2 \tag{3.43}$$

对一般电力变压器,线段 $\overline{bc}$ 比 $\overline{ob}$ 小得多,可近似认为

$$U_{1N} \approx U'_2 + \overline{ab} \tag{3.44}$$

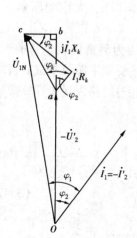

图 3.21 感性负载下变压器的简化相量图

将式(3.43)与式(3.44)代入式(3.42)则得

$$\Delta U = \frac{U_{1N} - U_2'}{U_{1N}} \times 100\% \approx \frac{\overline{ab}}{U_{1N}} \times 100\%$$

$$= \frac{I_1 R_k \cos \varphi_2 + I_1 X_k \sin \varphi_2}{U_{1N}} \times 100\%$$

$$= \beta \left(\frac{I_{1N} R_k \cos \varphi_2 + I_{1N} X_k \sin \varphi_2}{U_{1N}} \right) \times 100\% \tag{3.45}$$

式中　$\beta = \dfrac{I_1}{I_{1N}}$——负载系数。

从式(3.45)可看出,变压器的电压变化率不仅决定于其短路参数 R_k,X_k 和负载系数 β 的大小,还与负载性质(功率因数)有关。在实际变压器中,一般 $X_k \gg R_k$,故当纯电阻负载,即 $\cos \varphi_2 = 1$ 时,ΔU 为正值,但很小;感性负载时,$\varphi_2 > 0$,$\cos \varphi_2$ 和 $\sin \varphi_2$ 均为正值,ΔU 为正值,说明副边端电压比空载时低,因为 $I_1 X_k \gg I_1 R_k$,故 φ_2 角愈大,ΔU 愈大;容性负载时,$\varphi_2 < 0$,$\cos \varphi_2 > 0$,$\sin \varphi_2 < 0$,ΔU 可能为正值,可能为零,也可能为负值,说明二次侧端电压可能比空载时低,可能与空载时相等,也可能比空载时高,同样,φ_2 角绝对值愈大,ΔU 的绝对值愈大。另外,同一台变压器在 φ_2 相同时,负载越大,即 β 越大,ΔU 越大。以 $\beta = 1$ 计算出来的 ΔU 值是变压器额定负载时的电压变化率。它是变压器的一个重要性能指标。

3.5.2　效率

变压器效率定义为

$$\eta = \frac{P_2}{P_1} \times 100\% \tag{3.46}$$

式中　P_2——二次侧输出的有功功率;

　　　P_1——一次侧输入的有功功率。

效率高低反映了变压器运行的经济性,所以它也是变压器的一个重要性能指标。由于变压器无转动部分,没有机械损耗,因此它的效率很高,大多数在 95% 以上,大型变压器可达 99% 以上。

确定变压器效率一般不宜采用直接测量 P_2 和 P_1 的方法,这是因为测量仪表本身的误差可能超出 P_1 与 P_2 的差值;大容量变压器很难找到较为合适的大容量负载来做效率试验;作负载试验耗能也太多。所以工程上常采用间接法,即用测得的空载损耗与短路损耗来计算效率。

因为　$P_2 = P_1 - \sum p$($\sum p$ 指变压器总损耗),所以效率

$$\eta = \frac{P_2}{P_1} \times 100\% = \frac{P_1 - \sum p}{P_1} \times 100\% = \left(1 - \frac{\sum p}{P_1} \right) \times 100\% = \left(1 - \frac{\sum p}{P_2 + \sum p} \right) \times 100\%$$

$$\tag{3.47}$$

(1)变压器的损耗

变压器的损耗只有两大类:一为铁损耗 p_{Fe},一为铜损耗 p_{Cu},故总损耗 $\sum p = p_{Fe} + p_{Cu}$。在额定电压 U_{1N} 下,负载电流变化时,铁损耗近似与 B_m^2 即 Φ_m^2 或 U_1^2 成正比而基本不变,所以铁损耗又称为不变损耗。如果忽略励磁电流 I_0,铜损耗就与负载电流的平方成正比,所以把铜损耗

称为可变损耗。

（2）效率的计算

在用式（3.47）推导效率的定量计算公式时，作如下近似：

1）以额定电压下的空载损耗 p_0 作为铁损耗 p_{Fe}，并认为铁损耗不随负载而变；

2）以额定电流时的短路损耗 p_{kN} 作为额定电流时的铜损耗，并忽略 I_0 分量对铜损耗的影响而认为铜损耗与负载系数的平方 β^2 成正比 $\left(\beta = \dfrac{I_1}{I_{1N}} = \dfrac{I_2}{I_{2N}}\right)$，即 $p_{Cu} = \beta^2 p_{kN}$；

3）计算 P_2 时，忽略负载时二次侧电压的变化，即

$$P_2 = U_2 I_2 \cos \varphi_2 \approx U_{2N} \beta I_{2N} \cos \varphi_2 = \beta S_N \cos \varphi_2$$

式中 S_N——变压器的额定容量。

以上 3 条代入式（3.47）即得效率 η 的计算公式

$$\eta = \left(1 - \frac{p_0 + \beta^2 p_{kN}}{\beta S_N \cos \varphi_2 + p_0 + \beta^2 p_{kN}}\right) \times 100\% \tag{3.48}$$

（3）效率特性

从式（3.48）可看出，对于给定的变压器，因其 p_0 和 p_{kN} 是一定的，故效率与负载的大小（β）以及负载性质（$\cos \varphi_2$）有关。在一定的 $\cos \varphi_2$ 下，效率 η 与负载系数 β 的关系，即 $\eta = f(\beta)$，称为变压器的效率特性。将不同的负载系数 β 代入式（3.48），即可得出效率特性曲线，如图 3.22 所示。从图中看出，输出为零时，η 为零；输出增大时，一开始，铜损耗 $\beta^2 p_{kN}$ 较小，效率增加很快，而后 $\beta^2 p_{kN}$ 增大，效率增加减慢，当负载增加超过某一个值时，铜损耗迅速增大，效率反而下降。即效率具有最大值。其他电机的效率特性也有类似的特点。

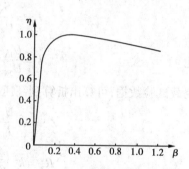

图 3.22　变压器的效率特性

最高效率发生在

$$\frac{d\eta}{d\beta} = 0$$

时，把式（3.48）对 β 微分并令其等于零，可得

$$\beta_m = \sqrt{\frac{p_0}{p_{kN}}} \tag{3.49}$$

或

$$\beta_m^2 p_{kN} = p_0$$

式中　β_m——最高效率时的负载系数。

这就是说，当铜损耗等于铁损耗，即可变损耗等于不变损耗时，效率最高。将式（3.49）代入式（3.48）便可求得最高效率

$$\eta_{max} = \left(1 - \frac{2p_0}{\beta_m S_N \cos \varphi_2 + 2p_0}\right) \times 100\% \tag{3.50}$$

由于电力变压器长期接在电网上，总有铁损耗，而铜损耗却随负载而变化，一般变压器不可能总在额定负载下运行，因此，铁损耗设计得小些，对全年总的能量效率更有利。一般电力变压器取 $p_0/p_{kN} \approx \left(\dfrac{1}{4} \sim \dfrac{1}{3}\right)$，即 β_m 在 0.5 ~ 0.6 之间，低损耗电力变压器的 β_m 在 0.4 ~ 0.5

之间。

例 3.3 一台单相变压器,$S_N = 20\ 000$ kVA,$U_{1N}/U_{2N} = \dfrac{220}{\sqrt{3}}/11$ kV,$f = 50$ Hz。在低压侧做空载试验,测得 $U_2 = 11$ kV,$I_0 = 45.4$ A,$p_0 = 47$ kW;在高压侧做短路试验,测得 $U_k = 9.24$ kV,$I_k = 157.46$ A,$p_k = 129$ kW,室温 15 ℃。设折算到同一侧后高、低压绕组的电阻和漏电抗分别相等。试求:

1)"T"形等效电路中的各个参数;

2)阻抗电压及其有功、无功分量;

3)额定负载及 $\cos \varphi_2 = 0.8$ 滞后和超前时的电压变化率、二次侧电压和效率;

4)$\cos \varphi_2 = 0.8$ 时产生最高效率时的负载系数 β_m 与最高效率 η_{max}。

解 1)一、二次侧额定电流

$$I_{1N} = \frac{S_N}{U_{1N}} = \frac{20\ 000 \times 10^3}{220 \times 10^3 / \sqrt{3}} = 157.46\ \text{A}$$

$$I_{2N} = \frac{S_N}{U_{2N}} = \frac{20\ 000 \times 10^3}{11 \times 10^3} = 1\ 818.2\ \text{A}$$

变比

$$k = \frac{U_{1N}}{U_{2N}} = \frac{220 \times 10^3 / \sqrt{3}}{11 \times 10^3} = 11.55$$

由空载试验数据,可算出折算到高压侧的励磁参数

$$Z_m = k^2 \frac{U_2}{I_0} = 11.55^2 \times \frac{11 \times 10^3}{45.4} = 32\ 300\ \Omega$$

$$R_m = k^2 \frac{p_0}{I_0^2} = 11.55^2 \times \frac{47 \times 10^3}{45.4^2} = 3\ 040\ \Omega$$

$$X_m = \sqrt{Z_m^2 - R_m^2} = \sqrt{32\ 300^2 - 3\ 040^2} = 32\ 200\ \Omega$$

由短路试验数据可算出折算到高压侧的短路参数

$$Z_k = \frac{U_k}{I_k} = \frac{9.24 \times 10^3}{157.46} = 58.7\ \Omega$$

$$R_k = \frac{p_k}{I_k^2} = \frac{129 \times 10^3}{157.46^2} = 5.2\ \Omega$$

$$X_k = \sqrt{Z_k^2 - R_k^2} = \sqrt{58.72^2 - 5.2^2} = 58.5\ \Omega$$

依题设有

$$R_1 = R_2' = \frac{R_k}{2} = \frac{5.2}{2} = 2.6\ \Omega$$

$$X_1 = X_2' = \frac{X_k}{2} = \frac{58.5}{2} = 29.25\ \Omega$$

$$Z_1 = Z_2' = \frac{Z_k}{2} = \frac{58.7}{2} = 29.35\ \Omega$$

换算到 75 ℃时的各参数为:

$$R_{1\ 75\ ℃} = R_{2\ 75\ ℃}' = 2.6 \times \frac{234.5 + 75}{234.5 + 15} = 3.23\ \Omega$$

$$R_{k75\,℃} = R_{1\,75\,℃} + R'_{2\,75\,℃} = 6.46\ \Omega$$

$$Z_{k75\,℃} = \sqrt{R^2_{k75\,℃} + X^2_k} = \sqrt{6.46^2 + 58.5^2} = 58.9\ \Omega$$

2）75 ℃时阻抗电压及有功、无功分量

$$u_k = \frac{I_{1N}Z_{k75\,℃}}{U_{1N}} \times 100\% = \frac{157.46 \times 58.9}{220 \times 10^3 / \sqrt{3}} \times 100\% = 7.3\%$$

$$u_{kr} = \frac{I_{1N}R_{k75\,℃}}{U_{1N}} \times 100\% = \frac{157.46 \times 6.46}{220 \times 10^3 / \sqrt{3}} \times 100\% = 0.80\%$$

$$u_{kx} = \frac{I_{1N}X_k}{U_{1N}} \times 100\% = \frac{157.46 \times 58.5}{220 \times 10^3 / \sqrt{3}} \times 100\% = 7.25\%$$

3）额定负载及 $\cos \varphi_2 = 0.8$ 滞后和超前时的电压变化率,二次侧电压和效率

①额定负载及 $\cos \varphi_2 = 0.8$ 滞后时

$$\Delta U = \beta \left(\frac{I_{1N}R_{k75\,℃}\cos \varphi_2 + I_{1N}X_k \sin \varphi_2}{U_{1N}} \right) \times 100\%$$

$$= \beta (u_{kr}\cos \varphi_2 + u_{kx}\sin \varphi_2) \times 100\%$$

$$= 1(0.8\% \times 0.8 + 7.25\% \times 0.6) \times 100\% = 4.99\%$$

$$U_2 = (1 - \Delta U)U_{2N} = \left(1 - \frac{4.99}{100} \right) \times 11 = 10.45\ kV$$

$$p_{kN75\,℃} = p_{kN}\frac{R_{k75\,℃}}{r_k} = 129 \times \frac{6.46}{5.2} = 160.2\ kW$$

$$\eta = \left(1 - \frac{p_0 + \beta^2 p_{kN75\,℃}}{\beta S_N \cos \varphi_2 + p_0 + \beta^2 p_{kN75\,℃}} \right) \times 100\%$$

$$= \left(1 - \frac{47 + 1^2 \times 160.2}{1 \times 20\ 000 \times 0.8 + 47 + 1^2 \times 160.2} \right) \times 100\%$$

$$= 98.72\%$$

②额定负载及 $\cos \varphi_2 = 0.8$ 超前时

$$\Delta U = \beta (u_{kr}\cos \varphi_2 + u_{kx}\sin \varphi_2) \times 100\% = 1(0.8\% \times 0.8 - 7.25\% \times 0.6) \times 100\%$$

$$= -3.71\%$$

$$U_2 = (1 - \Delta U)U_{2N} = \left[1 - \left(-\frac{3.71}{100} \right) \right] \times 11 = 11.41\ kV$$

$$\eta = 98.72\%$$

4）$\cos \varphi_2 = 0.8$,产生最高效率时的负载系数与最高效率

$$\beta_m = \sqrt{\frac{p_0}{p_{kN75\,℃}}} = \sqrt{\frac{47}{160.2}} = 0.542$$

$$\eta_{max} = \left[1 - \frac{2p_0}{\beta_m S_N \cos \varphi + 2p_0} \right] \times 100\%$$

$$= \left[1 - \frac{2 \times 47}{0.542 \times 20\ 000 \times 0.8 + 2 \times 47} \right] \times 100\%$$

$$= 98.93\%$$

3.6 三相变压器的连接组别

电力系统均采用三相制,所以三相变压器被广泛用于输配电及各种电气设备。电力系统中三相电压是对称的,三相变压器各相的参数是相同的,通常所接负载亦对称(即三相负载阻抗相同),这时三相变压器的一、二次绕组均为三相对称电路。变压器的这种运行状态叫做对称运行。分析对称运行的三相变压器时,只需分析其中一相即可,其他两相的数值物理量可按对称关系推算出来。而分析电压、电流和功率关系时,对称运行的三相变压器中的任意一相与单相变压器之间没有什么区别,因此对于单相变压器运行的分析结论,完全适用于三相变压器对称运行情况。

三相变压器在磁路和电路两方面也有其特殊的问题,选用时必须加以考虑。本节先介绍其磁路系统,再分析电路方面的所谓连接组别的问题。

3.6.1 三相变压器的磁路系统

三相变压器按磁路系统的不同分为两类:一类是三相组式变压器,一类是三相心式变压器。

三相组式变压器由三个单相变压器组合而成,一、二次绕组分别采用星形或三角形接法组成三相绕组,其磁路的特点是三相磁路互相独立、互不相关;三相心式变压器是将三相的铁芯合而为一,如图3.2所示,三相绕组分别套在三个铁芯柱上,其磁路的特点是三相磁路互相关联、互成通路。中小型电力变压器一般均采用三相心式变压器。

3.6.2 三相变压器的连接组别

(1)单相变压器的连接组别

变压器绕组中的感应电动势是随时间变化的,仅就一个绕组而言,无所谓固定极性。如果两个绕组套在同一铁芯柱上,匝链同一个主磁通,当主磁通交变时,在两个绕组中感应的电动势之间会有相对极性关系。以图3.23(a)为例,当某一瞬间磁通在图示方向上增加时,根据楞次定律,两绕组中感应电动势瞬时实际方向是从2指向1,从4指向3,即1端电位比2端高,3端电位高于4端。这就是说,1,3端(或2,4端)同时处于高电位(或低电位),称为同极性端,也称同名端,将其标上记号"·"。图3.23(b)中两个绕组绕向相反,则1,4端(或2,3端)是同极性端。

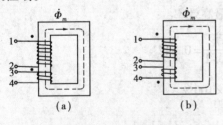

图 3.23 单相绕组的极性

可见,同极性端可能在两绕组的对应端,也可能在两绕组的不同端,这取决于两个绕组的绕向。由图3.23的(a)和(b)不难得出判别一、二次绕组同极性端的简易方法:如果同时从一、二次绕组的同极性端通入电流,它们所产生的磁通方向相同。

对于单相变压器,通常用 AX 代表高压绕组,ax 代表低压绕组,其中 A,a 分别代表对应绕组的首端,X,x 代表末端。

把绕组的出线端分成首末端,并标上字母的方法有两种:一种是把一、二次绕组的同极性端同时标为首端,如图 3.24 中的(a)和(d);另一种是把一、二次绕组的非同极性端标为首端,如图 3.24 中的(b)和(c)。但是,不论采用哪种标法,在研究两个绕组感应电动势的相位关系时,都规定采用首端指向末端的方向作为电动势的正方向。一次绕组的电动势从 A 指向 X 为 $\dot{E}_{Ax}$,简写为 $\dot{E}_A$,二次绕组的电动势从 a 指向 x 为 $\dot{E}_{ax}$,简写为 $\dot{E}_a$。图 3.24 画出了 4 种不同标法或绕法时一、二次侧电动势 $\dot{E}_A$ 与 $\dot{E}_a$ 的相位关系。分析这 4 种情况可以得出结论:如果一、二次绕组的同极性端同为首端,它们的感应电动势同相,如果同极性端不同为首端,则感应电动势反相。

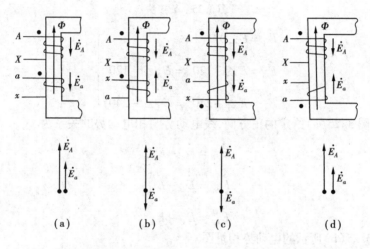

图 3.24 不同标号或绕法时,一、二次绕组电动势的相位关系

时钟表示法能形象简明地表示高、低压绕组电动势之间的相位关系。所谓时钟表示法,就是把高压绕组和低压绕组的电动势相量分别看做时钟的长针和短针,并永远把长针指向"12",看短针指向钟面上哪个数字,以确定变压器的连接组别。根据上面的分析,对单相变压器连接组别有两种:一种是Ⅰ,Ⅰ0;一种是Ⅰ,Ⅰ6,其中Ⅰ,Ⅰ表示一、二次侧均为单相绕组。0 或 6 为连接组标号,0 表示一、二次绕组电动势之间的相位差为 0×30°=0°,6 表示一、二次绕组电动势之间的相位差为 6×30°=180°。图 3.24(a)与(d)的连接组别为Ⅰ,Ⅰ0,图 3.24(b)与(c)的连接组别为Ⅰ,Ⅰ6。

(2)三相变压器的连接组别

把三个单相绕组连成三相绕组时最常用的连接方法有两种:一种是星形接法;另一种是三角形接法。

在三相变压器里,三相高压绕组的首端用 A,B,C 表示,末端用 X,Y,Z 表示;低压绕组的首端用 a,b,c 表示,末端用 x,y,z 表示。星形接法也叫 Y 接法,它是把三个相绕组的末端 X,Y,Z 连在一起,构成中点 N,把首端引出来,如图 3.25(a)所示,若中点有中线引出,称为 YN 接法。

三相变压器的相电动势用 $\dot{E}_A,\dot{E}_B,\dot{E}_C$ 表示,线电动势用 $\dot{E}_{AB},\dot{E}_{BC},\dot{E}_{CA}$ 表示,它们的正方向表示在图 3.25(a)中。已知三相电源对称,则三相电动势有如下关系:

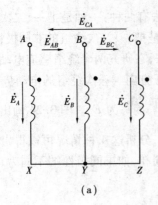
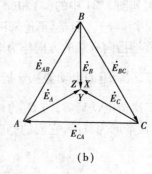

(a)　　　　　　　　　　　　　　　(b)

图 3.25　Y 接法

$$\dot{E}_A = E\angle 0°$$

$$\dot{E}_B = E\angle -120° = \dot{E}_A\angle -120°$$

$$\dot{E}_C = E\angle -240° = \dot{E}_A\angle -240°$$

Y 接法时,根据图 3.25(a)给定的正方向,线电动势与相电动势的关系为

$$\dot{E}_{AB} = \dot{E}_A - \dot{E}_B$$

$$\dot{E}_{BC} = \dot{E}_B - \dot{E}_C$$

$$\dot{E}_{CA} = \dot{E}_C - \dot{E}_A$$

由此可画出图 3.25(b)所示的电动势相量图。

图中重合在一起的各点等电位,如 X, Y, Z 三点等电位。从电动势相量图可以看出,$\triangle ABC$ 是一个等边三角形,A, B, C 三个顶点在相量图中排列的顺序是按顺时针方向转动的。

三角形接法也叫 D 接法,它是将一相绕组的末端与另一相绕组的首端连在一起,顺次连成一个闭合回路。有两种连法:第一种如图 3.26(a)所示,接线顺序是 $AX—CZ—BY—AX$。线电动势与相电动势的关系为

$$\dot{E}_{AB} = -\dot{E}_B$$

$$\dot{E}_{BC} = -\dot{E}_C$$

$$\dot{E}_{CA} = -\dot{E}_A$$

其电动势相量图如图 3.26(b)所示,图中 A 与 Y, B 与 Z, C 与 X 分别为等电位点,A, B, C 三个顶点也是按顺时针的顺序排列的。

第二种 D 接法如图 3.27(a)所示,接线顺序是 $AX—BY—CZ—AX$。线电动势与相电动势的关系为

$$\dot{E}_{AB} = \dot{E}_A$$

$$\dot{E}_{BC} = \dot{E}_B$$

$$\dot{E}_{CA} = \dot{E}_C$$

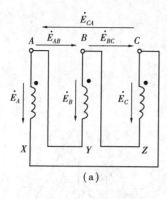
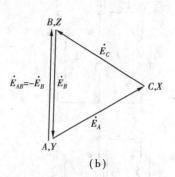

图 3.26 第一种 D 接法

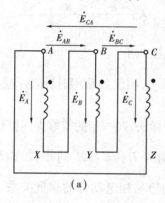
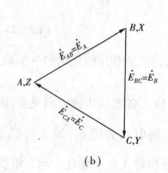

图 3.27 第二种 D 接法

其电动势相量图如图 3.27(b)所示,A,B,C 三个顶点也按顺时针顺序排列。

三相变压器一、二次绕组都可以用星形或三角形连接,用星形连接时,中点可以出线也可以不出线。这样一来,一、二次绕组的接法就有多种组合:Y,y 或 Y,yn;Y,d 或 YN,d;D,y 或 D,yn;D,d。前面的大写字母 Y 或 D 表示一次绕组接法;后面小写字母表示二次绕组接法。

在三相系统中,关心的是线电动势,即绕组出线端之间的电动势。由于三相绕组可以采用不同连接,使得三相变压器一、二次绕组的线电动势之间出现不同的相位差,因此按一、二次侧线电动势的相位关系把变压器绕组的连接分成各种不同的所谓连接组别。理论与实践证明,无论怎样连接,一、二次侧线电动势的相位差总是 30°的整数倍。因此,仍采用时钟表示法,这时短针所指的数字即为三相变压器连接组别的标号,将该数字乘以 30°,就是二次绕组线电动势滞后于一次绕组相应线电动势的相位角。

下面对不同连接方式的变压器具体分析它们的连接组别。

1)Y,y 连接

其绕组接线图如图 3.28(a)所示。在三相变压器绕组接线图中,上下对着的一、二次绕组表示是套在同一铁芯柱上。图 3.28(a)中,一、二次侧同极性端同为首端,打"·"标示。

已知绕组接法和同极性端时,确定变压器连接组别的方法是:

①在接线图上标明各相电动势与线电动势的正方向;

②判断同相一、二次侧相电动势的相位关系,并画出一、二次侧对称三相电动势的相量图,注意要将相量 $\dot{E}_{AX}$ 和 $\dot{E}_{ax}$ 的起点 A 和 a 画在一起;

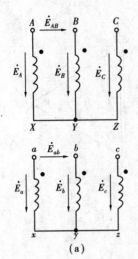

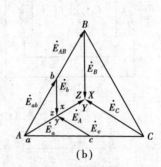

图 3.28　Y,y0 连接组别

③根据一、二次侧相应线电动势一般取 $\dot{E}_{AB}$ 和 $\dot{E}_{ab}$，相位关系用时钟表示法确定连接组别的标号。

对图 3.28(a)，各电动势正方向见图，按图中的标法，同一相的首端为同极性端，由前面的分析知一、二次侧电动势同相，即 $\dot{E}_A$，$\dot{E}_B$，$\dot{E}_C$ 分别与 $\dot{E}_a$，$\dot{E}_b$，$\dot{E}_c$ 同相位，画出相量图如图 3.28(b)。注意须将 A 与 a 画在一起。根据线电动势与相电动势的相量关系，如 $\dot{E}_{AB} = \dot{E}_A - \dot{E}_B$ 或 $\dot{E}_{ab} = \dot{E}_a - \dot{E}_b$，确定线电动势 $\dot{E}_{AB}$ 和 $\dot{E}_{ab}$。由相量图可看出，它们是同相位的，把 $\dot{E}_{AB}$ 作为分针指向钟面上的"12"，$\dot{E}_{ab}$ 作为时针，也指向"12"，即相当于 0 点，故该变压器的连接组标号为 0，连接组别为 Y,y0。

还是 Y,y 连接，只是一、二次侧同极性端不同为首端时，如图 3.29(a)所示，根据同一相一、二次绕组相电动势相位相反的道理，这时一、二次侧电动势相量图如图 3.29(b)所示。从图中看出，$\dot{E}_{AB}$ 作为分针指向 12 时，$\dot{E}_{ab}$ 作为时针指向 6。所以该连接组别变为 Y,y6。

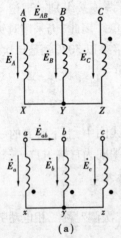

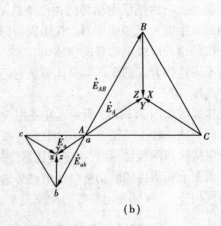

图 3.29　Y,y6 连接组别

还可连接成其他的连接组别。例如，一、二次绕组首端是同极性端，而把二次侧本来应是 b 相，现在标为 a 相；同样，把 c 作为 b 相；a 作为 c 相。这就是说，一次侧的 A 相绕组实际上和二次侧的 c 相绕组套在同一个铁芯柱上，如图 3.30(a)所示。可见，画一、二次侧相电动势相量时，$\dot{E}_A$ 应和 $\dot{E}_c$ 同相，同样，$\dot{E}_a$，$\dot{E}_b$ 分别应和 $\dot{E}_B$，$\dot{E}_C$ 同相。二次侧线电动势 $\dot{E}_{ab} = \dot{E}_a - \dot{E}_b$。当 $\dot{E}_{AB}$ 指向钟面上 12 时，$\dot{E}_{ab}$ 指向 4，所以该连接组别为 Y,y4。这种标法与图 3.28(a)比较，二次侧线电动势 $\dot{E}_{ab}$ 相对于 $\dot{E}_{AB}$ 顺时针移过了 120°。

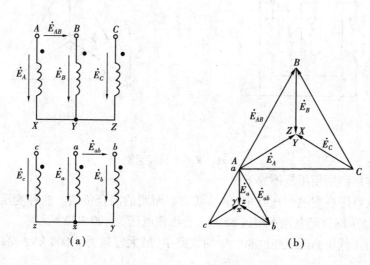

图 3.30 Y,y4 连接组别

用类似的方法，可以得到 Y,y8，Y,y10 和 Y,y2 连接组别。总之，Y,y 连接方式，只能得到标号为偶数的连接组别。

2）Y,d 连接

图 3.31(a)一次侧为 Y 接，二次侧是 d 接，一、二次绕组的同极性端同为首端，相电动势 $\dot{E}_A$，$\dot{E}_a$；$\dot{E}_B$，$\dot{E}_b$；$\dot{E}_C$，$\dot{E}_c$ 同相。这是第一种 d 接法，其电动势相量图与图 3.26(b)相同，只不过要将电动势下标改成小写，从而得到一、二次绕组电动势相量图如图 3.31(b)所示。显然，这时相量 $\dot{E}_{ab}$ 滞后于相量 $\dot{E}_{AB}11 \times 30° = 330°$，如果 $\dot{E}_{AB}$ 指向 12，$\dot{E}_{ab}$ 就指向 11，故其连接组别为 Y,d11。

若二次侧为第二种 d 接法，其他条件不变，则其连接组别为 Y,d1。

类似地，还可得到 Y,d3，Y,d5，Y,d7 和 Y,d9 连接组别，标号均为奇数。

此外，D,d 连接可以得到与 Y,y 连接一样的连接组标号；D,y 也可得到与 Y,d 相同的连接组标号。三相变压器的连接组标号可为 1 至 12(0)。

综上所述，变压器有很多连接组别，为了制造与使用上的方便及统一，避免因连接组别过多造成混乱，以致引起不必要的事故，同时又能满足工业上的需要，国标规定了一些标准连接组别。三相双绕组电力变压器的标准连接组别有：Y,y0、YN,y0、Y,yn0、Y,d11、YN,d11 五种；单相变压器只有 I,I0 一种。其中符号 YN 和 yn 表示三相绕组为星形接法，并把中点引出箱外。

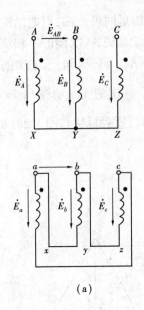
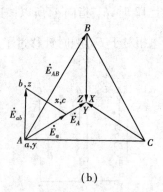

(a)　　　　　　　　　　　　　　(b)

图 3.31　Y,d11 连接组别

各种标准连接组别使用范围如下：

①Y,yn0 主要用在配电变压器中,供给动力与照明的混合负载。这种变压器的容量可做到 1 800 kVA,高压侧额定电压不超过 35 kV,低压侧电压为 400/230 V。

②Y,d11 用在低压侧电压超过 400 V 的线路中,最大容量为 5 600 kVA,高压侧电压也在 35 kV 以下。

③YN,d11 用在高压侧需要中点接地的变压器。在 110 kV 以上的高压输电线路,一般需要把中点直接接地或者通过阻抗接地。

④YN,y0 用在一次侧中点需要接地的场合。

⑤Y,y0 一般只供三相动力负载。

3.7　变压器的并联运行

变压器的并联运行是指将两台或两台以上变压器的一次绕组并接于同一电源,二次绕组并接于公共母线,共同对负载供电,如图 3.32(a)所示,(b)是它的简化图。

现代电力系统中,常采用多台变压器并联运行的方式。因为变压器并联运行具有以下优点:①提高供电的可靠性。并联运行时,如果某台变压器发生故障,可将其切除检修,负载由其他变压器供电,至少不会影响重要负载。②可以根据负载大小调整投入并联的变压器的台数,亦即调节变压器的负载系数,以提高系统的运行效率。③可以减少变压器的备用容量,并随着用电量的逐步增加分期分批安装新的变压器,以减少初投资。

当然,并联变压器的台数不宜过多,因为总容量相同的情况下,多台小容量变压器的投资比一台大容量变压器高,占地面积也大,就可能不经济了。

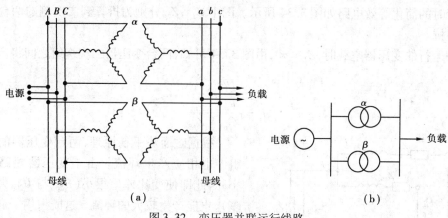

图 3.32　变压器并联运行线路

3.7.1　变压器理想并联运行和条件

变压器并联运行的理想情况是:空载时各变压器二次绕组之间无环流;负载时各台变压器能合理分担负载,即负载按其容量大小成比例地分配。

要达到上述理想运行情况,并联运行的变压器应满足以下 3 个条件:

1)一、二次绕组额定电压分别相等(变比相等);

2)连接组别相同;

3)短路阻抗的相对值相等。

如满足了前两个条件则可保证空载时变压器二次绕组之间无环流。满足第 3 个条件时各台变压器能合理分担负载。

在实际运行中,上述第二个条件必须严格遵守,其余两个条件允许稍有出入。

3.7.2　连接组别对并联运行的影响

连接组别不同的变压器,即使一、二次侧额定电压分别相等,如果并联运行,则由前面连接组别的分析可知,二次侧线电压相量之间的相位至少相差 30°(例如 Y,y0 与 Y,d11 并联,如图 3.33 所示),此时线电压差 ΔU_2 至少为:

$$\Delta U_2 = \left| \dot{U}_{20\alpha} - \dot{U}_{20\beta} \right| = 2U_{20\alpha}\sin\frac{30°}{2} = 0.518U_{20}$$

由于变压器的短路阻抗很小,这么大的 ΔU_2 将产生几倍于额定电流的空载环流,会使变压器烧坏,因此连接组别不同的变压器绝对不允许并联运行。

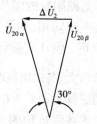

图 3.33　Y,y0 与 Y,d11 并联时二次侧电压差

3.7.3　变比不等时的并联运行

为简便起见,用两台单相变压器并联运行来分析,并忽略它们的励磁电流。

设两台变压器 α 和 β 的连接组别相同,但变比不等,即 $k_\alpha \neq k_\beta$。一次侧接同一电源时,二次侧空载电压必然不等,分别为 $\dot{U}_{20\alpha} = \dfrac{\dot{U}_1}{k_\alpha}$,$\dot{U}_{20\beta} = \dfrac{\dot{U}_1}{k_\beta}$,它们即为折算到二次侧的电压,从而得到

并联运行时的简化等效电路如图 3.34 所示。图中 $Z_{k\alpha}$，$Z_{k\beta}$ 分别为折算到二次侧的两台变压器的短路阻抗。

并联运行的变压器空载时，$Z_L = \infty$，由图 3.34 可知，两台变压器二次绕组之间将产生环流

$$\dot{I}_c = \frac{\dfrac{\dot{U}_1}{k_\alpha} - \dfrac{\dot{U}_1}{k_\beta}}{Z_{k\alpha} + Z_{k\beta}} \tag{3.51}$$

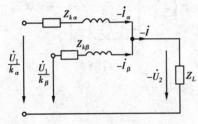

根据磁通势平衡原理，两台变压器的一次绕组中也相应产生环流。由于变压器短路阻抗很小，因此即使变比差值很小（$U_{20\alpha}$ 与 $U_{20\beta}$ 大小差不多），也能产生较大的环流。这既占用了变压器的容量，又增加了变压器的损耗，是很不利的。因此为了保证空载环流不超过额定电流的 10%，通常规定并联运行的变压器变比误差应小于 $\pm 0.5\%$。

图 3.34 变比不等的两变压器的并联运行

3.7.4 短路阻抗相对值不等时的并联运行

假设并联运行的变压器满足变比相等（$k_\alpha = k_\beta = k$）和连接组别相同两条件，只是短路阻抗的相对值不等，则其相应的等效电路如图 3.35 所示。从图可知：

$$\dot{I}_\alpha Z_{k\alpha} = \dot{I}_\beta Z_{k\beta} \tag{3.52}$$

由此可见，每台变压器所分担的负载电流与其短路阻抗成反比，也就是

$$\frac{\dot{I}_\alpha}{\dot{I}_\beta} = \frac{Z_{k\beta}}{Z_{k\alpha}} \tag{3.53}$$

上式表明，各变压器二次侧电流的相位差取决于短路阻抗的幅角之差。为使各变压器的二次侧电流同相，则各变压器的短路阻抗的幅角应相等。但从实际计算表明，即使各阻抗幅角相差稍大，各二次侧电流的相量和 $|\dot{I}_\alpha + \dot{I}_\beta|$ 与它们的算术和 $I_\alpha + I_\beta$ 相差仍很小。所以一般可不考虑各阻抗角的差别，而认为总的负载电流是各变压器二次侧电流的算术和。相应地，

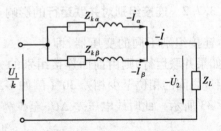

图 3.35 短路阻抗不等的两变压器并联运行的简化等效电路

式（3.52）可写成 $I_\alpha Z_{k\alpha} = I_\beta Z_{k\beta}$，即变压器分担的负载电流与其短路阻抗成反比。

通常定义额定相电压与额定相电流的比值为变压器阻抗的基准值，即 $Z_{N\alpha} = \dfrac{U_{N\alpha}}{I_{N\alpha}}$，$Z_{N\beta} = \dfrac{U_{N\beta}}{I_{N\beta}}$，由于 $U_{N\alpha} = U_{N\beta}$，故有 $I_{N\alpha} Z_{N\alpha} = I_{N\beta} Z_{N\beta}$。考虑到 $I_\alpha Z_{k\alpha} = I_\beta Z_{k\beta}$，可得

$$\frac{I_\alpha Z_{k\alpha}}{I_{N\alpha} Z_{N\alpha}} = \frac{I_\beta Z_{k\beta}}{I_{N\beta} Z_{N\beta}}$$

即
$$\frac{\beta_\alpha}{\beta_\beta} = \frac{Z_{k\beta}^*}{Z_{k\alpha}^*} = \frac{u_{k\beta}}{u_{k\alpha}} \tag{3.54}$$

式中 $\beta_\alpha, \beta_\beta$——变压器 α 和 β 的负载系数;

$Z_{k\alpha}^* = \dfrac{Z_{k\alpha}}{Z_{N\alpha}}, Z_{k\beta}^* = \dfrac{Z_{k\beta}}{Z_{N\beta}}$——变压器 α 和 β 的短路阻抗相对值。

式(3.54)说明,各变压器的负载系数与其短路阻抗的相对值(也即阻抗电压的相对值)成反比。理想的情况是:各变压器按其容量大小的比例分担负载,即 $\beta_\alpha = \beta_\beta$,这就要求各变压器短路阻抗的相对值彼此相等。

为使负载分配比较合理,规定并联运行变压器短路阻抗(或短路电压)的相对值相差应小于 10%。由于电力变压器的容量越大,其短路阻抗的相对值一般亦越大,为此要求并联运行的变压器的容量比一般不超过 3∶1,以保证整个系统变压器的设备利用率不致明显降低。

例 3.4   有两台连接组别及额定电压均相同的三相变压器并联运行。它们的数据为:
$S_{N\alpha} = 3\ 150\ \text{kVA}, u_{k\alpha} = 7.3\%, S_{N\beta} = 4\ 000\ \text{kVA}, u_{k\beta} = 7.6\%$。试求:

1)当这两台变压器并联运行,总负载为 6 900 kVA 时,每台变压器分担的负载是多少?

2)不许任何一台变压器过载的情况下,最大输出负载是多少,设备利用率是多少?

解   如忽略短路阻抗幅角间的差别,根据图 3.35 可得
$$I = I_\alpha + I_\beta$$
上式两边乘以变压器相数和二次侧相电压,即得并联组输出的总负载容量为各变压器所分担的负载容量之和,也就是
$$S = S_\alpha + S_\beta = \beta_\alpha S_{N\alpha} + \beta_\beta S_{N\beta}$$

同时,由式(3.54)可得
$$\beta_\alpha = \frac{u_{k\beta}}{u_{k\alpha}}\beta_\beta$$

1)由已知条件可写出
$$\begin{cases} 6\ 900 = \beta_\alpha \times 3\ 150 + \beta_\beta \times 4\ 000 \\ \beta_\alpha = \dfrac{7.6\%}{7.3\%}\beta_\beta \end{cases}$$

解此联立方程式可得
$$\beta_\beta = 0.947\ 9$$
$$\beta_\alpha = 0.986\ 8$$

变压器 β 分担的负载
$$S_\beta = \beta_\beta S_{N\beta} = 0.947\ 9 \times 4\ 000 = 3\ 792\ \text{kVA}$$
变压器 α 分担的负载
$$S_\alpha = \beta_\alpha S_{N\alpha} = 0.986\ 8 \times 3\ 150 = 3\ 108\ \text{kVA}$$
或
$$S_\alpha = S - S_\beta = 6\ 900 - 3\ 792 = 3\ 108\ \text{kVA}$$

可见,阻抗电压相对值(即短路阻抗相对值)小的变压器先接近满载。

2)由于 u_k 较小的变压器先达满载,为保证各变压器都不过载,而总输出负载又能最大,则 u_k 较小的变压器应为满载,故取 $\beta_\alpha = 1$,此时 $\beta_\beta = \dfrac{u_{k\alpha}}{u_{k\beta}}\beta_\alpha = \dfrac{u_{k\alpha}}{u_{k\beta}}$,由此可得最大总输出负载为

$$S = \beta_\alpha S_{N\alpha} + \beta_\beta S_{N\beta} = 1 \times 3\ 150 + \frac{7.3}{7.6} \times 4\ 000 = 6\ 992\ \text{kVA}$$

设备利用率为

$$\frac{S}{S_N} = \frac{6\ 992}{3\ 150 + 4\ 000} = 0.978$$

如果将两台变压器的阻抗电压的相对值对调,即 $u_{k\alpha} = 7.6\%$,$u_{k\beta} = 7.3\%$,容量均保持不变,那么重复2)的计算,结果发现最大总输出负载为 7 026 kVA,设备利用率为 0.983。这说明容量大的变压器阻抗电压小些能提高整个系统变压器的设备利用率。

3.8 自耦变压器和仪用互感器

前面以普通双绕组电力变压器为例,阐述了变压器的基本理论。尽管变压器的品种繁杂,规格甚多,但其基本理论都是相似的,这里不再一一讨论。本节仅介绍较为常用的自耦变压器和仪用互感器的工作原理及特点。

3.8.1 自耦变压器

普通双绕组变压器的一、二次绕组之间只有磁的耦合而无电的联系,自耦变压器的特点在于一、二次绕组之间不仅有磁的耦合而且还有电的直接联系,其结构示意图如图 3.36 所示,每相仅有一个绕组,将其一次绕组的一部分兼作二次绕组用或者相反。

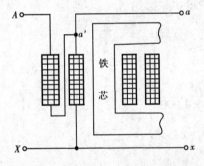

图 3.36 自耦变压器的结构示意图

(1) 工作原理

自耦变压器可设想为由双绕组变压器演变而来。

设一台双绕组单相变压器,其一、二次绕组的匝数分别为 N_1 和 N_2,如图 3.37 所示,由于其一、二次绕组绕在同一铁芯柱上,而被同一主磁通所匝链,因此其绕组每匝感应电动势是相等的,即

$$\dot{E}_{1t} = \frac{\dot{E}_1}{N_1} = -\text{j}4.44 f \dot{\Phi}_m = \frac{\dot{E}_2}{N_2} = \dot{E}_{2t}$$

这样可在图 3.37 中的一次绕组找出 $a'X$ 部分,其匝数与二次绕组 ax 的匝数相等。由于一、二次绕组每匝感应电动势相等,该两部分的感应电动势 $\dot{E}_{a'X}$ 与 $\dot{E}_2$(即 $\dot{E}_{ax}$)必然相等。a' 与 a,X 与 x 为两对等电位点,故可将 a' 与 a,X 与 x 直接相连而不会影响变压器内部的电磁关系。把二次绕组与一次绕组的 $a'X$ 部分直接并联,进一步可将这两部分合并,从而省去二次绕组,这样就形成了一台自耦变压器如图 3.38 所示。二次侧额定电压 U_{2N} 等于每匝感应电动势与公共部分匝数 N_2 的乘积,改变匝数 N_2,就能得到不同的二次侧电压。如果二次侧端点 a 采用滑动的方法与一次绕组各点接触,则可平滑地改变二次侧匝数从而改变二次侧电压,此变压器即为自耦调压器。

图 3.38 为降压自耦变压器的原理图,图中所示电压、电流相量的正方向与普通双绕组变

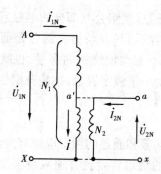

图 3.37 公共部分合并的双绕组单相变压器

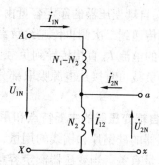

图 3.38 自耦变压器原理图

压器一样,其绕组中既作一次绕组又是二次绕组的部分称为公共部分,仅作一次绕组的部分称为串联部分。自耦变压器一、二次绕组的额定电压为 U_{1N},U_{2N},额定电流为 I_{1N},I_{2N}。若忽略漏阻抗压降,变比与普通双绕组变压器一样,即

$$k_A = \frac{N_1}{N_2} = \frac{E_1}{E_2} \approx \frac{U_{1N}}{U_{2N}}$$

当自耦变压器额定运行时,由图 3.38 可知,其公共部分的电流

$$\dot{I}_{12} = \dot{I}_{1N} + \dot{I}_{2N} \tag{3.55}$$

绕组两部分所产生的磁通势之和应等于励磁磁通势 $\dot{I}_0 N_1$,如忽略励磁磁通势,则

$$\dot{I}_{1N} N_{Aa} + \dot{I}_{12} N_2 = \dot{I}_{1N}(N_1 - N_2) + \dot{I}_{12} N_2 = 0 \tag{3.56}$$

将式(3.55)代入式(3.56)可得

$$\dot{I}_{1N} N_1 + \dot{I}_{2N} N_2 = 0 \tag{3.57}$$

所以

$$\dot{I}_{1N} = -\frac{\dot{I}_{2N}}{k_A} \tag{3.58}$$

由此可知,自耦变压器的磁通势平衡关系,在不计励磁电流的条件下与普通双绕组变压器相同。

将式(3.58)代入式(3.55)而得

$$\dot{I}_{12} = \left(1 - \frac{1}{k_A}\right)\dot{I}_{2N} \tag{3.59}$$

上式说明自耦变压器绕组公共部分的电流比额定负载电流 I_{2N} 要小,且变比 k_A(大于 1)越接近于 1,I_{12} 就越小。

(2)容量关系

从式(3.59)与式(3.58)可知,当忽略励磁电流时,$\dot{I}_{12}$ 与 $\dot{I}_{2N}$ 同相,$\dot{I}_{1N}$ 与 $\dot{I}_{2N}$ 反相,于是由式(3.55)有

$$I_{12} = I_{2N} - I_{1N} \tag{3.60}$$

故自耦变压器的额定容量(又叫通过容量)

$$S_N = U_{1N} I_{1N} = U_{2N} I_{2N} = U_{2N}(I_{12} + I_{1N}) = U_{2N} I_{12} + U_{2N} I_{1N} \tag{3.61}$$

由此可见,自耦变压器的额定容量由两部分组成:一部分是通过绕组公共部分的电磁感应作用由一次侧传递到二次侧再传递给负载的电磁容量(即绕组容量)$U_{2N}I_{12}$;另一部分是通过绕组串联部分的电流 I_{1N} 直接传导到负载的传导容量 $U_{2N}I_{1N}$,它不需增加绕组的容量,也就是说自耦变压器负载可直接从电源吸取部分功率,因而绕组的容量小于额定容量,这是自耦变压器的特点之一。

(3)自耦变压器的主要特点和用途

变压器的硅钢片和铜线的用量,与绕组的额定感应电动势和通过的额定电流有关,也就是与绕组容量有关。当变压器额定容量相同时,自耦变压器的绕组容量比普通双绕组变压器的小。故所用有效材料(硅钢片和铜线)少,成本低。有效材料减少使得铜损耗、铁损耗以及励磁电流相应减少,效率较高。相应地,自耦变压器的外形尺寸及重量也较小,有利于变压器的运输和安装,减少占地面积。但是当自耦变压器的变比 k_A 较大时,它的优越性就不显著了,k_A 越接近于 1 其优点越显著,故 k_A 一般以不超过 2 为宜。由于自耦变压器的一、二次侧有电的联系,因此内部绝缘和防过电压的措施都需要加强。例如中点必须可靠接地,并且一、二次侧都须装设避雷器等。

自耦变压器除在电力系统中用在一、二次侧电压相差不大的场合外,在实验室作为调压设备,在电力拖动系统中,常用于三相异步电动机的启动器(补偿器)。

3.8.2 仪用互感器

仪用互感器是一种测量用的设备,分电流互感器和电压互感器两种,它们的作用原理和变压器相同。

使用互感器有两个目的:一是为了工作人员的安全,使测量回路与高压电网隔离;二是可以使用小量程的电流表测量大电流,用低量程电压表测量高电压。互感器的规格各种各样,但电流互感器二次侧额定电流都是 5 A 或 1 A,电压互感器二次侧额定电压都是 100 V。

互感器除了用于测量电流和电压外,还用于各种继电保护装置的测量系统,应用十分广泛。

(1)电流互感器

图 3.39 是电流互感器的接线图。它的一次绕组匝数 N_1 少(1 匝或几匝),导线粗,串联于待测电流的线路中;二次绕组匝数 N_2 多,导线细,与阻抗很小的仪表(如电流表,功率表的电流线圈等)接成回路。因此,它实际上相当于一台二次绕组处于短路状态的升压变压器。

如果忽略励磁电流,由变压器的磁通势平衡关系可得

$$\frac{I_1}{I_2} = \frac{N_2}{N_1} = k_i \qquad I_1 = k_i I_2$$

式中 $k_i = \dfrac{N_2}{N_1} > 1$ 称为电流变比。可见,将电流表的读数 I_2 乘以电流变比 k_i 就得被测电流 I_1,如将电流表的读数按 k_i 放大,即可直接读出 I_1。由此利用一、二次绕组的匝数比,将大电流变为小电流来测量或提供电流保护信号。

由于互感器内总有一定的励磁电流以及漏阻抗和仪表的阻抗等,从变压器的相量图可知,电流变化时 I_1,I_2 之

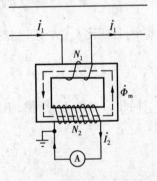

图 3.39 电流互感器

比近似不变,两者相位近似反相,测出的电流总有一定的变比和相位误差。按照变比误差的大小,电流互感器分成 0.2,0.5,1.0,3.0,10.0 五级,如 0.5 级准确度表示在额定电流时,电流变比误差不超过 ±0.5%。

电流互感器使用时,应注意以下三点:①二次侧必须有一端连同铁芯可靠接地,以防止绝缘损坏后,一次侧高电压传到二次侧,发生触电事故。②运行时二次侧绝对不允许开路。否则互感器成为空载运行,这时一次侧被测线路电流全部成了励磁电流,使铁芯中的磁通密度明显增大。这一方面使铁损耗大增,铁芯过热甚至烧坏绕组;另一方面将使二次侧感应出很高电压,不但易使绝缘击穿,而且危及工作人员和其他设备的安全。因此在一次侧电路工作时如需检修或拆换电流表时,必须先将二次侧短路。③二次侧所串接的电流表、其他仪表电流线圈的数目不能超过规定值,以免影响测量的准确度。

为了可在现场不切断电路的情况下测量电流和便于携带使用,把电流表和电流互感器合起来制成钳形电流表(图 3.40)。互感器的铁芯做成钳形,可以开合,铁芯上只绕有连接电流表的二次绕组,被测电流导线可钳入铁芯窗口内成为一次绕组,匝数 $N_1=1$。这样就可从电流表直接读出被测电流的大小。

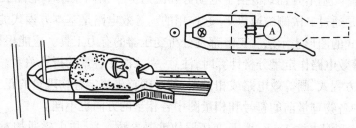

图 3.40　钳形电流表

(2) 电压互感器

图 3.41 是电压互感器的接线图。一次绕组直接并联在被测的高压电路上,二次绕组接电压表或功率表的电压线圈。一次绕组匝数 N_1 多,二次绕组匝数 N_2 少。由于电压表或功率表的电压线圈内阻抗很大,因此,电压互感器实际上相当于一台二次绕组处于空载状态的降压变压器。

如果忽略漏阻抗压降,则有

$$\frac{U_1}{U_2}=\frac{N_1}{N_2}=k_u \qquad U_1=k_u U_2$$

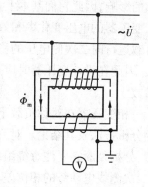

图 3.41　电压互感器

式中　$k_u=\dfrac{N_1}{N_2}>1$ 称为电压变比。可见,将电压表的读数 U_2 乘以电压变比 k_u 就得被测电压 U_1,如将电压表的读数按 k_u 放大,即可直接读出 U_1。由此利用一、二次绕组的匝数比,将高电压变为低电压来测量或提供电压保护信号。

从变压器的相量图可知,电压互感器也有变比和相位两种误差。按变比误差的大小,电压互感器分为 0.2,0.5,1.0,3.0 共四级,以适应不同场合的需要。

电压互感器使用时,亦应注意三点:①二次侧必须有一端连同铁芯可靠接地,以确保安全。②运行时二次侧不能短路,以免一、二次绕组的短路电流使绕组过热损烧坏。③二次侧并接的电压表和电压线圈的数目不能超过规定值,以免影响测量的准确度。

小　结

变压器是一种变换交流电能的静止电气设备,利用一、二次绕组的匝数不同,通过电磁感应作用,把一种等级的电压或电流变换成同频率的另一种等级的电压或电流。

变压器的内部磁场分布比较复杂,为此将磁通分成主磁通和漏磁通来处理,这是由于这两部分磁通所经过的磁路性质和所起的作用不同。主磁通沿铁芯闭合,铁芯饱和现象使磁路为非线性,主磁通在一、二次绕组中感应电动势 E_1 和 E_2,起传递功率的媒介作用;漏磁通通过非磁性物质闭合,磁路是线性的,漏磁通只起电抗压降作用而不直接参与能量传递。这样处理以后,就可引入电路参数——励磁阻抗和漏电抗这些不同性质的参数去反映磁路对电路的影响,从而把较复杂的磁路问题简化成电路的问题,这是分析变压器的基本思想。

经过对变压器空载、负载稳态运行时内部电磁关系的分析,导出了变压器的基本方程式、等效电路和相量图。基本方程式概括了电动势和磁通势平衡两个基本电磁关系,负载变化对一次侧的影响就是通过二次侧磁通势 F_2 起作用的。等效电路是基本方程式的模拟电路,而相量图是基本方程式的图形表示法。三者都是分析变压器的有力工具。应能根据不同的情况正确选用,在应用等效电路作定量分析计算时,注意一、二次侧各量的折算关系。

无论列基本方程式、画等效电路或相量图,都必须首先规定各物理量的正方向。正方向定得不同,方程式中各物理量前的符号和相量图中各相量的方向也不同。

励磁电抗 X_m 和漏电抗 X_1 及 X_2 是变压器的重要参数。X_m 与主磁通相对应,受磁路饱和影响不是常数。而 X_1 和 X_2 则分别与一、二次绕组的漏磁通相对应,由于磁路基本上不受铁芯饱和的影响,因此它们基本上为常数。

变压器的电压变化率和效率是衡量其运行性能的两个主要指标。ΔU 的大小反映了变压器负载运行时二次侧电压的稳定性,而效率 η 则表明运行时的经济性。参数对 ΔU 与 η 影响很大,因此在设计变压器时应正确选择。对已制成的变压器,则可通过空载和短路试验测出这些参数。

三相变压器在对称负载下运行时,其每一相就相当于一台单相变压器,完全可用单相变压器的分析方法及其结论。对三相变压器仅研究其特殊问题。连接组别关系到变压器能否并联运行,分析判断它要注意绕组绕向、出线端标志、绕组连接与电动势相位的关系。根据变压器一、二次侧线电动势的相位差,三相变压器有各种不同的连接组别,为了制造和并联运行方便,国标规定了一些标准连接组别。不同连接组别的变压器不能并联运行。

自耦变压器的特点是一、二次侧不仅有磁的耦合,而且还有电的直接联系,故其一部分功率不通过电磁感应,而直接由一次侧传导到二次侧,因此自耦变压器具有材料省、体积小、重量轻、损耗小和效率高等优点。自耦变压器广泛用于实验室的调压装置和三相异步电动机的降压启动器。

仪用互感器是测量或提供保护信号用的变压器。使用时应将它们二次绕组的一端接地;二次侧所接仪表的数目不能超过规定值;运行时电流互感器二次侧绝不允许开路,而电压互感器二次侧不能短路。

思 考 题

3.1 变压器能否直接改变直流电的电压等级来传送直流电能？

3.2 变压器的铁芯为什么要用 0.35 mm、表面涂绝缘漆的硅钢片叠成？

3.3 变压器中主磁通与漏磁通的性质和作用有什么不同？在分析变压器时是怎样反映它们的作用的？

3.4 变压器各物理量的正方向和惯例的选择是不可改变的吗？规定不同的正方向对变压器各电磁量之间的实际关系有无影响？

3.5 变压器空载时，一次侧加额定电压，虽然一次侧电阻 R_1 很小，可电流并不大，为什么？Z_m 代表什么物理意义？电力变压器不用铁芯而用空气芯行不行？

3.6 一台 50 Hz 的单相变压器，若误把一次侧接到直流电源上，其电压大小与额定电压相同，会发生什么现象？

3.7 变压器的额定电压为220/110 V，如不慎将低压侧接到 220 V 电源上，励磁电流将会发生什么变化？变压器将会出现什么现象？

3.8 变压器空载运行时功率因数高吗？请画出空载时的相量图加以说明，这时输入变压器的功率消耗在哪里？

3.9 变压器做空载和短路试验时，从电源输入的有功功率主要消耗在哪里？在一、二次侧分别做同一试验，测得的输入功率相同吗？为什么？

3.10 若不采用折算法，画变压器的相量图会有什么困难？采用折算法，又方便在哪里？

3.11 变压器的简化等效电路与 T 形等效电路相比，忽略了什么量？它们各适用于什么场合？

3.12 变压器负载运行时引起二次侧端电压变化的因素有哪些？二次侧电压变化率的大小与这些因素有何关系？当二次侧带什么性质负载时有可能使电压变化率为零？

3.13 变压器带额定负载时，其效率是否不变？效率的高低与负载的性质有关吗？

3.14 为何电力变压器设计时，一般取 $p_0 < p_{kN}$？如果取 $p_0 = p_{kN}$，变压器带多大负载时效率最高？

3.15 若三相变压器一次侧线电动势 $\dot{E}_{AB}$ 领先二次侧线电动势 $\dot{E}_{ab}$ 的相位为 $k \times 30°$ 时，该变压器连接组别的标号为多少？

3.16 三相变压器的连接组别是以一、二次绕组相电动势还是线电动势的相位关系来确定的？不用线电动势 $\dot{E}_{AB}$ 与 $\dot{E}_{ab}$ 而用 $\dot{E}_{BC}$ 与 $\dot{E}_{bc}$ 的相位关系来确定连接组别行吗？用 $\dot{E}_{CA}$ 与 $\dot{E}_{ca}$ 呢？结果一样吗？

3.17 变压器出厂前要进行"极性"试验，如图 3.42 所示。在 AX 端加电压，将 $X-x$ 相联，用电压表测 Aa 间电压。设变压器额定电压为 220/110 V，如 A,a 为同极性端，电压表的读数为多少？如不为同极性端，则读数又

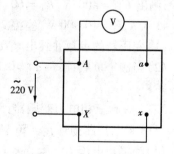

图 3.42 极性试验图

为多少?

3.18 变压器为何经常采取并联运行? 并联运行的条件有哪些? 哪个条件需要严格遵守而不得有一点差错?

3.19 为什么自耦变压器的绕组容量小于额定容量? 其变比通常在什么范围? 为什么?

3.20 电流互感器和电压互感器的作用是什么? 使用电流互感器和电压互感器时分别应注意哪几点? 为什么?

习 题

3.1 一台三相变压器,额定容量 $S_N = 5\,000$ kVA,额定电压 $U_{1N}/U_{2N} = 10/6.3$ kV,Y,d 连接,试求一、二次绕组的额定电流。

3.2 有一台单相变压器,额定容量 $S_N = 5$ kVA,高、低压绕组均有两个线圈组成,高压侧每个线圈的额定电压为 1 100 V,低压侧每个线圈的额定电压为 110 V,现将它们进行不同方式的连接。试问:可得几种不同的变比? 每种连接时,高低压侧的额定电流为多少?

3.3 两台单相变压器:$U_{1N}/U_{2N} = 220/110$ V,一次绕组匝数相等,但空载电流 $I_{01} = 2I_{0\mathrm{II}}$。今将两变压器的一次绕组顺极性串联起来,加 440 V 电压,试问两台变压器二次侧的空载电压是否相等?

3.4 有一台单相变压器:$U_{1N}/U_{2N} = 220/110$ V。当在高压侧加 220 V 电压时,空载电流为 I_0,主磁通为 Φ_0。已知 A,a 为同极性端,今若将 X 和 a 端连在一起,在 A 和 x 端加 330 V 电压,此时空载电流和主磁通为多少? 若将 X 和 x 端连在一起,在 A 和 a 端加 110 V 电压,则空载电流和主磁通又为多少?

3.5 一台单相变压器:$S_N = 2$ kVA,$U_{1N}/U_{2N} = 1\,100/110$ V,$R_1 = 4$ Ω,$X_1 = 15$ Ω,$R_2 = 0.04$ Ω,$X_2 = 0.15$ Ω,负载阻抗 $Z_L = 10 + \mathrm{j}5$ Ω。一次侧加额定电压时,求:

(1)一次侧电流 I_1、二次侧电流 I_2、二次侧电压 U_2;

(2)一次侧输入的有功功率;

(3)二次侧电压 U_2 比 U_{2N} 降低了多少?

(4)变压器的效率。

3.6 某三相变压器:$S_N = 750$ kVA,$U_{1N}/U_{2N} = 10\,000/400$ V,Y,yn0 接法。低压侧做空载试验,测出 $U_{20} = 400$ V,$I_{20} = 60$ A,$p_0 = 3\,800$ W。高压侧做短路试验,测得 $U_{1k} = 440$ V,$I_{1k} = 43.3$ A,$p_k = 10\,900$ W,室温 20 ℃。试求:

(1)变压器的参数并画出等效电路;

(2)当额定负载且 $\cos \varphi_2 = 0.8$(滞后)和 $\cos \varphi_2 = 0.8$(超前)时的电压变化率、二次侧电压和效率。

3.7 一台三相电力变压器:$S_N = 5\,600$ kVA,$U_{1N}/U_{2N} = 6\,000/3\,300$ V,Y,d 接法,空载损耗 $p_0 = 18$ kW,短路损耗 $p_k = 56$ kW。求:

(1)当输出电流 $I_2 = I_{2N}$,$\cos \varphi_2 = 0.8$ 时的效率 η;

(2)效率最高时的负载系数 β_m 和最高效率 $\eta_{\max}$。

3.8 试用相量图分别判定图 3.43 所示变压器的连接组别。

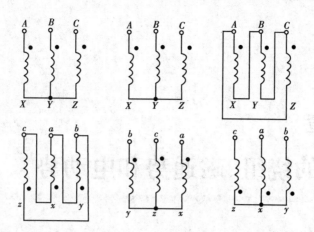

图 3.43 题 3.9 附图

3.9 根据下列连接组别画出接线图:

(1) Y,y8;

(2) D,y1。

3.10 两台变压器并联运行,均为 Y,d11 连接组别,$U_{1N}/U_{2N} = 35 / 10.5$ kV。变压器 α:$S_{N\alpha} = 1\,250$ kVA,$u_{k\alpha} = 6.5\%$;变压器 β:$S_{N\beta} = 2\,000$ kVA,$u_{k\beta} = 6\%$。试求:

(1) 总输出为 3 250 kVA 时,每台变压器分担的负载为多少?

(2) 不许任何一台过载时的最大输出容量为多少? 此时并联组的利用率达多少?

3.11 一单相自耦变压器 $U_1 = 220$ V,$U_2 = 180$ V,$I_2 = 400$ A。当不计损耗和漏阻抗压降时求:

(1) 自耦变压器输入电流 I_1 及公共绕组电流 I_{12};

(2) 输入和输出容量、绕组容量和传导容量。

第 **4** 章
交流电机的绕组、磁通势和电动势

交流电机分为异步电机和同步电机两大类,一般均为三相电机。三相异步电机主要作电动机用,亦可以作发电机用;三相同步电机主要作发电机用,亦可以作电动机用。三相交流电机是旋转电机,都由定子和转子两部分组成,且定子上均有三相绕组。作为电动机运行时,将定子三相绕组接通三相交流电源,流过三相对称电流,产生旋转磁通势,作用于转子,带动转子旋转,输出机械能;作为发电机运行时,转子上输入的机械能通过电磁感应关系转换为定子三相绕组输出的三相交流电能。可见,交流电机的定子三相绕组是交流电机进行能量转换的枢纽,故又称为电枢绕组,是交流电机的核心部分。同时也可看出,交流电机的绕组、运行时绕组产生的磁通势和电动势是分析交流电机工作原理和运行性能的重要基础。本章分别介绍这三部分内容。

4.1　交流电机的绕组

交流电机的绕组是由若干个嵌放在定子铁芯槽内的线圈按一定规律连接而成的。线圈类似于直流电机电枢绕组的元件,其示意图如图 4.1 所示,由绝缘导线绕成一匝或多匝,每个线圈有两个出线端,一端称为首端,另一端称为末端。每个线圈有两个线圈边,嵌放在定子槽内的部分称为有效边,有效边以外的部分称为端接部分。线圈之间的连接规律随绕组类别不同而不同,后面将分别以实例说明。

交流电机的绕组以相数来分一般分为单相绕组和三相绕组。本章仅阐述应用最广的三相绕组。

为使三相绕组产生的磁通势和电动势符合交流电机运行性能的需要,一般对三相绕组提出如下要求:①三相绕组必须对称,即各相绕组的线圈数目、形状、尺寸、连接规律等都相同,只是在电机定子圆周空间互隔 120° 电角度(电角度 $=p \times$ 机械角度);②波形好,即运行时产生的磁通势、电动势的波形接近正弦波,谐波分量小;③有足够的机

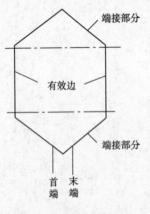

图 4.1　线圈示意图

械强度和绝缘强度,散热条件好;④材料节省,工艺性好。这些要求往往是互相矛盾的,但在这些要求中,起决定作用的是第一条,它是满足三相交流电机运行性能的关键。本节就从这一条出发,以一种三相单层绕组为例,阐明三相对称交流绕组的构成方法和一般规律,并以此为基础,介绍几种常用的三相交流绕组的连接规律、优缺点和适用场合等。

4.1.1　三相对称绕组的构成原理

今以定子槽数 $Z = 24$,极数 $2p = 4$ 的三相交流电动机为例来阐述构成三相对称绕组的一般原理,此原理与方法同样适用于三相交流发电机的绕组。

图 4.2 是一个 $2p = 4$ 极的定子示意图,由于要求绕组中流过电流时产生的磁通势建立 4 个极的磁场,如图 4.2(a)所示,为此先将定子四等分,每一等分表示一个极,N 极和 S 极互相间隔排列。由于三相绕组在空间的位置要对称,即每一极下均应有三相绕组,为此,再将每个极下三等分,如图 4.2(b)所示。设相数为 m,m 相 $2p$ 极的电机,共有 $2pm$ 个等分,本例的 $2pm = 4 \times 3 = 12$,故定子圆周分为 12 等分。

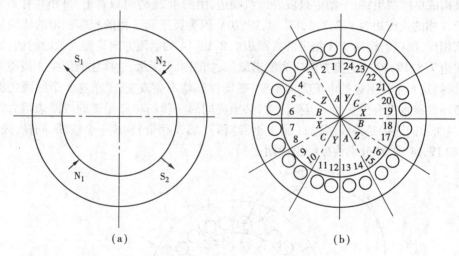

(a)　　　　　　　　　　　　　　(b)

图 4.2　四极电机定子示意图

(1)相带、每极每相槽数

图 4.2(b)中的每一等分对应于每个极下每相绕组所占的区域,称为一个相带。一个磁极对应的电角度为 $180°$,图中一个相带所占的电角度为 $\dfrac{180°}{3} = 60°$,这种相带构成的绕组称为 $60°$ 相带绕组。

将这 12 个相带对称分配给 A,B,C 三相。设将线圈边 1,2(分别放置在 1,2 号槽内)所属相带分配给 A 相,称为 A 相带,则线圈边 5,6 所属相带与之相隔两个相带,即相隔 $120°$ 电角度,应属 B 相,称为 B 相带。同理,线圈边 9,10 所属相带应属 C 相,称为 C 相带。线圈边 7,8 所属相带与线圈边 1,2 所属相带差 $180°$ 电角度,应属 A 相,但由于线圈边 7,8 与线圈边 1,2 分别处于两个不同极性的磁极下,其中电流或电动势的方向应相反,故称为 X 相带。同理,线圈边 11,12 所属相带应属 B 相,称为 Y 相带;线圈边 3,4 所属相带应属 C 相,称为 Z 相带。由此可知,在每对极下,相带分配的顺序为 A,Z,B,X,C,Y。第二对磁极下面相带分配的情况与第一对磁极下相同。相带分配的顺序可用图 4.3 所示的相量图帮助理解和记忆。

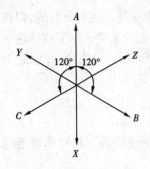

图 4.3　相带相量图

每一相带内的槽数,也就是每个极下每相绕组所占有的槽数,称为每极每相槽数,以 q 表示,q 的计算公式为

$$q = \frac{Z}{2pm} \tag{4.1}$$

对于本例,因为极数 $2p = 4$,相数 $m = 3$,定子槽数 $Z = 24$,所以

$$q = \frac{Z}{2pm} = \frac{24}{4 \times 3} = 2$$

当 $q = 1$,即每极下每相绕组只占一个槽时,称为集中绕组,实际上不采用。$q > 1$ 的绕组称为分布绕组,这时每极下每相绕组有 q 个线圈边分布在 q 个相邻的槽中,这种绕组产生的磁通势和电动势的波形较好,电机的性能好,但从制造的角度考虑,q 也不宜太大,一般中小型电机的 $q = 2 \sim 6$。

(2)节距、极距、整距线圈、短距线圈

如果构成单层绕组,每个槽中只放一个线圈边,由图 4.2(b)可以看出,每相共有 8 个线圈边。属于 A 相的线圈边为 1,2,7,8,13,14,19,20。因为属于同一相的相邻相带的线圈边电流方向应该相反,所以若设属于 A 相带的线圈边 1,2,13,14 的电流方向是流入纸面的话,属 X 相带的线圈边 7,8,19,20 的电流方向应为流出纸面,如图 4.4 所示,这样才能产生 4 极磁场。显然,只要保持这 8 个线圈边的电流方向不变,磁场性质就不会改变,至于这 8 个线圈边的连接顺序与磁场性质是没有关系的。但要注意,必须将同属一相的相邻相带的线圈边组合构成线圈。图 4.4 所示的连接是将线圈边 1(属 A 相带)和 7(属 X 相带)构成一个线圈,同样,线圈边 2 和 8,13 和 19,14 和 20 分别构成绕组线圈。

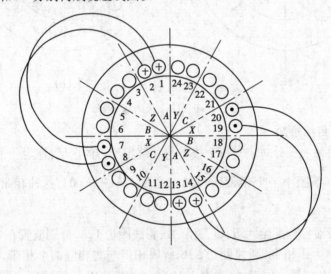

图 4.4　A 相绕组的端面图

线圈两个边所跨的距离,用定子槽数表示,称为线圈或绕组的节距,一般用 y_1 表示。本例中,$y_1 = 6$ 或表示为 $y_1 = 1 - 7$。

一个磁极在定子圆周上所跨的距离,称为极距,一般用 τ 表示。如用槽数来表示极距 τ 的大小,则有

$$\tau = \frac{Z}{2p} \tag{4.2}$$

节距 y_1 等于极距 τ 的线圈称为整距线圈,节距 y_1 小于极距 τ 的线圈称为短距线圈。由整距(或短距)线圈组成的绕组称为整距(或短距)绕组。

本例中 $\tau = \dfrac{Z}{2p} = \dfrac{24}{4} = 6 = y_1$,故为整距线圈和整距绕组。

(3)绕组的端面图与展开图、极相组、并联支路

图 4.4 是电机 A 相绕组的端面图。为能清楚地表达这 8 个线圈边的具体连接方法,还应画出它的展开图。所谓展开图,就是假想沿某个齿(例如槽 1 和槽 24 之间的齿)把铁芯切开展平而得的图形,图 4.4 的展开图如图 4.5 所示。在图 4.4 中,线圈边 1,2,13,14 的电流方向是流入纸面的,在图 4.5 中,这 4 个线圈边的电流方向用向上的箭头来表示;而线圈边 7,8,19,20 的电流方向用向下的箭头来表示。在展开图中,这 8 个线圈边如果按图 4.5 的端部连接方法,组成 4 个线圈,再顺着电流的方向将这同属于 A 相的 4 个线圈全部串联起来,就是 A 相绕组,如图 4.5 所示。

图 4.5 中,q 个线圈彼此串联起来组成一个线圈组,又称为极相组。在单层绕组中,线圈组的数目等于极对数。本例中,极对数 $p=2$,故每相绕组有两个线圈组。

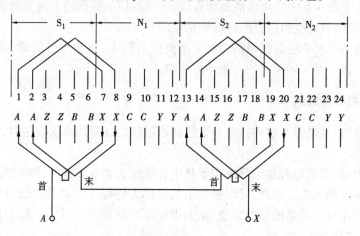

图 4.5　A 相绕组的展开图($Z = 24, 2p = 4$)

这些线圈组可以串联或并联起来组成不同数目的并联支路。串联时,处于同极性磁极下的线圈组串联,应该是前一组的末端接后一组的首端,如图 4.5 所示,这种末-首相接的串联叫正向串联,图中并联支路数 $a=1$。并联时,每条支路所串线圈组的数目必须相等,处于同极性磁极下的线圈组并联时应该首-首相接、末-末相接。单层绕组可组成的并联支路数 a 是极对数 p 的约数,最大为 p。本例中,并联时应首端与首端相并,末端与末端相并,并联支路数 $a=2$。

由图 4.2(b)可以看到:5,6,11,12,17,18,23,24 这 8 个线圈边是属于 B 相的,3,4,9,10,15,16,21,22 这 8 个线圈边是属于 C 相的。根据图 4.5 同样的方法,可以得到 B 相和 C 相绕组的展开图。把 A,B,C 三相绕组画在一个图上,即为所求三相单层绕组的展开图,如图 4.6 所示。这种绕组线圈组内后一线圈的端接部分叠在前一线圈的端接部分之上,故称三相单层叠绕组。

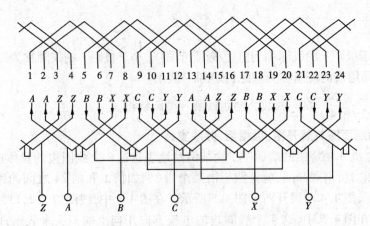

图 4.6 三相单层叠绕组的展开图

$$(Z = 24, 2p = 4)$$

(4)极对数的核对

假定某一瞬间,A 相电流为正的最大,即从 A 流向 X,所经各线圈边中电流的方向用箭头标于图 4.6 中,这时 B,C 相电流为负,即分别从 Y,Z 流向 B,C,沿此流向将 B,C 相各线圈边的电流方向同样标于图 4.6 中。可以清楚地看到,连续相同的线圈边电流方向表示一个磁极,图中正好为 4 极,说明所绘绕组展开图的极数是对的。

图 4.6 所示的三相单层叠绕组端接部分重叠层数较多,制造比较困难,散热条件不好,实际已不采用。下面介绍实际采用的三相单层绕组。

4.1.2 三相单层绕组

所谓单层绕组,就是每个槽内只放一个线圈边的绕组。采用单层绕组时,电机的线圈数等于槽数的一半。

前面已指出:绕组的电磁效果只决定于其中各线圈边的电流方向,而和线圈边连接的先后顺序及其端部的形状无关。因此,可以根据工艺上的方便以及节省端接部分的用铜量等来选择不同的连接顺序及其端部的排列方法,从而得到不同的绕组形式。实际采用的三相单层绕组有同心式、链式和交叉式 3 种。

(1)三相单层同心式绕组

如果改变图 4.4 中属于 A 相的那 8 个线圈边的连接方式,分别将线圈边 2 和 7,1 和 8,14 和 19,13 和 20 构成 4 个线圈,相应的 A 相绕组的展开图如图 4.7 所示。按同样方法可以画出 B 相和 C 相绕组,读者可以自行练习。由图 4.7 可以看出,每组的两个线圈一大一小,大的套在小的外面,其中心重合,故称为三相单层同心式绕组。通常大线圈为长距($y_1 > \tau$),而小线圈为短距($y_1 < \tau$)。如本例中节距 $y_1 = 7$ 和 5,而极距 $\tau = 6$。

同心式绕组的缺点是大线圈端接部分伸出较长,所以用线较多,线圈大小不一,绕制和管理麻烦;优点是每组线圈端部彼此错开,没有交叉,端部厚度薄,散热条件好,而且下线方便,故适用于跨距大下线困难的两极电机。

(2)三相单层链式绕组

如果将图 4.4 中同一相带的两个线圈边分别向两边与相邻相带同相线圈边相连组成线圈,即将线圈边 1 和 20,2 和 7,8 和 13,14 和 19 构成 A 相的 4 个线圈,相邻线圈之间应反向串联,相应的 A 相绕组的展开图如图 4.8 所示。B 相和 C 相绕组的展开图可按同样方法画出。这时每个线圈都像链条上的一个个环,故称为链式绕组。

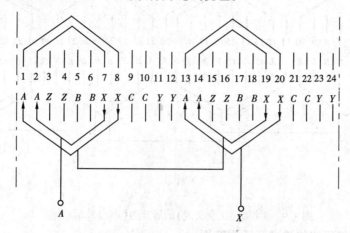

图 4.7　A 相绕组(同心式)的展开图($Z=24,2p=4$)

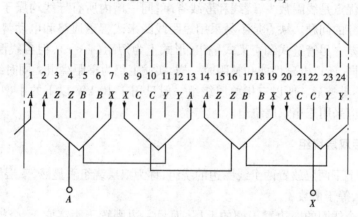

图 4.8　A 相绕组(链式)的展开图($Z=24,2p=4$)

链式绕组的优点是每个线圈大小都相同,线圈形式上为短距($\tau=6$ 而 $y_1=5$),端部较短,用线较省;缺点是端部交叉较多,下线比较困难,散热条件较差。适用于 $q=2$ 的 4,6,8 极小型电机。

(3)三相单层交叉式绕组

三相单层交叉式绕组是一种特殊的三相单层链式绕组。链式绕组用于 q 为偶数(一般为2)的情况,因为当 q 为奇数,例如 $q=3$ 时就不能将 q 个线圈边对分而布置为通常的链式,而只能如图 4.9 所示的那样,将两个线圈边(例如线圈边 1 和 2)往一边连,将另一个线圈边(例如线圈边 3)往另一边连,两边的线圈边数不等。并联支路数 $a=1$ 时 A 相绕组的展开图如图 4.9 所示。由于相邻线圈组处在不同极性磁极下,故亦应进行反向串联。B 相、C 相绕组展开图可以同样方法画出。

交叉式绕组端部的交叉程度比同心式差,但比单层叠绕组好;端部比同心式短,线圈在形式上是短距(图 4.9 中,$\tau=\dfrac{Z}{2p}=\dfrac{36}{4}=9$,一个线圈的 $y_1=7$,两个线圈的 $y_1=8$,平均值为7.66),用线较省。适用于 q 为奇数的小型电机。

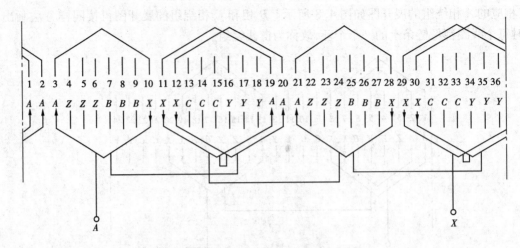

图 4.9　A 相绕组(交叉式)的展开图($Z=36, 2p=4$)

(4)三相单层绕组的优缺点及适用范围

单层绕组的优点是线圈数少,绕线和嵌线省事;同一槽内所有导线均属于同一相,因此槽内无相间绝缘击穿的问题。缺点是不易采用短距线圈来改善磁通势和电动势的波形,因而电机的电磁性能较差。尽管链式和交叉式绕组,形式上为短距($y<\tau$),但各线圈边中电流分布情况与整距时相同,所以电磁性能和整距时一样,实质上仍为整距绕组。同时绕组端部的下层弯曲变形较大,不易整形。所以三相单层绕组一般只用于 10 kW 以下的小型电机,功率超过 10 kW 的电机则应采用三相双层绕组。

4.1.3　三相双层绕组

每个槽内分上下两层放置两个线圈边的绕组,称为双层绕组。显然,双层绕组的线圈数比单层绕组多一倍,等于槽数。

双层绕组一个线圈的一边置于槽的上层,而另一边则置于距离它 y_1 个槽的另一槽的下层,线圈节距 y_1 可以任意选择,以改善磁通势和电动势的波形,从而改善电机的性能。

双层绕组按其端部连接方式的不同,分为双层叠绕组和双层波绕组两种。

(1)三相双层叠绕组

现以 $Z=36, 2p=4$ 的实例来说明三相双层叠绕组的构成原理,并作出它的展开图。掌握本例的方法和规律,对于不同槽数和极数的电机,其绕组的展开图也就不难看懂和绘制了。现将绘制该例三相双层叠绕组展开图的步骤和方法叙述如下:

第一步:等距画出 36 根平行短实线,代表 36 个槽的上层边,相应画出 36 根平行短虚线,代表 36 个槽的下层边,并标出槽号,如图 4.10 所示。

第二步:进行相带分配,每个相带的槽数亦即每极每相槽数为

$$q = \frac{Z}{2pm} = \frac{36}{4 \times 3} = 3$$

即每 3 个槽为一个相带,相带分配的顺序仍为 A, Z, B, X, C, Y。因此,1,2,3 槽如果分配给 A 相带,则 4,5,6 应为 Z 相带……,到 18 槽完成一个循环,为一对极;19 槽到 36 槽重复一遍,为另一对极,如图 4.10 所示。

第三步:绘制 A 相绕组,凡属 A 和 X 相带的槽内放置 A 相绕组线圈的上层边,下层边则根

据节距 y_1 放置于相隔 y_1 个槽的下层。本例的极距 $\tau = \dfrac{Z}{2p} = \dfrac{36}{4} = 9$，选择 $y_1 = 7 < \tau$。为此，若将线圈 1 的上层边放在第 1 槽的上层，则下层边应放在第 8 槽的下层(虚线)。这样属于 A 相的槽号为 1,2,3,10,11,12,19,20,21,28,29,30 共 12 个槽，分为 4 组，每组 3 个槽，可得 3 个线圈，互相串联组成一个线圈组。线圈组的数目等于极数 $2p$。线圈组之间的连接方式根据要求的并联支路数 a 来定。三相双层叠绕组的并联支路数 a 应是极数 $2p$ 的约数，最多为 $2p$。图 4.10 中是设 $a = 1$，4 个线圈组串联，因相邻线圈组处于不同极性磁极下，为此应反向串联。

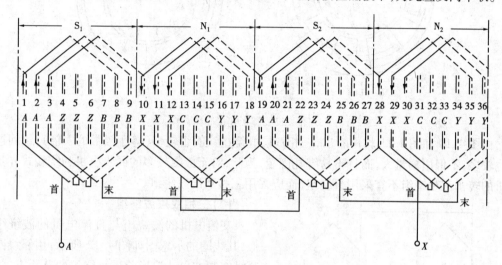

图 4.10　三相双层叠绕组 A 相展开图($Z = 36, 2p = 4$)

第四步：按相同的方法，绘制 B 相、C 相绕组的展开图，即得完整的三相双层叠绕组的展开图。

各相绕组线圈的连接情况，亦可以用各相绕组线圈的连接表来表示，图 4.10 所示 A 相绕组线圈的连接表为

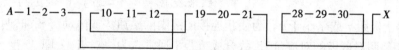

可以看出，连接表中是以线圈的上层边所在的槽号为该线圈的序号，例如线圈序号为 1，则它的上层边在第 1 槽，而下层边则按节距 y_1 而定，在连接表上不予标出。

若将此绕组改成两路并联，则其连接表应改变如下

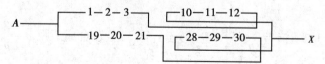

工厂中还常用线圈组的圆形连接简图来指导接线，本例 $2p = 4$ 的三相双层叠绕组的圆形连接简图如图 4.11(a)所示。图中每一段圆弧代表一个线圈组，圆弧上的箭头表示线圈组所在相带的正负。正相带 A, B, C 的箭头均为同一方向，负相带 X, Y, Z 为反方向，各相邻线圈组之间的连接均为反向串联。图 4.11(a)中各相绕组一路串联，即 $a = 1$；如果改为两路并联，即 $a = 2$，则其圆形连接简图如图 4.11(b)所示，为清楚起见，图中只画了 A 相绕组的连接简图。

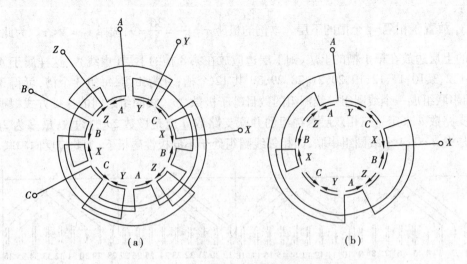

图 4.11　圆形连接简图

由图 4.10 和图 4.11 均可看出，三相双层叠绕组线圈组较多(等于极数的 3 倍)，组间连接线也较多，不但用铜量大，而且不易绑扎固定，为此，对于极数较多的同步电机和绕线式异步电动机的转子三相绕组不宜采用叠绕组，而应采用三相双层波绕组。

(2)三相双层波绕组

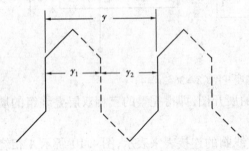

图 4.12　波绕组线圈与节距

交流电机的波绕组与直流电机的波绕组类似，其线圈的示意图如图 4.12 所示，相邻线圈串联沿绕制方向波浪形前进。绕组的节距有三个：第一节距 y_1 是每个线圈两个有效边之间的距离，第二节距 y_2 是前一线圈的下层边与相连的后一线圈的上层边之间的距离，合成节距 y 是两个相连线圈对应边之间的距离，三个节距均用槽数来表示。第一节距 y_1 的确定与叠绕组线圈节距 y_1 相同，等于极距 τ 或略小于 τ。为使相连接的线圈的磁通势或电动势相加，两个相连接的线圈应处于相邻两对磁极的对应位置，故合成节距 y 通常选为一对极距，即

$$y = y_1 + y_2 = 2\tau = \frac{Z}{p} \tag{4.3}$$

现仍以 $Z = 36, 2p = 4$ 的电机为例，说明三相双层波绕组的连接方法和绘制其中一相(A 相)的展开图。

先计算节距，由于极距 $\tau = \dfrac{Z}{2p} = \dfrac{36}{4} = 9$，仍选 $y_1 = \dfrac{7}{9}\tau = 7$，合成节距 $y = \dfrac{Z}{p} = \dfrac{36}{2} = 18$，则第二节距 $y_2 = y - y_1 = 18 - 7 = 11$。

与叠绕组展开图相同，画出 36 个槽的上下层边，各槽编上槽号，并划分相带，如图 4.13 所示，可见 A 相所属的 12 个线圈的上层边仍在 1,2,3,10,11,12,19,20,21,28,29,30 号槽的上层，12 个线圈的下层边仍在 8,9,10,17,18,19,26,27,28,35,36,1 号槽的下层，只是端部形状和连接顺序有所改变。设 A 相绕组从 S_1 极下槽 3 的上层边开始，根据 $y_1 = 7$，下层边应放在槽 10 的下层，根据 $y_2 = 11$，下一个线圈的上层边应放在槽 21 的上层，下层边放在槽 28 的下层，

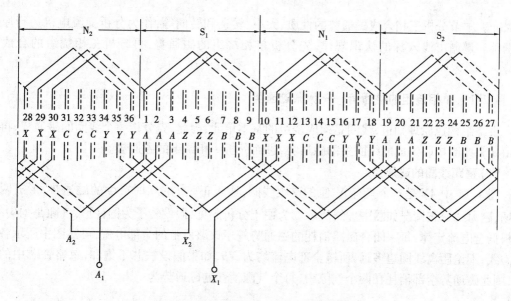

图 4.13　三相双层波绕组 A 相展开图($Z = 36, 2p = 4$)

至此绕组已沿电枢表面绕了一周,这时如果仍按 $y_2 = 11$,则第 3 个线圈的上层边将接至 $28 + 11 = 39 = 36 + 3$,即回到槽 3 的上层边而自行闭合,显然这是不行的。为使绕组能继续连接下去,每绕完一周之后,必须人为地后退一个槽。图 4.13 中槽 28 的下层边改与槽 2 的上层边相连,按此规律,接下去是槽 9 下层,槽 20 上层,槽 27 下层,槽 1 上层(又后退 1 槽),槽 8 下层,槽 19 上层,槽 26 下层。至此,绕完了所有上层边在 S 极下属于 A 相的 6 个线圈,构成 A 相绕组的一半,称为一组,首端标以 A_1,末端标以 A_2。再以同样方法连接在 N 极下属于 A 相的 6 个线圈,从 N_1 极下槽 12 的上层边开始,连接的顺序简单表示如下:

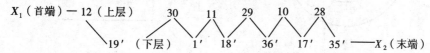

$X_1 X_2$ 为 A 相绕组的另一组。由于 $A_1 A_2$ 和 $X_1 X_2$ 这两组线圈处在不同极性的磁极下,所以串联时应该反向串联,即第一组末端 A_2 与第二组的末端 X_2 相连,如果两路并联,则应 A_1 与 X_2 相并,A_2 与 X_1 相并。可见,在波绕组中,不论极数多少,只有两组线圈,$a = 1$ 时每相只需一根组间连接线。适用于极数较多的同步电机和绕线式异步电机的转子绕组。

(3)三相双层绕组的优缺点及适用范围

与单层绕组相比,双层绕组的优点是可以采用短距,以改善磁通势和电动势的波形;绕组端部排列方便,便于整形;可以得到较多的并联支路数。缺点是线圈数目多一倍,绕线下线费事;槽内上下层线圈边之间应垫层间绝缘,降低了槽的利用率;短距时,有些槽的上下层线圈边不属于同一相,存在相间绝缘击穿的薄弱环节。适用于容量大于 10 kW 的交流电机。

4.2　交流绕组的磁通势

三相交流电机负载运行时,定子三相对称绕组中必然流过三相电流,根据"电生磁"的客观规律,将产生三相合成磁通势,在电机气隙中建立相应的磁场,作为交流电机进行能量转换的媒介。本节分析三相合成磁通势的性质、大小、转速和转向等,作为分析交流电机运行原理的基础。遵循由浅入深的认识规律,先分析单相绕组的磁通势,再分析三相绕组的合成磁通势。

4.2.1 单相绕组的磁通势——脉振磁通势

由绕组构成原理知道,线圈是构成绕组的基本单元,为此,先分析一个线圈的磁通势,再分析由 q 个线圈串联组成的线圈组的磁通势,进而分析一相绕组的磁通势。

(1)整距线圈的磁通势

图 4.14 中 AX 是一个具有 N_c 匝的整距线圈,通入正弦电流 i 时产生的磁通势,形成两极磁场,磁力线分布情况如图中虚线所示。为便于分析起见,假设转子为圆柱形,气隙是均匀的,则根据全电流定律:每一闭合磁路消耗的磁通势等于该路所链的全部电流,可知图中所示各条磁力线,不论距离线圈边多远,所链全部电流均为 $N_c i$,如果假设铁芯不饱和,忽略铁芯中的磁阻,则此磁通势全部消耗在两个气隙中,每个气隙消耗的磁通势为

$$f_y = \frac{1}{2} N_c i$$

由于沿气隙各处消耗的磁通势均相同,若将图 4.14(a)沿线圈边 A 处轴向剖开展直,且设磁力

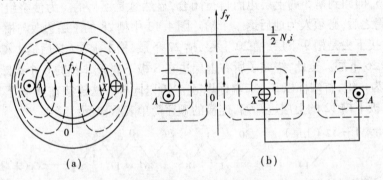

(a)   (b)

图 4.14 整距线圈产生的磁通势

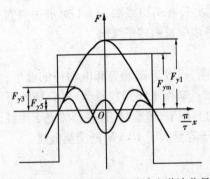

图 4.15 矩形波磁通势的基波和谐波分量

线出定子为磁通势的正方向,则磁通势沿气隙分布为图 4.14(b)所示的矩形波。矩形波的高度为 $\frac{1}{2} N_c i$,随电流 i 的交变而交变。设电流 $i = I_m \sin \omega t = \sqrt{2} I_c \sin \omega t$,当 $\sin \omega t = 1$ 时,矩形波幅值最大,为 $F_{ym} = \frac{\sqrt{2}}{2} N_c I_c$,将此矩形波用傅立叶级数分解为基波和一系列奇数次谐波,如图 4.15 所示。基波磁通势的幅值 F_{y1} 为矩形波磁通势幅值 F_{ym} 的 $\frac{4}{\pi}$ 倍,即

$$F_{y1} = \frac{4}{\pi} F_{ym} = \frac{4}{\pi} \frac{\sqrt{2}}{2} N_c I_c = 0.9 N_c I_c$$

ν 次谐波磁通势的幅值为基波磁通势幅值的 $\dfrac{1}{\nu}$ 倍,即

$$F_{y\nu} = \frac{1}{\nu} F_{y1} = \frac{1}{\nu} \, 0.9 N_c I_c$$

当纵坐标设在线圈轴线位置时,此矩形波磁通势的表达式可写为

$$f_y(x) = F_{y1} \cos \frac{\pi}{\tau} x - F_{y3} \cos 3 \frac{\pi}{\tau} x + F_{y5} \cos 5 \frac{\pi}{\tau} x - \cdots + F_{y\nu} \cos \nu \frac{\pi}{\tau} x$$

式中　　x——离坐标原点(线圈轴线位置)的空间距离;

$\dfrac{\pi}{\tau} x$——与空间距离 x 相对应的用弧度表示的空间电角度;

$F_{y1} = 0.9 N_c I_c$——基波磁通势的幅值;

$F_{y3} = \dfrac{F_{y1}}{3} = \dfrac{1}{3} \, 0.9 N_c I_c$——三次谐波磁通势的幅值;

$\vdots$

$F_{y\nu} = \dfrac{1}{\nu} F_{y1} = \dfrac{1}{\nu} \, 0.9 N_c I_c$——$\nu$ 次谐波磁通势的幅值。

因为矩形波磁通势的幅值是随电流作正弦变化的,故整距线圈的磁通势表达式为

$$f_y(x,t) = 0.9 N_c I_c \left(\cos \frac{\pi}{\tau} x - \frac{1}{3} \cos 3 \frac{\pi}{\tau} x + \frac{1}{5} \cos 5 \frac{\pi}{\tau} x - \cdots \right) \sin \omega t \qquad (4.4)$$

(2)线圈组的磁通势

线圈组是由一个极下属于同一相的 q 个线圈串联组成的,这 q 个线圈在空间互差一个槽的距离,这一距离用空间电角度表示时称为槽距角 α,槽距角的计算公式为

$$\alpha = \frac{p \cdot 360°}{Z} \qquad (4.5)$$

这 q 个线圈产生的合成磁通势称为线圈组的磁通势。线圈组磁通势的大小与线圈是整距还是短距有关,为此,需将整距线圈组与短距线圈组的磁通势分开讨论。

1)整距线圈组的磁通势

设线圈组由 q 个整距线圈分布于 q 个槽中,如图 4.16(a)所示(图中设 $q = 3$),每个线圈产生一个矩形波磁通势,在空间互差一个槽距角 α,幅值均为 F_{ym},为求合成磁通势方便起见,先将各矩形波磁通势如前所述用傅立叶级数分解为基波和各次谐波分量,再分别求线圈组的基波合成磁通势和谐波合成磁通势。

q 个线圈的基波磁通势在空间按正弦规律分布,幅值均为 F_{y1},互差一个槽距角 α,用正弦曲线表示时如图 4.16(b)中的曲线 1,2,3 所示,如把这 q 条曲线逐点相加,则得整距线圈组基波合成磁通势的分布曲线,如图中曲线 4 所示,幅值为 F_{q1}。对各次谐波也可以用曲线相加法,得到各次谐波的合成磁通势。但在工程上,为分析方便起见,常用矢量相加的方法来求合成磁通势。因为基波磁通势在空间是按正弦规律分布的,故可将 q 个线圈的基波磁通势分别用一相应的空间矢量来代表,如图 4.16(c)所示,矢量的长度代表基波磁通势的幅值,均为 F_{y1},相位上互差一个槽距角 α。将这 q 个基波磁通势矢量相加,就可得到线圈组的基波合成磁通势 F_{q1},如图 4.16(d)所示。由于这 q 个基波磁通势矢量的大小相等,且依次位移 α 电角度,因此该矢量图是一个正多边形的一部分,设正多边形外接圆的半径为 R,并作若干辅助线如图中虚

线所示,根据几何关系,可以求出整距线圈组基波合成磁通势的幅值为

$$F_{q1} = 2R \sin \frac{q\alpha}{2} \tag{4.6}$$

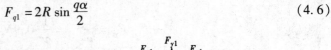

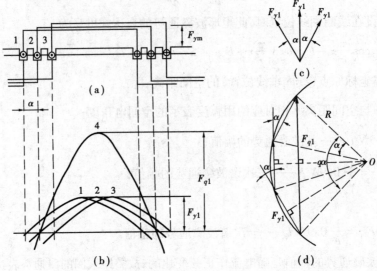

图 4.16 整距线圈组的磁通势

每个线圈基波磁通势的幅值为

$$F_{y1} = 2R \sin \frac{\alpha}{2} \tag{4.7}$$

将式(4.6)和式(4.7)相除,消去 R,可得

$$F_{q1} = qF_{y1} \frac{\sin \frac{q\alpha}{2}}{q \sin \frac{\alpha}{2}} = qF_{y1}k_{q1} = 0.9qN_cI_ck_{q1}$$

式中

$$k_{q1} = \frac{\sin \frac{q\alpha}{2}}{q \sin \frac{\alpha}{2}} \tag{4.8}$$

称为基波磁通势的分布系数。由式(4.8)可得

$$k_{q1} = \frac{F_{q1}}{qF_{y1}} = \frac{q \text{ 个线圈基波磁通势的矢量和}}{q \text{ 个线圈基波磁通势的算术和}}$$

由于矢量和小于算术和,因此 $k_{q1} < 1$;并由此可以看出基波磁通势分布系数 k_{q1} 的物理意义是由于采用分布绕组,使基波磁通势减小的倍数。

对于 ν 次谐波磁通势,相邻线圈之间相差的空间电角度变为 $\nu\alpha$,用同样方法可以求得整距线圈组 ν 次谐波合成磁通势的幅值为

$$F_{q\nu} = qF_{y\nu}k_{q\nu} = \frac{1}{\nu}0.9qN_cI_ck_{q\nu} \tag{4.9}$$

式中

$$k_{qv} = \frac{\sin \nu \frac{q\alpha}{2}}{q \sin \nu \frac{\alpha}{2}}$$ (4.10)

称为 ν 次谐波磁通势的分布系数,其物理意义是由于采用分布绕组,使 ν 次谐波磁通势减小的倍数。

例 4.1 有一三相交流分布绕组,定子槽数 $Z = 36$,极数 $2p = 4$,计算基波、五次谐波和七次谐波磁通势的分布系数。

解 每极每相槽数

$$q = \frac{Z}{pm} = \frac{36}{4 \times 3} = 3$$

槽距角

$$\alpha = \frac{p \cdot 360°}{Z_1} = \frac{2 \times 360°}{36} = 20°$$

基波分布系数

$$k_{q1} = \frac{\sin \frac{q\alpha}{2}}{q \sin \frac{\alpha}{2}} = \frac{\sin \frac{3 \times 20°}{2}}{3 \sin \frac{20°}{2}} = 0.96$$

五次谐波分布系数

$$k_{q5} = \frac{\sin \nu \frac{q\alpha}{2}}{q \sin \nu \frac{\alpha}{2}} = \frac{\sin 5 \times \frac{3 \times 20°}{2}}{3 \sin 5 \times \frac{20°}{2}} = 0.218$$

七次谐波分布系数

$$k_{q7} = \frac{\sin \nu \frac{q\alpha}{2}}{q \sin \nu \frac{\alpha}{2}} = \frac{\sin 7 \times \frac{3 \times 20°}{2}}{3 \sin 7 \times \frac{20°}{2}} = -0.177$$

从上例可以看出,采用分布绕组,可使谐波分布系数比基波分布系数小得多,亦即在基波磁通势稍稍有所减小的同时,谐波磁通势受到大幅度削弱,从而改善磁通势的波形。

2)短距线圈组的磁通势

双层绕组一般多采用短距线圈。图 4.17 所示为图 4.10 所示双层绕组中一对极下的两个线圈组相串联的情况。每个线圈 $y_1 < \tau$,两个线圈组在空间相距一个极距。由于磁通势仅由所属线圈边中电流的大小和方向所决定,而与这些线圈边连接的顺序无关。为此,图 4.17 所示的两个短距线圈组,可以等效改接为图 4.18(a)所示的两个整距线圈组,这两个整距线圈组在空间相距 $\tau - y_1$ 个槽,相应的空间电角度为

$$\varepsilon = (\tau - y_1)\frac{180°}{\tau}$$ (4.11)

按前面所述方法可以求得这两个整距线圈组的基波磁通势,在空间均呈正弦分布,幅值相等,均为 F_{q1},空间位置相差 ε 电角度,如图 4.18(b)中曲线 1,2 所示,将曲线 1,2 逐点相加即得这两个线圈组的基波合成磁通势,如图中曲线 3 所示,幅值为 $F_{\Phi 1}$。通常采用矢量相加的方法来求双层短距线圈组基波合成磁通势的幅值 $F_{\Phi 1}$。两个整距线圈组的基波磁通势用矢量表示

时,两个矢量长度均为 F_{q1},夹角为 ε,它们的矢量和的长度即为 $F_{\varPhi1}$,如图4.18(c)所示。由此相量图的几何关系,可得

$$F_{\varPhi1} = 2F_{q1}\cos\frac{\varepsilon}{2} = 2F_{q1}k_{y1} \tag{4.12}$$

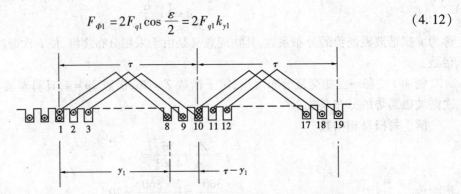

图 4.17　$q=3, y_1=7$ 的双层短距绕组一对极下属于同一相的两个线圈组

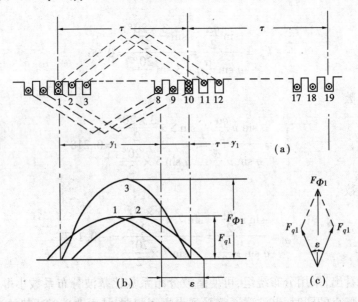

图 4.18　双层短距线圈组的基波合成磁通势

式中

$$k_{y1} = \cos\frac{\varepsilon}{2} = \cos\frac{1}{2}(\tau-y_1)\frac{180°}{\tau} = \sin\frac{y_1}{\tau}90° \tag{4.13}$$

称为基波磁通势的短距系数。由式(4.13)可知 $k_{y1}<1$,由式(4.12)可得

$$k_{y1} = \frac{F_{\varPhi1}}{2F_{q1}} = \frac{\text{两个短距线圈组的基波合成磁通势}}{\text{两个整距线圈组的基波合成磁通势}}$$

可见基波磁通势的短距系数 k_{y1} 的物理意义是由于采用短距绕组使基波磁通势减小的倍数。

　　对于 ν 次谐波磁通势,两个整距线圈组之间相差的空间电角度增大 ν 倍,用同样的方法可以求得 ν 次谐波合成磁通势的幅值为

$$F_{\varPhi\nu} = 2F_{q\nu}\cos\nu\frac{\varepsilon}{2} = 2F_{q\nu}k_{y\nu} \tag{4.14}$$

式中
$$k_{y\nu} = \cos \nu \frac{\varepsilon}{2} = \sin \nu \frac{y_1}{\tau} 90° \tag{4.15}$$

称为谐波磁通势的短距系数,其物理意义是由于采用短距绕组,使 ν 次谐波磁通势减小的倍数。

例 4.2 有一三相双层短距分布绕组,定子槽数 $Z = 36$,极数 $2p = 4$,线圈节距 $y_1 = 7$,计算基波、五次谐波和七次谐波磁通势的短距系数。

解 计算极距
$$\tau = \frac{Z}{2p} = \frac{36}{4} = 9$$

基波磁通势的短距系数
$$k_{y1} = \sin \frac{y_1}{\tau} 90° = \sin \frac{7}{9} 90° = 0.94$$

五次谐波磁通势的短距系数
$$k_{y5} = \sin \nu \frac{y_1}{\tau} 90° = \sin 5 \times \frac{7}{9} 90° = -0.174$$

七次谐波磁通势的短距系数
$$k_{y7} = \sin \nu \frac{y_1}{\tau} 90° = \sin 7 \times \frac{7}{9} 90° = 0.766$$

从上例看出,采用短距绕组,谐波磁通势的短距系数一般总小于基波磁通势的短距系数,因而与采用分布绕组相似,亦能在使基波磁通势略有降低的同时大幅度削弱各次谐波磁通势,从而改善磁通势的波形。而且,由式(4.15)可知,如取 $y_1 = \left(\tau - \dfrac{\tau}{\nu} \right)$,因 ν 为奇数,则 $\nu \dfrac{y_1}{\tau} = \nu - 1$ 为偶数,$k_{y\nu} = 0$,说明当节距 y_1 比整距缩短 $\dfrac{\tau}{\nu}$ 时,还可以完全消除 ν 次谐波磁通势。

(3)一相绕组的磁通势

因为磁通势是作用在相邻两个磁极之间构成的对称磁路上的,所以一相绕组的磁通势不是指一相绕组总的安匝数,而是指一相绕组在每对极下产生的合成磁通势。

对于单层绕组,每对极下只有一个线圈组,所以一相绕组基波合成磁通势就等于一个线圈组的基波合成磁通势,根据式(4.8)可得一相单层绕组基波磁通势的幅值为
$$F_{\Phi 1} = F_{q1} = 0.9 q N_c I_c k_{q1}$$

考虑到单层绕组每相串联匝数,亦即每条并联支路的匝数 $N_1 = \dfrac{pqN_c}{a}$,线圈电流亦即每条支路的电流 $I_c = \dfrac{I}{a}$,式中 I 为每相电流,代入上式即得
$$F_{\Phi 1} = 0.9 \frac{N_1 a}{p} \frac{I}{a} k_{q1} = 0.9 \frac{N_1 k_{q1}}{p} I \tag{4.16}$$

对于双层短距绕组,每对极下有两个短距线圈组,所以式(4.12)所示的磁通势就是双层短距绕组一相的基波磁通势,其幅值为
$$F_{\Phi 1} = 2 F_{q1} k_{y1}$$

将式(4.8)代入上式,即得

$$F_{\Phi 1} = 2 \times 0.9 q N_c I_c k_{q1} k_{y1} = 2 \times 0.9 q N_c I_c k_{W1} \qquad (4.17)$$

式中
$$k_{W1} = k_{q1} k_{y1} \qquad (4.18)$$

称为基波磁通势的绕组系数,其物理意义为由于采用短距分布绕组,使基波磁通势减小的倍数。考虑到双层绕组每相串联匝数 $N_1 = \dfrac{2pqN_c}{a}$,$I_c = \dfrac{I}{a}$,代入式(4.17)即得双层短距绕组一相基波磁通势的幅值为

$$F_{\Phi 1} = 0.9 \frac{a N_1}{p} \frac{I}{a} k_{W1} = 0.9 \frac{N_1 k_{W1}}{p} I \qquad (4.19)$$

单层绕组一般多为实质性的整距绕组,短距系数 $k_{y1} = 1$,绕组系数 $k_{W1} = k_{q1} k_{y1} = k_{q1}$,这样式(4.16)也可写成与式(4.19)一样的形式。由此可知,无论是单层绕组还是双层绕组,一相绕组基波磁通势的幅值均可用式(4.19)表示。

同理可得一相绕组 ν 次谐波磁通势的幅值为

$$F_{\Phi \nu} = \frac{1}{\nu} 0.9 \frac{N_1 k_{W\nu}}{p} I \qquad (4.20)$$

式中
$$k_{W\nu} = k_{q\nu} k_{y\nu} \qquad (4.21)$$

称为 ν 次谐波磁通势的绕组系数,其物理意义是采用短距分布绕组使 ν 次谐波磁通势减小的倍数。

若将空间坐标原点取在基波磁通势幅值的轴线位置,亦即取在绕组轴线上,绕组中电流按正弦规律变化,则可按照式(4.4)的形式,写出一相绕组磁通势的表达式

$$f_{\Phi}(x,t) = \left(F_{\Phi 1} \cos \frac{\pi}{\tau} x - F_{\Phi 3} \cos 3 \frac{\pi}{\tau} x + F_{\Phi 5} \cos 5 \frac{\pi}{\tau} x - F_{\Phi 7} \cos 7 \frac{\pi}{\tau} x + \cdots \right) \sin \omega t$$

$$= 0.9 \frac{N_1 I}{p} \left(k_{W1} \cos \frac{\pi}{\tau} x - \frac{1}{3} k_{W3} \cos 3 \frac{\pi}{\tau} x + \frac{1}{5} k_{W5} \cos 5 \frac{\pi}{\tau} x - \frac{1}{7} k_{W7} \cos 7 \frac{\pi}{\tau} x + \cdots \right) \sin \omega t \qquad (4.22)$$

此式表明,一相绕组产生的磁通势既是空间函数,又是时间函数,以基波磁通势为例,其表达式为

$$f_{\Phi 1}(x,t) = F_{\Phi 1} \cos \frac{\pi}{\tau} x \sin \omega t$$

在某一瞬间,亦即 ωt 为某一定值时,磁通势在空间沿圆周按余弦规律分布。如果固定观察圆周上某点,即 $\dfrac{\pi}{\tau} x$ 为某一定值处的磁通势,此磁通势和电流一样随时间按正弦规律变化,电流减小时,磁通势减小,电流为零时,磁通势为零,电流变负时,该点磁通势亦变负(反向)。这种空间位置固定不变而其幅值随时间交变的磁通势称为脉振磁通势,如图 4.19 所示。

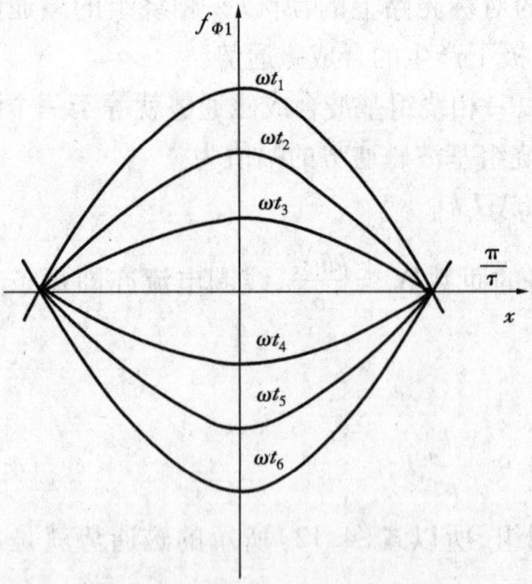

图 4.19 脉振磁通势的波形

根据以上分析,对一相绕组磁通势的性质可以归纳为以下几点:

1)一相绕组的磁通势是一种脉振磁通势,它在空间的位置固定不变,其大小和方向随时间按正弦规律交变,交变的频率与电流变化的频率相同;

2)一相绕组基波磁通势的幅值位于这相绕组的轴线上;

3)一相绕组脉振磁通势中基波磁通势的幅值为 $F_{\Phi 1}=0.9\dfrac{N_1 k_{W1}}{p}I$;$\nu$ 次谐波磁通势的幅值

为 $F_{\Phi \nu}=\dfrac{1}{\nu}0.9\dfrac{N_1 k_{W\nu}}{p}I$。谐波磁通势的幅值与谐波次数 ν 成反比,所以谐波次数越高,幅值越小。基波和各次谐波磁通势的幅值与各自的绕组系数成正比,为此,交流电机通常采用短距分布绕组,合理选择每极每相槽数 q 和线圈节距 y_1,可使基波磁通势的绕组系数 $k_{W1}=k_{y1}k_{q1}$ 接近于 1,而谐波磁通势的绕组系数很小,使谐波分量大幅度削弱,突出基波分量,从而改善磁通势的波形。

4.2.2 三相绕组的磁通势——旋转磁通势

(1)脉振磁通势的分解

根据三角函数公式

$$\cos B\sin A=\frac{1}{2}\sin(A-B)+\frac{1}{2}\sin(A+B)$$

可把一相绕组的基波脉振磁通势的公式写成

$$
\begin{aligned}
f_{\Phi 1}(x,t) &= F_{\Phi 1}\cos\frac{\pi}{\tau}x\sin\omega t \\
&= \frac{1}{2}F_{\Phi 1}\sin\left(\omega t-\frac{\pi}{\tau}x\right)+\frac{1}{2}F_{\Phi 1}\sin\left(\omega t+\frac{\pi}{\tau}x\right) \\
&= f'_{\Phi 1}(x,t)+f''_{\Phi 1}(x,t)
\end{aligned}
\tag{4.23}
$$

此式表明,一个脉振磁通势可以分解为两个磁通势分量。下面分析这两个磁通势分量的性质,先分析第一个分量

$$f'_{\Phi 1}(x,t)=\frac{1}{2}F_{\Phi 1}\sin\left(\omega t-\frac{\pi}{\tau}x\right)\tag{4.24}$$

首先,从式(4.24)可知,任一时间 t 时, $f'_{\Phi 1}(x,t)$ 为一空间按正弦规律分布的磁通势,例如 $\omega t=90°$ 时,$x=0$ 处 $f'_{\Phi 1}(x,t)$ 达正的最大值 $\dfrac{1}{2}F_{\Phi 1}$,$f'_{\Phi 1}(x,t)$ 的分布曲线如图4.20所示。再观察此正弦分布曲线上磁通势为某一定值的点 A,由于 $f'_{\Phi 1}(x,t)=\dfrac{1}{2}F_{\Phi 1}$ $\sin\left(\omega t-\dfrac{\pi}{\tau}x\right)=$ 常数,则有

$$\omega t-\frac{\pi}{\tau}x=常数$$

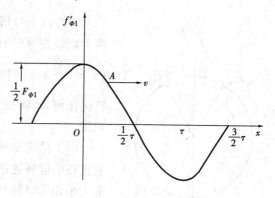

图 4.20 $\omega t=90°$ 时的磁通势分量 $f'_{\Phi 1}(x,t)$

可见 A 点对应的空间位置 x 是随时间 t 的增加而移动的,因而整个磁通势均随 A 点一起沿 x

的正方向移动,移动的线速度 v 可以这样来求,将上式对时间 t 微分,可得

$$\omega - \frac{\pi}{\tau}\frac{\mathrm{d}x}{\mathrm{d}t} = 0$$

由此可得 $f'_{\Phi 1}(x,t)$ 沿气隙圆周移动(转动)的线速度

$$v = \frac{\mathrm{d}x}{\mathrm{d}t} = \frac{\omega\tau}{\pi} = 2f_1\tau \ \mathrm{m/s} \tag{4.25}$$

$f'_{\Phi 1}(x,t)$ 沿气隙圆周旋转的转速

$$n'_1 = \frac{60 \times 2f_1\tau}{2p\tau} = \frac{60f_1}{p} \ \mathrm{r/min}$$

可见磁通势 $f'_{\Phi 1}(x,t)$ 是一个旋转磁通势,其幅值为脉振磁通势幅值的二分之一,转速 $n'_1 = \frac{60f_1}{p}$。

对第二个分量

$$f''_{\Phi 1}(x,t) = \frac{1}{2}F_{\Phi 1}\sin\left(\omega t + \frac{\pi}{\tau}x\right)$$

可用同样方法进行分析,设 $\frac{1}{2}F_{\Phi 1}\sin\left(\omega t + \frac{\pi}{\tau}x\right) = $ 常数,则有

$$\omega t + \frac{\pi}{\tau}x = 常数$$

磁通势 $f''_{\Phi 1}(x,t)$ 沿气隙圆周旋转的线速度

$$v = \frac{\mathrm{d}x}{\mathrm{d}t} = -2f_1\tau \ \mathrm{m/s}$$

磁通势 $f''_{\Phi 1}(x,t)$ 沿气隙圆周旋转的转速

$$n''_1 = \frac{60 \times (-2f_1\tau)}{2p\tau} = -\frac{60f_1}{p}$$

可见磁通势 $f''_{\Phi 1}(x,t)$ 亦是一个旋转磁通势,其幅值亦为脉振磁通势幅值的二分之一,转速 $n''_1 = -\frac{60f_1}{p}$,大小与 n'_1 相等,但是旋转的方向与 $f'_{\Phi 1}(x,t)$ 相反。

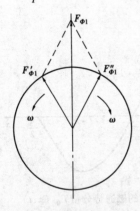

图 4.21 脉振磁通势分解的矢量表示

综合以上分析,可以得出结论:一个脉振磁通势可以分解为两个幅值相等(均等于脉振磁通势幅值的二分之一)、转速相同($n_1 = \frac{60f_1}{p}$)、转向相反的旋转磁通势。反过来,两个幅值相等、转速相同、转向相反的旋转磁通势的合成磁通势是一个脉振磁通势。

以上结论也可用图 4.21 说明,图中以空间旋转矢量 $\pmb{F}'_{\Phi 1}$ 代表正转的旋转磁通势,$\pmb{F}''_{\Phi 1}$ 代表反转的旋转磁通势,这两个矢量的大小相等,转向相反,以相同的角速度 ω 旋转时,其合成矢量 $\pmb{F}_{\Phi 1}$ 为一空间位置固定不变、幅值随时间交变的脉振矢量,说明合成磁通势为脉振磁通势。此图同样说明:一个脉振磁通势 $\pmb{F}_{\Phi 1}$ 可以分解为两个幅值相等、转速相同、转向相反的旋转磁通

势。这个结论,对各次谐波磁通势也同样适用。

(2)三相绕组基波合成磁通势

一般三相交流电机的定子三相绕组、绕组流过的三相电流及其产生的磁通势具有以下特点:

1)三相绕组是对称的,A,B,C 三相绕组别的数据都相同,只是空间位置互差 120°电角度;

2)三相电流是对称的,i_A,i_B,i_C 的幅值相等,时间相位上互差 120°电角度;

3)三相绕组各自产生的基波磁通势均为脉振磁通势,空间位置互差 120°电角度,时间相位上亦互差 120°电角度。

根据以上特点,可以分别写出 A,B,C 三相绕组基波磁通势的表达式。若取 A 相绕组的轴线处作为空间坐标原点,并以顺相序($A \rightarrow B \rightarrow C$)的方向作为 x 轴的正方向,则可得 A,B,C 三相绕组基波磁通势的表达式为

$$f_{A1}(x,t) = F_{\Phi1} \cos \frac{\pi}{\tau}x \, \sin \omega t$$

$$f_{B1}(x,t) = F_{\Phi1} \cos \left(\frac{\pi}{\tau}x - 120° \right) \sin \left(\omega t - 120° \right)$$

$$f_{C1}(x,t) = F_{\Phi1} \cos \left(\frac{\pi}{\tau}x - 240° \right) \sin \left(\omega t - 240° \right)$$

分别将这 3 个脉振磁通势进行分解,则得

$$f_{A1}(x,t) = \frac{1}{2}F_{\Phi1}\sin \left(\omega t - \frac{\pi}{\tau}x \right) + \frac{1}{2}F_{\Phi1}\sin \left(\omega t + \frac{\pi}{\tau}x \right)$$

$$f_{B1}(x,t) = \frac{1}{2}F_{\Phi1}\sin \left(\omega t - \frac{\pi}{\tau}x \right) + \frac{1}{2}F_{\Phi1}\sin \left(\omega t + \frac{\pi}{\tau}x - 240° \right)$$

$$f_{C1}(x,t) = \frac{1}{2}F_{\Phi1}\sin \left(\omega t - \frac{\pi}{\tau}x \right) + \frac{1}{2}F_{\Phi1}\sin \left(\omega t + \frac{\pi}{\tau}x - 120° \right)$$

不难看出三相绕组的 3 个正转磁通势分量相同;而 3 个反转磁通势分量则互相对称,相加为零。为此三相基波合成磁通势

$$f_1(x,t) = f_{A1}(x,t) + f_{B1}(x,t) + f_{C1}(x,t)$$

$$= \frac{3}{2}F_{\Phi1}\sin \left(\omega t - \frac{\pi}{\tau}x \right) \tag{4.26}$$

式(4.26)与式(4.24)形式相同,只是前面系数差 3 倍,说明三相基波合成磁通势为一正转旋转磁通势,转速 $n_1 = \dfrac{60f_1}{p}$,幅值为一相绕组基波磁通势幅值的 $\dfrac{3}{2}$ 倍,转向沿 x 方向,亦即由 A 相绕组轴线转向 B 相,再转向 C 相。

为更直观地看出三相基波合成磁通势的特点,还可用图解法进行分析。图 4.22 上面一排为不同时刻三相对称电流的相量图,仍设三相对称电流按正弦规律变化,瞬时值表达式为

$$i_A = I_m \sin \omega t$$

$$i_B = I_m \sin \left(\omega t - 120° \right)$$

$$i_C = I_m \sin \left(\omega t - 240° \right)$$

图 4.22 下面一排为三相对称绕组示意图,图中 A,B,C 三相绕组分别用三个等效的集中线圈表示。设电流为正时是从线圈的末端(X,Y 或 Z)进去,首端(A,B 或 C)出来。并定义绕

组中电流为正方向时按右手螺旋定则确定的磁通势方向为绕组的轴线方向。

图 4.22(a)所示为 $\omega t = 90°$ 时，$i_A = I_m$ 为正的最大值，电流从末端 X 进，首端 A 出，产生的基波磁通势用空间矢量表示位于 A 相绕组的轴线上，幅值 $F_{A1} = F_{\Phi 1}$。此时 $i_B = i_C = -\dfrac{I_m}{2}$，$B$，$C$ 两相电流均从首端进，末端出，基波磁通势矢量均在绕组轴线的反方向，幅值 $F_{B1} = F_{C1} = \dfrac{1}{2} F_{\Phi 1}$，三相基波合成磁通势矢量 $\boldsymbol{F}_1$ 为 $\boldsymbol{F}_{A1}$，$\boldsymbol{F}_{B1}$ 和 $\boldsymbol{F}_{C1}$ 的矢量和，空间位置在 A 相绕组轴线上，幅值 $F_1 = F_{A1} + F_{B1} \cos 60° + F_{C1} \cos 60° = F_{\Phi 1} + \dfrac{1}{2} F_{\Phi 1} \times \dfrac{1}{2} + \dfrac{1}{2} F_{\Phi 1} \times \dfrac{1}{2} = \dfrac{3}{2} F_{\Phi 1}$。图 4.22(b)所示为 $\omega t = 90° + 120°$ 时，$i_B = I_m$ 达正的最大，$i_A = i_C = -\dfrac{I_m}{2}$，用同样的方法可以得到 F_{A1}，F_{B1}，F_{C1} 和 F_1，如图所示，可知三相基波合成磁通势在空间转过了 120° 电角度，位于 B 相绕组的轴线上，幅值仍为 $\dfrac{3}{2} F_{\Phi 1}$。图 4.22(c)所示为 $\omega t = 90° + 240°$，电流又变化了 120°，此时 $i_C = I_m$ 达正的最大值，$i_A = i_B = -\dfrac{I_m}{2}$，用同样的方法可得 F_{A1}，F_{B1}，F_{C1} 和 F_1，可见三相基波合成磁通势在空间又转过了 120°，位于 C 相绕组的轴线上。这几个图已说明了三相基波合成磁通势为旋转磁通势，其幅值为一相绕组基波磁通势幅值的 $\dfrac{3}{2}$ 倍，且在旋转过程中保持不变；转向是由 A 相转向 B 相再转向 C 相；转速也可看得出来，如果电流变化 360°，即变化一周，三相基波合成磁通势转过 360° 空间电角度，相当于 $\dfrac{1}{p}$ 转，所以旋转磁通势的转速应为 $n_1 = \dfrac{60 f_1}{p}$(r/min)。

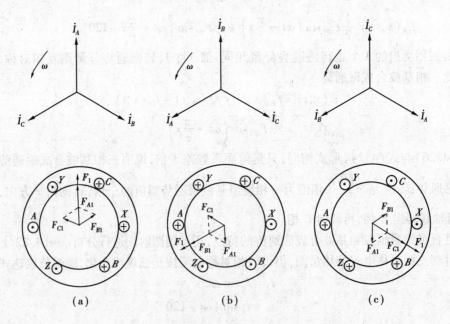

图 4.22 三相绕组产生的基波合成旋转磁通势
(a)$\omega t = 90°$，$i_A = I_m$；(b)$\omega t = 210°$，$i_B = I_m$；(c)$\omega t = 330°$，$i_C = I_m$

综合对式(4.26)和图4.22 的分析,对于三相基波合成磁通势的性质可以归纳出以下几点:

1)三相对称绕组流过三相对称电流时产生的三相基波合成磁通势是一个旋转磁通势,旋转速度 $n_1 = \dfrac{60f_1}{p}$,与定子绕组电流频率 f_1 成正比,与极对数 p 成反比。

2)三相基波合成磁通势的幅值 F_1 等于一相绕组基波磁通势幅值 F_Φ 的 $\dfrac{3}{2}$ 倍,即 $F_1 = \dfrac{3}{2}F_{\Phi 1} = 1.35\dfrac{N_1 k_{W1}}{p}I$,可以证明:定子绕组相数为 m_1 时,基波合成磁通势的幅值为 $F_1 = \dfrac{m_1}{2}F_{\Phi 1} = 0.9\dfrac{m_1}{2}\dfrac{N_1 k_{W1}}{p}I$。在旋转过程中,磁通势幅值保持不变,磁通势矢量矢端轨迹是一个圆,故称为圆形旋转磁通势。

3)三相电流中哪一相电流的瞬时值达到正的最大值时,三相基波合成磁通势的幅值就位于哪一相绕组的轴线上。所以三相基波合成磁通势的旋转方向总是从电流的超前相转向滞后相。

(3)三相谐波合成磁通势

一相绕组产生的磁通势中除了基波磁通势以外,还有 $3,5,7,\cdots$ 次奇数次高次谐波,三相合成磁通势中就也会有高次谐波,这些谐波磁通势虽不参与能量转换,但对电机的运行性能会有影响,亦应加以分析。

分析三相谐波合成磁通势的方法与基波合成磁通势相同,只是要注意,由于谐波磁通势的极对数是基波磁通势的 ν 倍,因此同一空间电角度,对基波而言是 α,对 ν 次谐波而言就应是 $\nu\alpha$。

下面对各次谐波磁通势分别进行分析。

1)三次谐波合成磁通势

A,B,C 三相绕组的三次谐波脉振磁通势的表达式可参照基波磁通势的表达式写出:

$$f_{A3}(x,t) = F_{\Phi 3}\cos 3\frac{\pi}{\tau}x\,\sin\omega t$$

$$f_{B3}(x,t) = F_{\Phi 3}\cos 3\left(\frac{\pi}{\tau}x - 120°\right)\sin(\omega t - 120°) = F_{\Phi 3}\cos 3\frac{\pi}{\tau}x\,\sin(\omega t - 120°)$$

$$f_{C3}(x,t) = F_{\Phi 3}\cos 3\left(\frac{\pi}{\tau}x - 240°\right)\sin(\omega t - 240°) = F_{\Phi 3}\cos 3\frac{\pi}{\tau}x\,\sin(\omega t - 240°)$$

三相三次谐波合成磁通势

$$f_3(x,t) = f_{A3}(x,t) + f_{B3}(x,t) + f_{C3}(x,t)$$
$$= F_{\Phi 3}\cos 3\frac{\pi}{\tau}x[\sin\omega t + \sin(\omega t - 120°) + \sin(\omega t - 240°)]$$
$$= 0$$

此式表明,由于三相的三次谐波磁通势在空间同相位,而在时间上互差 $120°$,故三相三次谐波合成磁通势为零。同样可以证明,凡是 3 的倍数次亦即 $\nu = 3K(K = 1,2,3,\cdots)$ 次谐波的合成磁通势均为零。

2)五次谐波合成磁通势

三相绕组产生的五次谐波合成磁通势的表达式为

$$f_{A5}(x,t) = F_{\phi 5} \cos 5 \frac{\pi}{\tau} x \sin \omega t$$

$$f_{B5}(x,t) = F_{\phi 5} \cos 5 \left(\frac{\pi}{\tau} x - 120° \right) \sin (\omega t - 120°) = F_{\phi 5} \cos \left(5 \frac{\pi}{\tau} x - 240° \right) \sin (\omega t - 120°)$$

$$f_{C5}(x,t) = F_{\phi 5} \cos 5 \left(\frac{\pi}{\tau} x - 240° \right) \sin (\omega t - 240°) = F_{\phi 5} \cos \left(5 \frac{\pi}{\tau} x - 120° \right) \sin (\omega t - 240°)$$

把各相绕组的五次谐波脉振磁通势分别分解为两个旋转磁通势,再相加,即得三相绕组五次谐波合成磁通势的表达式

$$\begin{aligned}
f_5(x,t) &= \frac{1}{2} F_{\phi 5} \sin \left(\omega t - 5 \frac{\pi}{\tau} x \right) + \frac{1}{2} F_{\phi 5} \sin \left(\omega t + 5 \frac{\pi}{\tau} x \right) + \\
&\quad \frac{1}{2} F_{\phi 5} \sin \left(\omega t - 5 \frac{\pi}{\tau} x + 120° \right) + \frac{1}{2} F_{\phi 5} \sin \left(\omega t + 5 \frac{\pi}{\tau} x \right) + \\
&\quad \frac{1}{2} F_{\phi 5} \sin \left(\omega t - 5 \frac{\pi}{\tau} x - 120° \right) + \frac{1}{2} F_{\phi 5} \sin \left(\omega t + 5 \frac{\pi}{\tau} x \right) \\
&= \frac{3}{2} F_{\phi 5} \sin \left(\omega t + 5 \frac{\pi}{\tau} x \right)
\end{aligned} \tag{4.27}$$

此式表明,五次谐波合成磁通势是一个旋转磁通势,旋转速度可用与基波相同的方法求取,设 $\omega t + 5 \frac{\pi}{\tau} x = $ 常数,对 x 求导得

$$\omega + 5 \frac{\pi}{\tau} \frac{\mathrm{d}x}{\mathrm{d}t} = 0$$

线速度

$$v_5 = \frac{\mathrm{d}x}{\mathrm{d}t} = -\frac{\omega \tau}{5\pi} = -\frac{2 f_1 \tau}{5}$$

转速

$$n_5 = \frac{60 v_5}{2 p \tau} = \frac{60}{2 p \tau} \left(-\frac{2 f_1 \tau}{5} \right) = -\frac{n_1}{5} \tag{4.28}$$

可见,五次谐波合成磁通势的转速为基波合成磁通势转速的 $\frac{1}{5}$,转向与基波合成磁通势相反,合成磁通势的幅值为一相磁通势幅值的 $\frac{3}{2}$ 倍。同样可以证明,凡是 $\nu = 6K - 1$ ($K = 1, 2, 3, \cdots$) 次谐波的合成磁通势的转向均与基波合成磁通势的转向相反,转速大小为 $\frac{1}{\nu} n_1$。

3)七次谐波合成磁通势

用与五次谐波同样的方法可以求得七次谐波合成磁通势的表达式

$$f_7(x,t) = \frac{3}{2} F_{\phi 7} \sin \left(\omega t - 7 \frac{\pi}{\tau} x \right) \tag{4.29}$$

可见,七次谐波合成磁通势的转速为基波合成磁通势转速的 $\frac{1}{7}$,转向与基波合成磁通势相同。同样可以证明,凡是 $\nu = 6K + 1$ ($K = 1, 2, 3, \cdots$) 次谐波的合成磁通势的转向与基波合成磁

通势的转向相同,转速大小为 $\frac{1}{\nu}n_1$。

综上所述,对于三相谐波合成磁通势的性质可以归纳出以下几点:

1)谐波合成磁通势中凡谐波次数 $\nu = 3K(K=1,3,5,\cdots)$ 的合成磁通势为零,凡谐波次数 $\nu = 6K \pm 1(K=1,2,3,\cdots)$ 的合成磁通势均为旋转磁通势;

2)ν 次谐波合成磁通势的转速均为基波合成磁通势转速的 $\frac{1}{\nu}$,即 $n_\nu = \frac{1}{\nu}n_1$;

3)$\nu = 6K + 1$ 次谐波合成磁通势的旋转方向与基波相同,$\nu = 6K - 1$ 次谐波合成磁通势的旋转方向与基波相反;

4)ν 次谐波合成磁通势的幅值等于每相绕组 ν 次谐波脉振磁通势幅值的 $\frac{3}{2}$ 倍。

例 4.3 一台三相交流电机,定子槽数 $Z = 36$,极数 $2p = 6$,定子采用三相双层叠绕组,节距 $y_1 = \frac{5}{6}\tau$,每相串联匝数 $N_1 = 144$,定子绕组通入三相对称电流的有效值 $I = 10$ A,试求基波、五次、七次谐波合成磁通势的幅值及转速。

解 每极每相槽数

$$q = \frac{Z}{2pm} = \frac{36}{6 \times 3} = 2$$

槽距角

$$\alpha = \frac{p \times 360°}{Z} = \frac{3 \times 360°}{36} = 30°$$

$$\frac{\alpha}{2} = \frac{30}{2} = 15°$$

$$\frac{q\alpha}{2} = \frac{2 \times 30°}{2} = 30°$$

分布系数

$$k_{q1} = \frac{\sin \frac{q\alpha}{2}}{q \sin \frac{\alpha}{2}} = \frac{\sin 30°}{2 \times \sin 15°} = 0.966$$

$$k_{q5} = \frac{\sin \nu \frac{q\alpha}{2}}{q \sin \nu \frac{\alpha}{2}} = \frac{\sin 5 \times 30°}{2 \sin 5 \times 15°} = 0.259$$

$$k_{q7} = \frac{\sin \nu \frac{q\alpha}{2}}{q \sin \nu \frac{\alpha}{2}} = \frac{\sin 7 \times 30°}{2 \sin 7 \times 15°} = 0.259$$

短距系数

$$\frac{y_1}{\tau} \cdot 90° = \frac{5}{6} \times 90° = 75°$$

$$k_{y1} = \sin \frac{y_1}{\tau} \cdot 90° = \sin 75° = 0.966$$

$$k_{y5} = \sin \nu \frac{y_1}{\tau} \cdot 90° = \sin 5 \times 75° = 0.259$$

$$k_{y7} = \sin \nu \frac{y_1}{\tau} \cdot 90° = \sin 7 \times 75° = 0.259$$

绕组系数

$$k_{W1} = k_{q1} K_{y1} = 0.966 \times 0.966 = 0.933$$

$$k_{W5} = k_{q5} k_{y5} = 0.259 \times 0.259 = 0.067$$

$$k_{W7} = k_{q7} k_{y7} = -0.259 \times 0.259 = -0.067$$

合成磁通势的幅值

$$F_1 = 1.35 \frac{N_1 k_{W1}}{p} I = 1.35 \frac{144 \times 0.933}{3} \times 10 = 605 \text{ A}$$

$$F_5 = \frac{1}{\nu} 1.35 \frac{N_1 k_{W\nu}}{p} I = \frac{1}{5} \times 1.35 \frac{144 \times 0.067}{3} \times 10 = 8.7 \text{ A}$$

$$F_7 = \frac{1}{\nu} 1.35 \frac{N_1 k_{W\nu}}{p} I = \frac{1}{7} \times 1.35 \frac{144 \times 1 - 0.067 \ 1}{3} \times 10 = 6.2 \text{ A}$$

合成磁通势的转速

$$n_1 = \frac{60 f_1}{p} = \frac{60 \times 50}{3} = 1\ 000 \text{ r/min}$$

$$n_5 = \frac{n_1}{\nu} = \frac{1\ 000}{5} = 200 \text{ r/min}$$

$$n_7 = \frac{n_1}{\nu} = \frac{1\ 000}{7} = 143 \text{ r/min}$$

4.2.3 椭圆形旋转磁通势

由前面分析已经知道,三相对称绕组流过三相对称电流时,每相绕组产生的脉振磁通势,其基波分量可以分解为一个正转的旋转磁通势和一个反转的旋转磁通势,三相的反转磁通势合成为零,三相正转磁通势合成为一个正转的圆形旋转磁通势。同样可以证明,两相对称绕组(匝数相等、空间位置相差90°电角度)流过两相对称电流(有效值相等、时间相位相差90°电角度),产生的基波合成磁通势亦为圆形旋转磁通势。但是如果两相或三相绕组不对称,或者电流不对称,则产生的基波合成磁通势不是圆形旋转磁通势,一般情况下为椭圆形旋转磁通势。下面以两相绕组为例,对此进行简要分析说明。

设 A 相绕组和 B 相绕组,空间相差90°电角度,两相绕组电流之间的相位差为 φ,则两相绕组产生的脉振磁通势的基波分量分别为

$$f_{A1}(x,t) = F_{A1} \cos \frac{\pi}{\tau} x \sin \omega t$$

$$= \frac{1}{2} F_{A1} \sin \left(\omega t - \frac{\pi}{\tau} x \right) + \frac{1}{2} F_{A1} \sin \left(\omega t + \frac{\pi}{\tau} x \right)$$

$$f_{B1}(x,t) = F_{B1} \cos \left(\frac{\pi}{\tau} x - 90° \right) \sin (\omega t - \varphi)$$

$$= \frac{1}{2} F_{B1} \sin \left(\omega t - \frac{\pi}{\tau} x - \varphi + 90° \right) + \frac{1}{2} F_{B1} \sin \left(\omega t + \frac{\pi}{\tau} x - \varphi - 90° \right)$$

式中　F_{A1}——A 相绕组脉振磁通势基波的幅值;

　　　F_{B1}——B 相绕组脉振磁通势基波的幅值。

两相绕组合成磁通势的正转分量

$$f_+(x,t) = \frac{1}{2}F_{A1}\sin\left(\omega t - \frac{\pi}{\tau}x\right) + \frac{1}{2}F_{B1}\sin\left(\omega t - \frac{\pi}{\tau}x - \varphi + 90°\right) \qquad (4.30)$$

反转分量

$$f_-(x,t) = \frac{1}{2}F_{A1}\sin\left(\omega t + \frac{\pi}{\tau}x\right) + \frac{1}{2}F_{B1}\sin\left(\omega t + \frac{\pi}{\tau}x - \varphi - 90°\right) \qquad (4.31)$$

下面利用式(4.30)和式(4.31)分析两种特殊情况：

1) 当 $F_{A1} = F_{B1} = F_{\Phi 1}$, $\varphi = 90°$时,可得

$$f_+(x,t) = F_{\Phi 1}\sin\left(\omega t - \frac{\pi}{\tau}x\right)$$

$$f_-(x,t) = 0$$

可见,两相对称绕组,流过两相对称电流时,产生的基波合成磁通势为一个幅值等于一相绕组磁通势基波幅值的圆形旋转磁通势。

2) 当 $F_{A1} \ne F_{B1}$, $\varphi = 90°$时,可得

$$f_+(x,t) = \frac{F_{A1} + F_{B1}}{2}\sin\left(\omega t - \frac{\pi}{\tau}x\right) = F_+\sin\left(\omega t - \frac{\pi}{\tau}x\right)$$

$$f_-(x,t) = \frac{F_{A1} - F_{B1}}{2}\sin\left(\omega t + \frac{\pi}{\tau}x\right) = F_-\sin\left(\omega t + \frac{\pi}{\tau}x\right)$$

可见正转磁通势分量和反转磁通势分量转向相反、幅值不等、转速相同,如用旋转矢量 $\boldsymbol{F}_+$ 和 $\boldsymbol{F}_-$ 表示这两个磁通势分量,它们的矢端轨迹分别为两个圆,它们的合成磁通势矢量 $\boldsymbol{F}_1$ 为 $\boldsymbol{F}_+$ 和 $\boldsymbol{F}_-$ 的矢量和,由图4.23可知 $\boldsymbol{F}_1$ 的矢端轨迹为一椭圆,说明此时两相绕组的基波合成磁通势为椭圆形旋转磁通势。

可以证明,当 $\varphi \ne 90°$时,两相绕组的基波合成磁通势亦是由两个转向相反、幅值不等、转速相同的旋转磁通势合成,其基波合成磁通势亦为椭圆形旋转磁通势。而且 F_{A1} 与 F_{B1} 相差越大,φ角越小,椭圆形旋转磁通势的椭圆度越大。

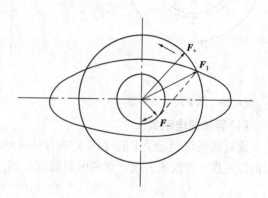

图4.23 椭圆形旋转磁通势

4.3 交流绕组的电动势

交流电机运行时,气隙中总存在定子磁通势、转子磁通势或者定、转子磁通势共同建立的旋转磁场,旋转磁场与定子三相绕组有相对运动,必然会在定子绕组中感应电动势,电动势也是交流电机进行能量转换的重要物理量,为此,需对交流绕组感应电动势的大小和波形有比较清楚的了解。为方便起见,先分析一根导体中产生的感应电动势,然后分析线圈、线圈组和一相绕组的感应电动势;先分析基波电动势,再分析谐波电动势。

4.3.1 绕组的基波电动势

为便于理解,分析交流绕组的电动势时,可用交流发电机为例,交流发电机的模型如图4.24所示。设用原动机拖动主磁极以恒定转速 n_1 相对于定子逆时针方向旋转,主磁极产生的气隙磁通以及对应的气隙磁密也随之一道旋转。为分析方便起见,把空间坐标设在转子上,随转子旋转,坐标原点取在两个磁极中间的位置上。假定气隙磁密沿气隙按正弦分布,则气隙磁密分布波形的展开图如图4.25所示。离坐标原点 x 处的磁通密度的表达式为

$$B_x = B_m \sin \alpha$$

式中 B_m——磁极中心处的磁通密度,亦即基波磁通密度的幅值;

α——与距离 x 相对应的空间电角度,即 $\alpha = \dfrac{\pi}{\tau}x$。

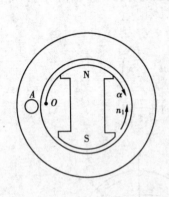

图 4.24 简单发电机模型

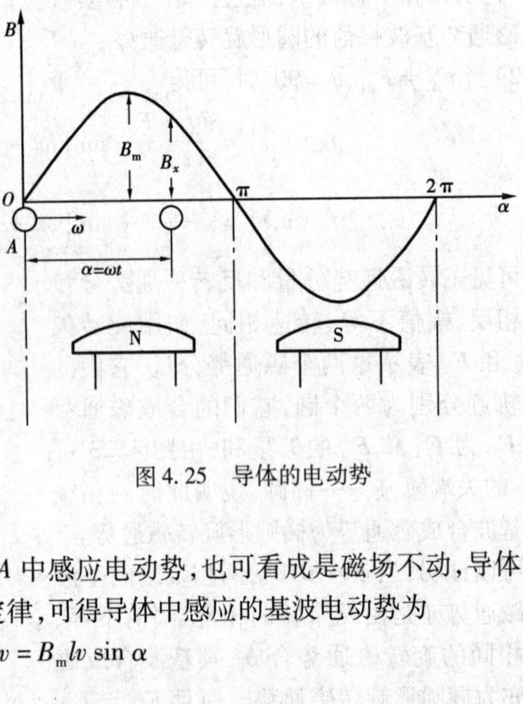

图 4.25 导体的电动势

(1)导体的电动势

旋转磁场切割定子上的导体 A,在导体 A 中感应电动势,也可看成是磁场不动,导体 A 反方向以速度 v 切割磁力线。根据电磁感应定律,可得导体中感应的基波电动势为

$$e = B_x lv = B_m lv \sin \alpha$$

式中 l——导体的有效长度;

v——导体垂直切割磁力线的速度。

导体 A 切割磁力线的机械角速度为 $\dfrac{2\pi n_1}{60}$,电的角速度为 $p\dfrac{2\pi n_1}{60} = 2\pi f_1 = \omega$,$\alpha$ 角是时间 t 内移过的电角度,故有

$$\alpha = \omega t$$

由此可得导体的电动势

$$e = B_m lv \sin \omega t = \sqrt{2} E_{C1} \sin \omega t$$

当 l 与 v 为定值时,导体的电动势 e 是随时间作正弦变化的基波电动势。下面求其频率 f_1 与有效值 E_{C1} 的计算公式。

导体 A 相对于磁极移动一对极距,导体中电动势变化一个周期,电机有 p 对极时,转子转一转,导体中电动势变化 p 个周期,当转子以转速 n_1(r/min)旋转时,电动势的频率为

$$f_1 = \frac{pn_1}{60} \tag{4.32}$$

导体中电动势的有效值为

$$E_{C1} = \frac{1}{\sqrt{2}} B_m lv$$

由于一个极距内磁通密度的平均值 $B_{av} = \frac{2}{\pi} B_m$，每极磁通 $\Phi_1 = B_{av}\tau l$，因此 $B_m = \frac{\pi}{2}\frac{\Phi_1}{\tau l}$；又线速度 $v = \frac{2p\tau n_1}{60} = 2\tau f_1$。代入上式即得导体中电动势有效值的表达式为

$$E_{C1} = \frac{1}{\sqrt{2}} B_m lv = \frac{1}{\sqrt{2}}\ \frac{\pi}{2}\ \frac{\Phi_1}{\tau l} l2\tau f_1 = 2.22 f_1 \Phi_1 \tag{4.33}$$

（2）整距线圈的电动势

整距线圈的节距 $y_1 = \tau$，一个线圈边位于 N 极下时，另一个线圈边就位于相邻 S 极下的相应位置，如图 4.26（a）所示。如果线圈只有一匝，且取其两根有效导体中的电动势 $\dot{E}_{C1}$ 和 $\dot{E}'_{C1}$ 的正方向均向上，则 $\dot{E}_{C1}$ 和 $\dot{E}'_{C1}$ 的大小相等，相位刚好相差 180°，其相量图如图 4.26（b）所示，由此可得整距线匝电动势相量

$$\dot{E}_{t1} = \dot{E}_{C1} - \dot{E}'_{C1} = 2\dot{E}_{C1}$$

有效值

$$E_{t1} = 2E_{C1} = 4.44 f_1 \Phi_1 \tag{4.34}$$

如果每个线圈有 N_c 匝，由于各匝位置相同，各匝电动势的大小和相位均相同，所以整距线圈电动势的有效值为单匝线圈的 N_c 倍，整距线圈电动势的有效值为

$$E_{y1(y_1 = \tau)} = 4.44 f_1 N_c \Phi_1$$

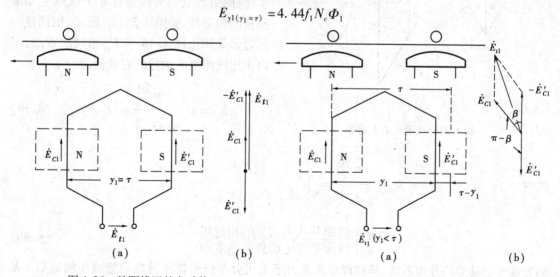

图 4.26 整距线匝的电动势　　　　图 4.27 短距线匝的电动势

（3）短距线圈的电动势

短距线圈的节距 $y_1 < \tau$，两个线圈边之间的距离不是一个极距 τ，一个线匝的两根有效导体的电动势相差的不是 180°，要比 180° 小一个 β 角，如图 4.27 所示。节距 y_1 比极距 τ 缩短

$\tau - y_1$ 个槽，相应的电角度

$$\beta = \frac{\tau - y_1}{\tau} \cdot 180° \qquad (4.35)$$

一匝的电动势

$$\dot{E}_{t1} = \dot{E}_{C1} - \dot{E}'_{C1}$$

相量关系如图 4.27(b) 所示。由图可知一匝电动势的有效值

$$E_{t1(y_1 < \tau)} = 2E_{C1}\cos\frac{\beta}{2} = 2E_{C1}\cos\frac{1}{2}\left(\frac{\tau - y_1}{\tau}\right) \cdot 180° = 2E_{C1}\sin\frac{y_1}{\tau} \cdot 90° = 2E_{C1}k_{y1} \qquad (4.36)$$

式中

$$k_{y1} = \sin\frac{y_1}{\tau} \cdot 90° = \frac{E_{t1(y_1 < \tau)}}{2E_{C1}} = \frac{单匝短距线圈电动势}{单匝整距线圈电动势} \qquad (4.37)$$

称为基波电动势短距系数，物理意义为由于采用短距线圈使基波电动势减小的倍数。对照式 (4.13) 可知，基波电动势短距系数与基波磁通势短距系数公式相同，大小相等，以后就统称 k_{y1} 为基波短距系数。

如果每个线圈有 N_c 匝，则短距线圈基波电动势的有效值为

$$E_{y1(y_1 < \tau)} = N_c E_{t1(y_1 < \tau)} = 2N_c E_{C1} k_{y1}$$
$$= 4.44 f_1 N_c k_{y1} \Phi_1 \qquad (4.38)$$

(4) 线圈组的电动势

一个线圈组由 q 个线圈串联而成，各线圈之间相隔一个槽，各线圈的基波电动势相量之间相差一个槽距角 α，如图 4.28(a) 所示，线圈组的电动势应是这 q 个线圈电动势相量的相量和，如图 4.28(b) 所示，根据这一多边形采用由图 4.16 求 F_{q1} 相同的方法，可以求出线圈组电动势的有效值为

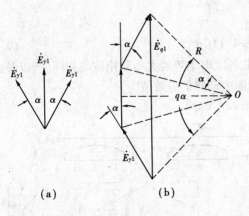

(a)　　　(b)

图 4.28　线圈组的电动势

$$E_{q1} = qE_{y1}\frac{\sin\dfrac{q\alpha}{2}}{q\sin\dfrac{\alpha}{2}} = qE_{y1}k_{q1} \qquad (4.39)$$

式中

$$k_{q1} = \frac{\sin\dfrac{q\alpha}{2}}{q\sin\dfrac{\alpha}{2}} = \frac{E_{q1}}{qE_{y1}}$$

$$= \frac{q 个线圈基波电动势的相量和}{q 个线圈基波电动势的算术和} \qquad (4.40)$$

称为基波电动势的分布系数，其物理意义是由于采用分布绕组使基波电动势减小的倍数。基波电动势分布系数与基波磁通势分布系数公式相同，大小相等，以后统称 k_{q1} 为基波分布系数。

将式 (4.38) 代入式 (4.39) 则得短距分布线圈组的基波电动势有效值公式为

$$E_{q1} = 4.44 f_1 q N_c k_{y1} k_{q1} \Phi_1 = 4.44 f_1 q N_c k_{W1} \Phi_1 \qquad (4.41)$$

式中

$$k_{W1} = k_{y1} k_{q1}$$

称为基波电动势的绕组系数,物理意义是由于采用短距和分布,使基波电动势减小的倍数。与基波磁通势的绕组系数 k_{W1} 统称为基波绕组系数。

(5)一相绕组的电动势

一相绕组的电动势是指一相绕组一条并联支路的电动势,由于一条支路中串联的各线圈组的电动势大小相等,相位相同,因而一相绕组的电动势就等于一条支路中线圈组的数目乘以每个线圈组的电动势。

对于单层绕组,一相有 p 个线圈组,一条支路有 $\dfrac{p}{a}$ 个线圈组,所以一相绕组基波电动势的有效值为

$$E_{\varPhi 1} = \frac{p}{a}E_{q1} = \frac{p}{a}4.44f_1qN_ck_{W1}\varPhi_1$$

$$= 4.44f_1qN_c\frac{p}{a}k_{W1}\varPhi_1$$

$$= 4.44f_1N_1k_{W1}\varPhi_1$$

式中　$N_1 = \dfrac{p}{a}qN_c$ ——单层绕组每相串联匝数,即一条支路串联的匝数。

对于双层绕组,一相有 $2p$ 个线圈组,一条支路有 $\dfrac{2p}{a}$ 个线圈组,所以一相绕组基波电动势的有效值为

$$E_{\varPhi 1} = \frac{2p}{a}E_{q1} = \frac{2p}{a}4.44f_1qN_ck_{W1}\varPhi_1$$

$$= 4.44f_1qN_c\frac{2p}{a}k_{W1}\varPhi_1$$

$$= 4.44f_1N_1k_{W1}\varPhi_1$$

式中　$N_1 = \dfrac{2p}{a}qN_c$ ——双层绕组每相串联匝数。

可见,无论是单层绕组还是双层绕组,一相绕组基波电动势有效值的公式均可用下式表示

$$E_{\varPhi 1} = 4.44f_1N_1k_{W1}\varPhi_1 \tag{4.42}$$

式中　N_1 ——每相串联匝数。

式(4.42)与变压器的电动势公式相似,只是多乘一个绕组系数 k_{W1},这是因为变压器绕组与全部主磁通匝链,每匝的电动势大小相等、相位相同,相当于整距集中绕组,其绕组系数 $k_{W1} = k_{y1}k_{q1} = 1$。

4.3.2　绕组的谐波电动势

实际电机的气隙磁场分布不完全是正弦波,除了基波分量以外,还有奇次谐波分量,它们在气隙中以一定转速旋转时,也会在定子绕组中感应谐波电动势,以同样方法可以求得谐波电动势有效值的公式

$$E_{\varPhi \nu} = 4.44f_\nu N_1k_{W\nu}\varPhi_\nu \tag{4.43}$$

式中　f_ν ——ν 次谐波电动势的频率;

　　　$\varPhi_\nu$ ——ν 次谐波每极磁通;

$k_{w\nu}$——ν 次谐波电动势的绕组系数,公式与大小均和谐波磁通势的绕组系数相同,统称为谐波绕组系数。

式(4.42)和式(4.43)表明,绕组的基波和谐波电动势与各自的绕组系数成正比。采用短距分布绕组,选择恰当的 q 和 y_1,使 k_{w1} 接近于 1,$k_{w\nu}$ 比 1 小得多,这样不但能够改善磁通势的波形,同样也能改善电动势的波形。

4.3.3 三相绕组的连接与电动势

(1)相电动势

实际电机定子相绕组的电动势中除基波分量以外,还有少量谐波分量,则每相电动势的有效值为

$$E_\Phi = \sqrt{E_{\Phi 1}^2 + E_{\Phi 3}^2 + E_{\Phi 5}^2 + \cdots} \tag{4.44}$$

(2)线电动势

三相绕组的接法有星形和三角形两种,线电动势和相电动势的关系有所不同。

1)星形接法

星形连接时,线电动势为相邻相电动势相减。对基波而言,线电动势的有效值 E_{l1} 为相电动势有效值 $E_{\Phi 1}$ 的 $\sqrt{3}$ 倍,即

$$E_{l1} = \sqrt{3}E_{\Phi 1} \tag{4.45}$$

但对于 3 和 3 的倍数次谐波,各相电动势大小相等、相位相同,相减后为零,为此线电动势中不含 3 和 3 的倍数次谐波,线电动势的有效值为

$$E_l = \sqrt{3}\sqrt{E_{\Phi 1}^2 + E_{\Phi 5}^2 + E_{\Phi 7}^2 + \cdots} \tag{4.46}$$

2)三角形接法

三角形连接时,各相 3 和 3 的倍数次谐波电动势由于大小相等、相位相同,会在三角形回路中产生环流,全部降在三相绕组的漏阻抗上,为此,线电动势中也不含 3 和 3 的倍数次谐波分量,线电动势的有效值为

$$E_l = \sqrt{E_{\Phi 1}^2 + E_{\Phi 5}^2 + E_{\Phi 7}^2 + \cdots} \tag{4.47}$$

例 4.4 有一三相交流双层叠绕组,定子槽数 $Z = 36$,极数 $2p = 6$,每个线圈的匝数 $N_c = 6$,节距 $y_1 = \dfrac{5}{6}\tau$,转子磁场的基波磁通 $\Phi_1 = 1.4 \times 10^{-2}$ Wb,三次谐波磁通 $\Phi_3 = 0.4 \times 10^{-2}$ Wb,五次谐波磁通 $\Phi_5 = 0.15 \times 10^{-2}$ Wb,并联支路数 $a = 1$,绕组采用 Y 形接法,试求转子以同步转速 $n_1 = 1\,500$ r/min 旋转时:

1)基波、三次和五次谐波电动势 $E_{\Phi 1}$,$E_{\Phi 3}$ 和 $E_{\Phi 5}$;

2)绕组的相电动势 E_Φ;

3)绕组的线电动势 E_l。

解 本例的 $Z = 36$,$2p = 6$,$y_1 = \dfrac{5}{6}\tau$,均与例 4.3 相同,所以由该例可知本例的 $q = 2$,$\alpha = 30°$,$k_{w1} = 0.933$,$k_{w5} = 0.067$。

1)三次谐波的分布系数

$$k_{q3} = \frac{\sin 3 \frac{q\alpha}{2}}{q \sin 3 \times \frac{\alpha}{2}} = \frac{\sin 3 \times \frac{2 \times 30°}{2}}{2 \sin 3 \times \frac{30°}{2}} = 0.707$$

三次谐波的短距系数

$$k_{y3} = \sin 3 \cdot \frac{y_1}{\tau} \cdot 90° = \sin 3 \times \frac{5}{6} \times 90° = -0.707$$

三次谐波的绕组系数

$$k_{W3} = k_{q3} k_{y3} = 0.707 \times (-0.707) = -0.5$$

绕组的串联匝数

$$N_1 = \frac{2pqN_c}{a} = \frac{6 \times 2 \times 6}{1} = 72$$

ν 次谐波电动势的频率

$$f_\nu = \frac{p_\nu n_\nu}{60} = \frac{\nu p n_1}{60} = \nu f_1$$

基波电动势的频率

$$f_1 = \frac{p n_1}{60} = \frac{2 \times 1\,500}{60} = 50 \text{ Hz}$$

基波电动势

$$E_{\Phi 1} = 4.44 f_1 N_1 k_{W1} \Phi_1 = 4.44 \times 50 \times 72 \times 0.933 \times 1.4 \times 10^{-2} = 206.9 \text{ V}$$

三次谐波电动势

$$E_{\Phi 3} = 4.44 f_3 N_1 k_{W3} \Phi_3 = 4.44 \times 3 \times 50 \times 72 \times 0.5 \times 0.4 \times 10^{-2} = 95 \text{ V}$$

五次谐波电动势

$$E_{\Phi 5} = 4.44 f_5 N_1 k_{W5} \Phi_5 = 4.44 \times 5 \times 50 \times 72 \times 0.067 \times 0.15 \times 10^{-2} = 7.96 \text{ V}$$

2）绕组的相电动势

$$E_\Phi = \sqrt{E_{\Phi 1}^2 + E_{\Phi 3}^2 + E_{\Phi 5}^2} = \sqrt{206.9^2 + 95^2 + 7.96^2} = 227.8 \text{ V}$$

3）绕组的线电动势

$$E_t = \sqrt{3} \sqrt{E_{\Phi 1}^2 + E_{\Phi 5}^2} = \sqrt{3} \sqrt{206.9^2 + 7.96^2} = 358.6 \text{ V}$$

小 结

交流电机绕组的磁通势和电动势是交流电机共同的理论基础。

三相定子绕组是交流电机的主要电路,能量转换的枢纽,故又称电枢绕组。三相绕组最基本的要求是三相对称,磁通势和电动势的波形好,材料节省,制造方便等。绕组由若干线圈按一定规律连接而成。了解三相绕组的构成原理应掌握有关绕组的基本名词和术语:相带、每极每相槽数、极距、节距、线圈、线圈组、正向串联、反向串联、并联支路数等。表达绕组连接规律的基本工具是绕组展开图。绘制绕组展开图的步骤是先计算每极每相槽数和节距,画槽编号,划分相带、连接同一相(A 相)的线圈和线圈组,根据所需支路数 a 连成一相绕组,再以相同方法画另两相(*B*,*C* 相)绕组。三相绕组分单层和双层,三相单层绕组又分链式、同心式和交叉式,三相双层绕组又分叠绕组和波绕组,各有各的特点及适用范围。三相单层绕组多采用整距分布绕组,三相双层绕组则一般采用短距分布绕组,目的在于改善磁通势和电动势的波形。

　　交流绕组流过交流电流时产生的磁通势既是空间函数,又是时间函数。单相绕组流过单相交流电流时产生的磁通势是空间分布位置固定不变、幅值随时间交变的脉振磁通势,磁通势中除基波分量以外,一般还包含 3,5,7 等奇数次谐波分量,幅值位于绕组的轴线位置,脉振的频率就等于电流交变的频率。一个正弦分布的脉振磁通势(基波或谐波磁通势)可以分解为两个大小相等、转速相同、转向相反的旋转磁通势。三相对称绕组流过三相对称电流时产生的基波合成磁通势为圆形旋转磁通势,在空间呈正弦分布,转速为 $n_1 = \dfrac{60f_1}{p}$,转向由电流的超前相绕组转向电流的滞后相绕组,幅值等于相绕组基波磁通势幅值的 $\dfrac{3}{2}$ 倍。除基波合成磁通势以外,$\nu = 3K(K=1,2,3,\cdots)$ 次谐波合成磁通势为零,$\nu = 6K \mp 1$ 次谐波合成磁通势亦为旋转磁通势,转速为 $\dfrac{n_1}{\nu}$,$\nu = 6K - 1$ 次谐波合成磁通势的旋转方向与基波合成磁通势相反,$\nu = 6K + 1$ 次谐波合成磁通势的旋转方向与基波合成磁通势相同。三相绕组产生的谐波磁通势的幅值与谐波次数 ν 成反比,所以谐波次数越高,其幅值越小。谐波磁通势的幅值还与谐波的绕组系数 $k_{W\nu}$ 成正比,采用短距和分布绕组,使基波绕组系数 k_{W1} 接近于 1,而使谐波绕组系 $k_{W\nu}$ 比较小,这样,基波磁通势略有减小,而谐波磁通势大幅度削弱,从而改善磁通势的波形。三相对称绕组或者两相对称绕组,流过的电流如果不对称,则产生的基波合成磁通势为椭圆形旋转磁通势,它是旋转磁通势的普遍形式,当其正转磁通势分量与反转磁通势分量相等时为脉振磁通势,当正转磁通势分量或反转磁通势分量中有一个为零时为圆形旋转磁通势。

　　旋转磁通势在电机气隙中产生的旋转磁场切割定子绕组,在定子绕组中感应电动势。根据电磁感应定律和绕组的构成原理,可以推得导体、线圈、线圈组和相绕组电动势的公式、相绕组基波电动势有效值的计算公式为 $E_{\Phi1} = 4.44f_1 N_1 k_{W1} \Phi_1$,谐波电动势有效值的公式为 $E_{\Phi\nu} = 4.44f_\nu N_1 k_{W\nu} \Phi_\nu$,可见,交流绕组相电动势的公式与变压器电动势的公式相似,只是由于交流绕组采用短距和分布,公式中多乘一个反映电动势减小的倍数——绕组系数。绕组系数 k_{W1} 和 $k_{W\nu}$ 的数值与磁通势公式中的相同,说明短距和分布对电动势的影响与对磁通势的影响基本相同,因而亦能消除或削弱谐波电动势,从而改善电动势的波形。三相绕组无论采用星形接法还是三角形接法,线电动势中均不含 3 的倍数次谐波电动势。

思 考 题

4.1　对三相交流电机的定子绕组有哪些要求? 其中最主要的要求是什么?
4.2　何谓相带、每极每相槽数、极距、节距、线圈、线圈组、槽距角?
4.3　电机中空间电角度是如何定义的? 电角度与机械角度有什么关系?
4.4　单层叠绕组和双层叠绕组的最大并联支路数与极对数有什么关系?
4.5　比较单层绕组和双层绕组的优缺点。为什么一般功率大于 10 kW 的交流电机多采用双层绕组?

4.6 同一相内各线圈组之间的连接方式根据什么确定?

4.7 单相绕组流过交流电流时产生的基波磁通势有哪些特点? 三相对称绕组流过三相对称电流时产生的基波磁通势又有哪些特点?

4.8 三相对称绕组通以三相对称电流会不会产生谐波磁通势? 有三次、五次、七次谐波磁通势吗? 为什么?

4.9 一台 50 Hz 的三相电机若通以 60 Hz 的三相对称电流,电流的有效值不变,试问此时基波合成旋转磁通势的幅值大小、极对数、转速、转向将如何变化?

4.10 短距系数和分布系数的物理意义是什么? 为什么一般交流电机均采用短距分布绕组?

4.11 气隙磁场旋转时在定子绕组导体中感应电动势的频率与哪些物理量有关?

4.12 采用短距分布绕组削弱高次谐波电动势,从而改善电动势波形时,每根导体感应电动势的波形是否同时得到改善?

4.13 如果要求电机相绕组磁通势和电动势中不含五次谐波,线圈节距与极距的比值 $\dfrac{y_1}{\tau}$ 应等于多大?

4.14 试说明谐波电动势产生的原因及其削弱方法。

习　题

4.1 有一三相单层绕组,定子槽数 $Z = 24$,极数 $2p = 2$,应采用哪种单层绕组比较合适? 并画出并联支路数 $a = 1$ 时的展开图。

4.2 有一三相单层绕组,定子槽数 $Z = 36$,极数 $2p = 4$,从端接部分导线最省出发应采用哪种单层绕组? 并画出 $a = 1$ 时的展开图。

4.3 有一三相双层叠绕组,定子槽数 $Z = 36$,极数 $2p = 4$,节距 $y_1 = \dfrac{8}{9}\tau$,试计算其每极每相槽数 q、极距 τ、节距 y_1、槽距角 α,并画出 $a = 2$ 时的展开图(可以只画一相)。

4.4 若将三相对称绕组 AX, BY 和 CZ 正向串联起来,通以同一正弦交流电流 $i = \sqrt{2}I\sin\omega t$,试用解析法或作矢量图的方法求其三相基波合成磁通势。

4.5 一台三相六极交流电机,定子槽数 $Z = 36$,采用双层短距分布叠绕组,线圈匝数 $N_c = 6$,线圈节距 $y_1 = \dfrac{5}{6}\tau$,并联支路数 $a = 1$,通入三相对称电流,且已知 $i_A = \sqrt{2}\, 20 \sin 314t$ A,求三相合成的:

(1)基波磁通势的幅值及转速;

(2)三次谐波磁通势的幅值及转速;

(3)五次谐波磁通势的幅值及转速;

(4)七次谐波磁通势的幅值及转速。

4.6 一台三相六极电机的额定电压 $U_N = 380$ V,定子槽数 $Z = 36$,定子绕组采用三相单层整距分布绕组,Y 接,并联支路数 $a=1$,线圈匝数 $N_c=40$,当定子绕组额定电动势为额定电压的 85% 时,求气隙每极磁通 Φ_1。

4.7 一台三相六极交流电机,$f_1=50$ Hz,定子槽数 $Z_1=36$,采用双层短矩分布叠绕组,线圈匝数 $N_c=18$,线圈节距 $y_1=\dfrac{5}{6}\tau$,并联支路数 $a=1$,基波每极磁通 $\Phi_1=0.004\,74$ Wb。求:

(1)导体的基波电动势 E_{C1};

(2)每个线圈的基波电动势 E_{y1};

(3)每个线圈组的基波电动势 E_{q1};

(4)每相绕组的基波电动势 E_1。

第 **5** 章
三相异步电动机

异步电动机是工农业中用得最多的一种电机,其容量从几十瓦到几千千瓦,在国民经济的各行各业应用极为广泛。例如,在工业方面:中小型轧钢设备、各种金属切削机床、轻工机械、矿山机械等;在农业方面:水泵、脱粒机、粉碎机及其他农副产品加工机械等都是用异步电动机来拖动的。此外,在人民日常生活中,例如电扇、洗衣机、电冰箱、空调机、多种医疗机械等,异步电动机的应用也日益增多。

异步电动机之所以得到如此广泛的应用,是由于和其他电动机比较,它具有结构简单、制造容易、价格低廉、运行可靠、维护方便、效率较高等一系列优点。和同容量的直流电动机相比,异步电动机的重量约为直流电动机的一半,而其价格仅为直流电动机的三分之一。异步电动机的缺点是不能经济地在较大范围内平滑调速和必须从电网吸收滞后的无功功率,使电网功率因数降低。不过,由于大多数生产机械并不要求大范围的平滑调速,而电网的功率因数又可以采用其他办法进行补偿,因此,三相异步电动机是电力拖动系统中一个极为重要的元件。

异步电动机运行时,定子绕组接上交流电源,建立磁场,依靠电磁感应作用,使转子绕组中感生电流,产生电磁转矩,从而实现机电能量转换。因此,异步电机也称为感应电机。从电磁关系上看,异步电机与变压器很相似,特别是异步电机不转时,它的定子绕组相当于变压器的原绕组,转子绕组相当于变压器的副绕组。所以在学过变压器的基础上来学习异步电机是比较容易的。

5.1 三相异步电动机的基本结构、额定数据和主要系列

5.1.1 三相异步电动机的基本结构

三相异步电动机由静止的定子和转动的转子两大部分组成。定子和转子之间有一很小的气隙。按转子结构的不同,三相异步电动机分为鼠笼式和绕线式两大类。图 5.1 是三相绕线式异步电动机的结构图。

(1)定子

异步电动机的定子由定子铁芯、定子绕组和机座三部分组成。

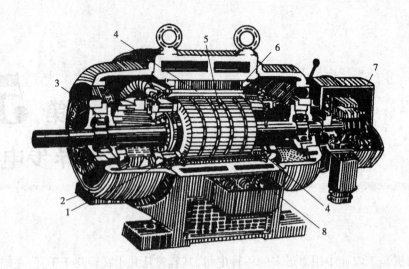

图 5.1　三相绕线式异步电动机结构图

1—转子绕组;2—端盖;3—轴承;4—定子绕组;5—转子;6—定子;7—集电环;8—出线盒

定子铁芯的作用是作为电机磁路的一部分和嵌放定子绕组。为了产生较强的旋转磁场和减小铁芯中的损耗,定子铁芯由 0.5 mm 厚的硅钢片冲制、涂漆、叠压而成,内圆开有许多定子槽,用以嵌放定子绕组。当铁芯外径小于 1 m 时,可用整圆冲片,大于 1 m 时,用扇形冲片拼成。

定子绕组是电机定子部分的电路,它是由许多嵌在定子槽内的线圈按一定的规律连接而成。线圈与铁芯槽壁之间隔有槽绝缘,以免电机运行时绕组对铁芯出现击穿或短路故障。容量较大的异步电动机大多采用双层绕组。小容量异步电动机则常用单层绕组。

机座的作用主要是固定和支撑定子铁芯与绕组并固定整个电机。因此要求有足够的机械强度和刚度,此外,还要考虑通风散热的需要。中小型异步电动机一般都采用铸铁机座,对大型电机,一般采用钢板焊接机座。

(2)转子

异步电动机的转子由转子铁芯、转子绕组和转轴组成。

转子铁芯也是作为电机磁路的一部分,一般也由 0.5 mm 厚的硅钢片冲制叠压而成。中小型电机的转子铁芯套在转轴上,大型的则固定在转子支架上。在转子铁芯外圆上开有许多槽,以供嵌放或浇铸转子绕组。

转子绕组构成转子电路,其作用是流过电流和产生电磁转矩。其结构形式有绕线式和鼠笼式两种。

绕线式转子绕组和定子绕组相似,是嵌于转子铁芯槽内的三相对称绕组。一般小容量电动机接成三角形,中、大容量的接成星形。绕组的 3 根引出线分别接到装在转子一端轴上的 3 个集电环(滑环)上,分别用 3 组电刷引出来,如图 5.2 所示。其主要优点是可以通过集电环和电刷给转子回路串入附加电阻,以改善电动机的启动或调速性能。缺点是结构复杂,价格昂贵,维护麻烦。

鼠笼式转子绕组结构与定子绕组大不相同。在转子铁芯外圆每个槽内放一根导条,在铁芯两端用两个端环把所有的导条都连接起来,形成自行闭合的回路。如果去掉铁芯,整个绕组的形状就像一个鼠笼,如图 5.3 所示,所以叫鼠笼转子。导条与端环的材料可用铜或铝。如果是用铜的,就是事先把做好的裸铜条插入转子铁芯槽中,再把铜端环套在两端铜条的头上,并用铜焊或银焊把它们焊在一起,如图 5.3(a)所示。对中、小型电机一般都采用铸铝转子,是用熔化了的铝液直接浇铸在转子铁芯槽内,连同端环以及风叶等一次铸成,如图 5.3(b)所示。

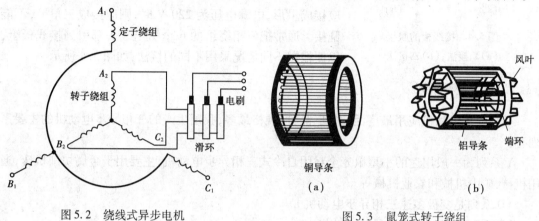

图 5.2　绕线式异步电机　　　　　　图 5.3　鼠笼式转子绕组
　　　定、转子绕组接线方式　　　　　　(a)铜条绕组;(b)铸铝绕组

(3)气隙

异步电机的气隙比同容量直流电机的气隙小得多,在中、小型异步电动机中,一般仅为 0.2 ~ 2.5 mm。因为气隙大则为建立磁场所需励磁电流就大,从而降低电机的功率因数,所以从电磁作用原理角度考虑,应尽量让气隙小一些。但也不能太小,否则会使机械加工和装配困难,运转时定转子之间易发生摩擦或碰撞。

5.1.2　额定数据

异步电动机和直流电动机一样,机座上都有一个铭牌,铭牌上标注着额定数据。这些数据主要有:

1)额定功率 P_N　指电动机在额定运行时轴上输出的机械功率,单位为 kW。

2)额定电压 U_N　指额定运行时加在定子绕组上的线电压,单位为 V。

3)额定电流 I_N　指电动机定子绕组加额定频率的额定电压,轴上输出额定功率时,定子绕组的线电流,单位为 A。

4)额定频率 f_1　我国规定标准工业用电的频率为 50 Hz。

5)额定转速 n_N　指电动机定子加额定频率的额定电压,且轴上输出额定功率时转子的转速,单位为 r/min。

6)额定功率因数 $\cos \varphi_N$　指电动机在额定运行时定子边的功率因数。

对三相异步电动机有

$$P_N = \sqrt{3} U_N I_N \cos \varphi_N \eta_N \times 10^{-3} \text{ kW}$$

式中　η_N——电动机的额定效率。

此外,铭牌上还标明了绝缘等级、温升、工作方式与绕组接法等。对绕线式异步电动机还标明了转子绕组接法、转子绕组额定电压(指定子绕组加额定电压、转子绕组开路时滑环间的

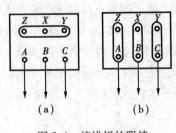

图 5.4 接线板的联接
(a)Y 接法;(b)△接法

电压)和转子额定电流等技术数据。额定数据是选择、使用电机的重要依据。

三相异步电动机的定子绕组可接成星形或三角形,视额定电压与电源电压的配合情况而定。例如铭牌上标明"电压 380/220 V,接法 Y/△"时,如果电源电压为 380 V,应接成星形,电源电压为 220 V 时,则应接成三角形,不能乱接。通常把三相绕组的 6 个引出线头都引到接线板上,以便根据不同情况采用不同的接法,如图 5.4 所示。

5.1.3 主要系列

三相异步电动机应用最广泛,系列、品种、规格最多,我国生产的三相异步电动机的主要系列有:

Y 系列为一般用途的小型鼠笼全封闭自冷式三相异步电动机,主要用于金属切削机床、通用机械、矿山机械和农业机械等。

YD 系列是变极多速三相异步电动机。

YR 系列是三相绕线式异步电动机。

YZ 和 YZR 系列是起重和冶金用三相异步电动机,YZ 是鼠笼式,YZR 是绕线式。

YB 系列是防爆式鼠笼异步电动机。

YCT 系列是电磁调速异步电动机。

其他类型的异步电动机可参阅有关产品目录。

电机产品型号一般采用大写印刷体的汉语拼音字母和阿拉伯数字组成。其中汉语拼音字母是根据电机全名称选择有代表意义的汉字,再用该汉字的第一个拼音字母组成。它表明了电机的类型、结构特征、规格和使用范围等。例如一台一般用途的中小型异步电动机型号为 Y132M1-6,其各部分代表的意义如下:

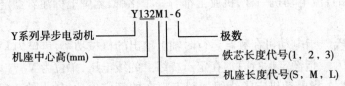

5.2 三相异步电动机的工作原理及转差率

5.2.1 三相异步电动机的工作原理

当异步电动机定子三相绕组接通三相对称电源时,流过三相对称电流,产生三相合成磁通势,如只考虑其基波,则此磁通势在气隙中以同步转速 n_1 旋转,在气隙中建立一个旋转磁场(电生磁),当极对数为 1 时,此旋转磁场可以看成是由一对等效旋转磁极所产生,如图 5.5 所示。设气隙磁场逆时针方向旋转时,它的磁力线将切割转子导体而感应电动势(磁变生电),电动势的方向可用右手定则判定,如图 5.5 所示。因为转子绕组是短路的,转子导体中便有电流流过。转子载流导体在磁场中受到电磁力 f 的作用(电磁生力),其方向可用左手定则确定。从图 5.5 可以看出,转子导体受到的电磁力将形成一个逆时针方向的电磁转矩,使转子沿着旋转磁场的方向旋转起来,如果转子轴与生产机械相联,则电磁转矩将克服负载转矩而做功,从而把电能转换成机械能。这就是三相异步电动机的工作原理。

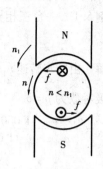

图 5.5　三相异步电动机工作原理示意图

　　一般情况下异步电动机的转速 n 不可能达到同步转速 n_1,总是略低于同步转速 n_1。因为如果转速 n 上升达到同步转速 n_1,则转子导体与旋转磁场之间就没有相对运动,转子导体中不再感应电动势和电流,也就不能产生电磁转矩来拖动转子旋转。因此异步电动机的转速 n 与同步转速 n_1 总是存在差异,异步电动机由此而得名。

5.2.2　转差率

　　由上可知,n_1 与 n 有差异是异步电动机运行的必要条件。通常把同步转速 n_1 与转子转速 n 二者之差称为"转差","转差"与同步转速 n_1 的比值称为转差率(也叫滑差率),用 s 表示,即

$$s = \frac{n_1 - n}{n_1} \qquad (5.1)$$

　　转差率 s 是异步电动机运行时的一个重要物理量,当同步转速 n_1 一定时,转差率的数值与电动机的转速 n 相对应。正常运行的异步电动机,其 s 很小,一般额定运行时的转差率 $s_N = 0.02 \sim 0.05$。

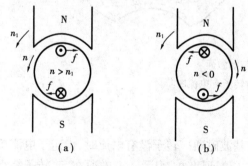

图 5.6　异步电机发电和制动运行状态

　　如果用另外一台原动机拖动异步电机,使它的转速高于同步转速 n_1 运行,即 $n > n_1$,$s < 0$,这时旋转磁场切割转子导体的方向反了,导体中电动势、电流的方向以及产生的电磁转矩的方向也反了,如图 5.6(a) 所示。这时电磁转矩对原动机来说是一个制动转矩。要保持电机转子继续转动,原动机必须不断地向电机输入机械功率。而异步电机定子方面则向电网发出电功率,即电机处于发电机状态。

　　如果用其他机械拖着电机转子逆着旋转磁场方向转动,即 $n < 0$,$s > 1$。这时转子导体中电动势、电流方向仍与电动机时一样,电磁转矩方向仍与旋转磁场方向一致,但与转子实际转向相反,如图 5.6(b) 所示。这时电磁转矩为制动性转矩,这种运行情况称为电磁制动状态。

　　从以上分析可见,异步电动机可以处于电动机、发电机和电磁制动三种状态下运行。其转速及转差率与运行状态的关系表示在图5.7中。

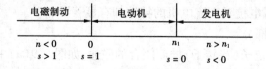

图 5.7　电机转速及转差率与运行状态的关系

例 5.1 一台三相异步电动机,额定频率 $f_N = 50$ Hz,额定转速 $n_N = 960$ r/min,求额定转差率 s_N。

解 由同步转速 $n_1 = \dfrac{60f_1}{p} = \dfrac{60 \times 50}{p} = \dfrac{3\,000}{p}$ 与 n_N 的关系:n_N 略小于 n_1 可知 $n_1 = 1\,000$ r/min,电机极对数为 $p = 3$

故 $s_N = \dfrac{n_1 - n_N}{n_1} = \dfrac{1\,000 - 960}{1\,000} = 0.04$。

5.3 三相异步电动机的主磁通和漏磁通

当三相异步电动机的定子三相绕组接通三相对称电源时,定子绕组中流过三相对称电流,产生磁通势,在气隙中建立磁场,产生磁通。为便于分析,根据磁通经过的路径和性质的不同,将磁通分为主磁通和漏磁通两大类,如图 5.8 所示。

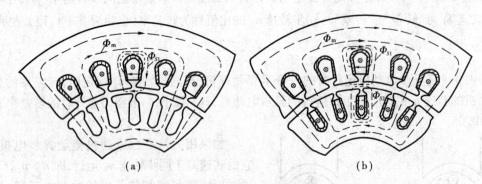

图 5.8 主磁通与漏磁通
(a)转子无电流时;(b)转子有电流时

5.3.1 主磁通

主磁通是指通过气隙并同时与定、转子匝链的基波磁通。转子没有电流时,由定子电流单独产生;转子有电流时,由定、转子电流共同产生。主磁通用 Φ_m 表示。主磁通在定、转子绕组中都感应电动势,进行能量转换,在电机中起主要作用。

5.3.2 漏磁通

定、转子电流除产生主磁通外,还产生仅与定、转子绕组本身匝链的磁通,仅与定子绕组匝链的称为定子漏磁通 Φ_{S1},仅与转子绕组匝链的称为转子漏磁通 Φ_{S2}。漏磁通也在各自的绕组中感应电动势,但不参与定、转子之间的能量转换。漏磁通数量虽然不大,只占主磁通的 1% ~ 3%,但所对应的漏电抗对交流电机的特性却有显著影响。

漏磁通包括以下 3 部分:

1)槽漏磁通 横穿定子(或转子)槽而闭合的磁通,如图 5.9(a)中虚线所示。

2)端部漏磁通 匝链伸出铁芯外线圈端接部分的磁通,因距转子铁芯较远,大部分为漏磁通,如图 5.9(b)所示。

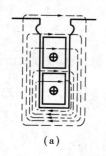 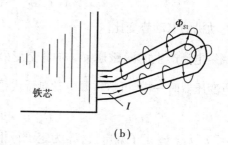

铁芯

（a）　　　　　　　　　　　　　（b）

图 5.9　定子漏磁通

（a）槽漏磁通；（b）端部漏磁通

3）谐波漏磁通　定子绕组磁通势除产生基波磁通以外,还产生一系列谐波磁通。谐波磁通在定子绕组中感应的电动势与基波同频率,可与基波电动势相加;而在转子绕组中感应电动势的频率,却与由主磁通感应的电动势的频率不同,两者不能相加。另外,谐波磁通不能产生有用的转矩。为此,把谐波磁通亦作为漏磁通处理,称为谐波漏磁通。

需指出的是,在变压器中,主磁通 Φ_{m} 是脉振磁通,Φ_{m} 是其最大振幅;而在异步电机中,主磁通 Φ_{m} 是旋转磁通,其磁密波沿气隙圆周按正弦分布并以同步转速 n_1 旋转,Φ_{m} 代表每极的基波磁通量。

5.4　三相异步电动机转子静止时的电磁关系

三相异步电动机正常运行时,一般总是旋转的,但是为了便于理解,先分析转子静止时的电磁关系,然后在此基础上进而分析转子旋转时的情况。

分析时以绕线式异步电动机为例,转子静止的运行情况有两种,一种情况是转子绕组开路,电磁转矩为零,另一种情况是转子绕组短路,有电磁转矩,但转子被堵住不转。下面分别进行分析。

5.4.1　转子绕组开路时的情况

（1）电磁过程

转子绕组开路的异步电动机和空载运行的变压器相似。定子三相对称绕组接通三相对称电源时,流过三相对称空载电流 I_0,产生基波旋转磁通势,在气隙中建立磁密按正弦分布的基波旋转磁场,这个磁场以同步转速 n_1 同时切割定、转子绕组,分别在定、转子绕组中感应电动势 E_1 和 E_2,它们的有效值分别为

$$E_1 = 4.44f_1N_1k_{W1}\Phi_{m}$$
$$E_2 = 4.44f_1N_2k_{W2}\Phi_{m}$$

式中　N_1,N_2——定、转子绕组每相串联匝数;

　　　　k_{W1},k_{W2}——定、转子绕组的基波绕组系数;

　　　　E_2——转子绕组不转时的相电动势。

定、转子绕组相电动势之比

$$k_e = \frac{E_1}{E_2} = \frac{N_1 k_{W1}}{N_2 k_{W2}}$$

称为异步电动机的电动势变比。

定子绕组电流产生的漏磁通 $\dot{\Phi}_{S1}$ 亦是交变磁通,会在定子每相绕组中感应出漏电动势 $\dot{E}_{S1}$,和分析变压器时一样,可将这漏电动势看成是定子电流在漏电抗 X_1 上的压降,则得

$$\dot{E}_{S1} = -j\dot{I}_0 X_1$$

式中　$X_1 = 2\pi f_1 L_1$——定子漏电抗,L_1 为定子每相绕组的漏电感。

定子每相绕组的电阻为 R_1,空载电流 I_0 流过 R_1 时将产生电阻压降 $I_0 R_1$。

(2)电压平衡方程式

电动机定子每相绕组外加电压为 $\dot{U}_1$,应等于定子绕组中各部分压降之和,当各物理量的正方向参照变压器原绕组的情况确定时,可得定子绕组的电压方程式为

$$\dot{U}_1 = -\dot{E}_1 + \dot{I}_0(R_1 + jX_1) = -\dot{E}_1 + \dot{I}_0 Z_1$$

式中　$Z_1 = R_1 + jX_1$——定子一相绕组的漏阻抗。

由于异步电动机的磁路中存在气隙,磁阻大,因此空载电流 I_0 比变压器的空载电流大得多,为 $(20 \sim 50)\% I_N$,异步电动机的漏阻抗也比变压器的大,不过转子绕组开路时的漏阻抗压降 $I_0 Z_1$ 仍只占额定电压的 $(2 \sim 5)\%$,仍可认为 $U_1 \approx E_1$,因而可以认为主磁通 Φ_m 近似与 U_1 成正比,亦即 Φ_m 的大小基本上决定于电源电压 U_1。

5.4.2　转子绕组短路、转子堵住不转的情况

(1)电磁过程

当转子绕组短路时,转子绕组中便有三相对称电流流过,产生转子基波旋转磁通势 F_2。下面分析 F_2 与 F_1 的相对关系。

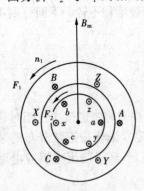

图 5.10 中,设定子基波旋转磁通势 F_1 的旋转方向为 $A \rightarrow B \rightarrow C$ 逆时针方向,在转子绕组中感应电动势的相序 $a \rightarrow b \rightarrow c$ 必然也为逆时针方向,转子电流的相序与转子电动势的相序相同,因而转子基波旋转磁通势 F_2 的转向必然也是按 $a \rightarrow b \rightarrow c$ 逆时针方向旋转,与 F_1 的转向相同。

转子绕组静止时,转子绕组感应电动势和电流的频率 f_2 与定子电流的频率 f_1 相等,所以转子基波磁通势 F_2 相对于转子(因转子静止,亦即相对于定子)的转速为 $n_2 = \dfrac{60 f_2}{p} = \dfrac{60 f_1}{p} = n_1$。

图 5.10　转子磁通势的转向

由此可见,磁通势 F_1 和 F_2 在空间同转向同转速旋转,亦即在空间是相对静止的。同时,F_1 和 F_2 在空间均按正弦分布,为此可用矢量相加的方法求此时电动机中的合成磁通势 F_m,即

$$F_1 + F_2 = F_m \tag{5.2}$$

上式即为异步电动机的磁通势平衡方程式。式中 F_m 是用来产生主磁通 $\dot{\Phi}_m$ 的励磁磁通势,它

由定子绕组和转子绕组电流共同产生。

仿照变压器中的分析方法,可将式(5.2)改写为

$$F_1 = F_m + (-F_2)$$

此式表明,定子基波旋转磁通势 F_1 包含两个分量:一个分量 $(-F_2)$,它的作用是用来抵消转子基波磁通势 F_2 对主磁通的影响;另一个分量 F_m,它的作用是产生主磁通 $\dot{\Phi}_m$。

(2) 电压平衡方程式

主磁通 $\dot{\Phi}_m$ 由励磁磁通势 F_m 产生且同时与定、转子绕组相匝链,它在定、转子绕组中分别感应电动势 $\dot{E}_1$ 和 $\dot{E}_2$,它们在时间相位上均滞后 $\dot{\Phi}_m 90°$,且由于转子静止,$\dot{E}_1$ 和 $\dot{E}_2$ 的频率都是 f_1,为此可得

$$\left.\begin{aligned}\dot{E}_1 &= -j4.44 f_1 N_1 k_{W1} \dot{\Phi}_m \\ \dot{E}_2 &= -j4.44 f_1 N_2 k_{W2} \dot{\Phi}_m\end{aligned}\right\} \tag{5.3}$$

$$\dot{E}_1 = \frac{N_1 k_{W1}}{N_2 k_{W2}} \dot{E}_2 = k_e \dot{E}_2 \tag{5.4}$$

式中

$$k_e = \frac{N_1 k_{W1}}{N_2 k_{W2}} \tag{5.5}$$

即前面提到的异步电机的电动势变比。

定、转子电流除联合产生主磁通以外,还分别产生定、转子漏磁通 $\dot{\Phi}_{S1}, \dot{\Phi}_{S2}$,它们分别在定、转子绕组中感应出漏电动势 $\dot{E}_{S1}$ 和 $\dot{E}_{S2}$。和变压器一样,这些漏电动势可分别用漏电抗压降表示:

$$\left.\begin{aligned}\dot{E}_{S1} &= -j\dot{I}_1 X_1 \\ \dot{E}_{S2} &= -j\dot{I}_2 X_2\end{aligned}\right\} \tag{5.6}$$

式中　$X_1 = 2\pi f_1 L_{S1}, X_2 = 2\pi f_1 L_{S2}$ 分别为定、转子每相绕组的漏电抗,其中 L_{S1} 和 L_{S2} 分别为定、转子每相绕组的漏电感。

此外,定、转子绕组还有电阻 R_1 和 R_2,电流流过时会产生电阻压降 $\dot{I}_1 R_1$ 和 $\dot{I}_2 R_2$。

仿照变压器中各物理量正方向的确定方法,即定子绕组各量按负载惯例规定正方向,转子绕组各量按电源惯例规定正方向,参见图 3.11。根据基尔霍夫第二定律可得定、转子的电压平衡方程式

$$\left.\begin{aligned}\dot{U}_1 &= -\dot{E}_1 - \dot{E}_{S1} + \dot{I}_1 R_1 = -\dot{E}_1 + \dot{I}_1(R_1 + jX_1) = -\dot{E}_1 + \dot{I}_1 Z_1 \\ \dot{E}_2 &= \dot{I}_2 R_2 - \dot{E}_{S2} = \dot{I}_2 R_2 + j\dot{I}_2 X_2 = \dot{I}_2(R_2 + jX_2) = \dot{I}_2 Z_2\end{aligned}\right\} \tag{5.7}$$

式中　$Z_1 = R_1 + jX_1$ 为定子漏阻抗,$Z_2 = R_2 + jX_2$ 为转子漏阻抗,皆为一相的值。

从上式可见,转子电流 $\dot{I}_2$ 滞后于转子电动势 $\dot{E}_2$ 一个时间相位角 $\varphi_2 = \arctan \dfrac{X_2}{R_2}$。

与变压器相似,定子电动势 $\dot{E}_1$ 可用阻抗压降表示为:

$$\dot{E}_1 = -\dot{I}_m(R_m + jX_m) = -\dot{I}_m Z_m \tag{5.8}$$

式中　I_m 为励磁电流，$Z_m = R_m + jX_m$ 为励磁阻抗，R_m 是反映铁损耗的等效电阻，叫励磁电阻，X_m 是定子每相绕组与主磁通 $\dot{\Phi}_m$ 对应的电抗，叫励磁电抗。显然，Z_m 的大小将随铁芯饱和程度的不同而变化。

式(5.7)、式(5.8)、式(5.4)、式(5.2)即为电机转子不转而转子绕组短路时的5个基本方程式。

(3) 绕组折算

与分析变压器时相似，为了导出异步电动机的等效电路，亦要进行绕组的折算，一般是将转子绕组向定子绕组折算。折算的原则是用一个相数、每相串联匝数和绕组系数均和定子绕组相等的假想绕组替代实际的转子绕组，而保持转子的磁通势 F_2 不变。为保持转子的磁通势 F_2 不变，需对转子绕组的其他物理量进行相应的折算，下面推导折算的方法。

根据折算前后转子磁通势保持不变的原则，可得

$$0.9\frac{m_1}{2}\frac{N_1 k_{W1}}{p}\dot{I}_2' = 0.9\frac{m_2}{2}\frac{N_2 k_{W2}}{p}\dot{I}_2 \tag{5.9}$$

故得折算后的转子电流为

$$\dot{I}_2' = \frac{m_2 N_2 k_{W2}}{m_1 N_1 k_{W1}}\dot{I}_2 = \frac{1}{k_i}\dot{I}_2 \tag{5.10}$$

式中

$$k_i = \frac{m_1 N_1 k_{W1}}{m_2 N_2 k_{W2}} = \frac{\dot{I}_2}{\dot{I}_2'} \tag{5.11}$$

称为异步电机的电流变比。

由式(5.2)的磁通势平衡方程式，再考虑这些磁通势与对应相电流的关系(见4.2节)，有

$$0.9\frac{m_1}{2}\frac{N_1 k_{W1}}{p}\dot{I}_1 + 0.9\frac{m_2}{2}\frac{N_2 k_{W2}}{p}\dot{I}_2 = 0.9\frac{m_1}{2}\frac{N_1 k_{W1}}{p}\dot{I}_m$$

将式(5.9)代入上式有

$$0.9\frac{m_1}{2}\frac{N_1 k_{W1}}{p}\dot{I}_1 + 0.9\frac{m_1}{2}\frac{N_1 k_{W1}}{p}\dot{I}_2' = 0.9\frac{m_1}{2}\frac{N_1 k_{W1}}{p}\dot{I}_m$$

简化为

$$\dot{I}_1 + \dot{I}_2' = \dot{I}_m \tag{5.12}$$

上式就是用电流形式表示的磁通势平衡方程式。

由于折算前后定、转子磁通势不变，故主磁通 $\dot{\Phi}_m$ 不变，由式(5.3)和式(5.4)，可得

$$\dot{E}_2' = -j4.44 f_1 N_1 k_{W1}\dot{\Phi}_m = \dot{E}_1 = k_e\dot{E}_2 \tag{5.13}$$

Z_2' 与 Z_2 的关系可由 $\dot{E}_2'$，$\dot{I}_2'$ 求出：

$$Z_2' = R_2' + jX_2' = \frac{\dot{E}_2'}{\dot{I}_2'} = \frac{k_e\dot{E}_2}{\frac{1}{k_i}\dot{I}_2} = k_e k_i \frac{\dot{E}_2}{\dot{I}_2}$$

$$= k_e k_i Z_2 = k_e k_i(R_2 + jX_2) = k_e k_i R_2 + jk_e k_i X_2$$

于是

$$\left.\begin{array}{l} R_2' = k_e k_i R_2 \\ X_2' = k_e k_i X_2 \end{array}\right\} \tag{5.14}$$

阻抗角

$$\varphi_2' = \arctan \frac{X_2'}{R_2'} = \arctan \frac{k_e k_i X_2}{k_e k_i R_2} = \arctan \frac{X_2}{R_2} = \varphi_2$$

折算前后转子电路的阻抗角和功率因数不变,即 $\cos \varphi_2' = \cos \varphi_2$。

总之,把转子绕组各量折算到定子时:电动势、电压乘以电动势变比 k_e,电流除以电流变比 k_i,阻抗、电阻和电抗则乘以电动势变比和电流变比的乘积 $k_e k_i$。

(4)等效电路和相量图

经过绕组折算后,异步电机转子静止并且转子绕组短路时的基本方程式变为

$$\dot{U}_1 = -\dot{E}_1 + \dot{I}_1(R_1 + jX_1)$$

$$\dot{E}_1 = -\dot{I}_m(R_m + jX_m)$$

$$\dot{E}_1 = \dot{E}_2'$$

$$\dot{E}_2' = \dot{I}_2'(R_2' + jX_2')$$

$$\dot{I}_1 + \dot{I}_2' = \dot{I}_m$$

$$(5.15)$$

根据这些方程式可以画出相应的等效电路,如图 5.11 所示。

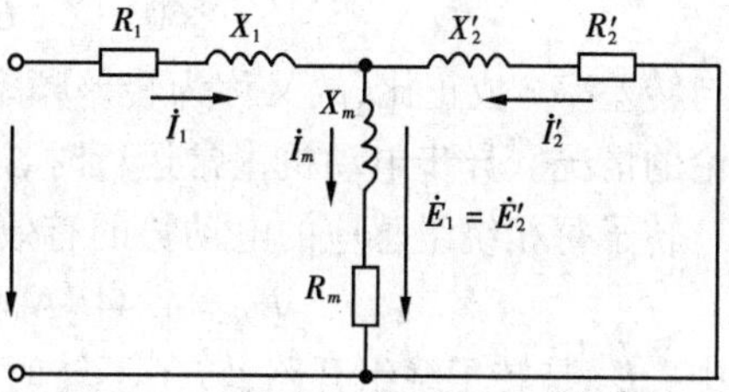

图 5.11 转子堵转时异步电机的等效电路

顺便指出,异步电动机定、转子的漏阻抗是比较小的,定、转子电阻更小。如果转子绕组短路,并将转子堵住不转,在它的定子边加额定电压,则从图 5.11 的等效电路可以看出,这时定、转子的电流将很大,可达额定电流的 4～7 倍。这种情况称为异步电动机的堵转状态,异步电动机启动开始时相当于工作在堵转状态,一般堵转时间不能长,否则堵转电流会烧坏电机,有时为了测量异步电机参数,采用这种堵转试验,但必须降低加在定子绕组上的电压,以限制定、转子绕组中的电流,或者严格控制试验时间。

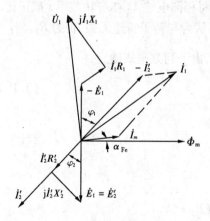

图 5.12 转子堵转时异步电机的相量图

由式(5.15)的基本方程式可画出图 5.12 所示的异步电动机堵转状态的相量图。图中励磁电流 $\dot{I}_m$ 与主磁通 $\dot{\Phi}_m$ 的关系,和变压器的情况相似,$\dot{I}_m$ 超前 $\dot{\Phi}_m$ 一个小的电角度 α_{Fe}（铁耗角）。

5.5 三相异步电动机转子旋转时的电磁关系

异步电动机的定子绕组接上电源,产生旋转磁场,切割转子绕组,感应产生电动势和电流,转子绕组的载流导体在磁场中受到电磁力的作用产生电磁转矩。只要作用在转子上的电磁转矩大于负载转矩(含静摩擦转矩),转子就将顺旋转磁场转向加速,直到接近同步转速时,电磁

转矩与负载转矩达到平衡,转速不再上升,稳定在一固定的转速下运行。

下面在上一节的基础上,来分析此时电机的电磁关系。

5.5.1 基本方程式

当转子旋转时,旋转磁场不再以同步转速切割转子绕组,因而导致转子感应电动势、电流和漏电抗的大小与转子不转时大不一样,分别以 $\dot{E}_{2s}$,$\dot{I}_{2s}$ 和 X_{2s} 表示,以示区别。

由于转子的转向和旋转磁场的转向一致,它们之间的相对转速为 $n_2 = n_1 - n$,因而旋转磁场在转子绕组中感应电动势的频率(简称转子频率,用 f_2 表示)为

$$f_2 = \frac{pn_2}{60} = \frac{p(n_1 - n)}{60} = \frac{n_1 - n}{n_1} \frac{pn_1}{60} = sf_1 \tag{5.16}$$

即与转差率 s 成正比,故又称为转差频率。当转子静止时,$n = 0$,$s = 1$,则 $f_2 = f_1$,这就是上一节讨论的情况。异步电动机正常运行时,s 很小,转子频率很低,约为 $0.5 \sim 2.5$ Hz。

转子每相绕组感应的电动势的有效值为

$$E_{2s} = 4.44 f_2 N_2 k_{W2} \Phi_m = 4.44 sf_1 N_2 k_{W2} \Phi_m = sE_2 \tag{5.17}$$

式中 E_2 是转子绕组开路,转子不转时每相电动势的有效值。此式表明当转子旋转时,每相电动势与转差率 s 成正比(电机正常运行时 Φ_m 近似不变)。

转子旋转时的转子每相漏电抗 X_{2s} 为

$$X_{2s} = 2\pi f_2 L_{s2} = s2\pi f_1 L_{s2} = sX_2 \tag{5.18}$$

式中 X_2 为转子不转时的漏电抗。可见转子旋转时转子每相漏电抗 X_{2s} 亦与转差率 s 成正比。

转子电阻在不考虑集肤效应和温度变化的影响时,可认为与转子转速无关,仍为 R_2。

转子电流 $\dot{I}_{2s}$ 由转子电动势 $\dot{E}_{2s}$ 产生,频率与 $\dot{E}_{2s}$ 相同,由下列方程式确定:

$$\dot{E}_{2s} = \dot{I}_{2s}(R_2 + jX_{2s}) \tag{5.19}$$

$\dot{I}_{2s}$ 滞后于 $\dot{E}_{2s}$ 的时间相位角(即转子功率因数角)为:

$$\varphi_2 = \arctan \frac{X_{2s}}{R_2}$$

定子回路电压平衡方程式仍为

$$\dot{U}_1 = -\dot{E}_1 + \dot{I}_1 Z_1 = -\dot{E}_1 + \dot{I}_1(R_1 + jX_1)$$

转子旋转时,转子电流产生的基波旋转磁通势 F_2,相对于转子本身的转速 Δn 决定于转子频率 f_2,为

$$\Delta n = \frac{60f_2}{p} = \frac{60f_1}{p} s = sn_1 = n_1 - n$$

于是转子磁通势相对于定子的转速为

$$\Delta n + n = n_1 - n + n = n_1$$

可见,转子基波磁通势 F_2 与定子基波磁通势 F_1,相对于定子来说,仍是同转速(n_1),同转向旋转的,与转子转速无关。换句话说,F_1 和 F_2 在空间总是相对静止的。

既然转子旋转时,定、转子基波磁通势 F_1,F_2 相对静止,就可把它们二者矢量相加,得到合成磁通势,仍用 F_m 表示。即

$$F_1 + F_2 = F_m$$

这就是转子旋转时的磁通势平衡方程式,和转子静止时一样,只是每个磁通势的大小及相位有所不同而已。

5.5.2　频率折算

从前面的分析知道,异步电动机转子旋转时,定、转子电路中电动势和电流的频率不相同,这给分析计算带来困难,为了获得等效电路以简化分析计算,还需对转子绕组进行频率折算。

由于转子电流频率 f_2 只影响 F_2 相对于转子本身的转速,而 F_2 相对于定子的转速永远为 n_1,与 f_2 无关。另外,我们知道,转子对定子的作用是通过磁通势 F_2 产生的。这就有可能用不动的转子(频率为 f_1)来等效代替转动的转子,只要维持两种情况下的 F_2 不变即可。为达到这一点,应使静止的转子中三相电流的大小和转子电路的阻抗角与转子旋转时一样。

由式(5.20)可得

$$\dot{I}_{2s} = \frac{\dot{E}_{2s}}{R_2 + jX_{2s}} = \frac{s\dot{E}_2}{R_2 + jsX_2} = \frac{\dot{E}_2}{\frac{R_2}{s} + jX_2} = \dot{I}_2$$

式中 $\dot{E}_2, \dot{I}_2, X_2$ 分别是转子不转时转子绕组每相电动势、电流和漏电抗。

由上式看出,经过这样变换后得到的电流 $\dot{I}_2$ 在大小和相位上完全与 $\dot{I}_{2s}$ 一样,但物理意义却大不相同了。$\dot{I}_2$ 等于转子不转时的电势 $\dot{E}_2$ 除以转子不转时的漏电抗 X_2 和转子等效电阻 $\frac{R_2}{s}$,这时 $\dot{I}_2$ 的频率已经变成 f_1 了。

还可看出,变换后,转子电路的功率因数角也与原来的一样,即

$$\varphi_2 = \arctan \frac{X_{2s}}{R_2} = \arctan \frac{sX_2}{R_2} = \arctan \frac{X_2}{\frac{R_2}{s}}$$

因而由三相电流产生的转子磁通势在空间相位上也和原来的一样。

所以,用一个静止的转子去代替一个实际旋转的转子,只要把转子电路中的电阻 R_2 改为 $\frac{R_2}{s}$(这相当于在转子回路中串联了 $\frac{R_2}{s} - R_2 = \frac{1-s}{s}R_2$ 的电阻),电抗 X_{2s} 改为 X_2,用这些阻抗去除转子不转时的 $\dot{E}_2$,就能得到一个大小和相位与转子旋转时一样,而频率为 f_1 的转子电流。由这个电流所产生的转子磁通势无论其大小、转向、空间相位以及相对于定子的转速等均和原来的一样,即从定子边看是同一个磁通势 F_2,对定子边各量均无影响。这种用一个静止不动的转子代替实际旋转的转子,从而使转子回路的频率由 f_2 变为 f_1 的方法,叫做异步电机的频率折算。

5.5.3　等效电路和相量图

(1)等效电路

经过频率折算后,实际的转子用静止的转子代替了,再用上节的绕组折算方法,进行绕组

折算,就可得出等效电路。

考虑把转子绕组的相数、匝数以及绕组系数都折算到定子边,这时转子回路的电压方程式变为

$$\dot{E}_2' = \dot{I}_2'\left(\frac{R_2'}{s} + jX_2'\right)$$

综上所述,经频率和绕组折算以后,异步电动机转子旋转时的基本方程式为

$$\left.\begin{array}{l} \dot{U}_1 = -\dot{E}_1 + \dot{I}_1(R_1 + jX_1) \\[2mm] \dot{E}_1 = -\dot{I}_m(R_m + jX_m) \\[2mm] \dot{E}_1 = \dot{E}_2' \\[2mm] \dot{E}_2' = \dot{I}_2'\left(\frac{R_2'}{s} + jX_2'\right) \\[2mm] \dot{I}_1 + \dot{I}_2' = \dot{I}_m \end{array}\right\} \qquad (5.20)$$

根据式(5.20)的基本方程式,可以画出异步电动机转子旋转时的等效电路,如图 5.13 所示。与图 5.11 比较,在转子回路里增加了一项 $\frac{1-s}{s}R_2'$ 电阻。

与变压器的 T 形等效电路(图 3.14)比较可以看出,旋转时的异步电动机,相当于一台变压器运行在接纯电阻 $\frac{1-s}{s}R_2'$ 负载时的情况。

异步电动机的 T 形等效电路以电路形式综合了异步电机运行时内部的电磁关系,可用于分析计算异步电机的各种运行情况。

电动机空载运行时,转子转速非常接近同步转速,转差率 s 很小,$\frac{1-s}{s}R_2'$ 趋于 ∞。这时等效电路中转子边相当于开路,转子电流 $\dot{I}_2'$ 接近于零,定子电流 $\dot{I}_1$ 即电动机的空载电流 $\dot{I}_0$,近似等于励磁电流 $\dot{I}_m$,电动机的功率因数很低。这相当于变压器副绕组开路的情形。

电动机带额定负载运行时,转差率若为 0.05,则 $\frac{R_2'}{s}$ 为 R_2' 的 20 倍,使等效电路的转子边基本上是电阻性电路,功率因数 $\cos\varphi_2$ 较高,定子边功率因数 $\cos\varphi_1$ 也较高,一般可达 $0.8 \sim 0.85$ 以上。由于异步电动机定子漏阻抗 Z_1 不大,因此负载时定子漏阻抗压降 $\dot{I}_1Z_1$ 对 $-\dot{E}_1(= \dot{U}_1 - \dot{I}_1Z_1)$ 影响不大,E_1 和相应的主磁通 $\varPhi_m$ 只比空载时略小,所需的励磁电流 I_m 变化也不大。

异步电动机启动时,$n=0$,$s=1$,$\frac{1-s}{s}R_2'=0$,就是转子绕组短路并堵转的情况。这时定、转子电流很大,而功率因数较低。这相当于变压器副绕组短路的情形。

图 5.13 的等效电路是一个复联电路,分析计算还比较复杂。和变压器相似,可把励磁支路移到输入端,使整个电路变成单纯的并联电路,如图 5.14 所示,称为异步电动机的近似等效电路。

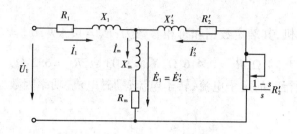
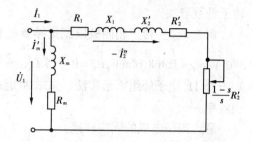

图 5.13　异步电机的 T 形等效电路　　　　　图 5.14　异步电机的近似等效电路

须指出的是,在异步电动机中,由于气隙的存在,励磁阻抗 Z_m 比变压器的小得多,励磁电流相对较大,因此,一般不能像变压器那样,把励磁支路去掉而变成简化等效电路(图 3.16)。另外,由于异步电机的定子漏阻抗也比变压器的大,因此不难看出由图 5.14 的电路算出的定、转子电流比 T 形电路算出的稍偏大,且电机容量愈小相对偏差愈大。若要求计算的准确度较高,可采用其他并联电路,参见有关书籍。

(2)相量图

按式(5.20)或图 5.13,可画出相应的异步电动机的相量图如图 5.15 所示。从相量图上可以清楚地看出电机的各个电磁量在数值和相位上的关系。

画相量图时,先把主磁通相量 $\dot{\Phi}_m$ 画在水平方向,作为参考相量。再画滞后于 $\dot{\Phi}_m$ 90°的电动势 $\dot{E}_1$、$\dot{E}_2'$ 和产生主磁通的励磁电流相量 $\dot{I}_m$,它超前于 $\dot{\Phi}_m$ 一个 α_{Fe} 角。然后画出滞后于 $\dot{E}_2'$ 一个 $\varphi_2' = \arctan \dfrac{X_2'}{R_2'/s} = \arctan \dfrac{X_2}{R_2/s} = \varphi_2$ 角的 $\dot{I}_2'$,画 $\dot{I}_2' \dfrac{R_2'}{s}$ 与 $\dot{I}_2'$ 同相,j$\dot{I}_2' X_2'$ 超前 $\dot{I}_2'$ 90°。再由 $\dot{I}_m$ 和 $-\dot{I}_2'$ 确定相量 $\dot{I}_1$。最后在 $-\dot{E}_1$ 上加上 $\dot{I}_1 R_1$ 和 j$\dot{I}_1 X_1$ 就得定子每相端电压 $\dot{U}_1$,$\dot{U}_1$ 与 $\dot{I}_1$ 的夹角 φ_1 为定子的功率因数角。

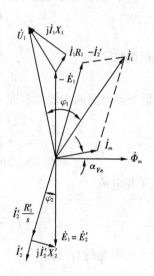

图 5.15　异步电机的相量图

从相量图可以看出,定子电流 $\dot{I}_1$ 总是滞后于电源电压 $\dot{U}_1$,因为要建立和维持气隙中的主磁通和定、转子的漏磁通,需要从电源吸取一定的感性无功功率,即异步电动机具有滞后的功率因数。还可看出,当电机轴上带的机械负载增加时,转速 n 降低,转差率 s 增大,使图中 $\dot{I}_2'$ 增大,$\dot{I}_1$ 随之增大,电动机从电网吸取更多的电功率,从而实现电能到机械能的转换。

以上以绕线式异步电动机为例介绍了异步电动机的原理,但所得结论完全适用于鼠笼式异步电动机。需指出的是,所有电机的定、转子的极对数应彼此相等。否则就不能产生平均电磁转矩,电机无法工作。对绕线式异步电动机,转子极对数是通过绕组的联接做到和定子一样的。而鼠笼式异步电动机,转子极对数则是自动地等于定子极对数的。另外,绕线式三相异步电动机转子绕组是三相($m_2 = 3$),而鼠笼式异步电动机转子绕组一般不是三相,而是 m_2 相,与转子槽数有关。

例 5.2 一台三相四极鼠笼式异步电动机,其额定数据和每相参数为: $P_N = 17$ kW, $U_N = 380$ V, $n_N = 1\ 468$ r/min, $R_1 = 0.715\ \Omega$, $X_1 = 1.74\ \Omega$, $R_2' = 0.416\ \Omega$, $X_2' = 3.03\ \Omega$, $\dot{R}_m = 6.2\ \Omega$, $X_m = 75\ \Omega$, 定子绕组△形接法。试求额定运行时的定子电流、转子电流、励磁电流、功率因数和效率。

解 四极电机的同步转速

$$n_1 = \frac{60f}{p} = \frac{60 \times 50}{2} = 1\ 500\ \text{r/min}$$

额定运行时的转差率

$$s_N = \frac{n_1 - n_N}{n_1} = \frac{1\ 500 - 1\ 468}{1\ 500} = 0.021\ 3$$

1)采用 T 形等效电路计算

转子电路阻抗的折算值

$$Z_2' = \frac{R_2'}{s} + jX_2' = \frac{0.416}{0.021\ 3} + j3.03 = 19.76 \angle 8.82°$$

励磁阻抗

$$Z_m = R_m + jX_m = 6.2 + j75 = 75.26 \angle 85.27°$$

T 形等效电路输入端总阻抗

$$Z = Z_1 + \frac{Z_m Z_2'}{Z_m + Z_2'} = 0.715 + j1.74 + \frac{75.26 \angle 85.27° \times 19.76 \angle 8.82°}{75.26 \angle 85.27° + 19.76 \angle 8.82°}$$

$$= 19.46 \angle 26.3°$$

定子相电流

$$\dot{I}_1 = \frac{\dot{U}_1}{Z} = \frac{380 \angle 0°}{19.46 \angle 26.3°} = 19.53 \angle -26.3°\ \text{A}$$

定子线电流的有效值

$$I_{1l} = \sqrt{3} I_1 = \sqrt{3} \times 19.53 = 33.83\ \text{A}$$

转子电流

$$\dot{I}_2' = -\dot{I}_1 \frac{Z_m}{Z_2' + Z_m} = -19.53 \angle -26.3° \frac{75.26 \angle 85.27°}{19.76 \angle 8.82° + 75.26 \angle 85.27°}$$

$$= 17.88 \angle 167.2°$$

励磁电流

$$\dot{I}_m = \dot{I}_1 \frac{Z_2'}{Z_2' + Z_m} = 19.53 \angle -26.3° \frac{19.76 \angle 8.82°}{19.76 \angle 8.82° + 75.26 \angle 85.27°}$$

$$= 4.69 \angle -89.23°\ \text{A}$$

功率因数

$$\cos \varphi_1 = \cos 26.3° = 0.896$$

定子输入功率

$$P_1 = 3U_1 I_1 \cos \varphi_1 \times 10^{-3} = 3 \times 380 \times 19.53 \times 0.896 \times 10^{-3} = 19.95\ \text{kW}$$

效率
$$\eta = \frac{P_2}{P_1} \times 100\% = \frac{17}{19.95} \times 100\% = 85.2\%$$

2）采用近似等效电路计算

转子电流
$$\dot{I}_2'' = -\frac{\dot{U}_1}{Z_1 + Z_2'} = -\frac{380\angle 0°}{0.715 + \mathrm{j}1.74 + 19.76\angle 8.82°} = 18.27\angle 166.75° \ \mathrm{A}$$

励磁电流
$$\dot{I}_m' = \frac{\dot{U}_1}{Z_m} = \frac{380\angle 0°}{75.26\angle 85.27°} = 5.05\angle -85.27° \ \mathrm{A}$$

定子相电流
$$\dot{I}_1 = \dot{I}_m' + (-\dot{I}_2'') = 5.05\angle -85.27° - 18.27\angle 166.75° = 20.4\angle -26.87° \ \mathrm{A}$$

定子线电流的有效值
$$I_{1l} = \sqrt{3}I_1 = \sqrt{3} \times 20.4 = 35.33 \ \mathrm{A}$$

功率因数
$$\cos\varphi_1 = \cos 26.87° = 0.892$$

定子输入功率
$$P_1 = 3U_1 I_1 \cos\varphi_1 \times 10^{-3} = 3 \times 380 \times 20.4 \times 0.892 \times 10^{-3} = 20.74 \ \mathrm{kW}$$

效率
$$\eta = \frac{P_2}{P_1} \times 100\% = \frac{17}{20.74} \times 100\% = 81.97\%$$

比较以上两种计算结果可以看出,用近似等效电路算出的定子电流、转子电流和励磁电流都比用 T 形等效电路算出的要大,而效率则要低一些。

5.6　三相异步电动机的功率和转矩

如前几节所述,异步电动机是通过电磁感应作用把电能传送到转子再转化为轴上输出的机械能的,在能量变换的过程中电磁转矩起了关键性的作用。下面就根据异步电机的 T 形等效电路来分析其功率关系和转矩关系,然后推导出异步电动机的电磁转矩公式。

5.6.1　功率平衡方程式

当三相异步电动机以转速 n 稳定运行时,定子绕组从电源输入的电功率 P_1 为
$$P_1 = 3U_1 I_1 \cos\varphi_1$$

从图 5.13 所示的等效电路可以看出,P_1 的一小部分消耗于定子绕组的铜损耗 p_{Cu1}
$$p_{\mathrm{Cu1}} = 3I_1^2 R_1$$

另有一小部分消耗于定子铁芯中产生的铁损耗 p_{Fe}
$$p_{\mathrm{Fe}} = 3I_m^2 R_m$$

余下的大部分功率就是通过气隙旋转磁场,利用电磁感应作用传递到转子上的功率,叫电磁功率,用 P_{em} 表示。

$$P_{em} = P_1 - p_{Cu1} - p_{Fe} \qquad (5.21)$$

P_{em} 等于等效电路中转子回路全部电阻上的损耗

$$P_{em} = 3I_2'^2 \left[R_2' + \frac{(1-s)}{s} R_2' \right] = 3I_2'^2 \frac{R_2'}{s}$$

电磁功率也可表示为

$$P_{em} = 3E_2' I_2' \cos \varphi_2 = m_2 E_2 I_2 \cos \varphi_2$$

转子绕组产生转子铜损耗 p_{Cu2}

$$p_{Cu2} = 3I_2'^2 R_2' = sP_{em}$$

旋转磁场切割转子铁芯也将引起转子铁损耗,由于正常运行时,异步电动机转差率很小,旋转磁场相对于转子的转速很小,以致转子铁芯中磁通交变频率 f_2 很低,通常仅 $(0.5 \sim 2.5)$ Hz,因此转子铁损耗很小,一般可以忽略不计。

这样输到转子的电磁功率 P_{em} 仅须扣除转子铜损耗 p_{Cu2},便产生于电机转轴上,带动转子旋转的总机械功率 P_{mec},应等于等效电阻 $\frac{1-s}{s} R_2'$ 上的损耗,即

$$P_{mec} = P_{em} - p_{Cu2} = 3I_2'^2 \frac{1-s}{s} R_2' = (1-s)P_{em} \qquad (5.22)$$

电机旋转时由于轴承摩擦和风阻转矩而要损耗一部分功率,叫机械损耗 p_{mec}。另外,还有一些附加损耗 p_{ad},它也要消耗电动机轴上的一部分功率。这样,异步电动机轴上得到的总机械功率 P_{mec} 应减去机械损耗和附加损耗,才是轴上输出的机械功率 P_2,即

$$P_2 = P_{mec} - p_{mec} - p_{ad} \qquad (5.23)$$

附加损耗与气隙大小和工艺因素有关,很难计算,一般根据经验选取:

对大型异步电动机 $\qquad p_{ad} = 0.5\% P_N$

对小型铸铝转子异步电动机 $\qquad p_{ad} = (1 \sim 3)\% P_N$

一般把机械损耗和附加损耗统称为电动机的空载损耗,用 p_0 表示,于是

$$P_2 = P_{mec} - p_0 \qquad (5.24)$$

式(5.21)、式(5.22)和式(5.23)反映了异步电动机内部的功率流程和功率平衡关系。功率流程还可用图5.16所示的功率流程图表示,更为清晰。由以上三式或功率流程图可得异步电动机总的功率平衡方程式

$$P_2 = P_1 - p_{Cu1} - p_{Fe} - p_{Cu2} - p_{mec} - p_{ad} = P_1 - \sum p$$

式中 $\quad \sum p = p_{Cu1} + p_{Fe} + p_{Cu2} + p_{mec} + p_{ad}$ 为异步电动机的总损耗。

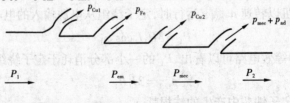

图5.16 异步电动机的功率流程图

5.6.2 转矩平衡方程式

将式(5.24)的两边同除以转子机械角速度 Ω 便得到稳态运行时异步电动机的转矩平衡方程式

$$\frac{P_{\text{mec}}}{\Omega} = \frac{P_2}{\Omega} + \frac{p_0}{\Omega}$$

$$T = T_2 + T_0 \tag{5.25}$$

式中 $T_2 = \dfrac{P_2}{\Omega}$ ——电动机轴上输出的转矩;

$T_0 = \dfrac{p_0}{\Omega}$ ——对应于机械损耗和附加损耗的转矩,叫空载转矩;

$T = \dfrac{P_{\text{mec}}}{\Omega}$ ——对应总机械功率的转矩,称为电磁转矩。

式(5.25)说明电磁转矩 T 与输出机械转矩 T_2 和空载转矩 T_0 相平衡。

从式(5.22)可导出

$$T = \frac{P_{\text{mec}}}{\Omega} = \frac{(1-s)P_{\text{em}}}{\frac{2\pi n}{60}} = \frac{P_{\text{em}}}{\frac{2\pi n_1}{60}} = \frac{P_{\text{em}}}{\Omega_1} \tag{5.26}$$

式中 $\Omega_1 = \dfrac{2\pi n_1}{60}$ 是同步机械角速度,为常数。

可见电磁转矩 T 与电磁功率成正比。式(5.26)表明,电磁转矩 T 等于总机械功率 P_{mec} 除以转子机械角速度 Ω,也等于电磁功率 P_{em} 除以同步机械角速度 Ω_1,这是一个很重要的概念。

5.6.3 电磁转矩

由式(5.26)与电磁功率表达式可得:

$$T = \frac{P_{\text{em}}}{\Omega_1} = \frac{m_2 E_2 I_2 \cos\varphi_2}{\frac{2\pi n_1}{60}} = \frac{m_1 E_2' I_2' \cos\varphi_2}{\frac{2\pi n_1}{60}}$$

$$= \frac{m_1(\sqrt{2}\pi f_1 N_1 k_{W1}\Phi_{\text{m}})I_2'\cos\varphi_2}{\frac{2\pi f_1}{p}}$$

$$= \frac{m_1}{\sqrt{2}} p N_1 k_{W1}\Phi_{\text{m}} I_2'\cos\varphi_2$$

$$= C_T'\Phi_{\text{m}} I_2'\cos\varphi_2 \tag{5.27}$$

式中 $C_T' = \dfrac{m_1}{\sqrt{2}} p N_1 k_{W1}$ 称为异步电动机的转矩系数。和直流电动机一样,对已制成的异步电动机来说, C_T' 为一常数。当磁通的单位为 Wb,电流的单位为 A,则上式转矩的单位为 N·m。

从上式看出,异步电动机电磁转矩与气隙每极磁通 Φ_{m} 和转子电流的有功分量 $I_2'\cos\varphi_2$ 的乘积成正比。说明正是由此二者的相互作用才产生电磁转矩。公式(5.27)与直流电动机电磁转矩公式极为相似。

例5.3 一台三相绕线式异步电动机,额定数据为:$P_N = 94$ kW,$U_N = 380$ V,$n_N = 950$ r/min,$f_1 = 50$ Hz。在额定转速下运行时,机械摩擦损耗 $p_{mec} = 1$ kW,忽略附加损耗。求额定运行时的:

1)转差率 s_N;

2)电磁功率 P_{em};

3)电磁转矩 T_N;

4)转子铜损耗 p_{Cu2};

5)输出转矩 T_2;

6)空载转矩 T_0。

解 由 n_N 可判断同步转速 $n_1 = 1\,000$ r/min。

1)额定转差率 s_N

$$s_N = \frac{n_1 - n_N}{n_1} = \frac{1\,000 - 950}{1\,000} = 0.05$$

2)电磁功率 P_{em}

由式(5.22)与式(5.23)可得

$$P_{em} = \frac{P_{mec}}{1 - s_N} = \frac{P_N + p_{mec}}{1 - s_N} = \frac{94 + 1}{1 - 0.05} = 100 \text{ kW}$$

3)电磁转矩 T_N

$$T_N = \frac{P_{em}}{\Omega_1} = \frac{P_{em}}{\frac{2\pi n_1}{60}} = 9\,550 \frac{P_{em}}{n_1}$$

$$= 9\,550 \times \frac{100}{1\,000} = 955 \text{ N} \cdot \text{m}$$

或

$$T_N = \frac{P_{mec}}{\Omega_N} = 9\,550 \frac{P_N + p_{mec}}{n_N}$$

$$= 9\,550 \times \frac{94 + 1}{950} = 955 \text{ N} \cdot \text{m}$$

4)转子铜耗 p_{Cu2}

$$p_{Cu2} = s_N P_{em} = 0.05 \times 100 = 5 \text{ kW}$$

5)输出转矩 T_2

$$T_2 = \frac{P_N}{\Omega_N} = 9\,550 \frac{P_N}{n_N} = 9\,550 \times \frac{94}{950} = 944.9 \text{ N} \cdot \text{m}$$

6)空载转矩 T_0

$$T_0 = \frac{p_{mec}}{\Omega_N} = 9\,550 \frac{p_{mec}}{n_N} = 9\,550 \times \frac{1}{950} = 10.1 \text{ N} \cdot \text{m}$$

或

$$T_0 = T_N - T_2 = 955 - 944.9 = 10.1 \text{ N} \cdot \text{m}$$

5.7　三相异步电动机的工作特性和参数测定

5.7.1　三相异步电动机的工作特性

异步电动机的工作特性是指在额定电压和额定频率下,电动机的转速 n(或转差率 s)、电磁转矩 T(或输出转矩 T_2)、定子电流 I_1、效率 η 和功率因数 $\cos\varphi_1$ 与输出功率 P_2 之间的关系曲线。即 $U_1 = U_N$,$f_1 = f_N$ 时的 $n,T,I_1,\eta,\cos\varphi_1 = f(P_2)$。工作特性可以通过电动机直接加负载试验得到,或者利用等效电路计算而得。图 5.17 为三相异步电动机的工作特性曲线。下面分别加以说明。

(1)转速特性 $n = f(P_2)$

因为 $n = (1-s)n_1$,电机空载时,负载转矩小,转子转速 n 接近同步转速 n_1,s 很小。随着负载的增加,转速 n 略有下降,s 略微上升,这时转子感应电动势 E_{2s} 增大,转子电流 I_{2s} 增大,以产生更大的电磁转矩与负载转矩相平衡。因此,随着输出功率 P_2 的增加,转速特性是一条稍微下降的曲线,$s = f(P_2)$ 曲线则是稍微上翘的。一般异步电动机,额定负载时的转差率 $s_N = 0.02 \sim 0.05$,小数字对应于大电机。

(2)转矩特性 $T = f(P_2)$

从式(5.25)知,电磁转矩 $T = \dfrac{P_2}{\Omega} + T_0$,式中 T_0 近似不变,如果 Ω 保持不变,则 T 将随 P_2 的增大而增大,成线性关系,由于实际上 Ω 会随 P_2 的上升而略有下降,所以 $T = f(P_2)$ 略为上翘,如图 5.17 所示。

(3)定子电流特性 $I_1 = f(P_2)$

定子电流 $\dot{I}_1 = \dot{I}_m + (-\dot{I}_2')$。空载时,转子电流 $\dot{I}_2' \approx 0$,定子电流大都是励磁电流 I_m。随着负载的增大,转速下降,I_2' 增大,相应 I_1 也增大,如图 5.17 所示。

(4)效率特性 $\eta = f(P_2)$

异步电动机的效率

$$\eta = \frac{P_2}{P_1} = 1 - \frac{\sum p}{P_2 + \sum p}$$

异步电动机的损耗 $\sum p$ 也可分为不变损耗和可变损耗两部分。电动机从空载到满载运行时,由于主磁通和转速变化很小,铁损耗 p_{Fe} 和机械损耗 p_{mec} 近似不变,称为不变损耗。而定、转子铜损耗 p_{Cu1},p_{Cu2} 和附加损耗 p_{ad} 是随负载而变的,称为可变损耗。空载时,$P_2 = 0$,$\eta = 0$,随着 P_2 增加,可变损耗增加较慢,η 上升很快,直到当可变损耗等于不变损

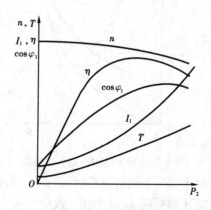

图 5.17　异步电动机的工作特性

耗时,效率最高。若负载继续增大,铜损耗增加很快,效率反而下降。异步电动机的效率曲线与直流电机和变压器的大致相同。对于中小型异步电动机,最高效率出现在 $P_2 = 0.75P_N$ 左右。一般电动机额定负载下的效率在 74% ~ 94%,容量越大的,额定效率 η_N 越高。

(5) 功率因数特性 $\cos \varphi_1 = f(P_2)$

异步电动机对电源来说,相当一个感性阻抗,因此其功率因数总是滞后的,运行时必须从电网吸取感性无功功率,$\cos \varphi_1 < 1$。空载时,定子电流大都是无功的磁化电流,因此 $\cos \varphi_1$ 很低,通常小于 0.2。随着负载增加,定子电流中的有功分量增加,功率因数提高。在接近额定负载时,功率因数最高。负载再增大,由于转速降低,转差率 s 增大,转子功率因数角 $\varphi_2 = \arctan \dfrac{sX_2}{R_2}$ 变大,使 $\cos \varphi_2$ 和 $\cos \varphi_1$ 又开始减小。

由于异步电动机的效率和功率因数都在额定负载附近达到最大值,因此选用电动机时应使电动机容量与负载相匹配。如果选得过小,电动机运行时过载,会使温度过高影响寿命甚至损坏电机。但也不能选得太大,否则,不仅电机价格较高,而且电机长期在低负载下运行,其效率和功率因数都较低,很不经济。

5.7.2 三相异步电动机的参数测定

异步电动机的参数包括励磁参数(Z_m,R_m,X_m)和短路参数($R_1,X_1,R_2',X_2',R_k,X_k$)。知道了这些参数,才能用等效电路计算其运行特性。和变压器相似,对已制成的电机可以通过空载和短路(堵转)试验来测定其参数。

(1) 空载试验

空载试验的目的是测定励磁参数 R_m,X_m 以及铁损耗 p_{Fe} 和机械损耗 p_{mec}。试验时,电动机轴上不带任何负载,定子接到额定频率的对称三相电源,当电源电压为额定值时,让电动机运转一段时间,使其机械损耗达稳定值。用调压器改变外加电压大小,使其从 $(1.1 \sim 1.3)U_N$ 开始,逐渐降低电压,直到电机转速发生明显变化(电流回升)为止。测量几个点,记录每次的端电压 U_1、空载电流 I_0、空载功率 P_0 和转速 n,画出曲线 $I_0 = f(U_1)$ 和 $P_0 = f(U_1)$,如图 5.18 所示,即为所谓的空载特性。

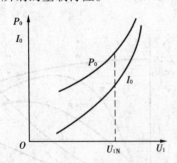

图 5.18 异步电动机的空载特性

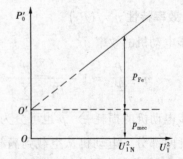

图 5.19 $P_0' = f(U_1^2)$ 曲线

由于异步电动机空载时,s 很小,转子电流很小,转子铜损耗可以忽略。此时输入功率消耗在定子铜损耗 $p_{Cu1} = 3I_0^2R_1$、铁损耗 p_{Fe}、机械损耗 p_{mec} 和空载附加损耗 p_{ad} 上,如果忽略 p_{ad},则

$$P_0 = 3I_0^2R_1 + p_{Fe} + p_{mec}$$

从空载功率 P_0 中减去 $3I_0^2R_1$,并用 P_0' 表示,得

$$P_0' = P_0 - 3I_0^2R_1 = p_{Fe} + p_{mec}$$

由于 p_{Fe} 随电压 U_1 的变化而变化,而 p_{mec} 与电压 U_1 无关,仅决定于转速,当电机转速变化不大时,可认为 p_{mec} 为常数。因为 p_{Fe} 与磁密的平方成正比,则与 U_1^2 成正比,故可将 P_0' 与 U_1^2 的关系画成曲线如图 5.19 所示,延长此近似直线与纵轴交于 O' 点,过 O' 作一水平虚线将曲线纵坐标分为两部分。显然空载时,$n \approx n_1$,p_{mec} 不变。而 $U_1 = 0$ 时,$p_{Fe} = 0$。所以虚线下部纵坐标就表示机械损耗 p_{mec},其余部分当然为铁损耗 p_{Fe},取 $U_1 = U_{1N}$ 时的值。

根据空载试验额定电压时测得的 I_0 和 P_0 可算出:

$$\left. \begin{array}{l} Z_0 = \dfrac{U_1}{I_0} \\[2mm] R_0 = \dfrac{P_0 - p_{mec}}{3I_0^2} \\[2mm] X_0 = \sqrt{Z_0^2 - R_0^2} \end{array} \right\} \tag{5.28}$$

式中 P_0 是测得的三相功率,I_0,U_1 分别为定子相电流和相电压。

空载时,$s \approx 0$,$I_2 \approx 0$,$\dfrac{1-s}{s}R_2' \approx \infty$,转子可以认为开路,从图 5.13 等效电路可见

$$X_0 = X_m + X_1 \tag{5.29}$$

式中 X_1 可由下面短路试验测得,于是励磁电抗

$$X_m = X_0 - X_1 \tag{5.30}$$

励磁电阻

$$R_m = \frac{p_{Fe}}{3I_0^2} \quad 或 \quad R_m = R_0 - R_1 \tag{5.31}$$

式中定子绕组每相电阻 R_1 可用伏安表法、电桥或万用表测得。

(2)短路试验

短路试验的目的是测定短路阻抗 Z_k,转子电阻 R_2' 和定、转子漏抗 X_1,X_2'。试验时如果是绕线式异步电动机,转子绕组应予以短路,并将转子堵住不转。故短路试验又叫堵转试验。为了使短路试验时短路电流不致过大,应降低电压进行。一般从 $U_1 = 0.4U_N$ 开始,然后逐步降低电压。为避免绕组过热烧坏,试验应尽快进行。测量几个点,记录每次的端电压 U_1、定子短路电流 I_k 和短路功率 P_k。根据记录数据,即可画出电动机的短路特性 $I_k = f(U_1)$,$P_k = f(U_1)$,如图 5.20 所示。

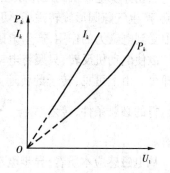

图 5.20　异步电动机的短路特性

堵转时异步电动机的等效电路如图 5.11 所示。由于 $Z_m \gg Z_2'$,$I_m \approx 0$,可近似认为图 5.11 中的励磁支路开路,铁损耗可以忽略。此时 $n = 0$,机械损耗 $p_{mec} = 0$,输出功率也为零。全部的输入功率 P_k 都消耗在定、转子铜损耗上,即

$$P_k = 3I_1^2R_1 + 3(I_2')^2R_2'$$

由于 $I_m \approx 0$,则可认为 $I_2' \approx I_1 = I_k$,因此

$$P_k = 3I_k^2(R_1 + R_2')$$

根据短路试验数据,可求出短路阻抗 Z_k,短路电阻 R_k 和短路电抗 X_k。

$$\left. \begin{array}{l} Z_k = \dfrac{U_1}{I_k} \\[2mm] R_k = \dfrac{P_k}{3I_k^2} \\[2mm] X_k = \sqrt{Z_k^2 - R_k^2} \end{array} \right\} \tag{5.32}$$

式中

$$R_k = R_1 + R_2' \tag{5.33}$$

$$X_k = X_1 + X_2' \tag{5.34}$$

将 R_k 减去 R_1 即得 R_2'。对于 X_1 和 X_2' 无法用试验的办法分开。对大、中型异步电动机,可认为

$$X_1 \approx X_2' \approx \frac{X_k}{2} \tag{5.35}$$

对于小型三相异步电动机,可取

$$X_2' = (0.55 \sim 0.7)X_k \tag{5.36}$$

$$X_1 = X_k - X_2' \tag{5.37}$$

小　　结

三相异步电动机亦由定子和转子两部分组成。随转子结构的不同,三相异步电动机分为鼠笼式和绕线式两种不同类型。

三相异步电动机的工作原理是定子三相对称绕组,接通三相对称交流电源,流过三相对称电流,产生气隙圆形旋转磁场,切割转子绕组的导体,感应电动势和电流,转子载流导体在磁场当中受到电磁力的作用,产生电磁转矩,使转子朝着旋转磁场的方向转动,从而实现能量的转换。欲使电动机反转,只要将电动机接电源的三根导线中的任意两根对调,使旋转磁场反向旋转即可。由上可见,转子的转速 n 必须与旋转磁场的转速 n_1 有差异,转差 $n_1 - n$ 是异步电动机运行的必要条件,转差率 $s = \dfrac{n_1 - n}{n_1}$ 不但反映异步电动机转速的高低,还能反映电动机的运行状态。

从电磁感应本质看,异步电动机与变压器极为相似,为此可以采用研究变压器的方法来分析异步电动机。首先把磁路的磁通分为主磁通和漏磁通,然后分析转子静止时的电磁关系,建立基本方程式,经过绕组折算导出等效电路和相量图。再分析转子旋转时的电磁关系,这时要先进行频率折算,把旋转的转子转化为静止的等效转子,再进行绕组折算,从而导出运行时的基本方程式、等效电路和相量图。其等效电路与变压器基本相同,只是把变压器等效电路中的负载阻抗 Z_L' 改为代表异步电动机总机械功率的纯电阻 $\dfrac{1-s}{s}R_2'$。

利用等效电路可以简单地导出异步电机中功率和转矩的平衡关系,其中电磁转矩与电磁

功率及总机械功率之间的关系特别重要。

异步电动机的工作特性是其重要运行性能。从转速特性可知,异步电动机的转速随负载变化很小,可以近似看做恒速电动机。由效率特性和功率因数特性可以看出,异步电动机轻载运行时的效率 η 和功率因数 $\cos \varphi_1$ 都很低,所以不宜长时间工作在空载或轻载状态。

三相异步电动机的参数可由空载试验和短路试验测得的数据通过简单计算确定。

思 考 题

5.1　三相异步电动机转子结构有哪两种基本形式? 各有什么优缺点?

5.2　为什么异步电动机工作在电动状态时转子转速总低于同步转速? 如何根据转差率来判断异步电机的运行状态?

5.3　异步电动机主、漏磁通如何定义? 为何将谐波磁通作为定子漏磁通处理?

5.4　异步电动机处于不同运行状态时,转子电流产生的磁通势相对于定子的转速是否变化? 为什么?

5.5　已知三相电力变压器的励磁电流为额定电流的 2% ~ 10%,为什么三相异步电动机的励磁电流却高达额定电流的 20% ~ 50%?

5.6　在推导异步电动机等效电路时,转子参量要进行哪些折算? 这些折算的物理意义是什么?

5.7　异步电动机的等效电路与变压器有无差别? 异步电动机等效电路中的附加电阻 $\frac{1-s}{s}R_2'$ 代表什么? 是否能用电感或电容代替?

5.8　有一台绕线式异步电功机,定子绕组短路,在转子绕组中通入频率为 f_1 的三相对称交流电流,产生的旋转磁场相对于转子以同步转速 n_1 沿顺时针方向旋转,问此时转子的转向如何?

5.9　一台三相异步电动机铭牌上标明,额定电压 $U_N = 380/220 \text{ V}$,定子绕组接法为 Y/△。试问:

(1)如使用时将定子绕组接成 △,接于 380 V 的三相电源上,能否空载或负载运行? 为什么?

(2)如使用时将定子绕组接成 Y 形,接于 220 V 三相电源上,能否空载或负载运行? 为什么?

5.10　异步电动机运行时,为什么功率因数总是滞后的?

5.11　为什么异步电动机空载运行时 $\cos \varphi_2$ 很高? 而电机的功率因数 $\cos \varphi_1$ 却很低?

5.12　为什么异步电动机一般不能像变压器一样采用简化等效电路?

5.13　电磁功率与转差率的乘积叫转差功率,这部分功率消耗到哪里去了? 增大这部分消耗,异步电动机会出现什么现象?

5.14　电磁转矩公式与直流电机的转矩公式有何异同? 当异步机转速下降,外加电压不变时,电磁转矩会不会改变?

习　题

5.1　已知一台三相异步电动机的型号为 Y132M—4，$U_N = 380$ V，$P_N = 7.5$ kW，$\eta_N = 0.87$，$\cos \varphi_N = 0.85$，$n_N = 1\,440$ r/min。试求额定电流、该电动机的极对数和额定转差率。

5.2　一台绕线式三相六极异步电动机，定子加额定电压而转子开路时，滑环上电压为 200 V，转子绕组 Y 接，不转时转子每相漏阻抗为 $0.05 + j0.2$ Ω（设定子每相漏阻抗 $Z_1 = Z_2'$）。试求：

(1)定子加额定电压、转子绕组短路但不转时的转子相电流；当转子转速为 980 r/min 时的转子相电动势和电流。

(2)当转子回路串入三相对称电阻，每相阻值为 0.2 Ω，转子不转时的转子电流。

5.3　有一台三相异步电动机，$U_N = 380$ V，Y 接、50 Hz，$n_N = 1\,440$ r/min。每相参数为 $R_1 = 0.5$ Ω，$R_2' = 0.5$ Ω，$X_1 = 1$ Ω，$X_2' = 1$ Ω，$X_m = 50$ Ω，R_m 忽略。试求：

(1)极数和同步转速；

(2)满载时的转差率；

(3)绘出等效电路并求 I_1，I_2'，I_m；

(4)满载时转子电路的频率。

5.4　一台鼠笼式三相异步电动机，其额定数据和每相参数为：$P_N = 10$ kW，$U_N = 380$ V，$n_N = 1\,455$ r/min，$R_1 = 1.375$ Ω，$X_1 = 2.43$ Ω，$R_2' = 1.05$ Ω，$X_2' = 4.2$ Ω，$R_m = 8.5$ Ω，$X_m = 83.1$ Ω。定子 △ 形接法，在额定负载时的机械损耗为 100 W，附加损耗为 50 W，试计算额定运行时的定子电流、功率因数、输入功率和效率。

5.5　已知一台三相异步电动机定子输入功率为 60 kW，定子铜损耗为 600 W，铁损耗为 400 W，转差率为 0.03，试求电磁功率、机械功率和转子铜损耗。

5.6　一台三相异步电动机，$P_N = 17.5$ kW，$U_{1N} = 380$ V，$f_1 = 50$ Hz，$n_N = 950$ r/min，定子 △ 形接法，额定负载时 $\cos \varphi_N = 0.88$，定子铜损耗、铁损耗共为 1.2 kW，机械损耗为 700 W，忽略附加损耗，试计算额定负载时的转差率、转子铜损耗、效率、定子线电流 I_1 和相电流 $I_{1\phi}$。

5.7　一台三相四极 Y 接异步电动机，$P_N = 10$ kW，$U_N = 380$ V，$I_N = 11.6$ A，额定运行时，$p_{Cu1} = 560$ W，$p_{Cu2} = 310$ W，$p_{Fe} = 270$ W，$p_{mec} = 70$ W，$p_{ad} = 200$ W，试求额定运行时的：

(1)额定转速；

(2)空载转矩；

(3)输出转矩；

(4)电磁转矩。

5.8　某三相四极异步电动机，$P_N = 10$ kW，$U_N = 380$ V，$I_N = 19.8$ A，定子 Y 形接法，$R_1 = 0.5$ Ω。空载试验得：$U_1 = 380$ V，$P_0 = 0.425$ kW，$I_0 = 5.4$ A，$p_{mec} = 0.08$ kW，忽略 p_{ad}。短路试验中一点为：$U_k = 120$ V，$P_k = 0.92$ kW，$I_k = 18.1$ A。认为 $X_1 = X_2'$。试求电机的参数 R_2'，X_1，X_2'，R_m 和 X_m。

第 **6** 章
三相异步电动机的电力拖动

6.1 三相异步电动机的机械特性

6.1.1 三相异步电动机机械特性的三种表达式

机械特性是指电压与频率一定的情况下转速与电磁转矩之间的关系曲线 $n = f(T)$,它是异步电动机最重要的特性。为分析研究三相异步电动机的固有机械特性和人为机械特性,需先导出异步电动机机械特性的表达式,也就是电磁转矩表达式,表达式有以下 3 种形式。

（1）物理表达式

式（5.27）所示的电磁转矩公式即为异步电动机机械特性的物理表达式,该式为

$$T = C'_T \Phi_m I'_2 \cos \varphi_2 \tag{6.1}$$

此式反映了不同转速时电磁转矩 T 与电（$I'_2 \cos \varphi_2$）和磁（Φ_m）这 3 个物理量之间的大小关系,它们之间的方向关系遵循左手定则,故此式称为物理表达式。虽然式中 I'_2 和 $\cos \varphi_2$ 均与转速 n 有关,但电磁转矩 T 与转速 n 的关系在此式中不明显,故不能直接用以求电动机的机械特性。

（2）参数表达式

为能准确求得机械特性并找出机械特性与电动机参数的关系,必须推导出机械特性的参数表达式。

由第 5 章所导出的三相异步电动机电磁转矩与电磁功率的关系式为

$$T = \frac{P_{em}}{\Omega_1} = \frac{3}{\Omega_1} \cdot I'^2_2 \frac{R'_2}{s} \tag{6.2}$$

式中 $\Omega_1 = \dfrac{2\pi n_1}{60}$ 为电动机气隙磁场旋转的机械角速度（rad/s）。

由异步电动机的近似等效电路可得

$$I_2' \approx I_2'' = \frac{U_1}{\sqrt{\left(R_1 + \dfrac{R_2'}{s}\right)^2 + (X_1 + X_2')^2}} \tag{6.3}$$

将上式代入式(6.2)即得三相异步电动机机械特性的参数表达式:

$$T = \frac{3}{\Omega_1} \cdot \frac{U_1^2 \dfrac{R_2'}{s}}{\left(R_1 + \dfrac{R_2'}{s}\right)^2 + (X_1 + X_2')^2} \tag{6.4}$$

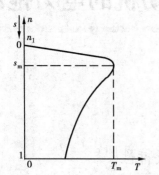

图6.1 异步电动机的机械特性

按上式可绘出机械特性 $n = f(T)$ 如图6.1所示。

机械特性方程式(6.4)为二次方程,其电磁转矩必有最大值,称为异步电动机的最大转矩 T_m。

将式(6.4)对转差率 s 求导,并令 $\dfrac{\mathrm{d}T}{\mathrm{d}s} = 0$,可求出产生最大转矩 T_m 时的转差率

$$s_m = \pm \frac{R_2'}{\sqrt{R_1^2 + (X_1 + X_2')^2}} \tag{6.5}$$

s_m 称为临界转差率。将式(6.5)代入参数表达式(6.4),可求出最大转矩 T_m 为

$$T_m = \pm \frac{3}{\Omega_1} \cdot \frac{U_1^2}{2\left[\pm R_1 + \sqrt{R_1^2 + (X_1 + X_2')^2}\right]} \tag{6.6}$$

式中 正号对应于电动机状态,负号则适用于发电机状态。

一般 $R_1 \ll (X_1 + X_2')$,故式(6.5)及式(6.6)可近似为

$$s_m = \pm \frac{R_2'}{X_1 + X_2'} \tag{6.7}$$

$$T_m = \pm \frac{3U_1^2}{2\Omega_1(X_1 + X_2')} \tag{6.8}$$

由式(6.5)~式(6.8)可知:

1)当电机各参数及电源频率不变时,$T_m \propto U_1^2$,而 s_m 保持不变,与 U_1 无关;

2)当电源频率及电压不变时,s_m 和 T_m 近似与 $(X_1 + X_2')$ 成反比;

3)增大转子回路电阻 R_2' 值,只能使 s_m 相应增大,而最大转矩 T_m 保持不变。

最大转矩 T_m 与额定转矩 T_N 之比叫过载倍数,也叫过载能力,用 λ_M 表示。

$$\lambda_M = \frac{T_m}{T_N} \tag{6.9}$$

一般异步电动机的 $\lambda_M \approx 1.6 \sim 2.2$,对于冶金机械用的电动机,其 λ_M 可达 $2.2 \sim 2.8$。λ_M 是异步电动机的重要数据之一,它反映电动机能够承受的短时过载的极限。

除 T_m 外,异步电动机还有一个重要数据为启动转矩,它是电动机刚接入电源转速还未来得及上升,$n = 0$ 时的电磁转矩,又称堵转转矩,此时 $s = 1$,代入式(6.4)即得启动转矩的公式

$$T_{st} = \frac{3}{\Omega_1} \cdot \frac{U_1^2 R_2'}{(R_1 + R_2')^2 + (X_1 + X_2')^2} \tag{6.10}$$

由式(6.10)可知：

1）当电机各参数及电源频率不变时，启动转矩 T_{st} 与电压 U_1 的平方成正比；

2）当电源频率和电压不变时，电抗 $X_1 + X_2'$ 增大，则启动转矩 T_{st} 减小；

3）适当增大转子电路的电阻 R_2'，既能减小启动电流 I_{st}，又能加大启动转矩 T_{st}，从而改善启动性能。

启动转矩（堵转转矩）T_{st} 与额定转矩 T_N 之比，称为启动转矩倍数，又称为堵转转矩倍数，用 K_T 表示。

$$K_T = \frac{T_{st}}{T_N} \tag{6.11}$$

K_T 是反映鼠笼式异步电动机启动能力的一个参数，一般异步电动机的 $K_T \approx 1.0 \sim 2.2$，为便于用户查找，列于产品目录之中。

(3) 实用表达式

虽然参数表达式在分析机械特性及其与电机参数之间的关系，进行某些理论分析时是非常有用的。但定、转子的参数 R_1, X_1, R_2' 及 X_2' 等，在产品目录中找不到，因此用参数表达式来绘制机械特性或进行分析计算有时仍不方便。为此，还需导出实用表达式。

将式(6.6)除式(6.4)，并考虑式(6.7)，化简后得

$$T = \frac{2T_m\left(1 + s_m\frac{R_1}{R_2'}\right)}{\frac{s}{s_m} + \frac{s_m}{s} + 2s_m\frac{R_1}{R_2'}} \tag{6.12}$$

如忽略 R_1，则得

$$T = \frac{2T_m}{\frac{s}{s_m} + \frac{s_m}{s}} \tag{6.13}$$

上式中的 T_m 及 s_m 可由电动机产品目录查得的数据求得，故称实用表达式。T_m 及 s_m 的求法如下：

由式(6.9)得

$$T_m = \lambda_M T_N \tag{6.14}$$

式中

$$T_N = 9\,550\frac{P_N}{n_N} \tag{6.15}$$

式(6.14)及式(6.15)中的 λ_M, P_N(kW) 及 n_N(r/min)，均可由产品目录查得，从而可以求得 T_m(N·m)。

求 s_m 的公式的推导：

当 $s = s_N$ 时，$T = T_N$，代入实用表达式即得

$$T_N = \frac{2T_m}{\frac{s_N}{s_m} + \frac{s_m}{s_N}} \tag{6.16}$$

对上式中的 s_m 进行求解，考虑到 $T_m = \lambda_M T_N$，即得

$$s_{\mathrm{m}} = s_{\mathrm{N}}\left(\lambda_{\mathrm{M}} + \sqrt{\lambda_{\mathrm{M}}^{2} - 1}\right) \tag{6.17}$$

根据产品目录求出 T_{m} 及 s_{m} 后,在实用表达式中只剩下 T 与 s 两个未知数了。给定一系列的 s 值,按实用表达式(6.13)算出一系列对应的 T 值,就可绘出机械特性 $n = f(T)$ 曲线,同时还可利用它进行机械特性的其他计算。

以上所述三种表达式,各有各的用处。一般物理表达式用于定性分析 T 与 Φ_{m} 及 $I_2' \cos \varphi_2$ 间的关系;参数表达式用以分析参数变化对电动机机械特性的影响;实用表达式适用于进行机械特性的工程计算。

6.1.2 三相异步电动机的固有机械特性及人为机械特性

(1)固有机械特性

三相异步电动机按规定的接线方法接线,定子及转子电路中不外接电阻(电感或电容),在额定电压及额定频率下工作时的机械特性称为固有机械特性,如图6.2所示。

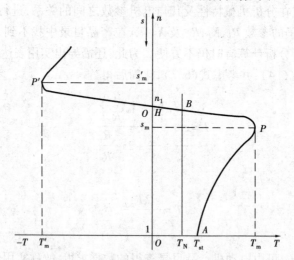

图6.2 异步电动机的固有机械特性

为了描述固有机械特性的特点,下面着重研究固有机械特性上的几个特殊运行点:

1)启动点 A

其特点是转速 $n = 0(s = 1)$,转矩 $T = T_{\mathrm{st}}$(启动转矩)。

2)额定工作点 B

其特点是转速 $n = n_{\mathrm{N}}(s = s_{\mathrm{N}})$,转矩 $T = T_{\mathrm{N}}$,电流 $I_1 = I_{\mathrm{1N}}$。

3)同步速点 H

其特点是转速 $n = n_1(s = 0)$,转矩 $T = 0$,电流 $I_2' = 0$,$I_1 = I_0$。H 点是电动状态与回馈制动状态的转折点。

4)最大转矩点

①电动状态最大转矩点 P:

其特点是 $T = T_{\mathrm{m}}$;$s = s_{\mathrm{m}}$[式(6.5)及式(6.6)中取正号时]。

②回馈制动最大转矩点 P':

其特点是 $T = T_{\mathrm{m}}'$;$s = s_{\mathrm{m}}'$[式(6.5)及式(6.6)中取负号时]。

由式(6.5)和式(6.6)可见：

$$|s_m'| = |s_m| \tag{6.18}$$

$$|T_m'| > |T_m| \tag{6.19}$$

由式(6.19)可知,异步电动机在回馈制动状态时的过载能力比电动状态时略大。

(2)人为机械特性

将 $\Omega_1 = \dfrac{2\pi f_1}{p}$ 代入式(6.4),则异步电动机机械特性的参数表达式变为

$$T = \frac{3pU_1^2 \dfrac{R_2'}{s}}{2\pi f_1 \left[\left(R_1 + \dfrac{R_2'}{s} \right)^2 + (X_1 + X_2')^2 \right]} \tag{6.20}$$

若保持 U_1 和 f_1 为额定值,定子和转子回路不串任何附加电阻和电抗时,所得 $n = f(T)$ 或 $s = f(T)$ 的关系曲线,称为固有机械特性;若改变以上某一参数(或物理量)时,所得 $n = f(T)$ 或 $s = f(T)$ 的关系曲线,称为人为机械特性。

1)降低 U_1

由式(6.6)和式(6.10)可知,最大转矩 T_m 及启动转矩 T_{st} 均与 U_1^2 成正比,由式(6.5)和 $n_1 = \dfrac{60f_1}{p}$ 可知,s_m 和 n_1 与 U_1 无关(即保持不变)。

降低 U_1 时的人为机械特性的绘制,先绘出固有机械特性,在不同的转速(或转差率)处,将固有机械特性上的转矩值乘以电压变化后与变化前比值的平方,即得人为机械特性上对应的转矩值。图 6.3 中绘出了 $U_1' = 0.8U_1$ 和 $U_1'' = 0.5U_1$ 时的人为机械特性。

2)定子回路串接三相对称电阻

定子回路串入三相对称电阻并不影响同步转速 n_1 的大小,故人为机械特性仍通过 n_1 点。从式(6.5)、式(6.6)和式(6.10)可知 s_m,T_m 及 T_{st} 都随 R_f 的增大而减小。其人为机械特性如图 6.4 所示。

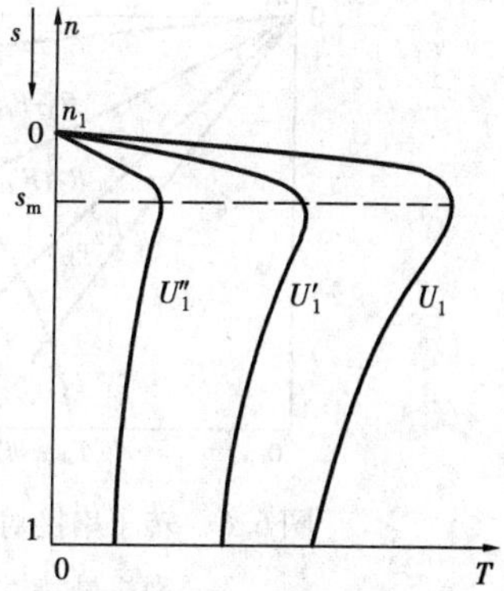

图 6.3　异步电动机降低 U_1 时的
人为机械特性

定子串入对称电阻,一般用于鼠笼式异步电动机的降压启动,以限制启动电流。

3)定子回路串接三相对称电抗

定子回路串接对称电抗 X_f 时的接线图如图 6.5(a)所示,这时 n_1 不变,但从式(6.5)和式(6.6)可知 s_m 及 T_{st} 都将随电抗的增大而减小,故人为机械特性如图 6.5(b)所示。这线路也是用于鼠笼式异步电动机的降压启动,以限制启动电流。但在限制启动电流为同样大小的前提下,比用串电阻时损耗小得多。

4)转子回路串入三相对称电阻

在绕线式异步电动机的转子回路串入三相对称电阻

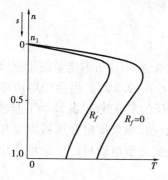

图 6.4　异步电机定子回路串电阻的
人为机械特性

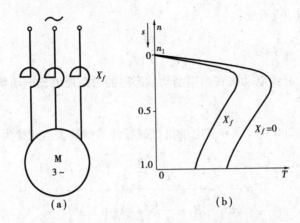

图 6.5　异步电机定子回路串电抗接线图及
　　　　人为机械特性

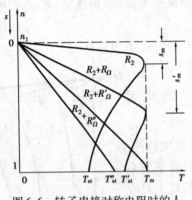

图 6.6　转子串接对称电阻时的人
　　　　为机械特性 $(R_\Omega < R'_\Omega < R_\Omega)$

R_Ω，使转子每相电阻由 R_2 上升为 $R_2 + R_\Omega$，由式 (6.5)、式 (6.6) 和式 (6.10) 等可见，n_1 及 T_m 都不变；s_m 随 R_Ω 的增大而增大，T_{st} 值将改变，开始随 R_Ω 的增大而增大，一直增大到 R'_Ω 时，$T_{st} = T_m$，如 R_Ω 继续增大，T_{st} 将开始减小，人为机械特性如图 6.6 所示。

转子回路串接对称电阻适用于绕线式异步电动机的启动和调速。

当然，除上述 4 种人为机械特性以外还有改变定子极对数 p 及改变电源频率 f_1 等的人为机械特性，将在 6.4 节加以介绍。

6.2　三相鼠笼式异步电动机的启动方法

鼠笼式异步电动机的启动方法，有直接启动与降压启动两类。

6.2.1　直接启动

直接启动也称全压启动，启动时通过一把三相闸刀或接触器，将电动机的定子绕组直接接通额定电压的电源。直接启动的启动转矩亦即堵转转矩，可达 $(1 \sim 2.2)T_N$，但启动电流亦即堵转电流很大，可达 $(4 \sim 7)I_N$。过大的启动电流会引起电网电压的明显波动，此波动不能超过容许范围。一般功率在 7.5 kW 以下的电动机均可采用直接启动，如果供电变压器容量相对于电动机功率比较大，符合下面的经验公式，较大容量的鼠笼式异步电动机也能采用直接启动。公式为

$$K_I = \frac{I_{st}}{I_{1N}} \leqslant \frac{1}{4}\left[3 + \frac{供电变压器总容量(kVA)}{电动机功率(kW)}\right] \tag{6.21}$$

式中　$K_I = \dfrac{I_{st}}{I_{1N}}$——启动电流与额定电流之比,称为启动电流倍数。

可见直接启动设备简单,操作方便,启动转矩较大,但启动电流很大,仅适用于相对于供电变压器容量来说功率较小的电动机。

如果不能满足上式要求,则应采用降压启动,将启动电流限制到允许的范围以内。

6.2.2 降压启动

降压启动是通过启动设备使定子绕组在启动开始时承受降低了的电压,待电机转速上升到一定值时,再使定子绕组承受额定电压而稳定运行。降压启动显然能降低启动电流,但同时也使启动转矩与电压的平方成正比下降。降压启动的方法有以下 4 种。

(1)定子串电阻或电抗降压启动

定子串电阻启动的原理图如图 6.7 所示,R_{st} 为启动电阻。启动时,先使接触器 KM_1 的主触点闭合,使电机串入 R_{st} 启动;当转速上升到一定值时,将接触器 KM_2 的主触点闭合,KM_1 断开,使电动机定子绕组加全电压正常运行。串电抗启动时,只要用电抗器 X_{st} 代替 R_{st} 即可,如图 6.8 所示。

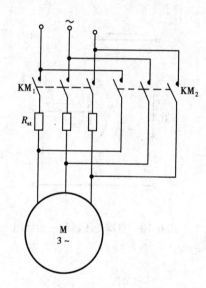

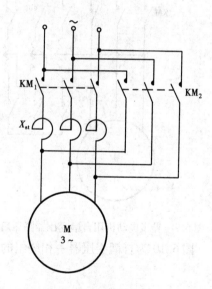

图 6.7　鼠笼式异步电动机定子串电阻　　　　图 6.8　鼠笼式异步电动机定子串电抗
　　　　降压启动原理图　　　　　　　　　　　　　　降压启动原理图

设 a 为启动电流所需降低的倍数,则降压启动时的启动电流为:

$$I'_{st} = \frac{I_{st}}{a} \tag{6.22}$$

显然,I_{st} 近似与 U_1 成正比,故降低了的电压应为

$$U'_1 = \frac{U_1}{a} \tag{6.23}$$

式中　U_1——定子绕组所加相电压的额定值。

因为启动转矩与电压的平方成正比,故降压启动时的启动转距

$$T'_{st} = \frac{T_{st}}{a^2}$$ (6.24)

可见采用定子串电阻或电抗降压启动,都能降低启动电流,但启动转矩比启动电流下降得更多,只适用于空载或轻载启动。其中串电阻启动的设备比较简单,初投资小,但能耗较大,只宜用于中小型电动机;串电抗启动的设备初投资较大,但能耗很小,适用于功率较大、电压较高的电动机。

(2) 自耦变压器降压启动

自耦变压器降压启动器由一台三相 Y 形连接的自耦变压器和切换开关组成,又称启动补偿器。电动机容量较大时,启动补偿器由三相自耦变压器和接触器加上适当的控制线路组成。

图 6.9 为异步电动机用自耦变压器降压启动的原理图。启动时,先使接触器 KM$_2$ 和 KM$_3$ 的主触点闭合,将自耦变压器原边接电源,二次侧抽头接电动机使电动机降压启动。当转速升到一定值时,将 KM$_2$ 和 KM$_3$ 断开,KM$_1$ 闭合,使电动机全压运行,同时自耦变压器脱离电源。

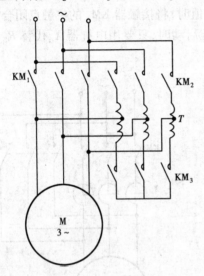

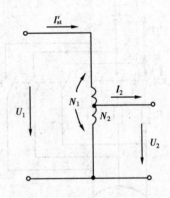

图 6.9　异步电动机用自耦变压器降压启动原理图　　图 6.10　自耦变压器的一相绕组

图 6.10 为自耦变压器一相绕组的接线图,其变比为

$$\alpha = \frac{N_1}{N_2} = \frac{U_1}{U_2}$$

降压启动时,电动机每相绕组所加电压由额定值 U_1 降为

$$U_2 = \frac{N_2}{N_1}U_1 = \frac{U_1}{\alpha}$$

电动机绕组线电流 I_2 与电压成正比,故

$$I_2 = \frac{I_{st}}{\alpha}$$ (6.25)

式中　I_{st}——直接启动时的启动电流。

自耦变压器降压启动时的启动电流亦即由电源供给的电流

$$I'_{st} = \frac{I_2}{\alpha}$$ (6.26)

将式(6.25)代入式(6.26)得

$$I'_{st} = \frac{I_{st}}{\alpha^2} = \left(\frac{U_2}{U_1}\right)^2 I_{st} \tag{6.27}$$

因启动转矩与电压的平方成正比,故有

$$T'_{st} = \left(\frac{U_2}{U_1}\right)^2 T_{st} = \frac{T_{st}}{\alpha^2} \tag{6.28}$$

由式(6.27)和式(6.28)可知,启动转矩和启动电流降低的倍数相同,均与自耦变压器变比的平方成反比。所以启动用自耦变压器一般设有几个抽头可供选择:国产 QJ₂ 型启动器有三种抽头,其抽头分别位于总匝数的 55%,64%,73% 处;QJ₃ 型启动器的三种抽头分别位于 40%,60%,80% 处(相应的变比 α = 2.5,1.67,1.25)。选择不同的抽头位置可适当调节变比 α,从而调节启动电流 I'_{st} 和启动转矩 T'_{st},以满足负载要求。自耦变压器降压启动的优点是启动电流和启动转矩可以适当调节,且降低的倍数相同,故可带较重负载启动。其缺点是设备复杂,体积大,重量重,价格较贵,维修麻烦,且不允许频繁启动。

(3)星-三角(Y-△)启动

图 6.11 是星-三角形启动原理图。启动时,先使 KM₁ 和 KM₃ 闭合,KM₂ 断开,定子绕组接成星形,如图 6.12(b)所示,当电动机转速升至一定值时,将 KM₃ 断开,KM₁ 和 KM₂ 闭合,定子绕组改为三角形接法稳定运行,如图 6.12(a)所示。

设三角形接法直接启动时的相电流为 $I_{X\triangle}$,星形接法启动时的相电流为 I_{XY},降压启动时的启动电流为 I'_{st},如图 6.12 所示。不难看出降压启动时的启动电流

$$I'_{st} = I_{XY} = \frac{1}{\sqrt{3}} I_{X\triangle} = \frac{1}{\sqrt{3}} \frac{I_{st}}{\sqrt{3}} = \frac{I_{st}}{3} \tag{6.29}$$

启动转矩与电压的平方成正比,故 Y-△ 启动时的启动转矩

$$T'_{st} = \left(\frac{U_{XY}}{U_{X\triangle}}\right)^2 T_{st} \tag{6.30}$$

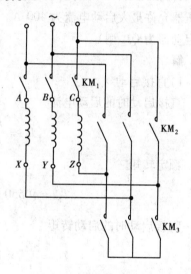

图 6.11　异步电动机星-三角启动原理图

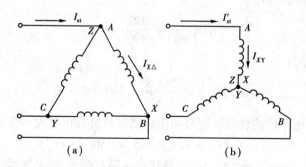

图 6.12　Y 形和 △ 形接法时的电压和电流
(a)△ 接(运行);(b)Y 接(降压启动)

式中 U_{XY} 和 $U_{X\triangle}$ 分别为 Y 形接法降压启动和 $\triangle$ 形接法直接启动时定子绕组承受的相电压。显然

$$U_{XY} = \frac{1}{\sqrt{3}} U_{X\triangle} \tag{6.31}$$

将式(6.31)代入式(6.30),则得

$$T'_{st} = \left(\frac{1}{\sqrt{3}}\right)^2 T_{st} = \frac{T_{st}}{3} \tag{6.32}$$

式(6.29)和式(6.32)表明:星-三角启动时的启动电流和启动转矩均降为直接启动时的 $\frac{1}{3}$。星-三角启动方法的优点是设备简单,操作方便,维护省事,启动电流小;缺点是启动转矩小且不可调。故只适用于空载或轻载启动且正常运行时为 $\triangle$ 接法的电动机。

例 6.1 一台型号为 Y250M—4 的三相鼠笼式异步电动机:$P_N = 55$ kW,$U_N = 380$ V,$I_N = 103$ A,$n_N = 1\,480$ r/min,定子绕组 $\triangle$ 接,$I_{st}/I_N = 7$,$T_{st}/T_N = 2.2$。负载转矩 $T_L = 345$ N·m,供电变压器允许最大启动电流为 400 A。试为此电动机选择合适的启动方法。(设自耦变压器降压启动器为 QJ_2 型)

解

1)直接启动

直接启动时的启动电流

$$I_{st} = \frac{I_{st}}{I_N} \times I_N = 7 \times 103 = 721 \text{ A}$$

额定转矩

$$T_N = 9\,550 \frac{P_N}{n_N} = 9\,550 \frac{55}{1\,480} = 354.9 \text{ N·m}$$

直接启动时的启动转矩

$$T_{st} = \frac{T_{st}}{T_N} \times T_N = 2.2 \times 354.9 = 780.8 \text{ N·m}$$

由于直接启动时的启动电流 $I_{st} = 721$ A > 400 A,故此法不可用。

2)定子串电阻或电抗降压启动

本例要求电压降低的倍数

$$\alpha = \frac{I_{st}}{400} = \frac{721}{400} = 1.8$$

这时的启动转矩将降为

$$T'_{st} = \frac{T_{st}}{\alpha^2} = \frac{780.8}{1.8^2} = 240.7 \text{ N·m}$$

要能正常启动,电动机的启动转矩必须比启动时的负载转矩大 10% 以上,本例中

$$1.1 T_L = 1.1 \times 345 = 380 \text{ N·m}$$

由于 $T'_{st} = 240.7$ N·m < 380 N·m,启动转矩不满足要求,故不能用。

3)星-三角启动

启动电流

$$I'_{\text{st}} = \frac{1}{3}I_{\text{st}} = \frac{1}{3} \times 721 = 240.3\ \text{A} < 400\ \text{A}$$

启动转矩

$$T'_{\text{st}} = \frac{1}{3}T_{\text{st}} = \frac{1}{3} \times 780.8 = 260.3\ \text{N} \cdot \text{m} < 380\ \text{N} \cdot \text{m}$$

启动电流符合要求,但启动转矩不满足要求,故亦不能用。

4)自耦变压器降压启动

①抽头在 55% 处

$$T'_{\text{st}} = 0.55^2 T_{\text{st}} = 0.55^2 \times 780.8 = 236.2\ \text{N} \cdot \text{m} < 380\ \text{N} \cdot \text{m}$$

由于启动转矩不满足要求,此法就不可用,启动电流不必再算。

②抽头在 64% 处

$$T'_{\text{st}} = 0.64^2 T_{\text{st}} = 0.64^2 \times 780.8 = 320\ \text{N} \cdot \text{m} < 380\ \text{N} \cdot \text{m}$$

亦不能用。

③抽头在 73% 处

$$I'_{\text{st}} = 0.73^2 I_{\text{st}} = 0.73^2 \times 721 = 384.2\ \text{A} < 400\ \text{A}$$

$$T'_{\text{st}} = 0.73^2 T_{\text{st}} = 0.73^2 \times 780.8 = 416.1\ \text{N} \cdot \text{m} > 380\ \text{N} \cdot \text{m}$$

由于启动电流和启动转矩均满足要求,故此法可以采用。

由上可知,只有采用抽头在 73% 的自耦变压器降压启动。

6.2.3　软启动

随着电力电子技术的发展,异步电动机的一种新的启动方法——软启动应运而生。软启动的基本原理是在交流电源和电动机之间接入晶闸管电路,如图 6.13 所示,每相串接两个反并联的晶闸管或串一个双向晶闸管 VT,启动时通过控制晶闸管控制角 α 的大小,使电动机的启动电流和启动转矩按设定的要求进行变化,可以得到不同的启动性能,以满足不同负载启动的要求。常用的启动方式有以下几种:①恒流软启动方式,使启动过程中的电流保持不变,根据启动时负载转矩的大小,设定时在 1.5 ~ 4.5 倍额定电流之间选择,此值设定较大,启动转矩较大,启动时间较短;反之,则启动转矩较小,启动时间较长。这种方式适用于启动机械惯性较大的负载机械。②斜坡恒流软启动方式,控制启动电流以一定速率上升到设定的限值,再保持恒定直至启动结束,电流上升的速率可以根据负载大小和要求设定。这种方式

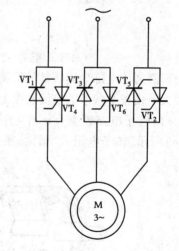

图 6.13　异步电动机软启动器主电路原理图

起始启动转矩较小,但启动损耗较小,适用于空载或轻载启动和负载转矩随转速上升的泵类负载。③脉冲恒流软启动方式,启动起始阶段施以较大的脉冲电流,使电动机产生一个较大的脉冲转矩,以克服负载较大的静转矩启动,继而控制启动电流降至设定的恒流值,直至启动结束。这种方式启动转矩较大,适用于重载启动的场合,如球磨机、转窑和皮带运输机等。

软启动器启动与前面所述启动方法相比较,首先变有触点启动为无触点启动,变有级控制为无级控制,从硬件调节过渡到软件调节,还便于从机械自动化过渡到智能自动化,对节能降耗亦很有利,所以很有发展前途,现在市场上已有多种软启动器供用户选用。

6.2.4 高启动性能的三相鼠笼式异步电动机

为了改善鼠笼式异步电动机的启动性能,可以改变转子槽形,利用"集肤效应"使启动时转子电阻增大,从而增大启动转矩并减小启动电流,在正常运行时转子电阻又能自动变小,基本上不影响运行性能。这种高启动性能的鼠笼式异步电动机有深槽式和双鼠笼式两种。

(1)深槽式异步电动机

这种电机的结构特点是转子的槽窄而深,槽深 h 与槽宽 b 之比 $\frac{h}{b}=10\sim12$,而普通电机的 $\frac{h}{b}<5$。图6.14(a)所示深槽中的导条可视为若干根扁导体并联组成,由于下面部分导体所匝

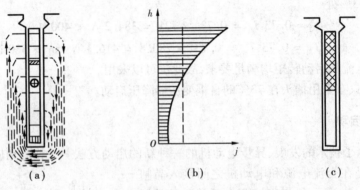

图 6.14　深槽转子导条中沿槽高方向电流的分布
(a)转子槽漏磁;(b)电流密度的分布;(c)导条的有效截面

链的槽漏磁通比上部导体所链的槽漏磁通大,漏电抗较大,电流密度较小,而上部导体的电流密度较大。使整个导条的电流密度上大下小,如图 6.14(b)所示,这种现象称为集肤效应。启动时 $s=1$,转子电路频率 $f_2=sf_1=f_1$ 为最高,集肤效应最严重,使导条的有效面积减小,如图 6.14(c)所示,转子电阻 R_2 增大,从而增大启动转矩,减小启动电流。随着转速 n 的不断上

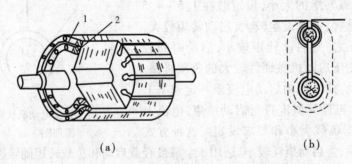

图 6.15　双鼠笼转子的结构与漏磁通
(a)双鼠笼转子的结构;(b)双鼠笼转子的漏磁通

升,转差率 s 减小,转子电路的频率 f_2 下降,集肤效应逐步减弱,相当于电阻 R_2 逐步减小,到正

常运行时,f_2 很低,集肤效应基本消失,导条中的电流均匀分布,导条的电阻 R_2 变为较小的直流电阻,运行性能基本不受影响。

(2)双鼠笼式异步电动机

转子结构如图6.15(a)所示,转子上有两套鼠笼,即上笼1和下笼2,两笼间由狭长的缝隙隔开,如图6.15(b)所示。上笼用电阻系数较大的黄铜或铝青铜制成,且导条截面较小,故电阻较大;下笼用电阻系数较小的紫铜制成,且导条截面较大,故电阻较小。根据集肤效应原理,上笼的漏电抗小,而下笼的漏电抗大。启动时由于转差率 s 较大,电流在两笼间的分配由电抗决定,因而转子电流主要通过漏电抗小的上笼,上笼的电阻大,相当于适当增大了启动时的转子电阻 R_2,从而改善电动机的启动性能。当启动完毕,转差率很小时,漏电抗很小,转子电流在两笼间的分配改由电阻决定,因而转子电流主要通过电阻小的下笼,不影响电动机的运行性能。上笼在启动时起主要作用,故称启动笼;下笼运行时起主要作用,故称运行笼。

图6.16中,T_1 为启动笼单独作用时的机械特性,T_2 为运行笼单独作用时的机械特性,两特性的合成即为双鼠笼异步电动机的机械特性 T,可见只要选择合适的转子槽形和导条材料,可得比深槽式异步电动机更好的启动性能。

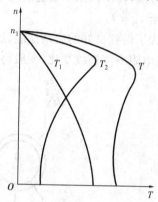

图6.16 双鼠笼式异步电动机的机械特性

以上所述的两种电动机都可改善启动性能,但因较普通鼠笼式转子的漏抗大,使定子功率因数及最大转矩较低,且用铜(铝)量大,制造也较复杂,价格较贵。一般用于启动性能要求略高于普通鼠笼式异步电动机和容量较大的场合。

6.3 三相绕线式异步电动机的启动方法

三相鼠笼式异步电动机直接启动时,启动电流很大,降压启动时,启动转矩又变小,当大、中容量的电动机需要重载启动时,既要启动转矩大,又要启动电流小,鼠笼式异步电动机就无法满足要求,这时应采用三相绕线式异步电动机,在转子回路串电阻或频敏变阻器启动,既能降低启动电流,又能增大启动转矩,一举两得。

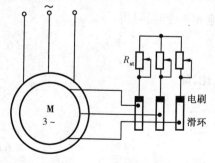

图6.17 绕线式异步电动机转子串接电阻启动

6.3.1 转子回路串电阻启动

绕线式异步电动机转子回路串电阻启动,线路如图6.17所示,启动时,三相转子绕组通过滑环和电刷串接对称电阻,然后将定子绕组接通电源使电动机启动,随电动机转速的上升分段减小电阻,直至电阻完全切除。待转速稳定后可将滑环短接而稳定运行。

异步电动机开始启动时,处于堵转状态,等

效电路如图 5.11 所示,I_1 和 I_2' 较大,I_m 相对较小,可近似忽略,则可得启动电流

$$I_{st} = \frac{U_1}{\sqrt{(R_1 + R_2')^2 + (X_1 + X_2')^2}} \qquad (6.33)$$

转子回路串电阻时,R_2' 增大为 $R_2' + R_{st}'$,所以 I_{st} 减小;又由式(6.10)和图6.6所示的机械特性可知,转子回路串接适当大小的电阻,在减小启动电流的同时还能增大启动转矩 T_{st},最大可增至 $T_{st} = T_m$。

为了得到良好的启动性能,启动过程中应随转速的上升逐步减小串接电阻,由于转子电流较大,电阻不能连续变化,一般将串接的电阻分成几段,在启动过程中逐步切除,图6.18(a)中

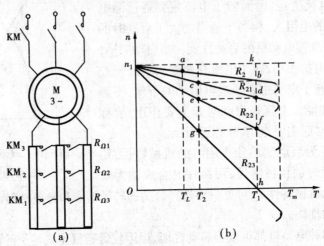

图 6.18　异步电动机的转子电路及启动特性图

电阻分为三段,分三次切除,称为三级启动。相应的机械特性如图6.18(b)所示,其绘制方法与他励直流电动机电枢回路串电阻分级启动相同。最大启动转矩 T_1 一般取

$$T_1 \leqslant 0.85 T_m \qquad (6.34)$$

切换转转矩 T_2 一般取为

$$T_2 \geqslant (1.1 \sim 1.2) T_N \qquad (6.35)$$

在机械特性实用表达式(6.13)中,当 $s < s_m$ 时,$\frac{s}{s_m}$ 明显小于 $\frac{s_m}{s}$,为简化计算,忽略 $\frac{s}{s_m}$,则得

$$T = \frac{2T_m}{s_m} s \qquad (6.36)$$

转子回路串电阻时,T_m 不变,当转差率 s 亦即转速 n 不变时,可得

$$T \propto \frac{1}{s_m} \qquad (6.37)$$

其中临界转差率 s_m 又与转子回路每相总电阻 R 成正比,即

$$s_m \propto R$$

代入式(6.37),则得

$$T \propto \frac{1}{R} \qquad (6.38)$$

上式说明转速(或转差率)不变时,电磁转矩 T 与转子电路总电阻 R 成反比,这是利用图

6.18(b)推导启动电阻计算公式的依据。

在图 6.18 中,特性 n_1ab 及 n_1cd 相当于转子电路总电阻分别为 R_2 及 $R_{21}(R_{21}=R_2+R_{\Omega 1})$,按 b,c 两点的转速相等,应用式(6.38)可得:

$$\frac{T_1}{T_2}=\frac{R_{21}}{R_2}$$

对于 d,e 两点,同理可得

$$\frac{T_1}{T_2}=\frac{R_{22}}{R_{21}}$$

推广到一般,当级数为 m 时,可得

$$\frac{R_{2m}}{R_{2(m-1)}}=\frac{R_{2(m-1)}}{R_{2(m-2)}}=\cdots=\frac{R_{22}}{R_{21}}=\frac{R_{21}}{R_2}=\frac{T_1}{T_2}$$

令 $\beta=\dfrac{T_1}{T_2}$,则各级总电阻的计算公式为

$$\left.\begin{aligned} R_{21}&=\beta R_2\\ R_{22}&=\beta^2 R_2\\ \vdots\quad&\quad\vdots\\ R_{2m}&=\beta^m R_2 \end{aligned}\right\} \tag{6.39}$$

由式(6.39)的最后一行,可得

$$\beta=\sqrt[m]{\frac{R_{2m}}{R_2}}=\sqrt[m]{\frac{\dfrac{E_{2N}}{\sqrt{3}I_{2st}}}{\dfrac{s_N E_{2N}}{\sqrt{3}I_{2N}}}}=\sqrt[m]{\frac{I_{2N}}{s_N I_{2st}}}=\sqrt[m]{\frac{T_N}{s_N T_1}} \tag{6.40}$$

由于 $T_1=\beta T_2$,代入式(6.40),得

$$\beta=\sqrt[m+1]{\frac{T_N}{s_N T_2}} \tag{6.41}$$

如给定 β,将式(6.40)两边取对数,即得

$$m=\frac{\lg\left(\dfrac{R_{2m}}{R_2}\right)}{\lg\beta}=\frac{\lg\left(\dfrac{T_N}{s_N T_1}\right)}{\lg\beta} \tag{6.42}$$

如要求每级分段电阻,可由相邻两级总电阻值相减即得:

$$\left.\begin{aligned} R_{\Omega m}&=R_{2m}-R_{2(m-1)}=(\beta^m-\beta^{m-1})R_2=\beta R_{\Omega(m-1)}\\ R_{\Omega(m-1)}&=R_{2(m-1)}-R_{2(m-2)}=(\beta^{m-1}-\beta^{m-2})R_2=\beta R_{\Omega(m-2)}\\ \vdots\qquad&\qquad\vdots\qquad\qquad\qquad\vdots\\ R_{\Omega 2}&=R_{22}-R_{21}=(\beta^2-\beta)R_2=\beta R_{\Omega 1}\\ R_{\Omega 1}&=R_{21}-R_2=(\beta-1)R_2 \end{aligned}\right\} \tag{6.43}$$

转子绕组每相电阻 R_2 可按下式近似计算

$$R_2=\frac{s_N E_{2N}}{\sqrt{3}I_{2N}}$$

式中　E_{2N}, I_{2N}——绕线式异步电动机转子绕组的额定线电动势和额定电流。

转子回路串电阻启动既能减小启动电流又能增大启动转矩,适用于功率较大需要重载启动的电动机。

例6.2　某生产机械用绕线式异步电动机拖动,其技术数据为:$P_N = 28$ kW,过载能力 $\lambda_M = 2$, $n_N = 1\ 420$ r/min, $U_{1N} = 220/380$ V, $I_{1N} = 96/55.5$ A, $\cos \varphi_N = 0.87$, $\eta_N = 87\%$, $E_{2N} = 250$ V, $I_{2N} = 71$ A。试求 $T_L = 0.5T_N$ 三级启动时的启动电阻。

解　电动机转子绕组每相电阻 R_2 为

$$R_2 = \frac{s_N E_{2N}}{\sqrt{3} I_{2N}} = \frac{0.053\ 3 \times 250}{\sqrt{3} \times 71} = 0.108\ \Omega$$

式中　$s_N = \dfrac{n_1 - n_N}{n_1} = \dfrac{1\ 500 - 1\ 420}{1\ 500} = 0.053\ 3$

取　$T_1 = 1.7T_N$,则

$$\beta = \sqrt[m]{\frac{T_N}{s_N T_1}} = \sqrt[3]{\frac{1}{0.053\ 3 \times 1.7}} = 2.22$$

$$T_2 = \frac{T_1}{\beta} = \frac{1.7T_N}{2.22} = 0.766T_N$$

由于电动机是半载启动,故切换转矩 T_2 比负载转矩 $0.5T_N$ 大得多,能够顺利启动。

由式(6.39),转子每相各级总电阻为

$$R_{21} = \beta R_2 = 2.22 \times 0.108 = 0.24\ \Omega$$
$$R_{22} = \beta^2 R_2 = 2.22^2 \times 0.108 = 0.532\ \Omega$$
$$R_{23} = \beta^3 R_2 = 2.22^3 \times 0.108 = 1.182\ \Omega$$

由式(6.43),转子每相各段启动电阻为

$$R_{\Omega 1} = R_2(\beta - 1) = 0.108(2.22 - 1) = 0.132\ \Omega$$
$$R_{\Omega 2} = \beta R_{\Omega 1} = 2.22 \times 0.132 = 0.293\ \Omega$$
$$R_{\Omega 3} = \beta R_{\Omega 2} = 2.22 \times 0.293 = 0.65\ \Omega$$

转子每相串接的总电阻为

$$R_{\Omega 1} + R_{\Omega 2} + R_{\Omega 3} = 1.075\ \Omega$$

6.3.2　转子串频敏变阻器启动

绕线式异步电动机转子回路串电阻启动,每级都要同时切除一段三相电阻,所需开关和电阻器较多,控制线路复杂,当级数较多时,设备更为复杂和庞大,不仅增大投资,且维护麻烦。如果采用频敏变阻器,就可克服上述缺点。

频敏变阻器的特点是阻抗能随频率的下降而自动减小。频敏变阻器的结构如图6.19所示,外形与一台三相变压器相似,不同的是铁芯不用硅钢片,而是用厚钢板叠成,且每相只有一个绕组,分别套在3个铁芯柱上,三相绕组Y形连接,3个出线端与绕线式异步电动机转子绕组的3根引出线对接。

频敏变阻器的等效电路与变压器空载运行时相似,如果忽略其绕组的漏阻抗,则由励磁电阻 R_{pz} 和励磁电抗 X_{pz} 串联组成,这时每相转子电路的等效电路如图6.20所示。由于铁芯采用厚钢

板,磁通密度又设计得高,铁芯饱和,励磁电抗 X_{pz} 较小,而铁损耗设计得高,励磁电阻 R_{pz} 较大。

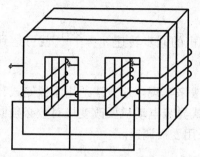　　　　　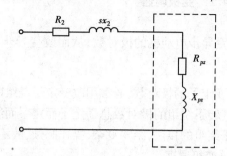

图 6.19　频敏变阻器的结构示意图　　　图 6.20　转子串频敏变阻器时的等效电路

绕线式异步电动机转子串频敏变阻器,启动起始时,$s=1$,转子电路频率 $f_2=f_1$ 为最高,铁损耗近似与频率的平方成正比,故为最大,反映铁损耗大小的励磁电阻 R_{pz} 为最大,一般 $R_{pz}\gg R_2$,因而转子串较大电阻启动,既能提高启动转矩,又能降低启动电流;随着转速上升,s 下降,转子电路频率降低,铁损耗下降,R_{pz} 和 X_{pz} 均随之自动变小;正常运行时,f_2 很低,R_{pz} 和 X_{pz} 均很小,虽能使电动机的 $\cos\varphi$ 和 T_m 略有下降,但影响不大,而且一般于启动结束时用接触器等使转子绕组引出线短接,亦即将频敏变阻器切除,使电动机在固有机械特性上稳定运行。

如果频敏变阻器的参数合适,利用频敏变阻器的电阻随转速升高自动平滑地减小的特点,可以获得图 6.21 中曲线 2 所示的机械特性,使整个启动过程中启动转矩较大而又接近恒定,启动既快而又平稳。频敏变阻器的参数可以通过改变绕组抽头位置亦即改变绕组匝数作粗调,匝数越多,阻抗越大;可以通过改变铁芯的气隙作细调,气隙越大,阻抗越小。

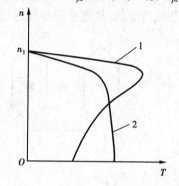

图 6.21　转子串频敏变阻器时的机械特性
1—固有机械特性;2—串频敏变阻器的人为机械特性

绕线式异步电动机转子串频敏变阻器启动,控制线路简单,初投资少,启动性能好,运行可靠,维护简便,所以应用较多。

6.4　三相异步电动机的调速方法

由异步电动机的转速表达式

$$n=n_1(1-s)=\frac{60f_1}{p}(1-s)$$

可知三相异步电动机的调速方法,可有改变极对数 p,改变电源频率 f_1 和改变电动机的转差率 s 三种。本节除讨论上述调速方法以外,还将介绍电磁转差离合器调速。

199

6.4.1 变极调速

改变异步电动机的极对数,从而改变异步电动机的同步转速 $n_1 = \dfrac{60f_1}{p}$,就可达到调速的目的。

改变定子的极对数,通常用改变定子绕组的接法来实现。这方法适用于鼠笼式异步电动机,因其转子绕组的极对数总随定子而定。而绕线式异步电动机要改变极对数必须同时改变定、转子绕组的接法,结构复杂,操作麻烦,故不宜采用变极调速。

(1)变极原理

如图 6.22 所示,将每相绕组分为相等的两个"半相绕组",采用正向串联,如图 6.22(a)所示,可得四极的磁场分布。如果采用反向串联或反向并联,使其中一个"半相绕组"的电流反向,如图 6.22(b)或图 6.22(c)所示,都可得到两极的磁场分布。可见,改变绕组接法可使极对数成倍变化,从而使同步转速成倍变化。显然,这种调速方法只能是有级调速。

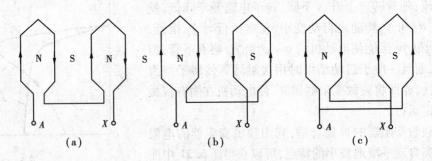

图 6.22 定子绕组改接以改变定子极对数

(a)2p = 4;(b)2p = 2;(c)2p = 2

应当指出,一套绕组极数成倍变换时,必须同时改变电源的相序。因为极数不同,空间电角度的大小也不一样,例如两极电机极对数 p = 1 时,电角度 = 空间机械角度;若 A 相的空间位置为 0°,则 B, C 相分别滞后 A 相 120°和 240°电角度。当换接成四极时,极对数 p = 2,则电角度 = 2×空间机械角度。同一套绕组,只是改变接法,A, B, C 三相的空间位置并没有改变。但从电角度讲,如仍以 A 相为 0°,则 B, C 相分别在 A 相之后的电角度变为 2 × 120° = 240°和 2 × 240° = 480°(相当于 120°),从而改变了原来的相序,电动机将反转,为使电动机不反转,必须在变极的同时改变电源的相序(将电动机接电源的三根线中的任意两根对调)。

(2)典型的变极线路及其机械特性

上面虽只从一绕组来说明变极原理,但三相绕组完全相同,其接法也都相同。下面讨论 Y-YY 和 △-YY 两种典型换接变极线路,分析它们不同的机械特性和容许输出。

Y-YY 变极调速绕组改接方法如图 6.23(a)所示,由电路的变化和转矩的基本公式不难推导可得 YY 接时的最大转矩 T_{mYY} 为 Y 接时最大转矩 T_{mY} 的两倍,即

$$T_{mYY} = 2T_{mY} \tag{6.44}$$

设 Y 接时的同步转速为 n_1,则 YY 接时的同步转速为 $2n_1$,由此可得 Y-YY 变极调速的机械特性如图 6.24 所示。

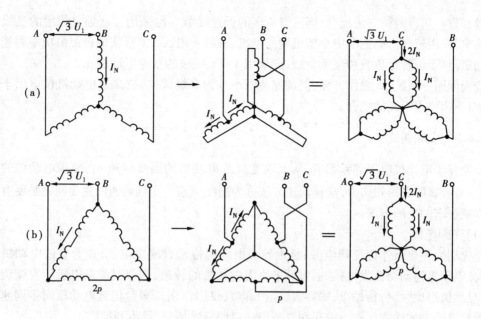

图 6.23　常用的两种三相绕组的改接方法

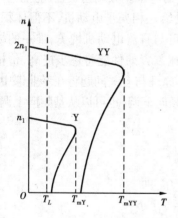

图 6.24　Y-YY 变极调速的机械特性

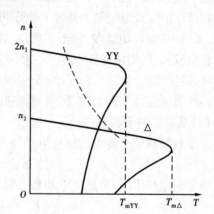

图 6.25　异步电动机 △-YY 接的机械特性

(3) △-YY 变极调速

△-YY 变极调速绕组改接方法如图 6.23(b)所示。可以推导得知 △ 接时的最大转矩 $T_{m\triangle}$ 与 YY 接时最大转矩 T_{mYY} 的关系为

$$T_{m\triangle} = \frac{3}{2} T_{mYY} \tag{6.45}$$

故 △-YY 变极调速的机械特性如图 6.25 所示。

根据图 6.23 的电路,利用电磁转矩和功率的计算公式不难推导得知:Y-YY 变极调速属于恒转矩调速方法;△-YY 变极调速近似为恒功率调速方法。

(4) 多速电动机

变极调速的电动机称为多速异步电动机。除上面介绍的一套绕组倍极比的双速电动机外,也可做成非倍极比的双速电动机、三速电动机,还可在定子上装上两套独立绕组,各接成不同的极对数。如将两种方法配合,则可得更多的调速级数。但采用一套独立绕组的变级调速比较简单,应用较多。如拖动中小型机床的电机,一般采用△-YY接法的近似恒功率调速的双速电动机,对于恒转矩负载和泵类负载,则采用Y-YY接法的双速电动机。

变极调速方法简单,操作方便,但调速范围小且为有级调速,故多速电动机仅适用于功率不大、对调速要求不高的场合。

6.4.2 变频调速

改变异步电动机电源的频率 f_1,从而改变异步电动机的同步转速 n_1,异步电动机的转速 $n = (1-s)n_1$ 就随之得到调节,这种调速方法称为变频调速。变频调速的主要问题是要有符合调速性能要求的变频电源。

(1)变频电源

早先用变频机组作为变频电源,是由异步电动机拖动直流发电机,作为直流电动机的电源,直流电动机拖动交流发电机,通过调节直流电动机的转速,调节交流发电机所发交流电的频率,显然机组庞大,价格昂贵,噪声大,维护麻烦,仅用作钢厂多台辊道电动机同步调速的公共电源和需要调速性能好而不能采用直流电动机的易燃场合,得不到推广。

由于现代电子技术的迅速发展,研制生产了多种静止的电子变频调速装置,能把电网供给的恒频恒压的交流电变换为频率和电压可调的交流电,供给三相异步电动机,不但体积小、重量轻、无噪声,而且功能多,便于实现自动控制,调速性能可与直流电动机媲美,唯一的缺点是目前价格较高,随着电子工业的进一步发展,电子变频调速装置的性能将逐步提高,价格将逐步下降,应用将日益广泛。关于电子变频调速装置的基本原理与有关问题将在专业课中介绍。

一般将额定频率称为基频,变频调速时,既可以从基频向下调,也可以从基频向上调。

(2)从基频向下调速

异步电动机定子绕组的感应电动势为

$$E_1 = 4.44 f_1 N_1 k_{W1} \Phi_m \tag{6.46}$$

如忽略定子阻抗压降,则感应电动势近似等于定子外加电压,即

$$U_1 \approx E_1 = 4.44 f_1 N_1 k_{W1} \Phi_m = c_1 f_1 \Phi_m \tag{6.47}$$

式中 $c_1 = 4.44 N_1 k_{W1}$ 为一常数。

一般设计电机时,为充分利用铁芯材料,都把磁通数值选为接近磁路饱和值。如将频率从基频(50 Hz)往下调而电压保持不变,则磁通增加使磁路过于饱和,励磁电流明显增大,带负载的能力降低,功率因数变坏,铁耗增加,电机过热,这是不允许的。所以,从基频向下调速时,必须同时降低电压 U_1,具体的控制方式有两种。

1)保持 $\dfrac{U_1}{f_1}$ = 常数

这时磁通基本不变,电动机的机械特性可以通过以下分析大致描绘出来。

将 $\Omega_1 = \dfrac{2\pi n_1}{60} = \dfrac{2\pi f_1}{p}$ 代入式(6.6),可得异步电动机最大转矩的公式为

$$T_m = \frac{3pU_1^2}{4\pi f_1 \left[R_1 + \sqrt{R_1^2 + (X_1 + X_2')^2} \right]}$$

式中

$$X_1 + X'_2 = 2\pi f_1(L_1 + L'_2)$$

代入上式得

$$T_m = \frac{3pU_1^2}{4\pi f_1\left\{R_1 + \sqrt{R_1^2 + \left[2\pi f_1(L_1 + L'_2)\right]^2}\right\}} \tag{6.48}$$

当 f_1 较高时，$2\pi f_1(L_1 + L'_2) \gg R_1$，则 R_1 可忽略，由此得

$$T_m = \frac{3pU_1^2}{8\pi^2 f_1^2(L_1 + L'_2)}$$

或

$$T_m \propto \left(\frac{U_1}{f_1}\right)^2 \tag{6.49}$$

由此可知，当 f_1 较高时，按 $\dfrac{U_1}{f_1} =$ 常数的规律调速，T_m 基本保持不变。但当 f_1 较低，R_1 不可忽略时，T_m 会逐渐减小。若要避免 T_m 过小，必须在低速时适当提高电压 U_1。

临界转差率为

$$s_m = \frac{R'_2}{\sqrt{R_1^2 + (X_1 + X'_2)^2}} = \frac{R'_2}{\sqrt{R_1^2 + \left[2\pi f_1(L_1 + L'_2)\right]^2}}$$

同样，当 f_1 较高时，R_1 可忽略，则

$$s_m = \frac{R'_2}{2\pi f_1(L_1 + L'_2)}$$

相应的转速降为

$$\Delta n_m = s_m n_1 = \frac{R'_2}{2\pi f_1(L_1 + L'_2)} \cdot \frac{60 f_1}{p} = \frac{30 R'_2}{\pi p(L_1 + L'_2)} \tag{6.50}$$

由上式可知，转速降 Δn_m 与频率 f_1 无关。因此，无论在额定频率以上或以下调速时，机械特性基本上是平行上下移动的。

将 $\Omega_1 = \dfrac{2\pi f_1}{p}$ 化入式 (6.10)，可得异步电动机的启动转矩的公式为

$$T_{st} = \frac{3pU_1^2 R'_2}{2\pi f_1\left[(R_1 + R'_2)^2 + (X_1 + X'_2)^2\right]}$$

当 $R_1 + R'_2 \ll X_1 + X'_2$ 时

$$T_{st} = \frac{3pU_1^2 R'_2}{2\pi f_1(X_1 + X'_2)^2} = \frac{3pU_1^2 R'_2}{8\pi^3 f_1^3(L_1 + L'_2)^2}$$

当 $\dfrac{U_1}{f_1} =$ 常数时

$$T_{st} \propto \frac{3pR'_2}{8\pi^3 f_1(L_1 + L'_2)^2} \propto \frac{1}{f_1} \tag{6.51}$$

由此可知，f_1 越低，T_{st} 越大。但 f_1 很低时，$(R_1 + R'_2)$ 不能忽略，T_{st} 就不怎么增加了，甚至于 f_1 再低，T_{st} 反而减小。

根据以上分析，即可大致画出保持 $\dfrac{U}{f_1} =$ 常数变频调速时的机械特性，如图 6.26 所示。

2) 保持 $\dfrac{E_1}{f_1}$ = 常数

这时磁通保持不变,用类似的方法可以分析得知,频率下调时,不但机械特性平行下移,而且最大转矩保持不变,如图 6.27 所示,当频率调低时,电动机的过载能力和启动转矩都不会减小,所以特性更为理想。只是控制 $\dfrac{E_1}{f_1}$ = 常数要比控制 $\dfrac{U_1}{f_1}$ = 常数复杂一些。

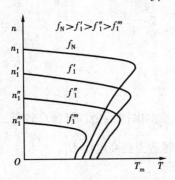 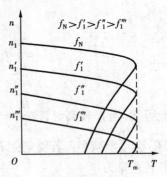

图 6.26 $\dfrac{U}{f_1}$ = 常数向下变频调速时的机械特性   图 6.27 $\dfrac{E}{f_1}$ = 常数向下变频调速时的机械特性

以上两种控制方式,由于磁通基本保持恒定,故属恒转矩调速方式。

(3) 从基频向上调速

从基频向上调速时,由于电压不能随之上调,只能保持额定值不变,磁通则随频率的上升而下降,相当于直流电动机的弱磁调速。

由式(6.48)和式(6.50)可知,机械特性上的最大转矩 T_m 将随频率的上升而下降,但转速降 Δn_m 不变,同步转速 n_1 则与频率成正比上升,因而机械特性如图 6.28 所示。

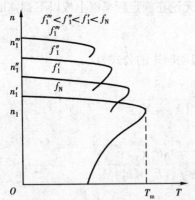

图 6.28 $U_1 = U_N$ 向上变频调速时的机械特性

可见频率从基频向上调时,电压保持额定值不变,则转矩随磁通的下降而下降,而转速上升,因而电动机的功率 $P = T\Omega = T\dfrac{2\pi n}{60}$ 近似不变,故属恒功率调速方式。

综上所述,三相异步电动机变频调速既可以从基频向下调,亦可以向上调,其调速范围最大;调速时特性的斜率基本不变,因而静差率较小;速度可在规定的调速范围内连续调节,平滑性好;从基频向下调速时,属恒转矩调速方式,从基频向上调速时,属恒功率调速方式;调速的损耗很小,效率高。所以变频调速的性能最好,最有发展前途。唯一的缺点是变频调速装置的技术复杂,目前价格较高,初投资较大。随着电子技术的不断发展,变频调速装置性价比的逐步提高,变频调速的应用将越来越广。

6.4.3　改变转差率调速

转子回路串电阻调速,改变定子电压调速和串级调速都属改变转差率调速。这些调速方法的共同特点是在调速过程中都产生大量的转差功率(sP_{em})。前两种调速方法的转差功率消耗在转子回路,很不经济,而串级调速则能将转差功率加以吸收或大部分反馈给电网,提高了经济性能。

(1)转子回路串电阻调速

绕线式异步电动机转子回路串入三相对称电阻,转速向下调节,串入电阻越大,转速将越低。其物理过程如下:转子回路串入电阻,R_2 增大为 $R_2 + R_\Omega$,转子电流 I_2 减小,转矩 T 下降,$T < T_L$,转速 n 下降,转差率 s 增大,sE_2 增大,I_2 回升,T 回升至 $T = T_L$ 时,电动机达到新的平衡状态,以降低了的转速稳定运行。

转子回路串电阻时的机械特性如图 6.29 所示,所串电阻越大,机械特性越软,负载转矩 T_L 不变时运行转速越低。转速调低时,机械特性明显变软,受静差率限制,调速范围不大;由于转子回路电流较大,电阻只能有级变化,所以调速级数少,为有级调速。

异步电动机的转子铜损耗为

$$p_{Cu2} = m_1 I_2^2 (R_2 + R_\Omega) = sP_{em} \quad (6.52)$$

可见,转速调得越低,s 越大,转子铜损耗 p_{Cu2} 越大。p_{Cu2} 与转差率 s 成正比,故称转差功率。

如果忽略机械损耗,则电动机的输出功率

$$P_2 = P_{em} - sP_{em} = P_{em}(1 - s)$$

转子电路的效率

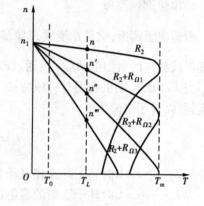

图 6.29　绕线式异步电动机转子回路串电阻调速的机械特性($R_{\Omega 3} > R_{\Omega 2} > R_{\Omega 1}$)

$$\eta = \frac{P_2}{P_2 + p_{Cu2}} = \frac{P_{em}(1 - s)}{P_{em}} = 1 - s \quad (6.53)$$

可见,转速越低,转差率越大,效率越低。

转子回路串电阻时,Φ_m 和 I_{2N} 不变,同时由于调速以前

$$I_{2N} = \frac{s_N E_2}{\sqrt{R_2^2 + (s_N X_2)^2}} = \frac{E_2}{\sqrt{\left(\dfrac{R_2}{s_N}\right)^2 + X_2^2}}$$

调速以后

$$I_{2N} = \frac{s E_2}{\sqrt{\left(\dfrac{R_2 + R_\Omega}{s}\right)^2 + X_2^2}}$$

可见

$$\frac{R_2}{s_N} = \frac{R_2 + R_\Omega}{s}$$

因而调速后的转子功率因数

$$\cos \varphi_2 = \frac{\dfrac{R_2 + R_\Omega}{s}}{\sqrt{\left(\dfrac{R_2 + R_\Omega}{s}\right)^2 + X_2^2}} = \frac{\dfrac{R_2}{s_N}}{\sqrt{\left(\dfrac{R_2}{s_N}\right)^2 + X_2^2}} = \cos \varphi_{2N} \qquad (6.54)$$

调速前后的 Φ_m、I_{2N} 和 $\cos \varphi_2$ 均不变,由电磁转矩的物理表达式可知容许输出的转矩不变,所以,转子回路串电阻调速属于恒转矩调速方法。

综上所述,转子回路串电阻调速适用于功率不大,需要调速而对调速性能要求又不高的恒转矩负载,例如起重机。对于通风机负载也可应用。

(2)串级调速

转子串电阻调速的致命缺点,就是转速越低,转子损耗越大。为了克服以上缺点,设法将转差功率利用起来,不让它白白浪费掉,这便出现了串级调速方法。

1)串级调速原理

所谓串级调速,就是在绕线式异步电动机转子回路引入与转子电动势 $\dot{E}_{2s}$ 频率相同而相位相反或相同的附加电动势 $\dot{E}_f$,通过改变 $\dot{E}_f$ 的大小来实现调速。其原理分析如下:

当 $E_f = 0$,电动机在固有机械特性上工作,拖动额定恒转矩负载时,电动机在额定转速下稳定运转,转子电流为

$$I_2 = \frac{sE_2}{\sqrt{R_2^2 + (sX_2)^2}} \qquad (6.55)$$

式中　E_2——$s = 1$ 时转子开路相电动势;

　　　X_2——$s = 1$ 时转子绕组的漏电抗。

当 $\dot{E}_f$ 与 $(s\dot{E}_2)$ 相位相反时,转子电流为

$$I_2 = \frac{sE_2 - E_f}{\sqrt{R_2^2 + (sX_2)^2}} \qquad (6.56)$$

可见,由于反相电动势 $\dot{E}_f$ 的引入,使转子电流立即减小,但定子电压不变,气隙磁通就不变,电磁转矩 $T = C_T\Phi_m I_2 \cos \varphi_2$ 随 I_2 的减小而减小,使电动机的电磁转矩小于负载转矩,电动机的转速开始下降,转差率 s 增大,由式(6.56)可知,转子电流 I_2 开始回升,直到电动机转速降到某一数值,I_2 回升到使电动机的电磁转矩等于负载转矩时,电动机在低于原有转速的情况下稳定运行。串入 $\dot{E}_f$ 的幅值越大,电动机的稳定转速越低。如能平滑地改变 $\dot{E}_f$ 的幅值便可实现无级调速。由于这种调速只能在低于同步转速下进行,故称低同步串级调速。

当 $\dot{E}_f$ 与 $(s\dot{E}_2)$ 的相位相同时,转子电流为

$$I_2 = \frac{sE_2 + E_f}{\sqrt{R_2^2 + (sX_2)^2}} \qquad (6.57)$$

可见,由于 $\dot{E}_f$ 的引入,使转子电流增大,电动机的电磁转矩随之增大,使电磁转矩大于负载转矩,电动机加速,则转差率减小,由式(6.57)可知,I_2 随之减小,直至 I_2 恢复到原先数值(即 $T = T_L$)。

当串入的 $\dot{E}_f$ 值足够大时,由 $\dot{E}_f$ 所提供的转子电流 I_2 就会超过一定数值,使电动机转速超过同步

转速,使 s 变负,(sE_2) 反相,使 I_2 下降直至原值为止。在新的稳定状态下,电动机高于同步转速稳定运行,这就是超同步串级调速。串入同相位 $\dot{E}_f$ 的幅值越大,电动机的转速越高。

超同步串级调速的实现比较困难,一般均不采用,为此下面只简单介绍低同步串级调速的机械特性和晶闸管串级调速系统的基本组成。

2)串级调速的机械特性

串级调速时机械特性方程式的推导较为复杂,下面从定性分析着手大致描绘出低同步串级调速的机械特性。

从式(6.56)已知转子电流为:

$$I_2 = \frac{sE_2 - E_f}{\sqrt{R_2^2 + (sX_2)^2}}$$

可见,附加电动势 E_f 越大,I_2 越小,若 $E_f = sE_2$,则 $I_2 = 0$,$T = 0$,这是理想空载情况。若令此时的转差率为 s_0,则理想空载转速为 $(1 - s_0)n_1$,n_1 是同步转速。此时的转差率

$$s_0 = \frac{E_f}{E_2} \tag{6.58}$$

由此可知,一般异步电动机(即 $E_f = 0$)的理想空载转速就是同步转速;但串级调速时,理想空载转速与同步转速就不相同。E_f 越高,s_0 越大,理想空载转速 $(1 - s_0)n_1$ 就越低,但同步转速未变。机械特性如图6.30所示。

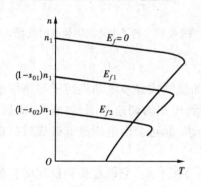

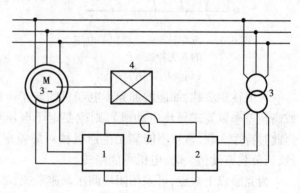

图6.30　串级调速时的机械特性 $(E_{f2} > E_{f1} > 0)$

图6.31　晶闸管串级调速系统

3)晶闸管串级调速系统

由于转子电动势 $(s\dot{E}_2)$ 的频率是随转速而变化的,这就要求附加电动势 $\dot{E}_f$ 的频率与 $s\dot{E}_2$ 的频率同步变化,这有一定难度。早期使用旋转电机变流,由于体积大,效率低、维护工作量大,在运用上受到限制。现在通常采用晶闸管串级调速系统,巧妙地解决了这一难题。晶闸管串级调速系统的基本组成如图6.31所示,图中1为大功率硅二极管组成的整流桥,把转子回路的转差功率整流为直流功率,通过由晶闸管构成的有源逆变器2变为与电网频率相同的交流电功率,再通过逆变变压器3变成相应的电压,从而将调速时的转差功率大部分回馈电网,达到节约电能的目的;同时只要调节逆变器的逆变角 β,亦即调节逆变器2直流侧的反电压(相当于附加电动势 E_f),就能改变转子电流,从而调节电动机的转速。这就避开了频率跟踪的问题,实现起来比较方便。

串级调速的机械特性较硬,静差率较小;可以连续调速,平滑性好;损耗小,效率高;采用晶闸管的串级调速系统比变频调速系统的装置简单,初投资要小。适用于功率较大、调速范围要求不大、能平滑调速的恒转矩负载和泵类负载,如水泵、风机、空气压缩机和不可逆轧钢机等。

(3) 调压调速

三相异步电动机改变定子电源电压 U_1 时,n_1 不变,$T \propto U_1^2$,$T_m \propto U_1^2$,s_m 不变,机械特性如图 6.32 所示。由图可见,当恒负载转矩 $T_L = T_N$,电压由 U_1 降为 U_1'' 时,转速将由 n 降为 n''。由于 $s > s_m$ 时不能稳定运行,所以转速最低为 $n_m = (1 - s_m) n_1$,调速范围很小。但对通风机性质负载,特性如图 6.32 中的 T_L 所示,由于 $n < n_m$ 时,电动机的人为机械特性与负载机械特性的交点也能稳定运行,调速范围显著扩大。

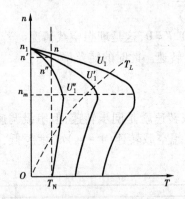

图 6.32　改变异步电动机定子电压的人为特性
$(U_1 > U_1' > U_1'')$

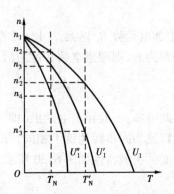

图 6.33　转子电路电阻较高时改变定子电压的人为特性
$(U_1 > U_1' > U_1'')$

对恒转矩负载,如能增加异步电动机的转子电阻(如绕线式异步电动机转子回路串电阻或高转差率鼠笼式异步电动机),则改变定子电压可得到较宽的调速范围,如图 6.33 所示。但此时特性太软,常常不能满足生产机械对静差率的要求,而且会因电压过低造成过载能力低,当负载波动稍大时,电机可能停转。

为克服以上缺点,可采用闭环调压调速系统,如图 6.34 所示。它既能提高低速时机械特性的硬度,又能保证一定的过载能力。闭环系统的机械特性如图 6.35 所示。

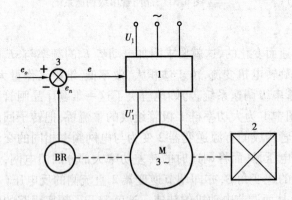

图 6.34　异步电动机改变定子电压调速的闭环系统

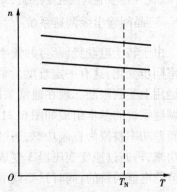

图 6.35　异步电动机改变定子电压调速的闭环系统特性

调压调速的优点是可以连续调速,平滑性好。缺点是调速的范围小;调速时的转差功率全部消耗在转子回路中,损耗大,效率低。为改善其调速性能,需采用闭环调节系统,使设备复杂化。故仅适用于功率较小、对调速精度和范围要求不高的生产机械,如低速电梯、起重机械和风机等。

(4)电磁转差离合器调速

前面所讨论的调速方法,都是在电机与负载硬性联接的情况下调节电动机本身的转速。也可不调电动机的转速,而在电动机(鼠笼式)轴和负载机械轴之间装一个电磁转差离合器,电磁转差离合器的输入转速为鼠笼式异步电动机的转速,基本不变,调节转差离合器的励磁电流,即可调节转差离合器的输出转速,亦即调节负载机械的转速。

图 6.36 为电磁转差离合器调速的示意图,M 是鼠笼式异步电动机,电动机 M 与负载 4 之间用电磁转差离合器联系,离合器分主动和从动两部分,可分别旋转。主动部分是电枢 5 与 M 同轴联接,其上有鼠笼绕组,也可以只是实心铸钢,此时涡流的通路起鼠笼导条的作用。从动部分是磁极 1,绕有励磁绕组,由滑环 2 引入直流励磁电流 i_f。两部分在机械上是分开的,当中有气

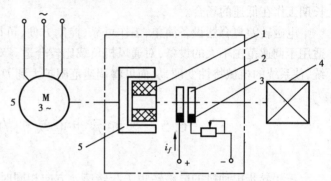

图 6.36　电磁转差离合器调速
1—磁极;2—滑环;3—电刷;4—负载;5—电枢

隙,如无励磁电流,则两部分互不相干。只要通入励磁电流,两者就因电磁作用互相联系起来,所以叫电磁离合器。

其工作原理可以分析如下:在磁极励磁的条件下,M 带着电枢逆时针旋转时,电枢的鼠笼绕组(或铁芯)切割磁场而感应电动势,由于绕组是闭合的,故有电流流过,其方向按右手定则确定,如图 6.37 所示。这电流与磁场相互作用产生电磁转矩,按左手定则可知转矩为顺时针方向,但反作用转矩 T 则是逆时针方向加在磁极上,使磁极随电枢同方向旋转。一般情况下两者的转速必然有差异,否则两者之间便无相对运动,就不会感应电动势,也就不产生转矩了。电枢与磁极之间的转速差 Δn 为

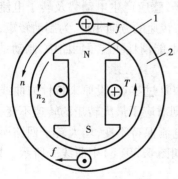

图 6.37　电磁转差离合器转矩的产生
1—磁极;2—电枢

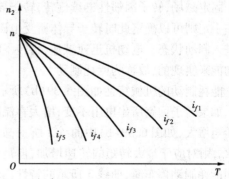

图 6.38　电磁转差离合器机械特性
$(i_{f1} > i_{f2} > i_{f3} > i_{f4} > i_{f5})$

$$\Delta n = n - n_2$$

式中 n——电枢转速即输入转速；

n_2——磁极转速，即输出转速。

这原理和异步电动机原理相似，靠转速差工作，因此叫做"电磁转差离合器"。它经常与异步电动机联为一体，容量小的干脆装在同一机壳内，总称"滑差电机"或"电磁调速异步电动机"。

电磁转差离合器的机械特性：当 $T = 0$ 时，它的理想空载转速就是异步电动机的转速 n。励磁电流一定时，负载越大，Δn 也越大，因而感应电动势、电流、转矩随之增大，所以特性一定是向下倾斜的；改变励磁电流时，i_f 越大，磁场越强，因而转矩越大。由此机械特性如图 6.38 所示。由图可见，电磁转差离合器的机械特性较软，低速时损耗大，效率低，温升高，所以不宜长期工作在低速的场合。

电磁转差离合器设备简单，工作可靠，控制方便，可以平滑调速（平滑调节励磁电流时），适用于调速范围不大的设备，对通风机负载比较合适。对其他负载可采用转速反馈的闭环系统，使系统的机械特性变硬，从而可将调速范围扩大到 $D = 10$ 左右。

6.5 三相异步电动机的制动运行

三相异步电动机的电磁转矩 T 与转速 n 方向相同时，电动机处于电动状态，此时，电机从电网吸收电能并转换为机械能向负载输出，电机运行于机械特性的一、三象限。电动机在拖动负载的工作中，只要电磁转矩 T 与转速 n 的方向相反，电动机就处于制动运行状态，此时电机运行于机械特性的二、四象限。和直流电动机一样，异步电动机制动运行的作用仍然是快速减速或停车和匀速下放重物。异步电动机的制动状态亦分 3 种，即能耗制动、反接制动和回馈制动，现分别讨论如下：

6.5.1 能耗制动

异步电动机能耗制动的电路图如图 6.39（a）所示，当 KM_2 的触点断开，KM_1 闭合时，该电机工作在电动状态，相当于在图 6.39（b）中的 A 点运行。如欲进行能耗制动，只要断开 KM_1 使电机脱离电网，并立即闭合 KM_2，给定子两相绕组通入直流励磁电流 I_-。I_- 在定子内形成一个固定磁场，转子因惯性继续旋转，转子导体切割此磁场，感应产生电动势及转子电流。根据左手定则可以确定此时转子导体所受电磁转矩的方向与转速的方向相反，为制动转矩，电动机进入制动状态。电动机迅速减速，将转子的动能转变为电能消耗在转子回路中，制动是靠消耗动能来实现的，故称为能耗制动。

能耗制动的机械特性如图 6.39（b）所示，在二、四象限且过零点，设原来特性如曲线 1 所示。如果转子回路所串电阻不变，增大直流励磁电流 I_-，则对应于最大转矩的转速不变，但最大转矩增大，如图 6.39（b）中曲线 2 所示；如果直流励磁电流保持不变，增大转子回路所串电阻 R_Ω，则对应于最大转矩的转速增加，但最大转矩不变，如图 6.39（b）中曲线 3 所示。显然，采用能耗制动停车时，曲线 3 所示的特性比较理想。

由图 6.39（b）所示能耗制动时的机械特性可以看出，改变定子直流励磁电流或转子回路所串电阻的大小，都可调节制动转矩的大小。当电动机动能消耗完，转速下降为零时，制动转

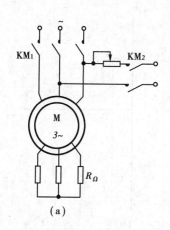
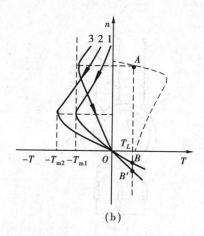

图 6.39 异步电动机能耗制动的电路图及机械特性
(a)电路图;(b)机械特性

矩亦降为零,所以采用能耗制动能实现准确停车。由图 6.39(b)还可看出,能耗制动机械特性向第四象限延伸,利用其特性的直线部分,与直流电动机相似,可用以低速下放重物,下放速度可以通过改变转子回路串接电阻和励磁电流的大小来调节,此法广泛用于矿井提升及起重运输机械等。

绕线式异步电动机采用能耗制动快速停车时,定子直流励磁电流 I_- 与转子回路串接电阻 R_Ω 的大小可以采用下面的经验公式进行计算:

$$I_- = (2 \sim 3)I_0 \tag{6.59}$$

式中 I_0——异步电动机的空载电流,一般可取 $I_0 = (0.2 \sim 0.5)I_{1N}$。

$$R_\Omega = (0.2 \sim 0.4)\frac{E_{2N}}{\sqrt{3}I_{2N}R_2} \tag{6.60}$$

式中 E_{2N}——转子堵转时两滑环间的感应电动势,可查产品目录;

I_{2N}——转子额定电流,可查产品目录;

R_2——转子每相绕组的电阻,可用下式近似估算

$$R_2 = \frac{sE_{2N}}{\sqrt{3}I_{2N}} \tag{6.61}$$

利用式(6.59)及式(6.60)计算所得数据,能达到的最大制动转矩为$(1.25 \sim 2.2)T_N$,可满足一般快速停车的要求。

能耗制动广泛用于要求准确停车或低速下放重物的场合。

6.5.2 反接制动

异步电动机的反接制动分定子两相反接制动和转速反向反接制动两种。

(1)定子两相反接制动

定子两相反接制动的电路图如图 6.40(a)所示。设电机原来稳定运行于电动状态,如图 6.39(b)中的 A 点,如欲进行两相反接制动实现迅速停车或反转,只要将定子两相反接,并同时在绕线式异步电动机转子回路串接电阻 R_f,如图 6.40(a)所示。由于定子相序的改变,使旋转磁场的反向,同步转速由 n_1 变为 $-n_1$,机械特性改为图 6.40(b)中的 BE 所示,从而使异步

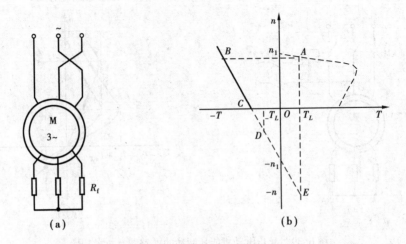

图 6.40 定子两相反接制动的电路图与机械特性
(a)电路图;(b)机械特性

电动机的工作点从原来正向电动运行机械特性上的 A 点,转移到新的机械特性上的 B 点。此时的转差率为

$$s = \frac{-n_1 - n}{-n_1} = \frac{n_1 + n}{n_1} > 1 \tag{6.62}$$

$s > 1$ 是反接制动的特点之一。

两相反接时,由于旋转磁场反向,使转子的 E_2、sE_2、I_2 及电磁转矩 T 都与电动运行状态时相反,电动机的电磁转矩变负,与负载转矩共同作用,使电动机的转速沿图 6.40(b)中特性的 BC 段很快下降。如果目的在于快速停车,应在转速即将降至零的适当时候切除电源,否则电动机可能沿特性的 CE 段反向启动。如果电动机带的是反抗性负载,且负载转矩 T_L 小于反向启动转矩,电动机将反向启动,沿特性的 CE 段加速,当加速到 D 点,$T = T_L$,电动机稳定运行于反向电动运行状态,从而实现了反转:如果电动机带的是位能性负载,则在电磁转矩 T 和负载转矩 T_L 的共同作用下,电动机反向启动并加速,其反向电磁转矩逐步减小,当转速到达 $-n_1$ 时,电磁转矩 $T = 0$,可由于负载转矩的作用,转速将继续升高,此时 $T > 0$ 并随转速的升高而增大,直到 $T = T_L$ 时,电动机才稳定运行于图 6.40(b)中的 E 点,以高于同步转速的速度匀速下放重物。

需要指出的是:定子两相反接制动,无论负载性质如何,都是指两相反接开始到转速为零为止这个过程,相当于图 6.40(b)中机械特性的 BC 段。制动过程中,电动机一方面从电源输入电能,另一方面将负载迅速减速时释放的动能转换为电能,都消耗在转子回路中,所以能量损耗较大。

两相反接制动的优点是制动转矩大,制动强烈;缺点是能耗大,如要停车,需由控制线路及时切除电源,制动准确度差。这种制动适用于要求迅速停车的负载,尤其适用于要求迅速停车并立即反转的场合。

(2)转速反向反接制动

转速反向反接制动的电路图如图 6.41 所示,绕线式异步电动机带位能性负载,转子回路串接较大电阻,使接通电源时启动转矩的方向与重物 G 产生的负载转矩的方向相反,并使

212

$T_{st} < T_L$，在重物 G 的作用下，迫使电机反 T_{st} 的方向旋转，并在重物下放的方向加速，转速 n 为负，其转差率 s

$$s = \frac{n_1 - (-n)}{n_1} > 1 \tag{6.63}$$

与定子两相反接制动时相同。

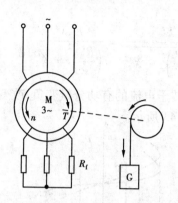

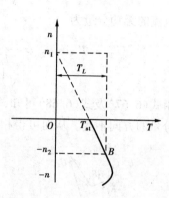

图 6.41　转速反向反接制动电路图　　　　图 6.42　转速反向反接制动时的机械特征

转速反向反接制动的机械特性如图 6.42 中在第四象限的实线部分所示，可见随 $|-n|$ 的增加，s，I_2 及 T 都增大，直到 $T = T_L$、转速为 $-n_2$ 的 E 点稳定运行，匀速下放重物。负载转矩一定时，增大转子回路串接的电阻，就能提高重物下放的速度。但下放速度较高时，特性的斜率太大，转速的稳定性差，能耗亦大。

转速反向反接制动时，由轴上输入重物的位能转化为电能，加上定子从电源输入的电能，都消耗在转子回路的总电阻上。对此，可作如下证明：

转子由定子输入的电磁功率为

$$P_{em} = 3I_2^2 \frac{R_2 + R_f}{s} \tag{6.64}$$

式中　$s > 1$，$P_{em} > 0$，即表示定子输入电磁功率。

转子轴上输出的机械功率：

$$P_2 = P_{em}(1 - s) \tag{6.65}$$

当 $s > 1$ 时，$P_2 < 0$，说明电动机轴上输入机械功率。

转子电路的损耗为：

$$\triangle P_2 = P_{em} - P_2 \tag{6.66}$$

由于 $P_2 < 0$，则 $\triangle P_2$ 实为 P_{em} 与 P_2 之和，说明轴上输入的机械功率和从电源输入的电功率均消耗在转子回路，除一小部分消耗在转子绕组电阻上外，大部分消耗在电阻 R_f 上。这与定子两相反接制动相似，故亦称反接制动。

转速反向反接制动的优点是设备简单，操作方便；缺点是能耗大。适用于低速匀速下放重物。

6.5.3　回馈制动

当异步电动机在外力的作用下，使其转速 n 高于同步转速 n_1，即 $n > n_1$ 时，电动机就进入

回馈制动状态。其工作原理可简单分析说明如下:因为这时转子电流的有功分量为

$$I'_{2a} = I'_2 \cos \varphi_2 = \frac{E'_2}{\sqrt{\left(\dfrac{R'_2}{s}\right)^2 + X'^2_2}} \cdot \frac{\dfrac{R'_2}{s}}{\sqrt{\left(\dfrac{R'_2}{s}\right)^2 + X'^2_2}} = \frac{E'_2 \dfrac{R'_2}{s}}{\left(\dfrac{R'_2}{s}\right)^2 + X'^2_2} \tag{6.67}$$

转子电流的无功分量为

$$I'_{2r} = I'_2 \sin \varphi_2 = \frac{E'_2}{\sqrt{\left(\dfrac{R'_2}{s}\right)^2 + X'^2_2}} \cdot \frac{X'_2}{\sqrt{\left(\dfrac{R'_2}{s}\right)^2 + X'^2_2}} = \frac{E'_2 X'_2}{\left(\dfrac{R'_2}{s}\right)^2 + X'^2_2} \tag{6.68}$$

由式(6.67)及式(6.68)可知,当 $n > n_1$ 时,$s < 0$,转子电流的有功分量变负,改变方向,而无功分量的方向不变。从而可得相应的相量图如图6.43所示。

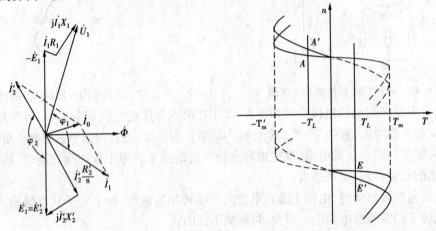

图 6.43　回馈制动时的相量图　　　　　　图 6.44　回馈制动时的机械特性

由于转子电流的有功分量 $I'_2 \cos \varphi_2$ 变负,则电磁转矩 $T = C'_T \phi_m I'_2 \cos \varphi_2$ 变负,T 与 n 反向,进入制动状态。同时由图6.43可知,$\dot{U}_1$ 和 $\dot{I}_1$ 之间的相位差角 φ_1 大于90°,故定子输入功率 $P_1 = m_1 U_1 I_1 \cos \varphi_1$ 为负,说明实为向电网回馈电能,所以称为回馈制动。

回馈制动时,电动机轴上输出的机械功率 $P_2 = T\Omega$,因 T 变负而变负,故实际上是由轴上输入(即吸收)机械功率,并将此功率转化为电功率回馈电网的。

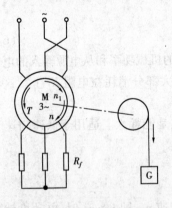

图 6.45　回馈制动的电路图

回馈制动时,如转向 n 为正,T 为负,且 $n > n_1$,则当制动转矩与负载位能性转矩相等时,电动机在机械特性第二象限的某点(如图6.44中 A 点)稳定运行,称为正向回馈制动。如果带的是位能性负载,由电动状态转入回馈制动下放重物时,应改变电源相序,如图6.45所示,此时机械特性通过 $-n_1$,与图6.40中的 BE 相似。电动机将由第一象限的 A 点跳到第二象限的 B 点,电磁转矩 T 反向,在电磁转矩和负载转矩的共同作用下,工作点沿特性穿过第二、三象限,进入第四象限,到与负载特性的交点 E,$T = T_L$,电动机匀速下放重物,此时 T 为

正,n 为负,且$|-n| > |-n_1|$,故为反向回馈制动状态。

由图6.44可知,当异步电动机拖动位能性负载下放重物时,若负载转矩 T_L 不变,转子所串电阻越大,转速越高。为了避免因转速过高而影响安全,回馈制动下放重物时,转子回路一般不串或只串较小的电阻,使工作点如图6.44中的 E 或 E' 所示。

回馈制动的优点是能耗最小,缺点是只能在转速高于同步转速时实现。适用于高速匀速下放重物。

6.6　绕线式异步电动机调速及制动电阻的计算

调速及制动电阻的计算,目的是要确定一个大小适当的电阻 R_f,在绕线式异步电动机调速及制动时串入转子电路,以保证获得运行所需要的调速及制动特性。

例6.3　一台绕线式异步电动机的铭牌数据如下:$P_N = 75$ kW, $U_{1N} = 380$ V, $I_{1N} = 144$ A, $E_{2N} = 399$ V, $I_{2N} = 116$ A, $n_N = 1\ 460$ r/min, $\lambda_M = 2.8$。试求:

1)当负载转矩 $T_L = 0.8T_N$,要求转速 $n_B = 500$ r/min时,转子每相应串入多大的电阻(工作点见图6.46中的 B 点);

2)从电动状态(图6.46中的 A 点)$n_A = n_N$ 时换接到反接制动状态,如果要求开始时的制动转矩等于 $1.5T_N$(图6.46中的 C 点),转子每相应串接多大的电阻;

3)如该电动机带位能负载,负载转矩 $T_L = 0.8T_N$,要求稳定的下放转速 $n_D = -300$ r/min,转子每相应串接多大的电阻值。(工作点见图6.46中的 D 点)

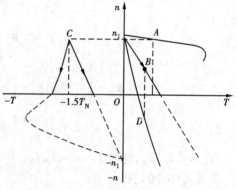

图6.46　绕线式异步电动机的机械特性

解

$$s_N = \frac{n_1 - n_N}{n_1} = \frac{1\ 500 - 1\ 460}{1\ 500}$$
$$= 0.026\ 7$$

$$R_2 = \frac{s_N E_{2N}}{\sqrt{3} I_{2N}} = \frac{0.026\ 7 \times 399}{\sqrt{3} \times 116} = 0.053\ \Omega$$

1)对于固有特性,则由式(6.17)可得

$$s_m = s_N(\lambda_M + \sqrt{\lambda_M^2 - 1})$$
$$= 0.026\ 7(2.8 + \sqrt{2.8^2 - 1}) = 0.144\ 5$$

对于人为特性,当 $s = s_x$ 时,$T = T_x$,其临界转差率为 s'_m,代入实用表达式得

$$T_x = \frac{2\lambda_M T_N}{\dfrac{s_x}{s'_m} + \dfrac{s'_m}{s_x}}$$

化简成求 s'_m 的方程式,得

$$s'^2_m - \left(\frac{2\lambda_M T_N s_x}{T_x}\right)s'_m + s_x^2 = 0 \tag{6.69}$$

$$s'_m = s_x\left[\frac{\lambda_M T_N}{T_x} \pm \sqrt{\left(\frac{\lambda_M T_N}{T_x}\right)^2 - 1}\right] \tag{6.70}$$

令 $s_x = s_B = \dfrac{n_1 - n_B}{n_1} = \dfrac{1\,500 - 500}{1\,500} = 0.666$

以 $T_x = 0.8T_N$ 代入式(6.70),得

$$s'_m = 0.666\left[\frac{2.8T_N}{0.8T_N} \pm \sqrt{\left(\frac{2.8T_N}{0.8T_N}\right)^2 - 1}\right] = 4.56 \text{ 或 } 0.095$$

取 $s'_m = 4.56$($s'_m = 0.095$ 不合理)

当 R_1,X_1 及 X'_2 不变时,

$$s_m \propto R'_2$$

因而,得

$$\frac{s'_m}{s_m} = \frac{R'_2 + R'_{fB}}{R'_2} = \frac{R_2 + R_{fB}}{R_2}$$

$$R_{fB} = \left(\frac{s'_m}{s_m} - 1\right)R_2 = \left(\frac{4.56}{0.144\,5} - 1\right) \times 0.053 = 1.62\ \Omega$$

2) $\quad s_c = \dfrac{-n_1 - n_N}{-n_1} = \dfrac{1\,500 + 1\,460}{1\,500} = 1.973$

$T_x = T_c = -1.5T_N$,此时 $T_m = -\lambda_M T_N$

代入式(6.70),得

$$s'_m = 1.973\left[\frac{-2.8T_N}{-1.5T_N} \pm \sqrt{\left(\frac{-2.8T_N}{-1.5T_N}\right)^2 - 1}\right] = 6.8 \text{ 或 } 0.58$$

取 $s'_m = 6.8$,则

$$R_{fC} = \left(\frac{6.8}{0.144\,5} - 1\right) \times 0.053 = 2.44\ \Omega$$

取 $s'_m = 0.58$ 则

$$R_{fC} = \left(\frac{0.58}{0.144\,5} - 1\right) \times 0.053 = 0.16\ \Omega$$

由机械特性可以看出,取 $R_{fC} = 2.44\ \Omega$ 比较合适。

3) $\quad s_D = \dfrac{n_1 - n_D}{n_1} = \dfrac{1\,500 - (-300)}{1\,500} = 1.2$

$T_x = T_D = 0.8T_N$,代入式(6.70),得

$$s'_m = 1.2\left[\frac{2.8T_N}{0.8T_N} \pm \sqrt{\left(\frac{2.8T_N}{0.8T_N}\right)^2 - 1}\right] = 8.225 \text{ 或 } 0.175$$

取 $s'_m = 8.225$($s'_m = 0.175$ 时不能稳定运行),则

$$R_{fD} = \left(\frac{s'_m}{s_m} - 1\right)R_2 = \left(\frac{8.225}{0.144\,5} - 1\right) \times 0.053 = 2.96\ \Omega$$

小　　结

本章从三相异步电动机的机械特性出发,分析了包括启动、调速和制动在内的异步电动机电力拖动的有关问题。

(1)三相异步电动机的机械特性

三相异步电动机的机械特性 $n=f(T)$,可用 3 种不同形式的表达式,即物理表达式、参数表达式及实用表达式去描述。3 种表达式虽然形式不同,但可从一种形式推导出另外两种形式来,说明三种表达式都是反映同一机械特性。3 种表达式,既可以表示三相异步电动机的固有机械特性,也可根据不同的情况,表示启动、调速及各种制动状态时的人为机械特性,从而解决异步电动机在电力拖动全过程中有关的分析计算问题。

3 种表达式的形式不同,用途也不同。物理表达式用于分析异步电动机在各种运行状态下的物理过程较方便;参数表达式能直接反映异步电动机的机械特性与有关参数之间的关系,并由它导出 T_m,s_m 及 T_{st} 等的表达式,可分析改变某些参数对电动机的性能与特性的影响,并从中找出改善电动机特性与性能的途径;实用表达式在电力拖动中应用最广,可用于绘制机械特性或进行机械特性的计算。在工程上,根据启动、调速及制动的不同目的,计算绕线式异步电动机转子回路应串的电阻值。此时,根据产品目录的数据计算出 s_m(固有特性)后,用实用表达式算出人为特性的 s_m',再按下列关系算出转子回路每相应串的附加电阻 R_f

$$\frac{s_m'}{s_m}=\frac{R_2+R_f}{R_2} \quad 或 \quad R_f=\left(\frac{s_m'}{s_m}-1\right)R_2$$

当然,也可在已知 R_f 的情况下,求特性的参数,如 T 及 n 等。在应用实用表达式时,必须注意在不同运转状态下 s 及其他 3 个量(即 T,s_m 及 T_m)的大小及正负符号。

根据三相异步电动机机械特性的参数表达式可知,机械特性与电机的参数和物理量有关。如果 $U=U_N$,$f=f_N$,定子绕组按规定方法接线,定子、转子回路不外接附加电阻和电抗时求得的 $n=f(T)$ 为固有机械特性。只要改变其中一个参数或物理量(其余保持不变),即可得到不同的人为机械特性。

(2)三相异步电动机的启动

1)三相鼠笼式异步电动机的启动

鼠笼式异步电动机直接启动的设备简单,启动转矩较大,但启动电流很大,可达 $(4\sim7)I_N$,过大的启动电流会使电网电压短时下降,影响接于同一电网负载的正常运行。为此,仅适用于相对于供电变压器容量来说功率较小的电动机。

相对于供电变压器容量来说功率较大的电动机,为了克服启动电流过大的缺点,可采取降压启动,包括定子电路串接电阻或电抗的降压启动、自耦变压器降压启动、Y-△启动等。由于降压启动在减小启动电流的同时也减小了启动转矩,故只宜用于启动时负载不是很重的生产机械。Y-△启动适用于空载或轻载启动;自耦变压器降压启动适用于带较重的负载启动。

改变转子槽型,利用“集肤效应”原理制成深槽式和双鼠笼式异步电动机,保留了鼠笼式异步电机的优点,启动性能则高于普通异步电动机,适用于启动性能要求略高于普通异步电动机的场合。

2)三相绕线式异步电动机的启动

在绕线式异步电动机的转子回路串接适当大小的电阻启动,既能增大启动转矩 T_{st},又可减小启动电流 I_{st},从而取得良好的启动性能,解决了较大功率异步电动机重载启动的问题。缺点是启动性能与启动电阻的分段数目密切有关,分段数少,则启动转矩变化大,启动平稳性差;分段数多,则使自动逐段切除的控制设备复杂,不但体积大、投资大,可靠性亦差。如以频敏变阻器代替普通电阻,启动过程中随转速的逐步升高,转子电路的频率 f_2 逐步下降,频敏变阻器的等效电阻自动逐步减小,既可以简化控制系统,又能实现平滑启动,启动过程既快又平稳,故应用日益广泛。

(3)三相异步电动机的调速

三相异步电动机的调速,有变极、变频及改变转差率 3 种方法。改变转差率的调速又包括:转子回路串电阻、串级调速及改变定子电压等方法。

变极调速是通过改变定子绕组的接法,改变定子磁场的极对数,从而调节电动机的同步转速 n_1 和转速 n,此法只适用于鼠笼式异步电动机,因鼠笼转子的极对数随定子而定,变极时只需改变定子绕组的接法即可,而对绕线式异步电动机,必须同时改变转子绕组的接法,难以实现。变极调速的调速范围不大且为有级调速。Y-YY 接法为恒转矩调速,△-YY 接法为近似恒功率调速。低速时的人为机械特性较硬,静差率较小;损耗很小,经济性好。适用于功率不大、对调速性能要求不高的场合。

变频调速是利用电力电子变频装置,将恒频恒压的交流电变为频率和电压可调的交流电,供给异步电动机,从而调节电动机的同步转速 n_1 和转速 n,此法既可以使转速从额定值向下调,亦可以从额定值向上调,调速范围大;低速特性较硬,静差率小;可以连续调速,平滑性好;一般频率向下调时为恒转矩调速,向上调时为恒功率调速,损耗亦很小。所以调速性能最好,最有发展前途。唯一的缺点是目前变频调速装置的价格较高。适用于对调速性能要求较高的鼠笼式异步电动机。

绕线式异步电动机转子回路串电阻调速,调速范围不大、平滑性差、低速时机械特性较软,转差功率全部消耗在转子回路,能耗大,效率低,不经济;但较简单,适用于功率不大、需要调速而对调速性能要求又不高的恒转矩负载。对于功率较大的绕线式异步电动机,为克服转子回路串电阻调速能耗大的缺点,可以采用串级调速。串级调速降低转速时增大的转差功率除消耗一小部分以外,大部分回馈电网,能量损耗大为减少,且可以无级调速。这种方法效率高,调速装置比变频调速简单,经济性好,便于向大容量发展,最适用于风机和水泵等泵类负载。

鼠笼式异步电动机的调压调速采用电力电子调压器调节电压,可以连续调速,平滑性好;缺点是调速的范围小,转差功率消耗在转子回路,损耗大;低速时特性太软,为改善其调速性能,需采用闭环调速系统。一般用于功率较小、对调速性能要求不高的生产机械,如低速电梯、起重机械和风机等。电磁转差离合器调速,通过调节离合器的励磁电流来调节输出轴的转速。转差离合器相当于调压调速的异步电动机,故与异步电动机调压调速的性能极为相似。优点是简单可靠、控制方便。缺点是损耗大,不宜长期低速运行,调速范围较小。适用于功率不大、对调速性能要求不高的泵类负载。

(4)三相异步电动机的制动

制动的特征是电磁转矩 T 与转速 n 反向。制动的作用是快速减速或停车和匀速下放重物。异步电动机的制动状态亦分 3 种,即能耗制动、反接制动和回馈制动。

能耗制动是将运行的电动机切断电源的同时,立即向定子两相绕组通入直流励磁电流产生恒定磁场,转子切割此磁场产生感应电动势和电流,从而产生制动转矩。由于励磁电流为可调,则制动转矩也可调。又由于制动转矩是靠转子切割磁场而产生的,转速的快慢决定制动转矩的大小,故当电机转速为零(停车)时,制动转矩也降为零。所以能耗制动方法可使生产机械准确停车。能耗制动也可用于低速匀速下放重物,调节励磁电流或转子回路串接电阻的大小可以调节下放的速度。

反接制动分两相反接制动与转速反向反接制动两种,共同的特点是 $s > 1$。转子输出功率 $P_2 = P_{em}(1-s) < 0$,说明制动时,电动机向电网吸取电功率的同时,还从轴上输入机械功率变换为电能,一并消耗在转子电路中,故能耗较大。两相反接制动用于快速停车,在转速即将降为零之前的适当时刻切断电源,以免反转。转速反向反接制动用于低速匀速下放重物,转子回路串接电阻增大,下放速度提高。

回馈制动的条件是必须有外来的因素,使电动机转速 n 高于同步转速 n_1,转差率 $s < 0$。此时,转子电流的有功分量 $I'_{2a} < 0$,说明电磁转矩反向,为制动转矩;同时功率 P_1 和 P_2 均为负,说明制动过程中,电动机从轴上输入机械功率转化为电功率回馈电网。这种制动能量损耗最小,但只能在 $n > n_1$ 时实现。适用于高速下放重物。

综上所述,异步电动机的启动、调速及制动等拖动的全过程,都是异步电动机的人为机械特性的具体运用。所以计算启动、调速及制动时在转子电路中应串的电阻值,不外是根据产品目录的数据计算临界转差率 s_m 后,用实用表达式计算出给定工作状态所需机械特性的临界转差率 s'_m,再按下列关系算出应串的附加电阻 R_f

$$\frac{s'_m}{s_m} = \frac{R_2 + R_f}{R_2}$$

$$R_f = \left(\frac{s'_m}{s_m} - 1\right)R_2$$

思　考　题

6.1　何谓三相异步电动机的固有机械特性和人为机械特性?

6.2　三相鼠笼式异步电动机的启动电流一般为额定电流的 4~7 倍,为什么启动转矩只有额定转矩的 0.8~1.2 倍?

6.3　三相异步电动机能在低于额定电压下长期运行吗?为什么?

6.4　深槽式异步电动机和双鼠笼式异步电动机为什么能改善启动性能?

6.5　鼠笼式异步电动机的启动方法有哪几种?各有何优缺点?各适用于什么场合?

6.6　异步电动机有哪些制动运行状态?如何实现?各适用于什么场合?

6.7　异步电动机的电磁转矩是拖动转矩还是制动转矩?

6.8　三相鼠笼式异步电动机在什么条件下可以直接启动?不能直接启动时,可以采取哪些降压启动方法?降压启动对启动转矩有什么影响?

6.9　定子绕组串电阻或电抗降压启动的主要缺点有哪些?适用于什么场合?

6.10　采用自耦变压器降压启动时,启动电流与启动转矩各降低多少?适用于什么场合?

6.11 Y-△启动与直接启动相比,启动电流与启动转矩各降低多少? 适用于什么场合?

6.12 当电源相电压为 380 V 时,若要采用 Y-△ 启动,只有定子绕组额定电压为 660/380 V 的三相异步电动机才能使用,为什么?

6.13 为什么绕线式异步电动机转子串入启动电阻以后,启动电流减小而启动转矩反而能增大? 如果串电抗,会不会有同样的效果?

6.14 三相异步电动机变极调速时,若电源的相序不变,电机的转向将怎样?

6.15 变极调速由高速换到低速时,电机必须经过什么运转状态?

6.16 转子电路串电阻调速的主要优缺点是什么?

6.17 带恒转矩负载时,异步电动机仅用降压的办法降速,有什么问题?

6.18 一台三相绕线式异步电动机,定子绕组接在频率为 50 Hz 的三相对称电源上,负载是位能性负载(如起重机),现运行在高速匀速下放重物,转速 n 大于同步转速 $n_1(n > n_1)$,问:

(1)气隙磁通势的旋转方向和转速大小,转差率 s 大小怎样?

(2)气隙磁通势在定、转子中感应电动势的频率是多少? 相序如何?

(3)电磁转矩是拖动转矩还是制运转矩?

(4)电机处于什么运行状态?

(5)实际的电磁功率 P_{em} 的流动方向如何? 机械功率是输入还是输出?

6.19 频敏变阻器在结构上的特点是什么? 三相绕线式异步电动机转子串频敏变阻器启动时,其机械特性有什么特点? 为什么?

习　题

6.1 一台三相八极异步电动机的额定数据:$P_N = 260$ kW,$U_N = 380$ V,$f_1 = 50$ Hz,$n_N = 727$ r/min,过载能力 $\lambda_M = 2.13$,求:

(1)产生最大转矩 T_m 时的转差率 s_m;

(2)当 $s = 0.02$ 时的电磁转矩。

6.2 一台三相绕线式异步电动机,已知 $P_N = 75$ kW,$U_{1N} = 380$ V,$n_N = 720$ r/min,$I_{1N} = 148$ A,$\eta_N = 90.5\%$,$\cos \varphi_N = 0.85$,$\lambda_M = 2.4$,$E_{2N} = 213$ V,$I_{2N} = 220$ A,试用机械特性的实用表达式绘制电动机的固有机械特性和转子串入 0.04 Ω 电阻时的人为机械特性。

6.3 一台三相鼠笼式异步电动机,已知数据为:$U_N = 380$ V,$I_N = 20$ A,△接法,$\cos \varphi_N = 0.87$,$\eta_N = 87.5\%$,$n_N = 1\ 450$ r/min,$I_{st}/I_N = 7$,$T_{st}/T_N = 1.4$,$\lambda_M = 2$,试求:

(1)电机轴上输出的额定转矩 T_N。

(2)若要能满载启动($T'_{st} \geqslant 1.1 T_N$),电网电压不能低于多少伏?

(3)若采用 Y-△ 启动,T'_{st} 等于多少? 能否半载启动?

6.4 一台三相鼠笼式异步电动机:$P_N = 300$ kW,定子 Y 接,$U_{1N} = 380$ V,$I_{1N} = 527$ A,$n_N = 1\ 475$ r/min,启动电流倍数 $K_I = 6.7$,启动转矩倍数 $K_T = 1.5$,最大转矩倍数 $\lambda_M = 2.5$。车间变电所允许最大冲击电流为 $1\ 800$ A,生产机械要求启动转矩不得小于 $1\ 000$ N·m。试选择恰当的启动方法。(注:$T_N = 9\ 550 \dfrac{P_N}{n_N}$ N·m;如采用自耦变压器降压启动时,抽头分为

55% ,64% ,73% 三挡)

6.5　某台三相绕线式异步电动机的数据为：$P_N = 11$ kW，$n_N = 715$ r/min，$E_{2N} = 163$ V，$I_{2N} = 47.2$ A，启动最大转矩与额定转矩之比 $\dfrac{T_1}{T_N} = 1.8$。负载转矩 $T_L = 98$ N·m。试求三级启动时的各级总电阻和分段电阻。

6.6　一台三相绕线式异步电动机，已知：$P_N = 44$ kW，$n_N = 1\ 435$ r/min，$E_{2N} = 243$ V，$I_{2N} = 110$ A，设启动时的负载转矩为 $T = 0.8T_N$，最大允许启动转矩 $T_1 = 1.87T_N$，切换转矩 $T_2 = T_N$，试求启动电阻的段数和每段的电阻值。

6.7　一台三相绕线式异步电动机的额定数据为：$P_N = 30$ kW，$U_{1N} = 220/380$ V，$I_{1N} = 124/71.6$ A，$n_N = 725$ r/min，$E_{2N} = 257$ V，$I_{2N} = 74.3$ A。启动最大转矩与额定转矩之比 $T_1/T_N = 1.8$，负载转矩为 $0.75T_N$。求四级启动时每级启动电阻值。

6.8　电动机数据与题 6.2 相同。试求：

(1)用该电动机带动位能性负载，如下放负载时要求转速 $n = 300$ r/min，$T_L = T_N$ 时转子每相应串多大电阻？

(2)电动机在额定状态下运转，为了停车采用反接制动，如要求在起始时制动转矩为 $2T_N$，求转子每相应串接的电阻值。

第 **7** 章
单相异步电动机和三相同步电动机

7.1 单相异步电动机

单相异步电动机是接单相交流电源运行的异步电动机,其结构简单、成本低廉,只需单相电源,广泛应用于家用电器、电动工具、医疗器械等方面,功率从几瓦到几百瓦,与三相异步电动机相比,效率和功率因数稍低,由于容量不大,故此缺点并不突出。

单相异步电动机采用普通鼠笼式转子。定子上有两相绕组,在空间互差 90°电角度,一相为主绕组,又称运行绕组;另一相为副绕组,又称启动绕组。一相绕组单独通入交流电流时,产生的磁通势是脉振磁通势。两相绕组同时通入相位不同的交流电流时,在电机中产生的磁通势一般为椭圆形旋转磁通势,特殊情况下可为圆形旋转磁通势。

7.1.1 运行绕组单独通电时的机械特性

如果仅将单相异步电动机的运行绕组接通单相交流电源,流过交流电流时,电机中产生的磁通势为脉振磁通势。由于一个脉振磁通势可以分解为两个转向相反、转速相同、幅值相等的旋转磁通势 F_+ 和 F_-,所以单相异步电动机的转子在脉振磁通势作用下产生的电磁转矩 T,应该等于正转磁通势 F_+ 和反转磁通势 F_- 分别作用下产生的电磁转矩之和。

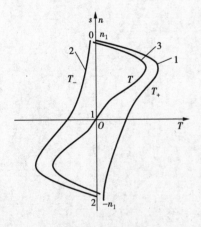

图 7.1 运行绕组通电时的机械特性

鼠笼式转子在旋转磁通势作用下产生的电磁转矩在三相异步电动机中已经分析过,并且得出了相应的机械特性。单相异步电动机的鼠笼转子在正转磁通势和反转磁通势分别作用下产生的电磁转矩相当于三相异步电动机鼠笼式转子在正相序电源和负相序电源分别作用下产生的电磁转矩,因此,可以直接利用三相异步电动机的机械特性来分析单相异步电动机。

设在正转磁通势作用下单相异步电动机的电磁转矩为 T_+，机械特性 $T_+ = f(s)$ 或 $T_+ = f(n)$，如图 7.1 中的曲线 1 所示，同步转速为 n_1。在反转磁通势作用下单相异步电动机的电磁转矩为 T_-，机械特性 $T_- = f(s)$ 或 $T_- = f(n)$ 如图 7.1 中的曲线 2 所示，同步转速为 $-n_1$。由于 $F_+ = F_-$，两条特性是对称的。合成转矩 $T = T_+ + T_-$，合成机械特性 $T = f(s)$ 或 $T = f(n)$ 就是运行绕组单独通电时的机械特性，如图 7.1 中的曲线 3 所示。从合成机械特性 $T = f(n)$ 可以看出：①当转速 $n = 0$ 时，电磁转矩 $T = 0$，亦即运行绕组单独通电时，没有启动转矩，不能自行启动。②当 $n > 0$ 时，$T > 0$，即只要电机已经正转，而且在此转速下的电磁转矩大于轴上的负载转矩，就能在电磁转矩的作用下升速至接近于同步转速的某点稳定运行。因此，单相异步电动机如果只有运行绕组，可以运行但不能自行启动。

7.1.2　两相绕组通电时的机械特性

单相异步电动机的运行绕组和启动绕组同时通入相位不同的交流电流时，一般产生椭圆旋转磁通势，可以分解为两个转向相反、转速相同、幅值不等的圆形旋转磁通势。设正转磁通势的幅值 F_+ 大于反转磁通势的幅值 F_-，则 F_+ 单独作用于转子时的机械特性 $T_+ = f(s)$ 如图 7.2 中的曲线 1 所示，F_- 单独作用于转子时的机械特性 $T_- = f(s)$ 如图 7.2 中的曲线 2 所示，转子所产生的合成转矩 $T = T_+ + T_-$，合成机械特性 $T = f(s)$ 如图 7.2 中的曲线 3 所示，从该机械特性可以看出：在 $F_+ > F_-$，亦即椭圆旋转磁通势正转的情况下，$n = 0$ 时，$T > 0$，电机有启动转矩，能自行启动，并正向运行。显然，如果 $F_+ < F_-$，即椭圆旋转磁通势反转的情况下，电机能够反方向启动，并反方向运行。

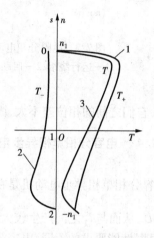

图 7.2　椭圆旋转磁通势时的机械特性

如果电机中产生的是圆形旋转磁通势，则单相异步电动机的机械特性与三相异步电动机的情况相同。

以上分析表明，单相异步电动机自行启动的条件是电机启动时的磁通势是椭圆或圆形旋转磁通势，为此，一般应有启动绕组，并且要使启动绕组与运行绕组中电流的相位不同。

启动后的单相异步电动机，可以将启动绕组断开，也可以不断开。若需断开，可在启动绕组回路串联一个开关，当转速上升到同步转速的 75% ~ 80% 时，使开关自动打开，切断启动绕组电路。此开关可用装在电机轴上的离心开关，当转速升至一定程度靠离心力打开；也可以用电流继电器的触头作此开关，启动开始电流大，触头吸合，转速上升至一定程度时电流减小，触头打开。

单相异步电动机启动绕组和运行绕组由同一单相电源供电，如何把这两个绕组中电流的相位分开，即所谓"分相"，是个主要问题。单相异步电动机也因分相方法的不同而分为不同的类型。

7.1.3　电阻分相单相异步电动机

图 7.3 为电阻分相单相异步电动机的原理图，图中 1 为运行绕组，2 为启动绕组，设计时

223

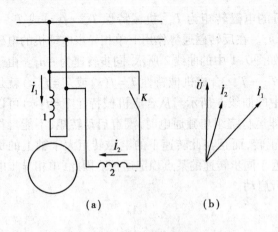

图 7.3　电阻分相电动机
1—运行绕组；2—启动绕组

启动绕组的匝数较少，导线截面取得较小，与运行绕组相比，其电抗小而电阻大。启动绕组和运行绕组并连接电源时，启动绕组电流 $\dot{I}_2$ 与运行绕组电流 $\dot{I}_1$ 便不同相，$\dot{I}_2$ 超前 $\dot{I}_1$ 一个电角度，从而产生椭圆旋转磁通势，使电动机能够自行启动。启动绕组一般是按短时工作设计的，这时启动绕组回路串有开关 K，如图 7.3(a) 所示，当转速上升到接近稳定转速时，自动断开，以保护启动绕组和减少损耗，由运行绕组维持运行。由于这种分相方法，相量 $\dot{I}_1$ 与 $\dot{I}_2$ 位于电压相量 $\dot{U}$ 的同一侧，它们之间的相位差不大，因而启动转矩不大，只能用于空载和轻载启动的场合。

7.1.4　电容分相单相异步电动机

电容分相单相异步电动机是在启动绕组回路中串一电容器，使启动绕组中的电流 $\dot{I}_2$ 超前于电压 $\dot{U}$，从而与 $\dot{I}_1$ 之间产生较大的相位差，启动性能和运行性能均优于电阻分相单相异步电动机。根据性能要求的不同，电容分相单相异步电动机又分以下 3 种：

(1) 电容启动单相异步电动机

图 7.4 是电容启动电动机的原理图，其接线图如图 7.4(a) 所示，启动绕组串联一个电容器 C 和一个启动开关 K，再与运行绕组并连接单相电源。电容量的大小合适时，启动绕组的电流 $\dot{I}_2$ 超前于电源电压 $\dot{U}$，而运行绕组的电流 $\dot{I}_1$ 则仍落后于电源电压 $\dot{U}$，使两相绕组中电流的相位差接近 90° 电角度，其相量图如图 7.4(b) 所示。这样可使启动时电机中的磁通势接近于圆形旋转磁通势，所以这种单相电动机的启动转矩大，启动电流小，启动性能最好。图 7.5 所示为这种电动机的机械特性，其中曲线 1 为接入启动绕组启动时的机械特性，曲线 2 的实线部分为启动开关断开，启动绕组切除以后的机械特性。

欲改变电容启动单相异步电动机的转向，只需将运行绕组或启动绕组的两个出线端对调，也就是改变启动时椭圆旋转磁通势的旋转方向。

(2) 电容运转单相异步电动机

图 7.6 是电容运转单相异步电动机的接线图，与电容启动单相异步电动机相比，仅将启动开关去掉，使启动绕组和电容器不仅启动时起作用，运行时也起作用，这样可以提高电动机的功率因数和效率，所以这种电动机的运行性能优于电容启动电动机。

电容运转电动机启动绕组所串电容器 C 的电容量，主要是根据运行性能要求而确定的，比根据启动性能要求而确定的电容量要小，为此，这种电动机的启动性能不如电容启动电动机好。电容运转电动机不要启动开关，所以结构比较简单，价格比较便宜，维护也较简单，适用于风扇、洗衣机等。

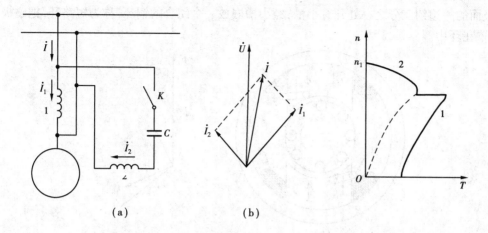

图 7.4　电容启动电动机　　　　　图 7.5　电容启动电动机的机械特性
1—运行绕组;2—启动绕组

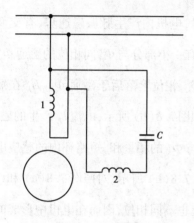

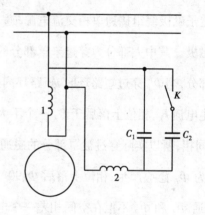

图 7.6　电容运转电动机　　　　　图 7.7　电容启动运转电动机
1—运行绕组;2—启动绕组　　　　　1—运行绕组;2—启动绕组

(3) 电容启动运转单相异步电动机

图 7.7 为电容启动运转单相异步电动机的接线图,在启动绕组回路中串入两个并联的电容器 C_1 和 C_2,其中电容器 C_2 串接启动开关 K。启动时,K 闭合,两个电容器同时作用,电容量为两者之和,使电动机有良好的启动性能;当转速上升到一定程度,K 自动打开,切除电容器 C_2,电容器 C_1 与启动绕组参与运行,确保良好的运行性能。由此可见,电容启动运转单相异步电动机虽然结构较复杂,成本较高,维护工作量稍大,但其启动转矩大,启动电流小,功率因数和效率较高,适用于空调机、小型空压机和电冰箱等。

使电容运转电动机和电容启动运转电动机反转的方法与电容启动电动机相同,即把运行绕组或启动绕组的两个出线端对调就行。

7.1.5　罩极式单相异步电动机

罩极式单相异步电动机的转子仍为鼠笼式,定子有凸极式和隐极式两种,图 7.8(a)所示为一台凸极式罩极单相异步电动机的结构原理图。定子每个磁极上套有集中绕组,作为运行

225

绕组,极面的一边约三分之一处开有小槽,经小槽嵌放一个闭合的铜环,称为短路环,把磁极的小部分罩在环中。

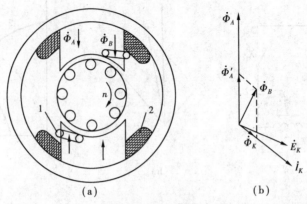

图 7.8　罩极式单相异步电动机

1—短路环;2—运行绕组

定子磁极绕组接通单相交流电源,通入交流电流时,电机内产生脉振磁通势,有交变磁通穿过磁极。其中大部分为穿过未罩部分的磁通 $\dot{\Phi}_A$,另有一小部分与 $\dot{\Phi}_A$ 同相位的磁通 $\dot{\Phi}'_A$ 穿过被罩部分,当 $\dot{\Phi}'_A$ 穿过短路环时,短路环内感应电动势 $\dot{E}_K$,相位上落后于磁通 $\dot{\Phi}'_A$,$\dot{E}_K$ 在短路环内产生电流 $\dot{I}_K$,相位上落后于 $\dot{E}_K$ 一个不大的电角度,如图7.8(b)所示,电流 $\dot{I}_K$ 产生的磁通 $\dot{\Phi}_K$ 与 $\dot{I}_K$ 同相,所以实际穿过被罩部分的磁通 $\dot{\Phi}_B$ 应为 $\dot{\Phi}'_A$ 与 $\dot{\Phi}_K$ 的相量和,短路环内的感应电动势 $\dot{E}_K$ 应为 $\dot{\Phi}_B$ 感应产生,相位上落后 $\dot{\Phi}_B 90°$ 电角度,如图7.8(b)所示。对照图7.8(a)和(b)可见,磁通 $\dot{\Phi}_A$ 和 $\dot{\Phi}_B$ 不但在空间相差一个电角度,时间上也不同相位,因而在电机中形成的合成磁场为椭圆旋转磁场,旋转的方向总是从未罩部分转向被罩部分。电机在此椭圆旋转磁场作用下,产生启动转矩自行启动,然后主要由运行绕组维持运行。由于磁通 $\dot{\Phi}_A$ 与 $\dot{\Phi}_B$ 无论在空间位置还是时间相位上相差的电角度都远小于 $90°$,故启动转矩较小,只能空载或轻载启动;而且转向总是由磁极的未罩部分转向被罩部分,不能改变;这种电动机的优点是结构简单、维护方便、价格低廉。适用于小型鼓风机、风扇和电唱机等。

7.2　三相同步电动机

同步电机也是一种交流电机。同步电机可以作发电机用,世界上各发电厂和电站所发的三相交流电能,都是用三相同步发电机发出的;也可作电动机用,三相同步电动机主要用于功率较大、转速不要求调节的生产机械,例如用于拖动大型水泵、空气压缩机和矿井通风机等,随着交流调速技术和稀土永磁材料的发展,小功率同步电动机也将得到更为广泛的应用;同步电机还可作同步补偿机用,三相同步补偿机专门用来改善电网的功率因数。同步电机无论是作发电机用,还是做电动机或补偿机用,一个共同的特点是正常工作时转子的转速总等于由电机极对

数和定子电流频率所决定的同步转速,即

$$n = n_1 = \frac{60f_1}{p}$$

同步电机的名称由此而来。本节仅介绍三相同步电动机。

7.2.1　三相同步电动机的基本结构和额定值

(1) 三相同步电动机的基本结构

同步电机也是一种旋转电机,所以也是由定子和转子两部分组成,现对定子和转子简单分述如下:

1) 定子

三相同步电动机的定子和三相异步电动机定子的作用都是用来接收电能,产生旋转磁通势,所以三相同步电动机的定子结构和三相异步电动机相同,也主要是由机座、定子铁芯和定子绕组三部分组成。

机座起支撑和固定作用,应有足够的强度和刚度,小容量电动机的机座用铸铁结构,中大容量电动机则用钢板焊接机座,这时机座上还考虑设置冷却风道,以利电机的通风散热。

定子铁芯的作用是导磁和嵌放定子绕组,由 0.5 mm 厚的硅钢片冲制叠压而成,当定子冲片外圆直径大于 1 m 时,由于硅钢片标准尺寸所限,只能采用扇形片,如图 7.9 所示,叠装时沿圆周拼合。

定子绕组嵌放在定子铁芯的槽内,一般采用三相双层短距分布绕组。同步电机的定子绕组是进行能量转换的枢纽,故又称为电枢绕组,相应地把同步电机的定子称为电枢。

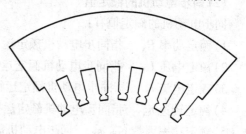

图 7.9　定子扇形冲片

2) 转子

同步电机的转子结构与异步电机不同,它有两种结构形式,即凸极式和隐极式。

凸极式转子圆周上安装有若干对凸出的磁极,如图 7.10(a) 所示,磁极铁芯由 1 ~ 3 mm 厚的薄钢板冲成冲片后叠压铆成,磁极铁芯固定于转子磁轭上。转子磁轭用铸钢铸成或用薄钢板冲制叠压而成,套于转子轴上,起导磁和固定磁极的作用。每个磁极铁芯上套有绝缘铜线绕制的励磁线圈,各极的励磁线圈按一定的方式连接起来,构成励磁绕组,它的两个出线端接在固定于转轴的两个滑环上,通过电刷与励磁电源相接,通入直流励磁电流时,各磁极极性呈N-S-N-S 交替排列。凸极式转子的特点是转子与定子之间的气隙不均匀、结构简单、制造方便、机械强度较差,适用于转速较低的同步电机,同步电动机大都采用凸极式转子。

隐极式转子的轴和转子铁芯为一锻钢毛坯加工而成的统一体,呈圆柱形,无明显的磁极,如图 7.10(b) 所示,圆周上约有 2/3 的部分开有齿和槽,槽内嵌放同心式直流励磁绕组,没有开槽的部分称为大齿,为磁极中心区域。励磁绕组也是通过滑环和电刷与励磁电源相接。隐极式转子的特点是转子与定子之间的气隙是均匀的、制造工艺比较复杂、机械强度较好,适用于离心力较大的高速电动机,一般仅用于极对数 $p = 1$、转速 $n = 3\ 000$ r/min 的同步电动机。

同步电动机的励磁电源一般有两种,一种是由并励直流发电机(称为励磁机)供给,另一

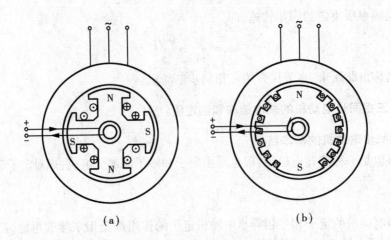

图 7.10　同步电机的结构示意图

(a) 凸极式；(b) 隐极式

种是由交流电经晶闸管整流装置整成直流电供给，发展趋势是越来越多地采用后者。

(2) 同步电动机的额定值

同步电动机的额定值有：

1) 额定功率 P_N　指同步电动机额定运行时轴上输出的机械功率，单位为 kW；

2) 额定电压 U_N　指同步电动机额定运行时定子绕组的线电压，单位为 V 或 kV；

3) 额定电流 I_N　指同步电动机额定运行时定子绕组的线电流，单位为 A；

4) 额定转速 n_N　指同步电动机额定运行时的转速，单位为 r/min；

5) 额定功率因数 $\cos \varphi_N$　同步电动机额定运行时的功率因数；

6) 额定效率 η_N　同步电动机额定运行时的效率。

除此以外，同步电动机的铭牌上还给出额定频率 f_N，单位为 Hz；额定励磁电压 U_{fN}，单位为 V；额定励磁电流 I_{fN}，单位为 A 等。

同步电动机的额定功率与额定电压、额定电流之间的关系式为

$$P_N = \sqrt{3} U_N I_N \cos \varphi_N \eta_N \times 10^{-3}$$

7.2.2　三相同步电动机的基本工作原理

同步电动机的定子三相绕组接通三相交流电源，流过三相对称电流，产生一个在空间以同步转速 n_1 旋转的旋转磁通势 $\boldsymbol{F}_a$，称为定子磁通势或电枢磁通势。同步电动机的励磁绕组通入直流励磁电流，产生一个与转子相对静止的励磁磁通势 $\boldsymbol{F}_f$。励磁磁通势与电枢磁通势的磁极对数相同，下面分析时为简单起见，设极对数 $p = 1$。当转子静止时，将电枢磁通势建立的旋转磁场比拟为空间以同步转速旋转的定子等效磁极所建立，则当定子等效磁极与转子异性磁极的相对位置如图 7.11(a) 所示时，由于异性磁极之间的吸力使转子受到正方向的磁拉力和转矩的作用，转子具有机械惯性，旋转磁场的转速又高，因此转子尚未及正向转动时，定子等效磁极已转至图 7.11(b) 所示的位置，转子又受反向磁拉力和转矩的作用，为此，不难证明，此时转子所受转矩的平均值为零，因而不能自行启动。如果采用某种方法帮助启动，使转子转速升至同步转速，这时励磁磁通势 $\boldsymbol{F}_f$ 与电枢磁通势 $\boldsymbol{F}_a$ 均以同步转速旋转，在空间相对静止，不考虑

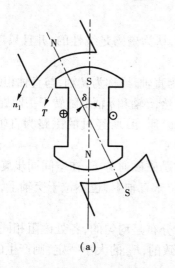
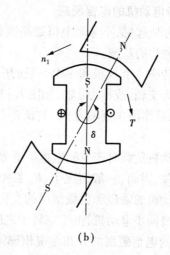

图 7.11 同步电动机启动时平均转矩为零的示意图

高次谐波时,它们的合成磁通势为

$$F_\delta = F_f + F_a \qquad (7.1)$$

称为气隙合成磁通势,在空间亦以同步转速旋转。如用等效合成磁极模拟气隙合成磁通势 F_δ,则此等效合成磁极将与转子上的异性磁极之间存在磁拉力,气隙合成磁通势的等效合成磁极靠此磁拉力拖动转子磁极旋转,如图7.12 所示。等效合成磁极的轴线超前转子异性磁极轴线一个空间角度 δ,此角度的大小取决于转子轴上阻转矩的大小。所以负载转矩变化时,只影响此角度的大小,转子转速则始终保持同步转速恒速运行。

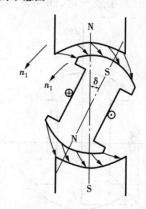

图 7.12 同步电动机的运行原理

7.2.3 三相同步电动机的电动势方程式和相量图

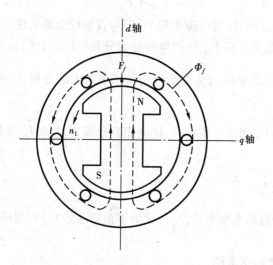

图 7.13 凸极同步电动机的直轴和交轴

三相同步电动机空载时,电枢电流很小,电枢磁通势可以忽略,气隙中只有励磁磁通势 F_f 产生的励磁磁场,而当同步电动机负载运行时,电枢绕组中流过的三相对称电流产生与 F_f 同步旋转的电枢磁通势 F_a,使气隙中的励磁磁场的大小和分布发生变化。同步电动机电枢磁通势对气隙磁场的影响称为电枢反应。电枢反应对同步电动机的运行性能有重大影响,而且这种影响还与同步电动机转子的结构形式有关,为此,隐极式和凸极式同步电动机的电动势方程式和相量图有所不同,需分别进行讨论。

（1）同步电动机的电枢反应

为分析方便起见，不考虑电机磁路饱和的影响，认为磁路是线性的；并且只考虑电枢磁通势和励磁磁通势的基波。

通常把转子一个 N 极和一个 S 极的中心线称为直轴，或称为 d 轴，与直轴相距 90° 空间电角度的轴称为交轴，或称为 q 轴，如图 7.13 所示。显然，d 轴和 q 轴都随转子一同旋转，而且励磁磁通势 F_f 总是作用在直轴方向，它所产生的励磁磁通 Φ_f 所经过的磁路为直轴方向的对称磁路。

同步电动机负载时产生的电枢磁通势 F_a 虽与励磁磁通势 F_f 在空间同步旋转，但在空间一般不同相位，因而，一般情况下，F_a 在空间既不位于直轴上，也不位于交轴上，F_a 相对于 F_f 的位置随电动机的励磁和负载情况的变化而变化。

对于隐极同步电动机，由于定转子之间的气隙分布是均匀的，各处磁阻相同，因而由电枢磁通势产生的电枢磁密的分布与电枢磁通势是一致的，F_a 的大小一定，则产生的电枢反应磁通 $\dot{\Phi}_a$ 的大小就一定，而与 F_a 的位置无关。

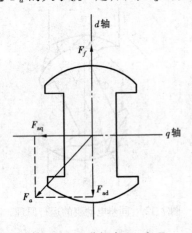

图 7.14　F_a 分解为 F_{ad} 和 F_{aq}

对于凸极同步电动机，定子与转子之间的气隙不均匀，极面下的气隙小，两极之间的气隙大，且气隙各处的磁阻大小也不相等。所以同一电枢磁通势作用在不同位置，电枢反应就不一样。现假设电枢磁通势 F_a 和励磁磁通势 F_f 的相对位置如图 7.14 所示，由图可见，F_a 所遇到的磁阻既不均匀，也不对称，且当 F_a 的位置变化时，其不均匀不对称的情况随之变化，要求其产生的电枢磁密分布波形和电枢反应磁通的大小非常困难。解决这一问题的理想方法是将电枢磁通势 F_a 分解为两个分量，即直轴电枢磁通势 F_{ad} 和交轴电枢磁通势 F_{aq}，如图 7.14 所示，它们之间的关系为

$$F_a = F_{ad} + F_{aq} \tag{7.2}$$

F_{ad} 永远作用在直轴方向，F_{aq} 永远作用在交轴方向，尽管气隙不均匀，但对直轴或交轴来说，磁阻是对称的和固定不变的，为此，不难分别考虑 F_{ad} 和 F_{aq} 所产生的磁密分布波形和它们分别产生的直轴电枢反应磁通 $\dot{\Phi}_{ad}$ 和交轴电枢反应磁通 $\dot{\Phi}_{aq}$，从而给分析带来了极大的方便，这种处理方法称为双反应理论。

F_a 是由电枢电流 $\dot{I}$ 产生的，与 F_a 分解为 F_{ad} 和 F_{aq} 相对应，把电流 $\dot{I}$ 分解为 $\dot{I}_d$ 和 $\dot{I}_q$ 两个分量，则有

$$\dot{I} = \dot{I}_d + \dot{I}_q \tag{7.3}$$

式中　$\dot{I}_d$ 与直轴电枢磁通势 F_{ad} 相对应，称为直轴电枢电流，$\dot{I}_q$ 与交轴电枢磁通势 F_{aq} 相对应，称为交轴电枢电流。

（2）隐极同步电动机的电动势平衡方程式和相量图

已知电枢磁通势 F_a 与励磁磁通势 F_f 在空间以同步转速 n_1 同步旋转，与转子绕组均无相

对运动,都不会在转子绕组中产生电动势,因而只需讨论定子绕组的电动势平衡关系,由于三相对称,可以只列一相绕组的电动势平衡方程式。

忽略磁路饱和影响时,可以认为励磁磁通势和电枢磁通势各自独立地产生相应的磁通,分别在定子绕组中产生电动势。为此,隐极同步电动机的定子绕组中存在以下 3 种电动势:① 励磁磁通势 F_f 所产生的励磁磁通 $\dot{\Phi}_f$ 在定子每相绕组中产生的励磁电动势 $\dot{E}_0$,也称空载电动势;② 电枢磁通势 F_a 产生的电枢反应磁通 $\dot{\Phi}_a$ 在定子每相绕组产生的电动势 $\dot{E}_a$,称为电枢反应电动势;③ 电枢磁通势 F_a 产生的漏磁通 $\dot{\Phi}_s$ 在定子每相绕组中产生的电动势 $\dot{E}_s$,称为漏电动势。

如同分析变压器和异步电动机那样,可将定子绕组的漏电动势用电枢电流在漏电抗上的压降来表示,则有

$$\dot{E}_s = -\mathrm{j}\dot{I}X_s \tag{7.4}$$

式中　　$\dot{E}_s$ —— 定子一相绕组的漏电动势;

　　　　$\dot{I}$ —— 定子绕组的相电流,即电枢电流;

　　　　X_s —— 定子一相绕组的漏电抗。

忽略磁路饱和影响时,可得以下关系

$$E_a \propto \Phi_a \propto F_a \propto I$$

即电枢反应电动势与电枢电流成正比。为此,也可将定子绕组的电枢反应电动势用电枢电流在电枢反应电抗上的压降来表示,则有

$$\dot{E}_a = -\mathrm{j}\dot{I}X_a \tag{7.5}$$

式中　　$\dot{E}_a$ —— 定子一相绕组的电枢反应电动势;

　　　　X_a —— 定子一相绕组的电枢反应电抗,与电枢反应磁通 $\dot{\Phi}_a$ 相对应。

当此同步电动机用图 7.15(a) 所示的发电机惯例设定各电量的正方向时,可以列出一相绕组的电动势平衡方程式如下

$$\dot{U} = \dot{E}_0 + \dot{E}_a + \dot{E}_s - \dot{I}R_a$$

用式(7.4) 和(7.5) 代入上式,可得

$$\dot{U} = \dot{E}_0 - \mathrm{j}\dot{I}X_a - \mathrm{j}\dot{I}X_s - \dot{I}R_a \tag{7.6}$$

式中　　R_a —— 定子一相绕组的电阻,又称电枢电阻;

　　　　$\dot{U}$ —— 定子绕组的相电压。

在分析同步电动机时,宜改用电动机惯例,正方向的设定如图 7.15(b) 所示。比较图 7.15(a) 和(b) 可见,除电枢电流的正方向反向以外,别的量都不变。为此,只要将式(7.6) 中所有含有 $\dot{I}$ 的各项前面冠以负号,即得采用电动机惯例时的隐极同步电动机的电动势平衡方程式为

$$\dot{U} = \dot{E}_0 + \mathrm{j}\dot{I}X_a + \mathrm{j}\dot{I}X_s + \dot{I}R_a$$

$$= \dot{E}_0 + j\dot{I}(X_a + X_s) + \dot{I}R_a$$

$$= \dot{E}_0 + j\dot{I}X_t + \dot{I}R_a \tag{7.7}$$

式中　$X_t = X_a + X_s$——同步电抗。

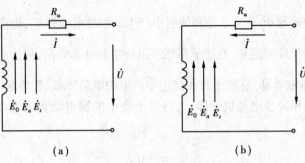

图 7.15　同步电动机各电量的正方向

（a）发电机惯例；（b）电动机惯例

同步电抗 X_t 同时反映了电枢反应磁通和漏磁通对定子绕组的影响,是同步电动机的一个重要参数。

电枢电阻 R_a 一般都很小,如果忽略 R_a,则隐极同步电动机的电动势平衡方程式可简化为

$$\dot{U} = \dot{E}_0 + j\dot{I}X_t \tag{7.8}$$

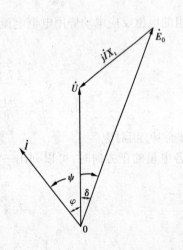

图 7.16　隐极同步电动机的相量图

根据式（7.8）可以画出隐极同步电动机的相量图如图 7.16 所示。图中 $\dot{U}$ 超前 $\dot{E}_0$ 的电角度 δ 称为功率角,$\dot{I}$ 超前 $\dot{E}_0$ 的电角度 ψ 称为内功率因数角,$\dot{I}$ 超前 $\dot{U}$（同步电动机的电枢电流一般工作在超前状态）的电角度 φ 为功率因数角,3 个电角度之间的关系式为

$$\psi = \varphi + \delta \tag{7.9}$$

功率角 δ 是定子端电压 $\dot{U}$ 超前励磁电动势 $\dot{E}_0$ 的时间相位差。由于励磁电动势 $\dot{E}_0$ 是由励磁磁通势 F_f 所建立的磁通所产生,而电压 $\dot{U}$ 在忽略电枢电阻和漏磁通的情况下,等于励磁电动势 $\dot{E}_0$ 和电枢反应电动势 $\dot{E}_a$ 的合成量,可以看成是气隙合成磁通势 F_δ 所建立的磁通所产生,所以功率角 δ 又是气隙合成磁通势超前励磁磁通势的空间电角度,也就是图 7.12 中气隙合成磁场等效磁极轴线超前转子磁极轴线的空间电角度。

（3）凸极同步电动机的电动势平衡方程式和相量图

忽略磁路饱和影响时,可以分别考虑 F_{ad} 和 F_{aq} 单独产生直轴电枢反应磁通 $\dot{\Phi}_{ad}$ 和交轴电枢反应磁通 $\dot{\Phi}_{aq}$,$\dot{\Phi}_{ad}$ 和 $\dot{\Phi}_{aq}$ 均随转子以同步转速旋转,分别在定子绕组中感应直轴电枢反应电

动势 $\dot{E}_{ad}$ 和交轴电枢反应电动势 $\dot{E}_{aq}$。$\dot{E}_{ad}$ 和 $\dot{E}_{aq}$ 也可用电枢电流在相应电抗上的压降来表示,即

$$\dot{E}_{ad} = -j\dot{I}_d X_{ad} \tag{7.10}$$

$$\dot{E}_{aq} = -j\dot{I}_q X_{aq} \tag{7.11}$$

式中　X_{ad}——直轴电枢反应电抗;

　　　X_{aq}——交轴电枢反应电抗。

电抗与对应磁通所经磁路的磁导 λ 成正比,直轴方向的气隙比交轴方向的气隙小,磁阻小,磁导大,即直轴磁导 λ_d 大于交轴磁导 λ_q,所以电抗 $X_{ad} > X_{aq}$。

参照式(7.7)可得凸极同步电动机的电动势平衡方程式为

$$\begin{aligned}
\dot{U} &= \dot{E}_0 + j\dot{I}_d X_{ad} + j\dot{I}_q X_{aq} + j\dot{I}X_s + \dot{I}R_a \\
&= \dot{E}_0 + j\dot{I}_d X_{ad} + j\dot{I}_q X_{aq} + j(\dot{I}_d + \dot{I}_q)X_s + \dot{I}R_a \\
&= \dot{E}_0 + j\dot{I}_d(X_{ad} + X_s) + j\dot{I}_q(X_{aq} + X_s) + \dot{I}R_a \\
&= \dot{E}_0 + j\dot{I}_d X_d + j\dot{I}_q X_q + \dot{I}R_a
\end{aligned} \tag{7.12}$$

式中　$X_d = X_{ad} + X_s$——直轴同步电抗;

　　　$X_q = X_{aq} + X_s$——交轴同步电抗。

忽略电枢电阻 R_a 时,上式可简化为

$$\dot{U} = \dot{E}_0 + j\dot{I}_d X_d + j\dot{I}_q X_q \tag{7.13}$$

根据式(7.13)可以画出凸极同步电动机的相量图,如图7.17 所示。

7.2.4　同步电动机的功率、转矩和功角特性

(1)功率和转矩平衡关系

同步电动机的定子绕组从电网吸取的电功率 P_1,除去一小部分变成定子绕组的铜损耗 p_{Cu} 以外,其余部分作为电磁功率 P_{em} 通过气隙传给转子,故有

$$P_1 = P_{em} + p_{Cu} \tag{7.14}$$

电磁功率 P_{em} 扣除机械损耗 p_{mec}、铁损耗 p_{Fe} 和附加损耗 p_{ad},剩下的就是电动机轴上输出的机械功率,即

$$P_2 = P_{em} - (p_{mec} + p_{Fe} + p_{ad}) = P_{em} - p_0 \tag{7.15}$$

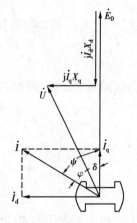

图 7.17　凸极同步电动机的相量图

式中　$p_0 = p_{mec} + p_{Fe} + p_{ad}$——电动机空载时就存在的损耗,故称为空载损耗。

将式(7.15)两边同除以同步机械角速度 Ω_1,则得同步电动机的转矩平衡方程式

$$\frac{P_2}{\Omega_1} = \frac{P_{em}}{\Omega_1} - \frac{p_0}{\Omega_1}$$

$$T_2 = T - T_0 \tag{7.16}$$

式中　$T_2 = \dfrac{P_2}{\Omega_1}$——输出转矩,即负载转矩;

$$T = \frac{P_{em}}{\Omega_1} \quad\text{——电磁转矩；}$$

$$T_0 = \frac{p_0}{\Omega_1} \quad\text{——空载制动转矩。}$$

式(7.16)表明同步电动机的电磁转矩(同步转矩)为拖动转矩,克服电动机本身的空载制动转矩以外,剩下的转矩由轴上输出,克服负载制动转矩,以维持电动机的稳定运行。

(2) 功角特性

忽略电枢电阻 R_a,亦即忽略定子绕组铜损耗时,由式(7.14)可得三相同步电动机的电磁功率

$$P_{em} = P_1 = 3UI\cos\varphi \tag{7.17}$$

式中　　U——定子绕组相电压；

I——定子绕组相电流；

$\cos\varphi$——定子侧的功率因数。

1) 电磁功率和电磁转矩表达式

对于隐极同步电动机,根据其相量图(图7.16)的几何关系,可得

$$IX_t\cos\varphi = E_0\sin\delta$$

即

$$I\cos\varphi = \frac{E_0}{X_t}\sin\delta$$

将此式代入式(7.17),即得隐极同步电动机电磁功率的表达式

$$P_{em} = \frac{3UE_0}{X_t}\sin\delta \tag{7.18}$$

根据 $T = P_{em}/\Omega_1$,可得隐极同步电动机电磁转矩的表达式

$$T = \frac{3UE_0}{\Omega_1 X_t}\sin\delta \tag{7.19}$$

对于凸极同步电动机,根据其相量图(图7.17)中的几何关系,可得

$$I_d = I\sin\psi$$
$$I_q = I\cos\psi$$
$$I_dX_d = E_0 - U\cos\delta$$
$$I_qX_q = U\sin\delta$$
$$\varphi = \psi - \delta$$

将以上这些关系式代入式(7.17),可得凸极同步电动机电磁功率的表达式

$$
\begin{aligned}
P_{em} &= 3UI\cos\varphi = 3UI\cos(\psi-\delta)\\
&= 3UI(\cos\psi\cos\delta + \sin\psi\sin\delta)\\
&= 3UI_q\cos\delta + 3UI_d\sin\delta\\
&= 3U\frac{U\sin\delta}{X_q}\cos\delta + 3U\frac{E_0 - U\cos\delta}{X_d}\sin\delta\\
&= \frac{3UE_0}{X_d}\sin\delta + \frac{3U^2}{2}\left(\frac{1}{X_q}-\frac{1}{X_d}\right)\sin 2\delta\\
&= P'_{em} + P''_{em}
\end{aligned}\tag{7.20}
$$

$$P'_{em} = \frac{3UE_0}{X_d} \sin \delta$$

式中

$$P''_{em} = \frac{3U^2}{2} \left(\frac{1}{X_q} - \frac{1}{X_d} \right) \sin 2\delta$$

相应可得凸极同步电动机电磁转矩的表达式

$$T = \frac{3UE_0}{\Omega_1 X_d} \sin \delta + \frac{3U^2}{2\Omega_1} \left(\frac{1}{X_q} - \frac{1}{X_d} \right) \sin 2\delta = T' + T'' \qquad (7.21)$$

式中

$$T' = \frac{3UE_0}{\Omega_1} \sin \delta = \frac{P'_{em}}{\Omega_1}$$

$$T'' = \frac{3U^2}{2\Omega_1} \left(\frac{1}{X_q} - \frac{1}{X_d} \right) \sin 2\delta = \frac{P''_{em}}{\Omega_1}$$

可见,凸极同步电动机的电磁功率和电磁转矩均包含两个分量,P'_{em} 和 T' 为基本分量,称为基本电磁功率和基本电磁转矩,特点是和隐极同步电动机的电磁功率 P_{em}、电磁转矩 T 一样,与空载电动势 E_0 成正比,即与励磁电流 I_f 的大小密切有关。P''_{em} 和 T'' 为附加分量,称为附加电磁功率和附加电磁转矩,特点是与空载电动势 E_0 亦即与励磁电流 I_f 的大小无关,也就是由于采用凸极转子,使直轴方向和交轴方向的磁阻不等所引起的,因此附加电磁转矩 T'' 又称为反应转矩或磁阻转矩。隐极同步电动机直轴和交轴的磁阻相等,$X_d = X_q$,所以不产生磁阻转矩。凸极同步电动机直轴和交轴的磁阻不等,因而会产生磁阻转矩的原理可用图 7.18 加以说明。图中转子不加励磁,定子绕组产生的旋转磁通势用一对旋转磁极表示,由于凸极转子的影响,使磁通斜着通过气隙,如图 7.18 所示,使转子磁极所受磁拉力除径向分量以外,还有切向分量,从而产生电磁转矩,即磁阻转矩,使转子朝着旋转磁通势旋转的方向旋转。利用这一原理,有些小功率凸极同步电动机,转子上不设励磁绕组,也能正常运行,这种电动机称为磁阻电动机或反应式同步电动机。

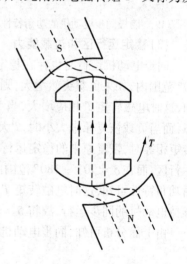

图 7.18　磁阻转矩

2)功角特性

励磁电流 I_f 维持不变时,电磁功率 P_{em} 与功率角 δ 之间的关系曲线 $P_{em} = f(\delta)$ 称为同步电动机的功角特性。

电网电压 $U = U_N$, I_f 不变时 $E_0 = $ 常数,电动机的参数(同步电抗)不变,故由式(7.18)可以画出隐极同步电动机的功角特性如图7.19所示,对照式(7.19)和式(7.18)可知,功角特性的纵坐标换一比例尺即可为电磁转矩 T 与功率角 δ 之间的关系曲线,称为矩角特性。由图7.19可知,对于隐极同步电动机,当 $\delta = 90°$ 时,电磁功率 P_{em} 达最大值

$$P_{max} = \frac{3UE_0}{X_t} \qquad (7.22)$$

相应地电磁转矩也达最大值

$$T_{max} = \frac{3UE_0}{\Omega_1 X_t} \qquad (7.23)$$

凸极同步电动机的功角特性可以根据式(7.20)画出,先画 $P'_{em} = f(\delta)$ 和 $P''_{em} = f(\delta)$,均为正弦曲线,但附加分量 P''_{em} 比基本分量 P'_{em} 小得多,且随 δ 变化的频率比 P'_{em} 高一倍,将 $P'_{em} = f(\delta)$ 和 $P''_{em} = f(\delta)$ 两条曲线相加,即得凸极同步电动机的功角特性,如图7.20所示。同一曲线同时表示相应的矩角特性 $T = f(\delta)$。由图7.20可知,凸极同步电动机的功角特性和矩角特性不是正弦曲线,其电磁功率和电磁转矩的最大值大于基本分量的最大值,出现 P_{max} 和 T_{max} 时的功率角 $\delta < 90°$。

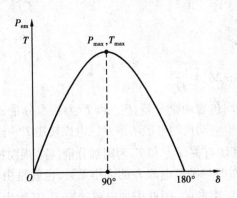

图7.19 隐极同步电动机的功角特性和矩角特性

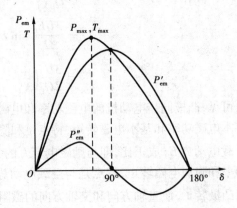

图7.20 凸极同步电动机的功角特性和矩角特性

(3)稳定运行区和过载能力

同步电动机运行时也存在稳定问题。以隐极同步电动机为例进行分析,在功率角 $\delta = 0 \sim 90°$ 范围内,如果负载突然增大,则转子转速瞬时降低,功率角 δ 增大,由功角特性(图7.19)可知,这时电磁转矩 T 相应增大,当 T 与增大后的负载转矩相等时,电动机进入新的稳定运行状态,而当负载恢复原来大小时,T 大于负载转矩,转子转速瞬时升高,δ 减小,T 减小,至 T 与负载转矩相等时,恢复原来的稳定运行状态,所以 $\delta = 0 \sim 90°$ 的区域称为隐极同步电动机的稳定运行区。而在 $\delta = 90° \sim 180°$ 范围内,负载转矩突然增大时,转子转速瞬时降低,功率角 δ 增大,由功角特性可知,这时电磁转矩 T 反而减小,转子进一步减速,电动机出现"失步"现象,无法维持电动机的同步运行,故将 $\delta = 90° \sim 180°$ 的区域称为隐极同步电动机的不稳定运行区。

由上面分析可知,同步电动机稳定运行的条件是

$$\frac{dT}{d\delta} > 0 \tag{7.24}$$

可见,最大电磁转矩 T_{max} 是同步电动机稳定运行的极限。最大电磁转矩 T_{max} 与额定转矩 T_N 之比称为同步电动机的过载能力,用 λ_M 表示,对于隐极同步电动机,由式(7.23)与(7.19)可得

$$\lambda_M = \frac{T_{max}}{T_N} = \frac{1}{\sin \delta_N}$$

式中 δ_N——额定运行时的功率角。通常 $\delta_N = 20° \sim 30°$,相应的 $\lambda_M = 2 \sim 3$。

对于凸极同步电动机,由图7.20所示矩角特性可知,由于磁阻转矩的存在,其最大电磁转矩和过载能力略有增大,但稳定运行范围略小于90°。

7.2.5 同步电动机的 V 形曲线

三相同步电动机定子绕组加额定频率的额定电压,输出功率维持不变,仅调节它的励磁电

流时,定子绕组电流的大小和相位将随之发生变化,变化的规律可用同步电动机的相量图进行分析。下面以隐极同步电动机为例,分析所得结论同样适用于凸极同步电动机。

输出功率不变时,如果忽略调节励磁电流时各种损耗的变化,则可认为电磁功率和输入功率均维持不变,即

$$P_{em} = \frac{3UE_0}{X_t}\sin\delta = 常数$$

$$P_1 = 3UI\cos\varphi = 常数$$

式中 $\cos\varphi$—— 同步电动机的功率因数。

由于电网电压 U 和电动机的同步电抗 X_t 均为常数,由此可得

$$E_0\sin\delta = 常数 \qquad (7.25)$$

$$I\cos\varphi = 常数 \qquad (7.26)$$

作隐极同步电动机的相量图,如图 7.21 所示。调节励磁电流,使 $\dot{E}_0 = \dot{E}_{01}$ 时,定子电流为 $\dot{I}_1$,与电压 $\dot{U}$ 同相,$\cos\varphi = 1$,电动机从电网吸取的无功电流为零,定子电流最小,称这时的励磁状态为"正常励磁"。调节励磁电流时,根据式(7.25)和(7.26)可知,$\dot{E}_0$ 变化时矢端轨迹应在直线 AB 上,以保持 $E_0\sin\delta = 常数$;$\dot{I}$ 变化时矢端轨迹应在直线 CD 上,以保持 $I\cos\varphi = 常数$。当励磁电流大于正常励磁时,称为"过励状态",设这时 $\dot{E}_0 = \dot{E}_{02}$,$E_{02} > E_{01}$,定子电流 $\dot{I} = \dot{I}_2$,相位上超前电压 $\dot{U}$ 一个 φ_2 角,电动机除从电网吸取有功电流 $I_2\cos\varphi_2$ 以外,还从电网吸取超前的无功电流 $I_2\sin\varphi_2$,所以 $I_2 > I_1$。当励磁电流小于正常励磁时,称为"欠励状态",设这时 $\dot{E}_0 =$

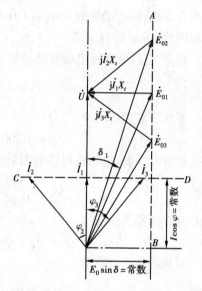

图 7.21   不同励磁电流时隐极同步电动机的相量图

$\dot{E}_{03}$,$E_{03} < E_{01}$,定子电流 $\dot{I} = \dot{I}_3$,相位上滞后电压 $\dot{U}$ 一个 φ_3 角,电动机除从电网吸取有功电流 $I_3\cos\varphi_3$ 以外,还从电网吸取滞后的无功电流 $I_3\sin\varphi_3$,$I_3 > I_1$。由以上分析可知,在输出功率一定的条件下,定子电流 I 随励磁电流 I_f 变化的关系曲线呈"V"形,故称 $I = f(I_f)$ 为同步电动机的 V 形曲线,对于不同的输出功率,有不同的曲线,如图 7.22 所示。输出功率一定时,$E_0\sin\delta = 常数$,当调节励磁电流 I_f 小到一定程度,E_0 随之减小到一定程度,功率角 δ 增至 $90°$,如果再减小 I_f,隐极同步电动机就不能稳定运行。为此,图 7.22 中用虚线表示出同步电动机不稳定区的界限。

同步电动机的 V 形曲线清楚地表明,调节同步电动机的励磁电流 I_f,不但可以调节同步电动机无功电流和无功

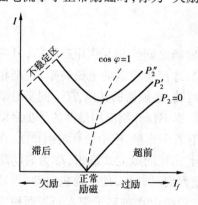

图 7.22   同步电动机的 V 形曲线
$(P_2'' > P_2' > P_2)$

功率的大小,还能调节无功电流和无功功率的性质。由于一般电网上的负载大都为感性负载,运行时要从电网吸取感性无功功率,为此,一般情况下,使用同步电动机时,让它运行在过励状态,从电网吸取超前无功电流和无功功率,就相当于向电网提供滞后(感性)的无功电流和无功功率,从而改善电网的功率因数。同步电动机拖动负载机械运行的同时,还能改善电网的功率因数,这是同步电动机的主要特点之一。有时同步电动机不带负载机械,专门工作在过励状态下向电网提供感性无功电流,改善电网的功率因数,为此目的而设计制造的同步电机称为同步补偿机。

例 7.1 某厂用电设备平均耗电功率为 1 200 kW,功率因数 $\cos \varphi = 0.7$(滞后),线电压为 6 000 V,现该厂需新添一台 500 kW 的电动机拖动设备,为了提高该厂的功率因数,拟采用同步电动机,该电动机的 $\cos \varphi_N = 0.8$(超前),$\eta_N = 95\%$,试求:当电动机额定运行时,全厂的功率因数 $\cos \varphi$ 提高至多少?

解 全厂现在耗电的有功功率

$$P = 1\ 200 + \frac{500}{0.95} = 1\ 726.3\ \text{kW}$$

全厂原先所需无功功率

$$Q_1 = 1\ 200 \tan(\arccos 0.7) = 1\ 224\ \text{kvar}$$

额定运行时,同步电动机提供的无功功率

$$Q_2 = \frac{500}{0.95}\tan(\arccos 0.8) = 394.7\ \text{kvar}$$

全厂现在所需无功功率

$$Q = Q_1 - Q_2 = 1\ 224 - 394.7 = 829.3\ \text{kvar}$$

全厂现在的功率因数角

$$\varphi = \arctan \frac{Q}{P} = \arctan \frac{829.3}{1\ 726.3} = 25.66°$$

全厂现在的功率因数

$$\cos \varphi = \cos 25.66° = 0.901$$

7.2.6 同步电动机的启动

同步电动机的电磁转矩是由气隙合成磁场和转子励磁磁场之间的相互作用产生的,只有在转子磁场与气隙合成磁场同步旋转(即两者相对静止)时,才产生稳定的电磁转矩,否则相互作用产生的电磁转矩平均值为零,所以不能自行启动。要启动,必须借助其他方法。同步电动机的启动方法有辅助电动机法、变频启动法和异步启动法等,本书仅介绍应用最多的异步启动法。采用异步启动法时,在凸极同步电动机磁极的极靴上开有若干个槽,槽中装有黄铜导条,在磁极两个端面上,各用一个铜环将导条连接起来构成一个不完整的鼠笼式绕组,称为启动绕组。启动时,先通过这个启动绕组,利用异步电动机的原理获得启动转矩,使电动机启动,当转速升至接近同步转速时投入励磁电源,从而产生一个同步转矩将电动机转子牵入同步而稳定运行。启动的原理线路图如图 7.23 所示。启动步骤为:

第一步:将励磁绕组通过一个电阻(阻值约为励磁绕组电阻 r_f 的 10 倍)接成闭合回路,即将图7.23 中的开关 K_1 合向左边。由于励磁绕组的匝数一般很多,启动时如将励磁绕组开路,会

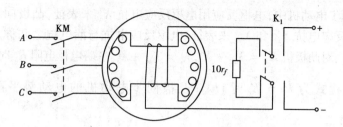

图 7.23　同步电动机异步启动法原理线路图

在气隙旋转磁场作用下,感应产生很高的电压,导致绕组绝缘击穿和危及人生安全。如果启动时将励磁绕组直接短接,励磁绕组会产生较大的单相电流,与气隙旋转磁场相作用会产生较大的附加转矩,使电动机可能在略大于一半同步转速处被"卡住",不能继续升速。

第二步:使接触器的主触头 KM 闭合,将同步电动机定子绕组接通三相电源,此时定子电流在气隙中产生旋转磁场,与异步电动机工作原理相同,此磁场的磁力线切割启动绕组,在启动绕组中产生电动势和电流,这电流与气隙旋转磁场相互作用产生电磁转矩,使同步电动机异步启动。

第三步:当同步电动机异步启动,转速升至同步转速的 95% 左右时,将开关 K_1 合向右边,励磁绕组通入励磁电流,产生转子励磁磁场,此时气隙磁场与转子励磁磁场的转速非常接近,依靠这两个磁场之间相互吸力产生的电磁转矩,能将电动机转子牵入同步,以同步转速稳定运行。

隐极同步电动机的转子本体能起一定启动绕组的作用,所以一般可不装设启动绕组。采用凸极同步电动机时,由于存在磁阻转矩,比较容易牵入同步,因此,为改善启动性能,同步电动机大多采用凸极结构。

同步电动机异步启动时,如同异步电动机启动那样,如果必须限制启动电流,也可采用定子串接电抗器或用自耦变压器等降压启动方法。

由于同步电动机的启动操作复杂,且精度要求又高,因此现在普遍采用晶闸管励磁系统,使同步电动机的启动过程实现自动化。

小　　结

单相异步电动机采用鼠笼式转子,定子上如果只有运行绕组,接通单相交流电源时产生脉振磁通势,分解为两个幅值相等、转速相同、转向相反的旋转磁通势,分别作用于转子,$n = 0$ 时,合成转矩为零,所以不能自行启动。为解决启动问题,一般应装设启动绕组,使启动时电动机内部的磁通势为旋转磁通势。具体的启动方法有分相式和罩极式两类,分相式又分电阻分相式和电容分相式两种。电容分相式电动机的结构较复杂一点,但启动、运行性能较好,罩极式电动机结构简单,但启动转矩较小。

三相同步电动机为双边励磁方式,定子三相绕组产生旋转磁通势,转子励磁绕组产生对转子静止的励磁磁通势,正常运行时,这两个磁通势在空间必须相对静止,为此同步电动机的转速必然保持同步转速($n_1 = \dfrac{60f_1}{p}$),不受负载变化的影响。电枢磁通势对励磁磁场的影响称为电枢反应,隐极同步电动机中,电枢反应用电枢反应电抗 X_a 来表征,凸极同步电动机中,则用直轴和交轴电枢反应电抗 X_{ad} 和 X_{aq} 来表征。电枢反应电抗与漏电抗之和称为同步电抗,对隐极机 $X_t = X_a + X_s$,对凸极机 $X_d = X_{ad} + X_s$,$X_q = X_{aq} + X_s$。忽略电枢电阻 R_a 时,隐极同步电动机的电动势平衡方程式为 $\dot{U} = \dot{E}_0 + j\dot{I}X_t$;凸极同步电动机的电动势平衡方程式为 $\dot{U} = \dot{E}_0 + j\dot{I}_d X_d + j\dot{I}_q X_q$。

同步电动机电磁功率与功率角的关系曲线 $P_{em} = f(\delta)$ 称为功角特性,电磁转矩与功率角的关系曲线 $T = f(\delta)$ 称为矩角特性,两特性的形状相同。运行时,电磁功率不能超过最大值 P_{max},为此,隐极机的功率角 δ 的极限值为 $90°$,凸极机的 δ 的限值小于 $90°$。为确保一定的过载能力,额定运行时的功率角 $\delta_N = 20° \sim 30°$。

同步电动机电枢电流与励磁电流的关系可用 V 形曲线表示,每一条 V 形曲线对应一定的输出功率。当 $\cos\varphi = 1$ 时电枢电流最小,这时的励磁状态称为正常励磁;当励磁电流小于正常励磁电流时称为欠励状态,电动机从电网吸取感性无功电流;当励磁电流大于正常励磁电流时称为过励状态,电动机从电网吸取容性无功电流。由于电网上的负载一般都是电感性的,为此,同步电动机一般工作在过励状态,向电网提供感性无功,以改善电网的功率因数。

同步电动机不能自行启动,最常用的启动方法是异步启动法,就是利用转子上装设的启动绕组,利用异步电动机的原理先异步启动,到转速接近同步转速时,通入直流励磁电流,将转子牵入同步,完成启动过程。

思 考 题

7.1　只有一个运行绕组的单相异步电动机为什么不能自行启动?单相异步电动机的启动方法有哪些?

7.2　一台定子绕组为 Y 接法的三相鼠笼式异步电动机轻载运行时,若一相引出线突然断掉,电动机是否还能继续运行?停机后能否重新启动?为什么?

7.3　电容分相单相异步电动机有哪几种不同形式?各有什么优缺点?

7.4　如何改变电容分相式单相异步电动机的转向?

7.5　罩极式单相异步电动机的转向如何确定?如不拆卸重新装配转子,是否可以使其反转?

7.6　为什么同步电动机只有在同步转速时才能运行?而异步电动机不能以同步转速运行?

7.7　同步电动机正常运行时,转子绕组中是否存在感应电动势?为什么?

7.8　为什么同步电动机异步启动时,其励磁绕组既不能开路,也不能直接短路?

7.9　同步电动机的 V 形曲线说明什么?同步电动机一般工作在哪种励磁状态?为什么?

7.10　与直流电动机和三相异步电动机相比较,三相同步电动机有哪些优点和缺点?适用于什么场合?

习　　题

7.1　一台三相隐极同步电动机,定子绕组为 Y 形接法,额定电压 U_N = 380 V,已知电磁功率 P_{em} = 15 kW 时对应的每相空载电动势 E_0 = 250 V,同步电抗 X_t = 5.8 Ω,电枢电阻可忽略不计,试求:

(1)功率角 δ;

(2)在此情况下电动机的最大电磁功率 P_{max};

(3)如果励磁电流保持不变,电磁功率随有功负载降至 12 kW 时,功率角 δ' 的大小。

7.2　一台三相四极凸极同步电动机,定子绕组为 Y 形接法,额定电压 U_N = 380 V,直轴同步电抗 X_d = 5.04 Ω,交轴同步电抗 X_q = 3.42 Ω,运行时每相空载电动势 E_0 = 300 V,功率角 δ = 26°,求此时同步电动机的电磁功率 P_{em} 和电磁转矩 T。

7.3　某厂使用多台三相异步电动机,其总输出功率为 1 500 kW,平均效率为 70%,功率因数为 0.8(滞后)。现因生产发展增添了一台三相同步电动机,额定功率为 500 kW,额定效率为 87%,额定功率因数为 0.8(超前)。试求当该同步电动机额定运行时:

(1)全厂从电网吸取的总的有功功率 P;

(2)全厂从电网吸取的总的无功功率 Q;

(3)全厂的功率因数 $\cos \varphi$。

第 **8** 章

控制电机

一般的直流电动机和交流电动机,其功能主要是进行机电能量转换,着眼点是力能指标(效率和功率因数等)要高,通常统称为动力电机。而控制电机的功能主要是实现控制信号的变换和传递,在自动控制系统中作执行元件或信号元件。控制电机的功率和体积都比普通电机小得多,一般功率从1瓦到几百瓦。

控制电机早期主要用于国防工业,例如高炮、雷达、导弹、潜艇、卫星等的自动控制系统,现在已逐步扩展到炼钢轧钢设备、精密机床、机器人、计算机外围设备以及较高档次的家用电器等。根据控制电机应用场合的特点,对控制电机的基本要求是精度高、响应快和性能稳定可靠。

控制电机应用广泛,种类繁多,主要有伺服电动机、测速发电机、步进电动机、小功率同步电动机、自整角机和旋转变压器等。控制电机的基本作用原理和分析方法与动力电机基本相同。本章分别介绍它们的基本结构、工作原理和用途等。

8.1 伺服电动机

伺服电动机的功能是把输入的电压信号转换为轴上的角位移或角速度输出。伺服电动机能带一定大小的负载,在自动控制系统中作执行元件,所以又称为执行电动机。例如雷达天线系统中,雷达天线由伺服电动机拖动,它会按照雷达接收机提供的电信号拖动天线跟踪目标转动。

对伺服电动机的基本要求有:①可控性好,加控制电压信号,就转,控制电压信号一撤除,即停,控制信号电压反向,电动机就反转;②响应快,转速的高低和方向随控制电压信号变化要快,反应灵敏;③调速范围大,转速能根据电压信号的变化在较大范围内调节;④控制功率小,重量轻,体积小,耗电省。

满足上述要求的伺服电动机有两类:直流伺服电动机和交流伺服电动机。

8.1.1 直流伺服电动机

(1) 基本结构

直流伺服电动机的结构和普通小型直流电动机相同,由定子与转子两部分组成,定子的作用在于建立恒定磁场,励磁方式为他励,又分电磁式和永磁式两种,电磁式定子磁极上装有励磁绕组,永磁式定子上装有永久磁铁制成的磁极,不需励磁绕组和励磁电源,结构简单。转子铁芯由硅钢片冲制叠压而成,外圆有槽,嵌放电枢绕组,经换向器和电刷引出。一般电枢铁芯长度与直径之比较普通直流电动机大,目的在于减小电机的飞轮矩 GD^2,提高电机的响应速度。

(2) 工作原理

直流伺服电动机的工作原理也和普通小型他励直流电动机相同,如果励磁绕组通以励磁电流或采用永磁磁极,建立恒定磁场,再使电枢绕组加电压通以电枢电流,就会产生电磁转矩使转子旋转,励磁绕组或电枢绕组其中一个断电,电动机立即停转,适当改变励磁电流或电枢电流的大小和方向,就能改变电动机的转速和转向,满足伺服电动机的基本要求。如果保持电枢电压不变,通过改变励磁电流来控制电动机的转动,这种控制方式称为磁场控制。如果保持励磁电流不变或用永磁式,通过改变电枢电压来控制电动机的转动,称为电枢控制方式。由于后者的特性和精度都比较理想,因此直流伺服电动机一般采用电枢控制,亦即利用电枢电压作为控制信号电压。

(3) 机械特性和调节特性

直流伺服电动机的机械特性表达式与他励直流电动机机械特性表达式相同,为

$$n = \frac{U}{C_e\Phi} - \frac{R_a}{C_e C_T \Phi^2}T = n_0 - \beta T \tag{8.1}$$

电枢控制时,式中 U 为控制信号电压。采用电枢控制,并忽略电枢反应对磁通的影响时,磁通 Φ = 常数。

1) 机械特性

控制电压 U = 常数时,伺服电动机的转速 n 与电磁转矩 T 之间的关系曲线称为机械特性。

由于磁通 Φ = 常数,式(8.1)中的理想空载转速 n_0 与控制信号电压 U 成正比,斜率 β 则保持不变,根据式(8.1)可得控制信号电压不同时的机械特性为一组 n_0 不同的平行直线,如图8.1 所示。从机械特性可以看出,负载转矩一定亦即电磁转矩一定时,控制信号电压升高,转速就上升,控制信号电压降低,转速就下降。

2) 调节特性

转矩 T = 常数时,伺服电动机的转速 n 与控制信号电压 U 之间的关系曲线称为调节特性。由于式(8.1)中,$C_e\Phi$ 和 βT 为常数,n 与 U 之间成线性关系,转矩 T 不同时的调节特性也是一组平行直线,如图8.2所示。从调节特性上更易看出,T 一定时,控制信号电压高则转速高,转速的升高与控制信号电压的增加成直线关系,这是最理想的。同时可以看到,当转速 n = 0 时,不同的转矩 T 对应的电压也不同。例如 $T = T_1$ 时,$U = U'$,即只有电压 $U > U'$ 时,$n > 0$,才会转起来,电压 U' 称为始动电压。显然,转矩越大,始动电压也越大。低于始动电压的区间,例如 0 ~ U' 区间,为对应转矩 T_1 下的失灵区或死区,电机转不起来。

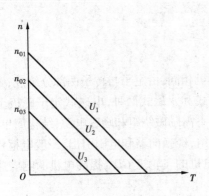

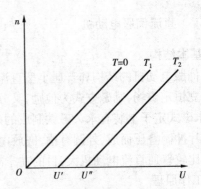

图 8.1　直流伺服电动机的机械特性　　　　图 8.2　直流伺服电动机的调节特性

$(U_1 > U_2 > U_3)$　　　　　　　　　　$(T_2 > T_1 > 0)$

8.1.2　交流伺服电动机

(1) 基本结构

交流伺服电动机的结构与单相异步电动机相似,定子上有两相绕组,在空间相差 90° 电角度,一相为励磁绕组 f,一相为控制绕组 K。

励磁绕组接单相交流电压 $\dot{U}_f$,控制绕组接控制电压 $\dot{U}_K$。转子分笼形和杯形两种,笼形转子与一般小型异步电动机相同。杯形转子交流伺服电动机的结构如图8.3所示,杯形转子 1 由非磁性导电材料(青铜或铝合金)制成空心杯状,杯子底部固定在转轴上,为减小磁阻,在杯形转子内部装有内定子 3,由硅钢片冲制叠压后固定在一端端盖 5 上,内定子上一般不装绕组,但对功率很小的交流伺服电动机,常将励磁绕组和控制绕组分别安放在内、外定子铁芯的槽内。杯形转子壁厚只有 0.3 mm 左右,优点是转动惯量小,响应快,运转平滑。缺点是加工

图 8.3　杯形转子交流伺服电动机

1— 杯形转子;2— 外定子;3— 内定子;

4— 机壳;5— 端盖

困难,气隙较大,所需励磁电流较大。

(2) 工作原理

励磁绕组 f 接通交流电源电压 $\dot{U}_f$,在气隙中产生脉振磁场,如果控制绕组 K 不接控制信号电压,即 $\dot{U}_K = 0$,电动机无启动转矩,转子不转。若加以控制信号电压 $\dot{U}_K$,并使控制绕组中的电流 $\dot{I}_K$ 与励磁电流 $\dot{I}_f$ 不同相,就会形成圆形或椭圆形旋转磁场,产生启动转矩,使电动机转动起来。可是,如果转子参数(主要是电阻 R_2)设计得和一般单相异步电动机相似,则当去掉控制电压 $\dot{U}_K$ 时,电动机不会停转,这就不合伺服电动机的要求,这种现象称为"自转",必须加以克

服。克服"自转"现象的方法是加大转子电阻。

从单相异步电动机的工作原理可知,当励磁绕组单独工作时,其机械特性为由正向旋转磁场产生的正向机械特性 $n = f(T_+)$ 和由反向旋转磁场产生的反向机械特性 $n = f(T_-)$ 合成,当转子电阻 R_2 足够大时,正向机械特性和反向机械特性的临界转差率均 ≥ 1,如图 8.5 所示。其合成机械特性 $n = f(T)$ 在第二、四象限,电磁转矩是制动性质的。当控制信号电压切除,励磁绕组单独工作时,不论原来转向如何,总会受到制动转矩的作用,很快停下来,从而克服了"自转"现象。

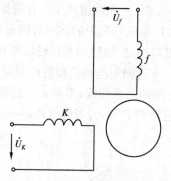

图 8.4　交流伺服电动机的原理图

（3）控制方法

交流伺服电动机的励磁绕组和控制绕组通常都设计成对称的,当控制信号电压 $\dot{U}_K$ 和励磁电压 $\dot{U}_f$ 亦对称时,两相绕组产生的合成磁通势是圆形旋转磁通势,气隙磁场是圆形旋转磁场。如果控制信号电压 $\dot{U}_K$ 与励磁绕组电压 $\dot{U}_f$ 的幅值不等或相位差不为90°电角度,则产生的气隙磁场将是一个椭圆形旋转磁场。所以,改变 $\dot{U}_K$,就可以改变磁场的椭圆度,从而控制伺服电动机的转矩和转速,具体的控制方法有 3 种:

1）幅值控制

幅值控制是保持控制信号电压 $\dot{U}_K$ 的相位与励磁绕组电压 $\dot{U}_f$ 相差90°电角度不变,仅改变其幅值的大小来控制伺服电动机的转速。原理接线如图 8.6 所示。

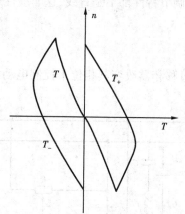

图 8.5　交流伺服电动机控制信号
电压为零时的机械特性

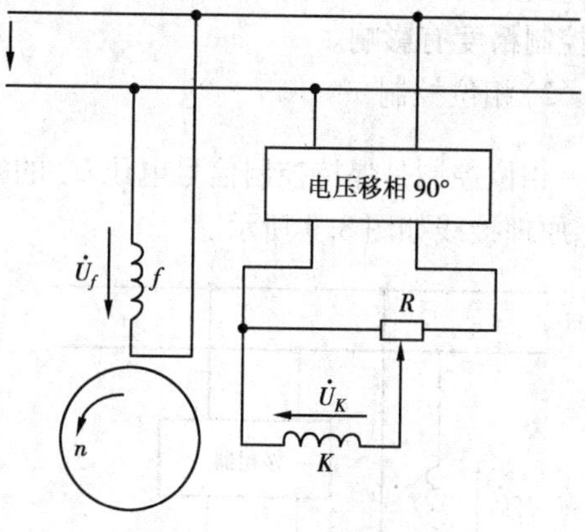

图 8.6　交流伺服电动机幅值控制接线图

用有效信号系数 α 反映控制信号电压的大小,即定义有效信号系数为

$$\alpha = \frac{U_K}{U_{KN}} = \frac{U_K}{U_f}$$

式中　U_{KN}——额定控制电压,一般 $U_{KN} = U_f$。

显然,$\alpha = 0$ 时,只有励磁绕组磁通势产生的脉振磁场,所含正转磁场与反转磁场一样大;

$\alpha = 1$ 时,两相绕组产生的合成磁场为圆形旋转磁场,即只有正转磁场,没有反转磁场;若 $0 < \alpha < 1$,电机气隙中的磁场为椭圆形旋转磁场,所含正转磁场大于反转磁场。α 越大,磁场的椭圆度越小,反转磁场和反转转矩相对越小。

交流伺服电动机幅值控制时的机械特性是指有效信号系数 $\alpha = $ 常数时转速 n 与电磁转矩 T 之间的关系曲线,不同 α 时的机械特性如图 8.7 所示。机械特性表明,当转速一定时,α 越大,电磁转矩 T 越大,当电磁转矩一定时,α 越大,转速越高。

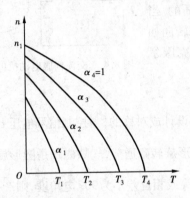

图 8.7　幅值控制时的机械特性
($\alpha_1 < \alpha_2 < \alpha_3 < 1$)

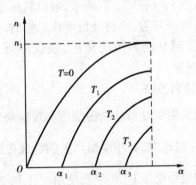

图 8.8　幅值控制时的调节特性
($0 < T_1 < T_2 < T_3$)

调节特性是指电磁转矩 T 一定时,转速 n 与有效信号系数 α 之间的关系曲线,如图 8.8 所示。调节特性表明:当电磁转矩一定时,α 越大,转速越高;负载转矩越大,因而电磁转矩 T 越大时,为使交流伺服电动机启动所需的 α 越大,亦就是启动电压越大。

由图 8.7 和图 8.8 可见,幅值控制时的机械特性和调节特性都不是直线,这非线性对系统的控制精度有影响。

2)相位控制

相位控制是保持控制信号电压 $\dot{U}_K$ 的幅值不变,通过移相器改变其相位来控制电动机的转速。原理接线如图 8.9 所示。

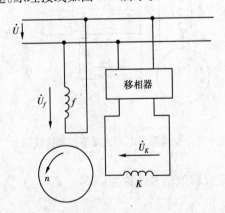

图 8.9　交流伺服电动机相位控制接线图

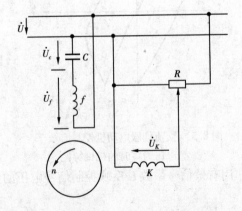

图 8.10　交流伺服电动机幅值—相位控制接线图

设 $\dot{U}_K$ 与 $\dot{U}_f$ 的大小相等,相位差为 β,定义 $\sin\beta$ 为相位控制时的信号系数。显然 $\beta = 0$ 时, $\sin\beta = 0$,气隙磁场为脉振磁场; $\beta = 90°$, $\sin\beta = 1$ 时,气隙磁场为圆形旋转磁场;如果 $0 < \beta < 90°$, $0 < \sin\beta < 1$,气隙磁场为椭圆形旋转磁场。信号系数越大,气隙磁场的椭圆度越小,反转磁场和反转转矩相对越小。因此,交流伺服电动机的负载转矩亦即电磁转矩一定时,信号系数 $\sin\beta$ 越大,转速越高。相位控制时的机械特性和调节特性与幅值控制时相似,只是线性度略好一些。

3)幅值—相位控制

幅值—相位控制是既改变控制信号电压的幅值,又改变控制信号电压 $\dot{U}_K$ 与励磁绕组电压 $\dot{U}_f$ 之间的相位差 β。其原理接线如图 8.10 所示,在励磁绕组回路串一电容器 C,通过电位器调节控制信号电压 $\dot{U}_K$ 的大小时,其相位不变,但由于转子绕组的耦合作用,励磁绕组中的电流 $\dot{I}_f$ 会发生变化, $\dot{U}_f$ 和电容器上的电压 $\dot{U}_C$ 随之改变,从而使 $\dot{U}_f$ 与 $\dot{U}_K$ 之间的相位差 β 随 $\dot{U}_K$ 的幅值同时变化。当 $U_K = U_{KN}$ 时,电动机的转速最高; $U_K = 0$ 时,电动机的转速为零; $0 < U_K < U_{KN}$ 时, U_K 越大,转速越高。幅值—相位控制的机械特性和调节特性与幅值控制时相似,只是线性度稍差。由于幅值—相位控制方式不需复杂的移相设备,实际应用较多。

无论哪种控制方式,只要将控制信号电压的相位改变 180° 电角度(反相),从而改变控制绕组与励磁绕组中电流的相位关系,原来的超前相变为滞后相,原来的滞后相变为超前相,电动机的转向就随之改变。

直流伺服电动机机械特性和调节特性的线性度好,转速控制范围和输出功率都较大,缺点是有换向器和电刷,维护比较麻烦。交流伺服电动机采用空心杯形转子时,转动惯量小,响应快,运转平稳,维护简单,缺点是结构复杂,气隙较大,因而励磁电流较大,功率因数较低。交流伺服电动机特性的线性度较差,但无换向器和电刷,工作可靠性高,维护简便,所以一般交流伺服电动机应用较多。

8.2　测速发电机

测速发电机的功能是将机械转速信号转换为相应的电压信号,输出的电压与转速成正比,在自动控制系统中作为检测转速的信号元件等。

自动控制系统对测速发电机的主要要求是:①线性度好,输出电压与转速严格成正比关系;②单位转速的输出电压较大,有足够的灵敏度;③剩余电压(转速为零时的电压)低;④输出电压的极性或相位能随转动方向的改变而改变;⑤转动惯量和电磁时间常数小,响应快。

测速发电机分直流测速发电机和交流测速发电机两类。

8.2.1　直流测速发电机

(1)基本结构

直流测速发电机的结构与直流伺服电动机相同,采用他励,又分电磁式和永磁式两种。电磁式不但结构比较复杂,励磁绕组的电阻还会随温度变化,引起测量误差;永磁式结构简单,不需励磁电源,应用较多。

(2) 工作原理

直流测速发电机的基本工作原理与小型直流发电机相同。磁极磁场保持恒定,电枢随被测机械以转速 n 旋转,电枢绕组的感应电动势

$$E_a = C_e \Phi n$$

输出端电压

$$U = E_a - I_a R_a = C_e \Phi n - \frac{U}{R_L} R_a$$

解之可得

$$U = \frac{C_e \Phi}{1 + \frac{R_a}{R_L}} n = Cn \tag{8.2}$$

式中　　R_a——电枢回路总电阻,包括电刷接触电阻;

　　　　R_L——负载电阻。

由式(8.2)可看出,空载时,$R_L = \infty$,$U = C_e \Phi n$,输出电压 U 与转速 n 成正比。U 与 n 的关系曲线称为输出特性。空载时的输出特性为一直线,如图8.11所示。负载时,负载电阻 R_L 一定,则 C 为常数,U 与 n 仍成正比,输出特性仍为直线,但与空载时相比,斜率变小,R_L 越小,斜率越小。

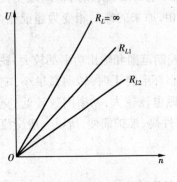

图 8.11　测速发电机的输出特性
$(R_{L2} < R_{L1} < R_L)$

式(8.2)还表明,要线性度好,必须 Φ 和 R_a 恒定不变,使 C 为常数,但在实际运行过程中,会有几方面的原因,使 C 不完全是常数,因而产生线性误差。这些原因是:①环境温度的变化使励磁绕组电阻变化,引起励磁电流和磁通 Φ 发生变化;②负载时,负载电流产生的电枢反应会影响磁场,使磁通 Φ 变化;③电枢回路总电阻 R_a 中包括电刷与换向器之间的接触电阻,此电阻会随负载电流变化。为减小线性误差,可在励磁绕组回路串联具有负温度系数的热敏电阻进行温度补偿;同时,为了减小电枢反应去磁作用的影响和负载电流对接触电阻的影响,应限制负载电流的大小,为此,转速不能超过额定值,负载电阻 R_L 不能小于规定的数值。

8.2.2　交流测速发电机

交流测速发电机分同步测速发电机和异步测速发电机,一般采用交流异步测速发电机。

(1) 基本结构

交流异步测速发电机的结构与交流伺服电动机相同,定子上有两相绕组,一相为励磁绕组 f,一相为输出绕组 o,两者在空间相差 90° 电角度。转子分鼠笼式和非磁性杯形两种。杯形转子虽然结构较鼠笼式复杂,但其惯性小,精度高,应用最广。杯形转子交流测速发电机的结构图如图8.3所示,机座号较大的电机中,常把励磁绕组嵌在外定子上,而把输出绕组嵌在内定子上,内定子相对于外定子的位置可以适当调节,以确保精度。

（2）工作原理

通常将励磁绕组的轴线称为d轴,输出绕组的轴线称为q轴,运行时,励磁绕组接通单相交

流电源,加上频率为f的励磁电压$\dot{U}_f$,产生d轴方向的脉振磁通势和磁通$\dot{\Phi}_d$,如图8.12所示。杯形转子相当于无数根导条并联的副绕组。转速$n=$

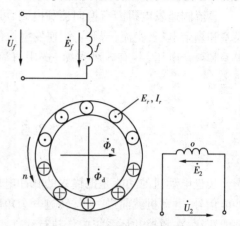

0时,脉振磁通$\dot{\Phi}_d$在杯形转子中感应产生变压器电动势和电流,该电流又产生d轴方向的磁通势和磁通,但电机d轴方向的总磁通取决于励磁电压的大小,励磁电压为额定值不变时,Φ_d也不变,像普通变压器一样。d轴方向的磁通$\dot{\Phi}_d$与输出绕组o的轴线相垂直,与输出绕组无匝链关系,输出绕组不会有感应电动势,所以$n=0$时输

图8.12　交流测速发电机原理图

出绕组的电压$U_2=0$。当转子以转速n旋转时,杯形转子切割磁通Φ_d,产生感应电动势E_r,其方向以q轴为分界,杯壁的上半部电动势为一个方向,下半部为另一方向,如图8.12所示。由于杯形转子的电阻很大,可以认为杯壁中的电流与电动势同相位,因而电流$\dot{I}_r$与电动势$\dot{E}_r$同方向,这个电流$\dot{I}_r$产生的磁通$\dot{\Phi}_q$在q轴方向,与输出绕组相匝链,在输出绕组中感生电动势$\dot{E}_2$。

$\dot{\Phi}_d、\dot{E}_r、\dot{I}_r、\dot{\Phi}_q$和$\dot{E}_2$均以励磁电源的频率$f$交变,此频率与转速高低无关。如果转速改变方向,则$\dot{E}_r、\dot{I}_r、\dot{\Phi}_q$和$\dot{E}_2$均反相。由上述电磁关系可得以下正比关系

$$U_2 \approx E_2 \propto \Phi_q \propto I_r \propto E_r \propto \Phi_d n$$

可见,只要保持Φ_d不变,交流测速发电机的输出电压$U_2 \propto n$,输出特性为直线。另外,与直流测速发电机的输出特性相类似,空载时输出电压高,负载时输出电压低。

实际交流测速发电机的性能与理想情况相比,难免存在误差。交流测速发电机的误差有3种:线性误差、相位误差和剩余电压。下面简要加以说明:① 线性误差,由前面分析知道,U与n成线性关系的前提是Φ_d保持不变,实际上Φ_d会随转速n的变化而略有变化,因为转动时,杯形转子在切割Φ_d的同时也切割Φ_q,切割Φ_q产生的电动势E_q是以轴线d为分界的,它产生的磁通对Φ_d起去磁作用,为此会引起励磁电流I_f变化,励磁电流在励磁绕组上的阻抗压降变化,励磁绕组的电压U_f不变时,电动势E_f和相应的磁通Φ_d有所变化,影响U与n之间的线性关系,产生线性误差。减小线性误差的方法是设计时减小励磁绕组的阻抗和加大杯形转子的电阻;② 相位误差,自动控制系统要求测速发电机的输出电压与励磁电压(电源电压)同相位,实际上,由于定、转子漏电抗的影响,会使输出电压$\dot{U}_2$与励磁电压$\dot{U}_f$之间产生相位差,从而引起相位误差。为补偿相位误差,可在励磁绕组中串联适当大小的电容;③ 剩余电压,一般要求测速发电机的转速为零时,输出电压为零。实际上,转速为零时,输出电压可能不是零,这时的电压称为剩余电压。产生剩余电压的原因主要有输出绕组与励磁绕组在空间不是刚好相差90°电角度、磁路不对称、气隙不均匀、杯形转子杯壁厚度不一致等。减小剩余电压的方法是提高加

工精度,调节内外定子之间的相对位置和设计制造时加装补偿绕组,使 $n = 0$ 时补偿绕组在输出绕组中感应的电动势刚好抵消剩余电压。

直流测速发电机因有换向器和电刷,可靠性差,维护麻烦,但输出特性斜率较大,没有相位误差和剩余电压,交流(异步)测速发电机使用时,除可能产生线性误差以外,还可能产生相位误差和剩余电压,共有 3 种误差。选用直流测速发电机还是交流测速发电机,应视具体情况而定。

8.3 步进电动机

步进电动机的功能是把输入的脉冲电信号变换为输出的角位移,亦即电源每输入一个脉冲电信号,电动机就前进一步,转过一个角度,其输出的角位移与脉冲数成正比,转速与脉冲频率成正比,在数控开环系统中作执行元件。

步进电动机按工作原理不同分为反应式、永磁式和混合式等,其中反应式步进电动机应用最广泛。本节简要介绍反应式步进电动机的基本结构、工作原理和特性等。

8.3.1 基本结构

反应式步进电动机定子相数 $m = 2 \sim 6$,定子极数为 $2m$,图 8.13 为一三相反应式步进电动机的示意图,定子上 6 个磁极,每个磁极上都套有控制绕组,相对两磁极的绕组为同一相,转子上有 4 个齿,齿宽与定子磁极极靴宽度相等,定、转子铁芯均为凸极结构,由硅钢片冲制叠压而成。

8.3.2 工作原理

以图 8.13 所示的三相反应式步进电动机为例来说明,当 A 相绕组通直流电时,由于磁力线力图通过磁阻最小的途径,转子将受到磁阻转矩(即反应转矩)的作用,转到使转子齿 1 和 3 的轴线与定子 A 相绕组轴线重合的位置,如图 8.13(a) 所示,当 A 相断电,B 相通电时,在反应

图 8.13 三相反应式步进电动机示意图

转矩的作用下,转子将沿逆时针方向转过 30°角,至转子齿 2 和 4 的轴线与定子 B 相绕组轴线重合为止,如图 8.13(b) 所示;当 B 相断电,C 相通电时,转子又逆时针转过 30°角,转子齿 3 和 1 的轴线与定子 C 相绕组轴线相重合,如图 8.13(c) 所示。如按 A—B—C—A… 顺序不断轮流接通和断开控制绕组,转子就按逆时针方向一步一步地转动,显然,步进电动机的转速取决于

控制绕组通电和断电的频率,亦就是输入电脉冲的频率,旋转方向取决于控制绕组通电的顺序,如将通电顺序改为 A—C—B—A…,则电动机反向转动。

控制绕组从一种通电状态换到另一种通电状态叫做"一拍"。每一拍转子所转过的空间角度称为步距角,以 θ_b 表示。上述通电方式,称为"三相单三拍","三相"是指定子共有三相绕组,"单"是指每次通电时,只有一相控制绕组通电,"三拍"是指经过三次切换通电状态完成一个循环,转子转过一个齿距对应的空间角度。三相单三拍通电方式时的步距角为30°。三相步进电动机还常采用"三相双三拍"和"三相单双六拍"通电方式。"三相双三拍"的通电顺序是 AB—BC—CA—AB…,每次同时有两相绕组通电,A,B 两相绕组通电时,A,B 两相的定子磁场产生的反应转矩(亦即磁阻转矩)同时作用于转子,其平衡位置如图 8.14(a) 所示;断开 A 相,使 B,C 相通电时,B,C 相磁场同时作用,转子平衡位置如图8.14(b) 所示;同理,断开 B 相,使 C,A 相通电时,平衡位置如图 8.14(c) 所示。可见,转子转动方向与 A—B—C—A… 通电方式相同,步距角 θ_b 也不变,仍为30° 角。如要电动机反向转动,只需将通电顺序改为 AC—CB—BA—AC…。"三相单双六拍"的通电顺序为 A—AB—B—BC—C—CA—A…,相当于前面两种通电方式的综合,每改变一次通电状态,转子转过的角度只有三拍通电方式的一半,即步距角变为15°。

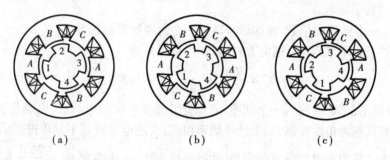

图 8.14　三相反应式步进电动机双三拍运行

以上介绍的三相反应式步进电动机,步距角太大,往往不能满足数控系统对精度的要求,为此,实际应用时常采用特性较好的小步距角反应式步进电动机。一种典型的小步距角三相反应式步进电动机,示意图如图 8.15 所示。图中定子上仍为 6 个极,三相控制绕组星形连接,转子上均匀分布 40 个齿,每个磁极的极靴上各有 5 个小齿,定、转子齿宽、齿距相等。所谓齿距就是相邻两齿中心线之间的距离,用 t 表示。

为分析方便起见,将定、转子展开,如图 8.16 所示,图中画了一半。由图可以清楚看到 A 相通电时,A 相极下定、转子齿对齐,而 B 相极下定、转子齿的中心线之间错开 $\frac{1}{3}t$,C 相极下定、转子齿错开 $\frac{2}{3}t$。当 A 相断电,B 相通电时,反应转矩使 B 相极下定、转子齿对齐,因而转子转过 $\frac{1}{3}t$,这

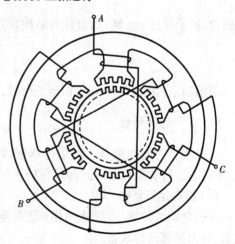

图 8.15　小步距角三相反应式步进电动机的示意图

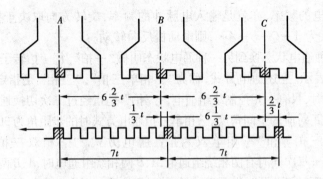

图 8.16   图 8.15 所示电动机的定、转子展开图

时 A 相和 C 相极下的定、转子齿均错开 $\frac{1}{3}t$，以此类推。可见，采用"三相单三拍"通电方式运行时的步距角为

$$\theta_b = \frac{360°}{Z_r N} = \frac{360°}{40 \times 3} = 3°$$

式中 Z_r—— 转子齿数；

N—— 一个循环的拍数，亦即转子转过一个齿距所需的拍数。

如果采用"三相单双六拍"通电方式运行时，步距角为

$$\theta_b = \frac{360°}{Z_r N} = \frac{360°}{40 \times 6} = 1.5°$$

如果脉冲频率很低，每输入一个脉冲，定子绕组改变一次通电状态，电动机转过一个步距角，这种控制方式称为角度控制。如果脉冲频率很高，步进电动机就不是步进运动，而是连续转动，这种控制方式称为速度控制，转速与脉冲频率成正比。由步距角 $\theta_b = \frac{360°}{Z_r N}$ 可知，每输入一个脉冲，转子转过 $\frac{1}{Z_r N}$ 转，每分钟的脉冲数为 $60f$，所以速度控制时的转速公式为

$$n = \frac{60f}{Z_r N} \quad \text{r/min} \tag{8.3}$$

单拍制运行时，$N = m$；双拍制运行时，$N = 2m$。

8.3.3   运行特性

反应式步进电动机有 3 种运行状态，即静态运行状态、步进运行状态和高频恒频运行状态。不同的运行状态具有不同的运行特性。

(1)静态运行状态

步进电动机的某一相(或两相)绕组通有电流而不改变通电状态，转子固定于某一位置的状态，称为静态运行状态。

静态运行的主要特性是矩角特性，矩角特性是指步进电动机的静转矩与转子失调角之间的关系曲线 $T = f(\theta)$。静转矩就是静态运行时的电磁转矩(反应转矩)，失调角是转子偏离初始平衡位置的电角度，一相通电时就是通电相下定、转子齿中心线间所夹的电角度 θ，一个齿距 t 对应的电角度为 $360°$，以此衡量 θ 角的大小。当步进电动机一相通电，通电相极下定、转子齿对齐时，失调角 $\theta = 0°$，如图 8.17(a) 所示，电机转子无切向磁拉力作用，不产生转矩，即

$T = 0$。如在转子轴上加一顺时针方向(向右)的负载转矩,使转子齿向右偏离定子齿一个角度 θ,出现切向磁拉力,产生转矩 T,其方向与转子齿偏离的方向相反,故 T 为负值,当 $0 < \theta < 90°$ 时,θ 越大,转矩 T 亦越大,如图8.17(b)所示。当 $\theta = 90°$ 时,转子所受切向磁拉力最大,转矩 T 最大。当 $\theta > 90°$ 时,由于磁阻显著增大,定、转子齿之间磁力线的数目显著减少,切向磁拉力和转矩 T 减小,到 $\theta = 180°$ 时,转子齿处于两个定子齿的正中间,两个定子齿作用于转子齿的切向磁拉力互相抵消,转矩 T 又等于零,如图8.17(c)所示。当 $\theta > 180°$ 时,转子齿受另一边定子齿的磁拉力的作用,出现与 $\theta < 180°$ 时相反方向的转矩,T 为正值,如图8.17(d)所示。同理,当 $-180° < \theta < 0°$ 时,T 为正,当 $\theta = -180°$ 时 $T = 0$。根据以上分析所得 T 与 θ 的关系,画成曲线,即为矩角特性,如图8.18所示,近似为正弦曲线。

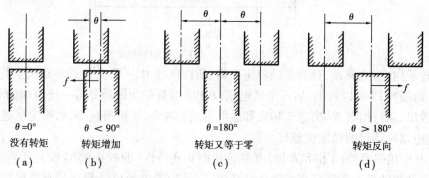

θ=0°	θ<90°	θ=180°	θ>180°
没有转矩	转矩增加	转矩又等于零	转矩反向
(a)	(b)	(c)	(d)

图 8.17　步进电动机的转矩与失调角的关系

由矩角特性可以看出,理想空载时,$T = 0$,$\theta = 0°$,转子处于初始稳定平衡位置,这时如有外力使转子齿偏离这个位置,只要失调角 θ 在 $-180°(-\pi)$ 和 $+180°(+\pi)$ 的范围之内,外力去掉,转子能自动回到初始稳定平衡位置,所以 O 点为理想空载时的稳定平衡点。$\theta = \pm 180°(\pm \pi)$ 时,虽然 $T = 0$,但只要将转子向任一方向稍一偏离,磁拉力就会失去平衡,所以 $\theta = \pm \pi$ 的两点称为不稳定平衡点。而把 $-\pi < \theta < \pi$ 的区域称为步进电动机的静稳定区。

矩角特性上,转矩的最大值称为最大静转矩 T_{max},它反映步进电动机承受负载的能力,是步进电动机的主要性能指标之一。

(2)步进运行状态

当脉冲频率很低时,加一个脉冲,转子走完一步,达到新的平衡位置以后,再加第二个脉冲,走第二步……这种运行状态称为步进运行状态。

步进运行状态的主要特性是动

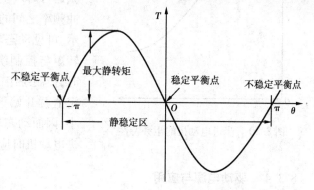

图 8.18　反应式步进电动机的矩角特性

稳定区,动稳定区是指从一种通电状态转换到另一种通电状态时,不会引起失步的区域。设电动机为理想空载,A 相通电时,矩角特性如图8.19中的曲线 A 所示,转子的稳定平衡点为 O_A,外加一个脉冲,A 相断电,B 相通电时,矩角特性变为曲线 B,曲线 B 与曲线 A 相隔一个步距角 θ_b,转子新的稳定平衡位置为 O_B,显然,只要改变通电状态时,转子位置处于 $B'—B''$,电动机的转

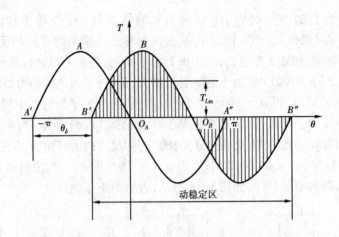

图 8.19　三相反应式步进电动机的动稳定区

矩都能使转子向 O_B 点移动,达到新的稳定平衡,所以区间 $B'-B''$ 为步进电动机空载状态下的动稳定区。由图 8.19 可以看出,后一个通电相(B 相) 的静稳定区就是前一通电相的动稳定区;同时可以看出,运行拍数 N(决定于相数和通电方式) 越多,步距角越小,动稳定区越接近静稳定区,步进电动机运行的稳定性越好。

　　图 8.19 中相邻两相(A 相和 B 相) 单独通电时矩角特性(曲线 A 和 B) 交点所对应转矩 T_{Lm} 称为步进电动机的最大负载转矩或称启动转矩,它是步进电动机从静止状态突然启动并不失步运行所能带动的最大负载转矩,也是步进电动机的主要性能指标之一。显然,步距角越小,最大负载转矩 T_{Lm} 就越大。

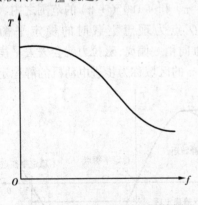

图 8.20　步进电动机的矩频特性

(3) 高频恒频运行状态(连续运行状态)

脉冲频率很高且恒定时,步进电动机就连续地作匀速旋转运动,称为高频恒频运行状态。高频恒频运行时产生的转矩称为动态转矩,动态转矩与脉冲频率之间的关系曲线称为矩频特性,如图 8.20 所示。可见动态转矩随频率的升高而下降,原因在于转矩与控制绕组电流的平方成正比,而频率升高时,控制绕组的电流按指数规律上升来不及达到稳定值就开始下降,电流的幅值随频率的升高而减小,因而动态转矩也随频率的升高而降低。使用步进电动机时应注意这一问题。

8.3.4　驱动电源与应用

　　步进电动机每相绕组不是恒定地通电,而是按照一定的规律轮流通电,为此,需由专门的驱动电源供电。步进电动机的驱动电源一般由变频信号源、脉冲分配器和功率放大器这 3 个基本部分组成,如图 8.21 所示。变频信号源是一个频率可从几十 Hz 到几十 kHz 连续变化的脉冲发生器。脉冲分配器是根据指令将脉冲信号按一定的逻辑关系加到各相的功率放大器上去,使步进电动机按一定的运行方式运转。功率放大器是将脉冲分配器输出的小信号,进行功率放大,再送至控制绕组去推动步进电动机。

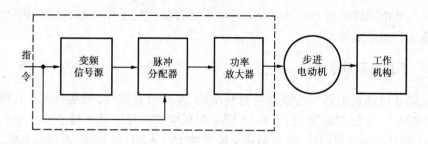

图 8.21 步进电动机驱动电源方框图

步进电动机在一定负载转矩下能不失步地启动的最高频率称为启动频率。步进电动机启动以后,再将频率缓慢上升时,能不失步运行的最高频率称为运行频率。一般运行频率要比启动频率高得多。这两种频率也属步进电动机的性能指标。

选用步进电动机时要根据系统的要求,综合考虑所选电动机的步距角、转矩、频率以及精度等性能指标是否合适。

8.4 微型同步电动机

微型同步电动机的功能是将不变的交流电信号变换为转速恒定的机械运动,在自动控制系统中作执行元件。微型同步电动机由于具有转速恒定的特点,为此在恒速传动装置中得到了广泛的应用。微型同步电动机也由定子和转子两部分组成。定子结构与普通三相或单相异步电动机一样,定子上有三相或两相对称绕组,接通电源时产生圆形或椭圆形旋转磁场。转子磁极极数与定子相同,依其结构形式和材料的不同,微型同步电动机分为永磁式、反应式和磁滞式等类型。功率均从零点几 W 至几百 W。

8.4.1 永磁式同步电动机

永磁式同步电动机的转子用永久磁铁做成,为两极或多极,N,S 极沿圆周交替排列,如图 8.22 所示。运行时,定子产生的旋转磁场吸牢转子一起旋转,转速为定子旋转磁场的转速,亦即同步转速 $n_1 = \dfrac{60f_1}{p}$。转子上负载转矩增大时,定子磁场磁极轴线与转子磁极轴线之间的夹角 θ 相应增大;当负载转矩减小时,夹角 θ 相应减小,转速则始终恒定不变。但是负载转矩不能超出一定限度(最大同步转矩),否则电动机将停转,称为"失步"。永磁式同步电动机与普通三相同步电动机一样,如不采取措施,则因转子具有惯性,启动时定转子磁极之间存在相对运动,转子所受到的平均转矩为零,无法自行启动。解决的办法是在转子上加装鼠笼式绕组,

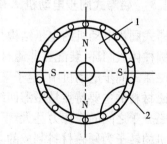

图 8.22 永磁式同步电动机转子
1— 永久磁铁;2— 鼠笼式启动绕组

如图 8.22 所示,利用异步电动机启动的原理使转子转起来,当转速接近同步转速时,定子旋转磁场会将转子牵入同步,与定子旋转磁场一起同步旋转,这种启动方法称为异步启动法。

永磁式同步电动机的出力大,体积小,耗电少,结构简单,工作可靠,广泛用于自动记录仪器仪表和程序控制系统等。

8.4.2 反应式同步电动机

反应式同步电动机的转子由铁磁性材料制成,本身没有磁性,但是必须有直轴和交轴之分,直轴的磁阻小,交轴的磁阻大。图 8.23 所示为反应式同步电动机转子冲片的几种不同形式,其中(a) 的外形为凸极结构,靠直轴和交轴气隙大小不同达到磁阻不等的要求,称为外反应式;(b) 的外形为圆,气隙均匀,但在内部开有反应槽 2,使交轴方向的磁阻远大于直轴方向,称为内反应式;(c) 是既采用凸极结构,又在内部开有反应槽 2,从而使交轴方向和直轴方向的磁阻差别更大,称为内外反应式。冲片上的小圆孔 3 是放鼠笼式启动绕组的导条用的。

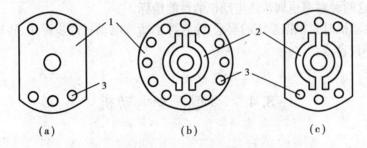

图 8.23 反应式同步电动机转子冲片

1— 铁芯;2— 反应槽;3— 鼠笼导条孔

定子绕组通电时,气隙中建立圆形或椭圆形旋转磁场,作用于转子,产生磁阻转矩或称反应转矩,使转子与定子旋转磁场一起以同步转速 n_1 旋转,当负载转矩增大时,定子旋转磁场磁极轴线与转子凸极轴线之间的夹角 θ 增大,反应转矩随之增大,转速 n_1 保持不变,不过负载转矩不能超过一定限度。反应式同步电动机亦有启动问题,为此转子上亦装有鼠笼式启动绕组,采用异步启动法启动。

反应式同步电动机的结构比永磁式更简单,成本更低,工作可靠,适用于精密机床,遥控装置、录像机和传真机等。

8.4.3 磁滞式同步电动机

磁滞式同步电动机的定子结构与永磁式、反应式同步电动机相同,转子铁芯采用硬磁材料制成的圆柱体或圆环,装配在非磁材料制成的套筒上,典型的转子结构如图 8.24 所示。在功率极小的磁滞式同步电动机中,定子采用罩极式结构,转子由硬磁薄片组成,如图 8.25 所示。

硬磁材料的主要特点是磁滞回线很宽,剩磁 B_r 和矫顽力 H_c 都比较大,磁滞现象非常显著,磁化时磁分子之间的摩擦力甚大。下面以图 8.26 为例说明磁滞式同步电动机的工作原理,图中电动机的转子为硬磁材料制成的实心转子,定子产生的旋转旋场以一对等效磁极表示。当定子磁场固定不转时,转子磁分子受磁化,排列方向与定子磁场方向相一致,如图8.26(a) 所示,定子磁场与转子之间只有径向力,切向力和转矩 $T = 0$,如果定子磁场以同步转速 n_1 逆时针方向旋转,转子处于旋转磁化状态,转子磁分子应跟随定子磁场旋转方向转动,但是,磁分子之间甚大的摩擦力,使磁分子不能立即跟随定子旋转磁场转过同样的角度,而始终要落后一个空间角度 θ_c,θ_c 称为磁滞角。这样转子就成为一个磁极轴线落后于定子旋转磁场磁极轴线一个 θ_c 角

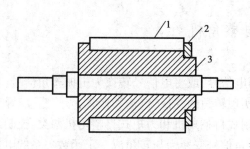

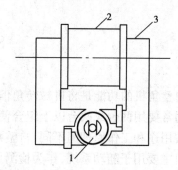

图 8.24 磁滞式同步电动机转子典型结构　　　图 8.25 罩极式磁滞同步电动机
1— 硬磁材料;2— 挡环;3— 套筒　　　　　1— 硬磁薄片;2— 集中绕组;3— 铁芯

的磁铁,如图 8.26(b) 所示。转子所受的磁拉力除径向分量以外还有一个切向分量,切向分量产生的转矩称为磁滞转矩 T_c,磁滞转矩 T_c 使转子朝旋转磁场的方向旋转。产生磁滞转矩的条件是转子与定子旋转磁场之间有相对运动,即转子转速低于同步转速,转子受到旋转磁化,但是磁滞转矩的大小仅决定于硬磁材料的性质,而与转子异步运行时的转速无关,所以在转速低于同步转速时,磁滞转矩 T_c 始终保持常数,只要负载转矩 T_L 不大于 T_c,转速就将上升,直至转速等于同步转速时,转子不再被旋转磁化,而是恒定磁化,这时,磁滞式同步电动机就成为永磁式同步电动机了。同步运行以后,转速恒定不变,转子磁极轴线与定子旋转磁场磁极轴线之间的夹角改由负载大小决定,在 $0 \sim \theta_c$ 之间。

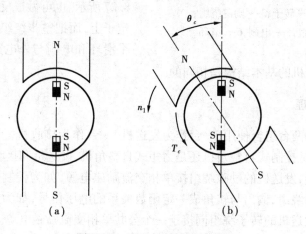

图 8.26 硬磁材料转子的磁化

　　磁滞式同步电动机的转速低于同步转速时,转子与旋转磁场之间有相对切割运动,磁滞转子中会产生涡流,与旋转磁场作用产生涡流转矩。所以磁滞式同步电动机启动时,不仅有磁滞转矩,还有涡流转矩,不但能够自行启动,而且启动转矩较大,这是这种电动机的主要特点。

　　磁滞式同步电动机结构简单,运行可靠,启动性能好,噪声小,常用于电钟、自动记录仪表、录音机和传真机等。

8.5 自整角机

自整角机的功能是将机械转角信号转换为电信号，或将电信号转换为机械转角信号。在系统中通常要用两台或两台以上组合使用，从而实现转角的变换、传输和接收。

按用途和工作原理的不同，自整角机分控制式自整角机和力矩式自整角机两类。控制式自整角机主要用于随动系统，作为检测元件，将转角信号变换为与转角成一定函数关系的电压信号。力矩式自整角机可以远距离传输角度信号，主要用于自动指示系统。

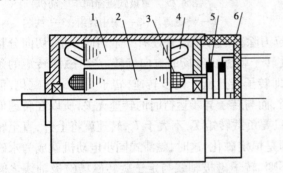

图 8.27　自整角机结构简图
1—定子；2—转子；3—励磁绕组；
4—定子绕组；5—电刷；6—滑环

8.5.1　基本结构

自整角机的基本结构与一般小型同步电动机相似。定子铁芯用硅钢片冲制叠压而成，铁芯槽内嵌放三相对称绕组，星形连接，称为整步绕组。转子分凸极式和隐极式，凸极式在磁极上套单相集中励磁绕组，隐极式在转子铁芯槽中嵌放单相分布励磁绕组，励磁电流通过电刷和滑环引入，如图8.27所示。也可做成反装式，即把磁极装在定子上，而把整步绕组装在转子上，通过3个滑环和电刷与外电路相接。控制式自整

角机和力矩式自整角机的基本结构是相同的。

8.5.2　工作原理

自整角机一般为两台组合使用，一台作为发送机，一台作为接收机，发送机和接收机的结构和参数相同。无论是控制式自整角机还是力矩式自整角机，发送机和接收机的定子三相整步绕组都是对应端相接，发送机的励磁绕组接单相交流励磁电源，如为控制式自整角机，接收机的转子绕组作为输出绕组，输出与转角成一定函数关系的电压信号，如为力矩式自整角机，接收机的转子绕组与发送机的转子绕组同接于一个公共单相交流励磁电源。

（1）发送机励磁绕组通电时自整角机的磁通势

为说明自整角机的工作原理，先用图8.28分析自整角机工作原理的共同部分。图中左边为发送机，以 F 表示，右边为接收机，以 J 表示，发送机的励磁绕组接通交流励磁电压 $\dot{U}_f$，发送机转子励磁绕组的轴线与定子 A 相绕组轴线的夹角 θ_F 为发送机的转子位置角，接收机的转子绕组开路，接收机转子绕组轴线与 A 相绕组轴线的夹角 θ_J 为接收机的转子位置角，通常把 $\theta = \theta_F - \theta_J$ 称为自整角机的失调角。

发送机励磁绕组加励磁电压 $\dot{U}_f$，产生在空间按正弦分布的脉振磁通势 F_f 和磁通 Φ_F，它们的幅值位于励磁绕组的轴线上，磁通 $\dot{\Phi}_F$ 同时与三相整步绕组相匝链，分别在三相整步绕组中

产生与励磁电源同频率的感应电动势,且相位也相同,从图 8.28 可以看出,三相整步绕组感应电动势有效值的大小与各相绕组的位置有关,应为

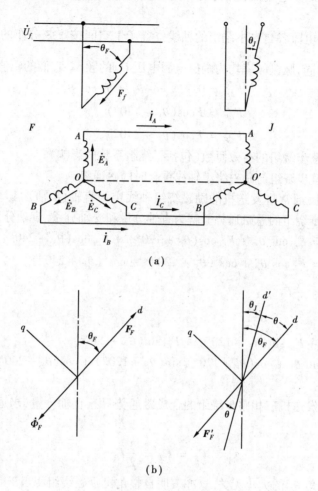

(a)

(b)

图 8.28 发送机励磁绕组通电时的磁通势

$$E_{AF} = E \cos \theta_F$$
$$E_{BF} = E \cos(\theta_F + 120°)$$
$$E_{CF} = E \cos(\theta_F + 240°)$$

式中 E—— 某相整步绕组与励磁绕组轴线重合时的感应电动势。

假设用导线将图 8.28 中的 O 与 O' 点连起来,则三相整步绕组流过同频率,同相位的电流,它们的有效值为

$$
\left.
\begin{aligned}
I_A &= \frac{E}{2Z} \cos \theta_F = I \cos \theta_F \\
I_B &= I \cos(\theta_F + 120°) \\
I_C &= I \cos(\theta_F + 240°)
\end{aligned}
\right\}
\tag{8.4}
$$

式中 Z—— 每相整步绕组的漏阻抗;

I—— 某相整步绕组与励磁绕组轴线重合时的电流。

由此可得连线 OO' 中的电流

$$I_{OO'} = I_A + I_B + I_C = I\cos\theta_F + I\cos(\theta_F + 120°) + I\cos(\theta_F + 240°) = 0$$

可见连线 OO' 中并没有电流流过,为此,不加连线,三相整步绕组中的电流大小仍如式 (8.4) 所示。

三相整步绕组的电流各自在本绕组的轴线位置产生空间按正弦分布的脉振磁通势,脉振磁通势的时间相位相同,脉振频率均为励磁电源电压 $\dot{U}_f$ 的频率,它们的幅值为

$$F_{AF} = 0.9IN\cos\theta_F = F\cos\theta_F$$

$$F_{BF} = F\cos(\theta_F + 120°)$$

$$F_{CF} = F\cos(\theta_F + 240°)$$

式中 N—— 每相整步绕组的有效匝数(包括了绕组系数的影响);

  F—— 某相整步绕组与励磁绕组轴线重合时的磁通势。

为分析方便起见,通常将发送机的励磁绕组轴线定为直轴(d 轴),其垂直方向定为交轴(q 轴),再将三相整步绕组的总磁通势分解为直轴分量和交轴分量。直轴分量的幅值为

$$\begin{aligned} F_d &= F_{AF}\cos\theta_F + F_{BF}\cos(\theta_F + 120°) + F_{CF}\cos(\theta_F + 240°) \\ &= F[\cos^2\theta_F + \cos^2(\theta_F + 120°) + \cos^2(\theta_F + 240°)] \\ &= \frac{3}{2}F \end{aligned}$$

交轴分量的幅值为

$$\begin{aligned} F_q &= F_{AF}\sin\theta_F + F_{BF}\sin(\theta_F + 120°) + F_{CF}\sin(\theta_F + 240°) \\ &= F[\cos\theta_F\sin\theta_F + \cos(\theta_F + 120°)\sin(\theta_F + 120°) + \cos(\theta_F + 240°)\sin(\theta_F + 240°)] \\ &= 0 \end{aligned}$$

以上结果表明,发送机三相整步绕组的合成磁通势只有直轴分量,永远与励磁绕组同轴,其幅值

$$F_F = F_d = \frac{3}{2}F$$

保持常数,与转子转角 θ_F 的大小无关。这亦表明自整角机励磁绕组相当于变压器的一次侧,三相整步绕组相当于变压器的二次侧,所以三相整步绕组合成磁通势 F_F 对励磁磁通势 F_f 起去磁作用,F_F 的方向应与 F_f 或 $\dot{\Phi}_F$ 相反,如图 8.28 所示。

接收机中,三相整步绕组的电流与发送机绕组中电流大小相等,方向相反(一为流进,一为流出),所以发送机励磁绕组通电时使接收机三相整步绕组中产生的合成磁通势 F'_F,其大小与 F_F 相等,方向则相反,如图 8.28(b) 所示。

(2) 控制式自整角机

控制式自整角机接收机的转子绕组为输出绕组,不接励磁电源,如图 8.28(a) 所示。图中定义接收机输出绕组轴线 d' 与 A 相绕组轴线之间的夹角为 θ_J,发送机励磁绕组轴线 d 与 A 相绕组轴线之间的夹角为 θ_F,两角之差 $\theta_F - \theta_J = \theta$ 为失调角,由图 8.28 可以看出,接收机整步绕组磁通势 F'_F 产生的磁通在输出绕组中感应的电动势 E_2,其有效值为

$$E_2 = E_{2m}\cos\theta$$

如把 $\theta = 0$,亦即接收机输出绕组轴线 d' 与励磁绕组轴线 d 重合时作为协调位置,那么协调时反而输出最大电动势 E_{2m},这不合一般随动系统的要求。为此,对于控制式自整角机,通常定义输出

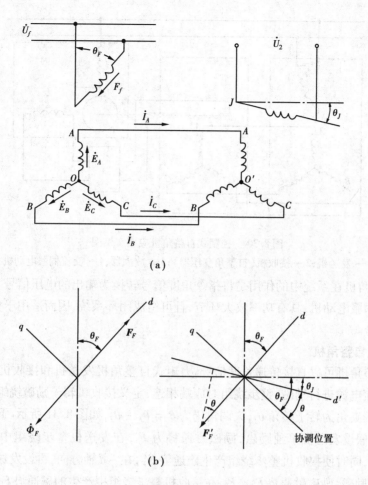

(a)

(b)

图 8.29 控制式自整角机原理图

绕组轴线 d' 与 A 相绕组轴线的正交线之间的夹角为接收机转子转角 θ_J，并将协调位置定在 q 轴而不是 d 轴，失调角仍为 $\theta = \theta_F - \theta_J$，如图 8.29 所示，这样输出绕组电动势的有效值就为

$$E_2 = E_{2m}\sin\theta$$

空载时，输出电压 $U_2 = E_2$，负载时，U_2 略小于 E_2，为此可得输出电压的有效值

$$U_2 = U_{2m}\sin\theta \tag{8.5}$$

式中 U_{2m} 为输出绕组轴线 d' 与励磁绕组轴线 d 重合，亦即失调角 $\theta = 90°$ 时的最大输出电压。这样，输出电压 U_2 随失调角 θ 按正弦规律变化，从而实现转角信号与电压信号之间的变换。此时，接收机是在变压器状态下运行的，所以通常把控制式自整角机的接收机称为自整角变压器。

图 8.30 是控制式自整角机的一个应用实例。设原来接收机 2 的转子转角 $\theta_J = 0$，现通过主令轴将发送机 1 的转子顺时针方向转过一个角度，使发送机的转子转角为 θ_F，接收机 2 的转子转角 θ_J 原来为零，因而出现失调角 $\theta = \theta_F - \theta_J = \theta_F$，输出绕组输出电压信号 $U_2 = U_{2m}\sin\theta_F$，此电压信号 U_2 经过放大器 3 放大后加至交流伺服电动机 4 的控制绕组 K，伺服电动机带动接收机的转子和负载一起向相应的方向转动，至 $\theta_J = \theta_F$，达协调位置时 $U_2 = 0$，伺服电动机停转，使负载转过与 θ_F 相应的角度，如此负载能随发送机主令轴指令同步旋转，组成角度随动系

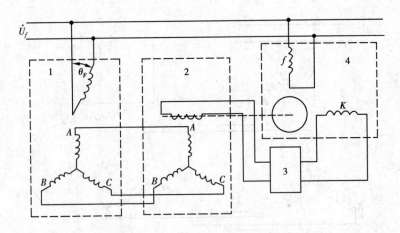

图 8.30　控制式自整角机应用实例图
1— 发送机;2— 接收机(自整角变压器);3— 放大器;4— 交流伺服电动机

统。控制式自整角机在系统中的作用是将指令角度信号转换为输出的电压信号。由于控制式自整角系统包含伺服电动机,具有功率放大环节,且可组成闭环系统,因而适用于负载较大、精度要求较高的场合。

(3) 力矩式自整角机

力矩式自整角机可以直接传递角度信号。力矩式自整角机发送机和接收机的转子绕组接于同一单相交流电源进行励磁,整步绕组对应端相连,定义接收机转子励磁绕组轴线 d' 与 A 相绕组轴线之间的夹角为转子转角 θ_J,失调角仍为 $\theta = \theta_F - \theta_J$,如图 8.31 所示。下面采用叠加原理进行分析,先假设发送机单独励磁,励磁磁势为 F_f,在发送机整步绕组中产生的磁通势 F_F 在 d 轴方向,同时使接收机整步绕组产生磁通势 F_F',在 $-d$ 轴方向,再设发送机励磁绕组开路,接收机单独励磁,励磁磁通势 $F_f' = F_f$,在接收机整步绕组中产生的磁通势 F_J,在 d' 轴方向,同时使发送机整步绕组产生磁通势 F_J',在 $-d'$ 轴方向,如图 8.31(b) 所示。以上分析表明,发送机中共有 F_f,F_F 和 F_J' 三个磁通势,接收机中则有 F_f',F_J 和 F_F' 三个磁通势。

力矩式自整角机中的转矩是由定、转子磁通势相互作用产生的,但同轴磁通势不产生转矩,只有正交的磁通势之间才产生转矩。所以在发送机中,定子上的 F_F 与转子上的 F_f 同轴,不产生转矩,定子上的 F_J' 可以分为两个分量,在 d 轴上的分量因与 F_f 同轴,也不产生转矩,在 q 轴上的分量 $F_J'\sin\theta$ 与 F_f 正交,产生转矩,转矩的方向总是力图使相作用的两个磁通势取向一致,由此可以确定图 8.31 中的发送机将逆时针方向转动,使 F_f 向 F_J' 靠拢,亦即使 θ_F 减小,按同样方法分析可知,在接收机中,F_J' 将顺时针方向转动,使 F_J' 向 F_F' 靠拢,亦即使 θ_J 增大。从而使失调角 θ 减小,直到 $\theta = 0$ 时为止。由于发送机的转子与主令轴相接,因此实际上发送机和接收机中产生的转矩只能使接收机转子随发送机转子旋转相同的角度,使 $\theta_J = \theta_F$,失调角 θ 为零,系统进入协调位置,从而实现转角的传输。发送机和接收机中产生的转矩根据其作用称为整步转矩。失调角 $\theta = 1°$ 时产生的整步转矩称为比整步转矩,显然,比整步转矩越大,系统的灵敏度越高,为使比整步转矩较大,力矩式自整角机一般采用凸极结构。力矩式自整角机系统无转矩放大作用,整步转矩比较小,且只宜组成开环系统,所以适用于系统精度要求不高和只带指针或刻度盘等轻负载的场合。

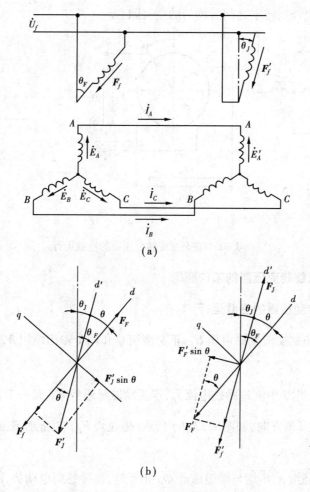

图 8.31 力矩式自整角机原理图

8.6 旋转变压器

旋转变压器是一种输出电压随转子转角变化的信号元件,输出电压与转子转角的正、余弦函数成正比关系或其他函数关系,输出电压与转子转角的正、余弦函数成正比关系的称为正余弦旋转变压器。在控制系统中,旋转变压器主要用于坐标变换、三角运算和角度的测量等。本节介绍正余弦旋转变压器的基本结构和工作原理。

8.6.1 基本结构

旋转变压器的结构与绕线式异步电动机相似,但一般为一对磁极,定子和转子铁芯都由硅钢片冲制叠压而成,定、转子铁芯槽中分别嵌放有两个分布绕组,两个绕组的匝数、线径和接线方式完全相同,只是在空间相差 90° 电角度。定子上的两个绕组用 D 和 Q 表示,D 为励磁绕组,Q 为正交绕组,它们的轴线分别为 d 轴和 q 轴,如图 8.32 所示。转子上的两个输出绕组用 A 和 B 表示,A 为余弦绕组,B 为正弦绕组,分别经滑环和电刷引出。余弦绕组 A 的轴线与 d 轴之间的

夹角 α 称为转子转角。定、转子之间有均匀的空气隙。

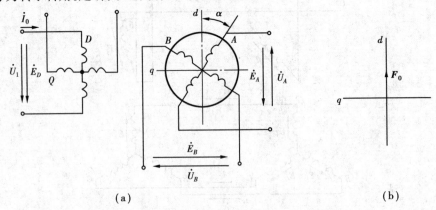

(a)   (b)

图 8.32　正余弦旋转变压器的空载运行

8.6.2　正余弦旋转变压器的工作原理

(1) 正余弦旋转变压器的空载运行

励磁绕组 D 上施加交流励磁电压 $\dot{U}_1$,正交绕组 Q 和两个输出绕组 A,B 均开路的状态称为空载运行。

空载运行时,绕组 D 中流过励磁电流 $\dot{I}_0$,产生励磁磁通势 F_0,是一个在空间按正弦分布的脉振磁通势,幅值在 d 轴方向,如图 8.32(b) 所示。磁通势 F_0 产生的励磁磁通 $\dot{\Phi}_0$ 之轴线也在 d 轴上。

转子上的输出绕组 A,B 均与励磁磁通 $\dot{\Phi}_0$ 相匝链,都要感应电动势,由于绕组 A 匝链的磁通为 $\Phi_{0A} = \Phi_0 \cos \alpha$,绕组 B 匝链的磁通为 $\Phi_{0B} = \Phi_0 \sin \alpha$,因此感应电动势的大小为

$$E_A = kU_1 \cos \alpha$$

$$E_B = kU_1 \sin \alpha$$

式中忽略了励磁电流 I_0 在励磁绕组漏阻抗上的压降,k 为转子与定子每相绕组的有效匝数比。

空载时,输出电压 $U_A = E_A$,$U_B = E_B$,故有

$$\left.\begin{array}{l} U_A = E_A = kU_1 \cos \alpha \\ U_B = E_B = kU_1 \sin \alpha \end{array}\right\} \tag{8.6}$$

可见,旋转变压器空载运行时,绕组 A,B 的输出电压和电动势与转子转角 α 有严格的余弦、正弦函数关系。

(2) 正余弦旋转变压器的负载运行

实际使用中,输出绕组 A 或 B 总要接上一定的负载,实践表明,接负载的输出绕组,其输出电压与转子转角 α 的函数关系将发生畸变,从而产生误差。为此应分析负载时发生畸变的原因,阐明消除畸变,减小误差的方法。

设输出绕组 A 接上负载 Z_A 后流过的电流为 $\dot{I}_A$,在绕组 A 的轴线方向产生空间正弦分布的脉振磁通势 F_A,如图 8.33(b) 所示。把磁通势 F_A 分解为直轴(d 轴)和交轴(q 轴)方向的两个

分量 $\boldsymbol{F}_{Ad}$ 和 $\boldsymbol{F}_{Aq}$，其大小为

$$F_{Ad} = F_A \cos \alpha$$

$$F_{Aq} = F_A \sin \alpha$$

直轴分量 $\boldsymbol{F}_{Ad}$，相当于变压器副绕组的磁通势，与原边励磁绕组的磁通势 $\boldsymbol{F}_D$ 在同一轴线上

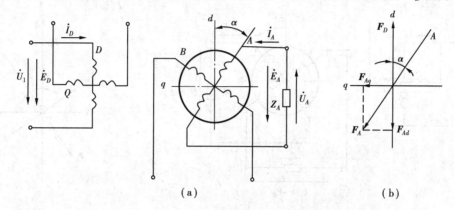

（a）   （b）

图 8.33 余弦旋转变压器的负载运行

并起去磁作用，但是只要励磁电压 U_1 不变，励磁绕组的电动势 E_D 和磁通 Φ_0 就近似不变，因而励磁绕组的电流由空载时的 I_0 上升为 I_D，以维持直轴方向总的磁通势不变，即

$$\boldsymbol{F}_D - \boldsymbol{F}_{Ad} = \boldsymbol{F}_0$$

$\boldsymbol{F}_0$ 不变，Φ_0 及其在输出绕组 A 中感应电动势 E_A 近似不变。

交轴分量 $\boldsymbol{F}_{Aq}$，产生 q 轴方向的磁通，与输出绕组 A 相匝链，在绕组 A 中感应电动势 E'_A，其大小

$$E'_A \propto F_{Aq} = F_A \sin \alpha$$

与负载电流 I_A 和转子转角 α 的数值密切有关。

这样，输出绕组 A 中的感应电动势为 $(\dot{E}_A + \dot{E}'_A)$，不再是与转子转角 α 成余弦关系了，出现了与 α 成正弦关系的分量，使电动势及电压与转角之间的余弦关系发生了畸变。畸变的程度与负载大小有关，负载阻抗 Z_A 越小，则负载电流 I_A 越大，畸变越严重。

如果绕组 B 带负载而绕组 A 空载，即作正弦旋转变压器使用时，同样的原因也会引起绕组 B 的输出电压发生畸变。

由以上分析可知，发生畸变的原因是负载电流磁通势交轴分量的影响，为此要消除输出电压畸变，需对磁通势的交轴分量进行补偿，具体的补偿方法分二次侧补偿和一次侧补偿。

1）二次侧补偿

二次侧补偿的方法是在另一输出绕组接上与负载阻抗相同的阻抗，例如作余弦旋转变压器使用时，绕组 A 接负载阻抗 Z_A，则绕组 B 接一阻抗 Z_B，并使 $Z_B = Z_A$，如图 8.34 所示。

前面已知，电压 U_1 恒定时，直轴方向磁通势 $\boldsymbol{F}_0$ 不变，绕组 A 和 B 各自在 A 轴和 B 轴上产生脉振磁通势 $\boldsymbol{F}_A$ 和 $\boldsymbol{F}_B$，随时间脉振的相位相同，幅值之比为

$$\frac{F_A}{F_B} = \frac{I_A}{I_B} = \frac{E_A}{E_B} = \frac{\cos \alpha}{\sin \alpha}$$

它们在交轴上的分量之比为

$$\frac{F_{Aq}}{F_{Bq}} = \frac{F_A \sin \alpha}{F_B \cos \alpha} = \frac{\cos \alpha \sin \alpha}{\sin \alpha \cos \alpha} = 1$$

由图 8.34 和上式可知，F_{Aq} 和 F_{Bq} 的大小相等，方向相反，互相抵消，或称互相补偿，从而消除了磁通势的交轴分量，也就消除了输出电压的畸变。

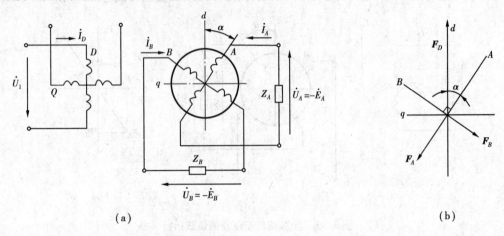

(a)   (b)

图 8.34 二次侧补偿的正余弦旋转变压器

2）一次侧补偿

一次侧补偿的方法是将正交绕组 Q 短接，负载运行时，输出绕组 A 或 B 流过负载电流，产生磁通势的交轴分量，其磁通与正交绕组 Q 相匝链，在绕组 Q 中感应产生电动势和电流，此电流建立的交轴方向的磁通势，根据楞次定律分析可知，会对绕组 A 或 B 产生的磁通势的交轴分量进行补偿，从而消除输出电压的畸变。

实际应用时，常采用一、二次侧同时补偿，接线如图 8.35 所示，$Z_A = Z_B$ 并尽可能大一些，这样补偿效果更好，精度更高。

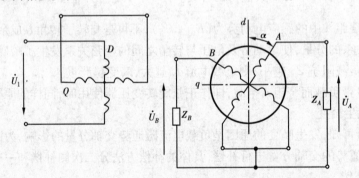

图 8.35 一、二次侧补偿的正余弦旋转变压器

小　　结

控制电机的功能是实现控制信号的转换与传输，在自动控制系统中作执行元件或信号元件。自控系统对控制电机的基本要求是精度高、响应快和性能稳定可靠。

伺服电动机的功能是将控制电压信号转换为转速,拖动负载旋转,在自动控制系统中作执行元件用,故又称执行电动机,分直流和交流两类。直流伺服电动机的结构和工作原理与小型他励直流电动机相同,一般保持励磁不变,采用电枢控制方法控制电动机的转速和转向。直流伺服电动机机械特性和调节特性的线性度好,转速控制范围和输出功率都较大,转子比较细长,以减小转动惯量,提高响应速度,缺点是有换向器和电刷,维护比较麻烦。交流(异步)伺服电动机相当于分相式单相异步电动机,励磁绕组和控制绕组相当于单相异步电动机的主绕组和辅助绕组。运行时控制信号加于控制绕组,控制方式有 3 种,即幅值控制、相位控制和幅值—相位控制,都是通过改变电机中旋转磁场的椭圆度和旋转方向,从而控制电动机的转速和转向。交流伺服电动机的转子电阻设计得较大,目的在于克服"自转"现象。交流伺服电动机采用空心杯形转子时,转动惯量小,响应快,运转平稳,维护简单,缺点是结构复杂,气隙较大,因而励磁电流较大,功率因数较低。交流伺服电动机特性的线性度较差,但无换向器和电刷,工作可靠性高,维护简便,所以一般交流伺服电动机应用较多。

测速发电机的功能是将转速信号转换为电压信号,输出电压与转速成正比关系,在自动控制系统中作检测元件,亦分直流和交流两类。直流测速发电机的结构和工作原理与小型他励直流发电机相同。理想的输出特性(输出电压与转速的关系曲线)应为过原点的直线,而且斜率较大,实际上由于温度变化和电枢电流引起的电枢反应等因素会影响输出特性的线性度,引起线性误差,为此,直流测速发电机在使用时,转速不能超过规定的最高转速,负载电阻不能小于规定值,以限制线性误差。交流(异步)测速发电机的结构与交流伺服电动机相同,转子通常采用杯形转子,定子两相绕组,一个作励磁绕组,另一个作为输出绕组。输出电压的有效值与转速成正比,频率则与励磁电源的频率相同,与转速无关。交流(异步)测速发电机使用时,除可能产生线性误差以外,还可能产生相位误差和剩余电压,共有 3 种误差,产生误差的原因有制造工艺问题、材料问题和负载阻抗的大小与性质等等,选用时应予以注意。直流测速发电机因有换向器和电刷,可靠性差,维护麻烦,但输出特性斜率较大,没有相位误差和剩余电压,选用直流测速发电机还是交流测速发电机,应视具体情况而定。

步进电动机是将电脉冲信号转换为角位移或转速的电动机,输入一个脉冲,电动机前进一步,带动负载转过一个步距角,在自动控制系统中作执行元件。反应式步进电动机结构简单,应用最广。步距角的大小决定于转子齿数和通电方式,双拍制通电方式时的步距角比单拍制时小一半。通电方式一定时,步距角一定,角位移与脉冲的数目成正比。步进电动机的转速与脉冲频率成正比。步进电动机的步距角和转速不受电压波动和负载变化的影响,也不受温度变化和振动等环境条件的影响,步距角的误差不会累计,且具有自锁能力,精度较高,最适用于数字控制的开环或闭环系统。步进电动机的运行状态分静态运行、步进运行和连续运行,静态运行时的矩角特性,步进运行时的动稳定区和连续运行时的矩频特性都是步进电动机的重要特性。

小功率同步电动机的功能也是把电信号转换为转速,带动负载旋转,与伺服电动机不同的是小功率同步电动机的转速始终保持同步转速 $\left(n_1 = \dfrac{60f_1}{p} \right)$,与频率成正比,与极对数成反比,不受外加电压和负载转矩的影响,定子上有三相、两相对称绕组或者罩极单相绕组,通电时产生旋转磁场。根据转子材料的不同,小功率同步电动机分永磁式、反应式和磁滞式 3 种,永磁式同步电动机转子由永久磁铁制成;反应式同步电动机转子用一般铁磁性材料制造,直轴和交轴的磁阻不等;磁滞式同步电动机的转子用硬磁性材料制成。由于电动机转子具有机械惯性,加上永磁式和反应式同步电动机在转速到达同步转速以前,产生的平均转矩为零,不能自行启动,为此,通常在转子上装有鼠笼绕组,采用异步启动方法启动。磁滞式同步电动机定子通电就能产生磁滞转矩,所以不需在转子上加装鼠笼绕组,就能自行启动,且启动性能较好,这是磁滞式同步电动机的主要特点。

自整角机的功能是进行角度的变换和传输,通常是两台组合使用,一台作为发送机,一台作为接收机,根据用途不同,自整角机分控制式和力矩式两类。它们的结构都相同,定子上有分布的三相绕组,称为整步绕组,转子上有集中或分布的单相绕组。控制式自整角机系统中,发送机的转子绕组接单相交流励磁电源,作为励磁绕组,发送机和接收机的整步绕组对应端相连,接收机转子绕组轴线与发送机励磁绕组轴线垂直的位置(q 轴) 定为协调位置,当以上两绕组轴线之间出现失调角 θ 时,接收机转子绕组(输出绕组) 就会输出与失调角成正弦函数关系的电压信号,经放大后送至交流伺服电动机的控制绕组,由伺服电动机带动负载和接收机旋转,使失调角减小,至失调角为零为止,从而使负载随发送机主令轴上的指令转动,由于控制式自整角机系统利用了放大环节,又便于实现闭环控制,因此适用于负载较大,精度要求又较高的随动系统。力矩式自整角机系统发送机和接收机的整步绕组也是对应端相连,两者的转子绕组接于同一单相交流励磁电源励磁,将接收机励磁绕组与发送机励磁绕组轴线(d 轴) 重合的位置定为协调位置,当发送机主令轴转动时,出现失调角 θ,接收机转子受到整步转矩的作用,与发送机朝同一方向转动,直至失调角为零为止,从而直接传输角度信号,由于系统中没有放大环节,转矩小,因此力矩式自整角机系统只适用于精度要求不高、负载很轻的角度指示系统。

旋转变压器的功能是把转角信号转换为与转角的正、余弦函数成正比关系或其他函数关系的电压信号,前者称为正余弦旋转变压器。旋转变压器在自动控制系统中用作角度测量或解算元件。旋转变压器负载时,出现的交轴磁通势分量会使输出电压与转角的函数关系发生畸变,为消除这种畸变,可采取一次侧补偿,二次侧补偿或一、二次侧同时补偿。

思 考 题

8.1　自动控制系统对控制电机有哪些基本要求?

8.2　直流伺服电动机一般采用什么控制方法?如何使其反转?

8.3　直流伺服电动机的励磁电压和电枢控制电压均维持不变,而负载增加时,电动机的转速、电枢电流和电磁转矩将如何变化?

8.4　直流伺服电动机的始动电压是指什么?直流伺服电动机电刷压力过大,轴承缺乏润滑油或转轴转动不灵活等因素是否会影响电动机启动转矩和始动电压的大小?

8.5　交流伺服电动机有哪几种控制方法?如何使其反转?

8.6　交流伺服电动机的自转现象指什么?如何消除自转现象?

8.7　直流测速发电机的输出特性是指什么?控制系统对输出特性的要求有哪些?

8.8　为什么直流测速发电机使用时,转速不能超过规定的最高转速,负载电阻不能小于给定值?

8.9　为什么交流测速发电机输出电压的大小与转速成正比,而频率却与转速无关?

8.10　什么叫线性误差、相位误差和剩余电压?

8.11　反应式步进电动机的步距角 θ_b 的大小与哪些因素有关?步进电动机技术数据中标的步距角有时为两个数,例如 1.5°/3°,是什么意思?

8.12　如何控制步进电动机输出的角位移和转速?怎样改变步进电动机的转向?

8.13　何谓步进电动机的静态运行、步进运行和连续运行?

8.14　步进电动机的矩频特性是指什么?矩频特性说明了什么?

8.15　为什么永磁式和反应式同步电动机转子上通常装有鼠笼绕组?

8.16　转子上有鼠笼绕组的永磁式同步电动机,转速不等于同步转速时,鼠笼绕组和永久磁铁是否都起作用?转速等于同步转速时,鼠笼绕组和永久磁铁是否都起作用?为什么?

8.17　磁滞式同步电动机与永磁式和反应式相比,最主要的优点是什么?

8.18　定子采用罩极结构的磁滞式同步电动机,其转向如何确定?能否改变?

8.19　力矩式自整角机运行时,如果接收机的励磁绕组不接电源,当失调角 $\theta \neq 0$ 时,能否产生整步转矩使失调角消失?为什么?

8.20　力矩式自整角发送机和接收机的三相整步绕组之间用三根导线将对应端连接,如果在接收机上将任意两根线的位置对调,将产生什么后果?如果三根连线中断了一根,还能否正常传输角度信号?

8.21　控制式自整角机和力矩式自整角机的功能和适用场合有什么不同?

8.22　正余弦旋转变压器负载时的输出电压为什么会发生畸变?如何消除?

第9章

电力拖动系统电动机的选择

电力拖动系统电动机选择的主要内容包括:电动机的种类、电动机的形式、额定电压、额定转速和额定功率等,其中以电动机额定功率的选择为最重要,也最复杂。下面先讨论前四项内容,再着重讨论电动机额定功率选择的原则和方法。

9.1 电动机的种类、形式、额定电压与额定转速的选择

9.1.1 电动机种类的选择

选择电动机种类的原则是电动机性能满足生产机械要求的前提下,优先选用结构简单、价格便宜、工作可靠、维护方便的电动机。在这方面交流电动机优于直流电动机,交流异步电动机优于交流同步电动机,鼠笼式异步电动机优于绕线式异步电动机。

负载平稳,对启、制动无特殊要求的连续运行的生产机械,宜优先采用普通的鼠笼式异步电动机,普通的鼠笼式异步电动机广泛用于机床、水泵、风机等。深槽式和双鼠笼式异步电动机用于大中功率,要求启动转矩较大的生产机械,如空压机、皮带运输机等。

启动、制动比较频繁,要求有较大的启动、制动转矩的生产机械,如桥式起重机、矿井提升机、空气压缩机、不可逆轧钢机等,应采用绕线式异步电动机。

无调速要求,需要转速恒定或要求改善功率因数的场合,应采用同步电动机,例如中、大容量的水泵、空气压缩机等。

只要求几种转速的小功率机械,可采用变极多速(双速、三速、四速)鼠笼式异步电动机,例如电梯、锅炉引风机和机床等。

调速范围要求在1:3以上,且需连续稳定平滑调速的生产机械,宜采用他励直流电动机或用变频调速的鼠笼式异步电动机,例如大型精密机床、龙门刨床、轧钢机、造纸机等。

要求启动转矩大,机械特性软的生产机械,使用串励或复励直流电动机,例如电车、电机车、重型起重机等。

9.1.2　电动机形式的选择

(1) 安装形式的选择

电动机安装形式按其安装位置的不同,可分为卧式与立式两种。一般选卧式;立式电动机的价格较贵,只有在为了简化传动装置,必须垂直运转时才采用。

(2) 防护形式的选择

为防止电动机受周围环境影响而不能正常运行,或因电机本身故障引起灾害,必须根据不同的环境选择不同的防护形式。电动机常见的防护形式有开启式、防护式、封闭式和防爆式 4 种。

开启式　这种电机价格便宜,散热条件较好,但容易进入水气、水滴、铁屑、灰尘、油垢等杂物,影响电机寿命及正常运行,故只能用于干燥清洁的环境之中。

防护式　这种电机一般能防止水滴、铁屑等杂物落入机内,但不能防止潮气及灰尘的侵入,故只用于干燥和灰尘不多又无腐蚀性和爆炸性气体的环境。

封闭式　这类电机又分为自冷式、强迫通风式和密闭式 3 种,前两种电机,潮气和灰尘不易进入机内,能防止任何方向飞溅的水滴和杂物侵入,适用于潮湿、多尘土、易受风雨侵袭,有腐蚀性蒸气或气体的各种场合。密闭式电机,一般使用于液体(水或油)中的生产机械,例如潜水电泵等。

防爆式　在密封结构的基础上制成隔爆型、增安型和正压型 3 类,都适用于有易燃易爆气体的危险环境,如油库、煤气站或矿井等场所。

对于湿热地带、高海拔地区及船用电机等,还得选用有特殊防护要求的电机。

9.1.3　额定电压的选择

电动机额定电压的选择,取决于电力系统对该企业的供电电压和电动机容量的大小。

交流电动机电压等级的选择主要依使用场所供电电网的电压等级而定。一般低压电网为 380 V,故额定电压为 380 V(Y 或 △ 接法)、220/380 V(△ /Y 接法),380/660 V(△/Y 接法) 三种;矿山及选煤厂或大型化工厂等联合企业,越来越要求使用 660 V(△ 接法) 或 660/1 140 V(△/Y 接法) 的电机。当电机功率较大,供电电压为 6 000 V 或 10 000 V 时,电动机的额定电压应选与之适应的高电压。

直流电动机的额定电压也要与电源电压相配合。一般为 110 V,220 V 和 440 V。其中 220 V 为常用电压等级,大功率电机可提高到 600 ~ 1 000。当交流电源为 380 V,用三相桥式可控硅整流电路供电时,其直流电动机的额定电压应选 440 V,当用三相半波可控硅整流电源供电时,直流电动机的额定电压应为 220 V,若用单相整流电源,其电动机的额定电压应为 160 V。

9.1.4　额定转速的选择

额定功率相同的电动机,其额定转速越高,则电动机的体积越小,重量越轻,造价越低,一般地说电动机的飞轮矩 GD^2 也越小。但生产机械的转速一定,电动机的额定转速越高,拖动系统传动机构的速比越大,传动机构越复杂。

电动机的 GD^2 和额定转速 n_N 影响到电动机过渡过程持续的时间和过渡过程中的能量损耗。电动机的 $GD^2 \cdot n_N$ 越小,过渡过程越快,能量损耗越小。

因此,电动机额定转速的选择,应根据生产机械的具体情况,综合考虑上面所述的各个因素来确定。

9.2　电机的发热、冷却与工作制的分类

9.2.1　电机的发热过程

电机运行时在电机内部产生的损耗均变成热能而使电机的温度升高。电机发热的情况较为复杂,为研究方便,假定电机为一均质等温固体,也就是假定电机是一个所有表面均匀散热,且内部没有温差的理想发热体。

设电机在恒定负载下长期连续工作,单位时间内由电机损耗所产生的热量为 Q,则在 dt 时间内产生的热量为 Qdt,其中一部分 Q_1 为电机所吸收(使电机温度升高);另一部分 Q_2 散发于周围介质中。为此可得

$$Qdt = Q_1 + Q_2 = Cd\tau + A\tau dt \tag{9.1}$$

式中　　C——电机的热容量,即电机温度每升高 1 ℃ 所需的热量,单位为 J/℃;

　　　　$d\tau$——电机在 dt 时间内温度(温升)的增量;

　　　　A——电机的散热系数,即电机与周围介质温度相差 1 ℃ 时,单位时间内电机向周围介质散发的热量,单位为 J/(℃·s);

　　　　τ——电机与周围介质的温差,也即温升,单位为 ℃。

由式(9.1)除以 Adt 整理可得微分方程

$$\tau + \frac{C}{A}\frac{d\tau}{dt} = \frac{Q}{A} \tag{9.2}$$

令 $\dfrac{C}{A} = T_\theta$,$\dfrac{Q}{A} = \tau_W$,则上式变为

$$\tau + T_\theta \frac{d\tau}{dt} = \tau_W \tag{9.3}$$

解此微分方程,得温升曲线方程式为

$$\tau = \tau_W(1 - e^{-\frac{t}{T_\theta}}) + \tau_0 e^{-\frac{t}{T_\theta}} \tag{9.4}$$

式中 τ_0 为发热过程温升的起始值,若起始时电机处于冷态(电机与周围介质的温度相等),则 $\tau_0 = 0$。当 $\tau_0 = 0$ 时,式(9.4)变为

$$\tau = \tau_W(1 - e^{-\frac{t}{T_\theta}}) \tag{9.5}$$

式(9.4)、(9.5)称为电机温升曲线方程式,由此可绘出图 9.1 中的两条电机发热时的温升曲线。

由以上两个方程式和相应的温升曲线,说明电机温升是按指数规律变化的,变化的快慢与 T_θ 有关,T_θ 称为发热时间常数,电机最终趋于稳定温升 τ_W。

由温升曲线还可看出,发热开始时,由于温升低,散发出去的热量较少,大部分热量被电机所吸收,故温升增长较快;过后由于温升的增高,使散发热量不断增长,由于电机的负载不变,产生的热量不变,因此电机吸收的热量不断减少,温升曲线趋于平缓。当发热量等于散热量时,

电机温升不再升高,温升达稳定值 τ_W,由式(9.2)、(9.5)可见,当 $t = \infty$ 时,$\tau = \tau_W = \dfrac{Q}{A}$。这说明负载一定,电机损耗所产生的热量也一定,则电机的稳定温升也一定,与起始温升无关。

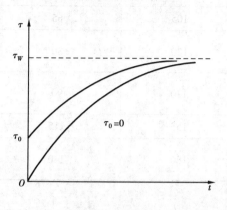

图 9.1　电机发热过程的温升曲线

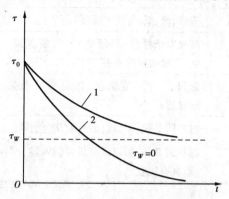

图 9.2　电机冷却过程的温升曲线

9.2.2　电机的冷却过程

电机的负载减小或停车时,电机的损耗和单位时间的发热量减少或降为零,温升下降,电机进入冷却过程。显然,冷却过程的微分方程式及温升曲线方程式仍为式(9.3)和(9.4)。只是这时的 τ_0 与 τ_W 和发热过程时不同,发热过程的 $\tau_W > \tau_0$,而冷却过程的 $\tau_0 > \tau_W$。由此可得负载减小时电机冷却过程的温升曲线如图9.2中的曲线1所示,时间常数与发热时相同。如果是停车,显然 $\tau_W = 0$,式(9.4)变为

$$\tau = \tau_0 e^{-\frac{t}{T_\theta'}} \tag{9.6}$$

式中　T_θ'——冷却过程的散热时间常数。

与式(9.6)相应的温升曲线如图9.2中的曲线2所示。如果电动机为外部风冷,则此曲线的时间常数 $T_\theta' = T_\theta$,如果是自扇冷式电机,由于停车后风扇停转,散热条件明显变差,因而散热时间常数 T_θ' 将增大为发热时间常数 T_θ 的2 ~ 3倍。

9.2.3　电机的绝缘等级

电机所能容许的最高温度,取决于电机所用绝缘材料的耐热程度,即绝缘材料的绝缘等级。绝缘材料不同其最高允许温度也不同。按国际电工协会规定,绝缘等级共分七个等级,常用的为五个等级,如表9.1所示。

绝缘材料允许温度和电机周围环境温度之差就是允许温升。一般来说,环境温度不同,允许温升也不同,由于我国幅员辽阔,又地处温带,环境温度差别很大,在设计电机时,又只能取一种温度作为标准。因此,国家标准规定40 ℃为标准环境温度,绝缘材料的允许温升就是从允许温度中减去40 ℃计算出来的。如果实际环境温度不同,允许温升也不同,电机的负载能力也不一样,详见9.3节。

表9.1　电机绝缘材料的等级和允许温度

等级	绝缘材料	允许最高温度/℃	环境温度为40℃时的最高温升/℃
A	棉纱、丝、纸、普通绝缘漆	105	65
E	高强度绝缘漆、环氧树脂、聚脂薄膜、青壳纸、三醋酸纤维薄膜	120	80
B	云母、石棉、玻璃丝（用有机胶做黏合剂或浸渍）	130	90
F	材料同B级，但以合成胶做黏合剂或浸渍	155	115
H	材料同B级，但以硅有机树脂做黏合剂或浸渍；硅有机胶	180	140

9.2.4　电动机工作制的分类

电动机运行时的发热情况不但决定于负载的大小，还和负载持续时间的长短密切有关。同一台电动机，工作时间的长短不同，能承担的功率大小也不同，选择电动机的额定功率时必须考虑这一点。为方便选用，按电动机工作和发热情况的不同，将电动机分为8种工作制，其中最主要的是3种，即连续工作制、短时工作制和断续周期工作制。制造厂设计生产不同工作制的电动机，供用户选择使用。

（1）连续工作制（S_1 工作制）

连续工作制又称长期工作制。特点是电动机连续工作时间 $t_g \geq (3 \sim 4)T_\theta$，温升可达稳定值 τ_W。风机、水泵、造纸机、大型机床的主轴电动机等属于这种工作制，其典型的负载功率和温升随时间变化的曲线如图9.3所示，其中负载功率变化曲线 $P = f(t)$ 称为功率负载图，温升随时间变化的曲线 $\tau = f(t)$ 称为温升曲线。

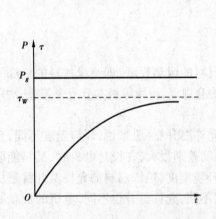

图9.3　连续工作制电动机的负载图和温升曲线

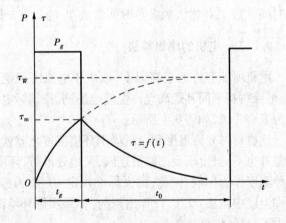

图9.4　短时工作制电动机的负载图和温升曲线

274

（2）短时工作制（S_2 工作制）

短时工作制的特点是工作时间较短，$t_g < (3 \sim 4)T_\theta$，温升达不到稳定值 τ_W，而停车时间则较长，停歇时间 $t_0 > (3 \sim 4)T'_\theta$，足以使电动机各部分完全冷却至环境温度。其功率负载图和温升曲线如图9.4所示。图中 P_g 为电动机工作时的负载功率，τ_W 为长期带负载 P_g 工作时的稳定温升，τ_m 为电动机实际达到的最高温升，显然，$\tau_m < \tau_W$。水闸闸门启闭机和机床辅助运动机械等的拖动电动机属于这种工作制。

同一台电动机，工作时间 t_g 不同，其额定输出功率也不同，所以短时工作制的电动机，其额定功率必须与电动机的工作时间同时给出。我国规定的短时工作的标准时间为 15 min，30 min，60 min 和 90 min 四种。

（3）断续周期性工作制（S_3 工作制）

断续周期工作制电动机的特点是工作时间和停歇时间都很短，且周期性交替进行。工作时间 $t_g < (3 \sim 4)T_\theta$，温升达不到稳定值，停歇时间 $t_0 < (3 \sim 4)T'_\theta$，温升也不会降到零。同时按照国家标准规定，断续周期性工作制的一个周期必须小于等于 10 min，即 $t_g + t_0 \leqslant 10$ min。

断续周期工作制的电动机启动后，温升 τ 按指数曲线上升，未达到稳定值时停车，τ 又按指数曲线下降，到停歇时间 t_0 结束时，τ 仍大于零，又开始第二个周期。这样每经过一个周期，温升 τ 便有所上升，经过若干个周期以后，电动机温升在一个周期内上升与下降的数值相等，温升在一稳定的小范围内上下波动，其最高温升为 τ_m。断续周期工作制电动机的负载图和温升曲线如图9.5所示。

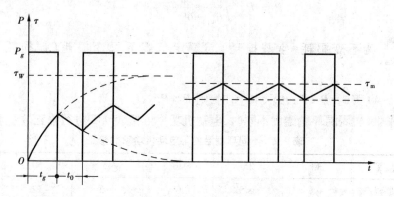

图9.5 断续周期工作制电动机的负载图和温升曲线

断续周期工作制下，负载工作时间与整个周期之比称为负载持续率 $FS\%$，即

$$FS\% = \frac{t_g}{t_g + t_0} \times 100\% \tag{9.7}$$

对于专门为断续周期工作制设计的电动机，是取在规定的负载持续率下，电动机负载运行达到的实际最高温升 τ_m 等于绝缘材料允许最高温升 τ_{max} 时的输出功率，作为电动机的额定功率。不难看出，同一台电动机，负载持续率 $FS\%$ 越大，则其额定功率越小，所以断续周期工作制电动机的额定功率必须和负载持续率的大小同时给出。国家标准规定这类电动机的负载持续率有 15%，25%，40% 和 60% 四种。

起重机、电梯、轧钢辅助机械，某些自动机床的工作机构的拖动电动机属于断续周期工作制，只不过有的周期性很严格（如自动机床），有的不严格（如起重机），周期性不严格时负载持续率只具统计性质。

9.3 连续工作制电动机额定功率的选择

连续工作制电动机的负载可以分为两类,即常值负载与周期性变化负载。负载不同,电动机额定功率的选择方法也不同。

9.3.1 常值负载下电动机额定功率的选择

常值负载下电动机额定功率的选择,只要求电动机额定功率等于或略大于生产机械所需的功率即可,不需进行发热校验。因为电动机是按常值负载连续工作设计的,电动机保证在额定功率下连续工作时温升不会超过允许值。虽然电动机启动电流较大,但启动时间很短,对电动机的发热影响不大。当然,对鼠笼式异步电动机还需进行启动能力的校验。

当环境温度与标准值 40 ℃ 相差较大时,额定功率应加以修正。

设电机在环境温度为 40 ℃,额定功率为 P_N 时的发热情况与实际环境温度为 θ_0、输出功率为 P 时相同,电机均能达到绝缘材料的最高允许温度 θ_m,根据这一原则,可以得到实际环境温度为 θ_0 时的允许输出功率 P 的计算公式:

$$P = P_N \sqrt{\frac{\theta_m - \theta_0}{\theta_m - 40}(k + 1) - k} \tag{9.8}$$

式中 $k = \frac{p_0}{p_{CuN}}$ 为不变损耗(空载损耗)与额定负载下可变损耗(铜损耗)之比,一般在 0.4 ~ 1.1。

显然,$\theta_0 > 40$ ℃时,$P < P_N$;$\theta_0 < 40$ ℃时,则 $P > P_N$。

实际工作中,当周围环境温度不同时,电动机功率可按表 9.2 进行修正。

表 9.2 不同环境温度下电动机功率的修正

环境温度/℃	30	35	40	45	50	55
电动机功率增减/%	+8	+5	0	-5	-12.5	-25

当环境温度低于 30 ℃时,仍按 +8% 修正。

电动机使用地点的海拔高度对温升和允许输出功率也有影响,因海拔越高,空气越稀薄,散热条件越差,使电动机的允许输出功率有所下降。按有关规定,海拔高度小于 1 000 m 时,可不予考虑,当海拔高度大于 1 000 m 时,以 1 000 m 为起点,每超过 100 m,允许输出功率约降低 0.5%。

例 9.1 一台与电动机直接连接的离心式水泵,流量为 90 m³/h,扬程 20 m,吸程高度 5 m,转速为 2 900 r/min,泵的效率 $\eta_B = 78\%$,试选三相鼠笼式异步电动机。

解 水泵作用在电动机轴上的负载功率为:

$$P_L = \frac{V\gamma H}{\eta_B \cdot \eta} \times 10^{-3} \quad kW \tag{9.9}$$

式中　　V——泵每秒排出的水量（m^3/s）；

　　　　γ——液体的比重（N/m^3），水的比重为 $\gamma = 9\ 810\ N/m^3$；

　　　　H——排水高度（m）；

　　　　η_B——泵的效率，活塞式为 $0.8 \sim 0.9$，高压离心泵为 $0.5 \sim 0.8$，低压离心泵为 $0.3 \sim 0.6$；

　　　　η——传动机构的效率，直接连接为 $95\% \sim 100\%$。

将以上数据代入式（9.9），取 $\eta = 0.95$ 得

$$P_L = \frac{V\gamma H}{\eta_B \eta} \times 10^{-3} = \frac{\dfrac{90}{3\ 600} \times 9\ 810(20+5)}{0.78 \times 0.95} \times 10^{-3} = 8.3\ \text{kW}$$

选 $P_N \geqslant P_L$，发热就没有问题。由于电动机是与水泵直接连接的，故电动机的额定转速 n_N 应为 $2\ 900\ r/min$ 左右。因此选择 $Y160M1\text{-}2$ 型三相异步电动机，其数据为：$P_N = 11\ kW$，$U_N = 380\ V$，$n_N = 2\ 930\ r/min$，$K_T = 2$。

常值负载下工作的电动机不必校验过载能力，一般选择鼠笼式异步电动机时，应校验其启动能力，确保启动转矩大于启动时轴上的负载转矩，由于水泵电动机启动时负载转矩不大，启动转矩为额定转矩的 2 倍（$K_T = 2$），启动能力不会有问题。

9.3.2　连续周期性变化负载下电动机额定功率的选择

连续工作制下的周期性变化负载，其负载功率的大小是变化的，如按其最小负载功率选择电动机的额定功率，会使电动机过热甚至烧坏；如按其最大负载功率来选，则会造成电动机容量的浪费。解决这一问题的方法是根据一个周期内各段时间实际的负载功率求取平均负载功率，然后根据平均负载功率预选电动机。

连续周期性变化负载的平均负载功率可按下式计算

$$P_{Lav} = \frac{P_{L1}t_1 + P_{L2}t_2 + \cdots}{t_1 + t_2 + \cdots} = \frac{\sum\limits_{i=1}^{n} P_{Li}t_i}{t_z} \tag{9.10}$$

式中　　$P_{Li} = P_{L1}, P_{L2}\cdots$——各段的负载功率；

　　　　$t_i = t_1, t_2\cdots$——各段的时间；

　　　　$t_z = t_1 + t_2 + \cdots$——变化周期。

由于电动机的可变损耗与电流的平方成正比，功率大电流大时，损耗大得更多，发热也更严重，只取平均功率并不能反映这一情况，因此，根据平均负载功率预选电动机的额定功率时应乘以 $1.1 \sim 1.6$ 的系数，即

$$P_N \approx (1.1 \sim 1.6)P_{Lav} \tag{9.11}$$

预选好电动机后先校核发热，再校核过载能力，必要时再校核启动能力。

校核发热的方法有平均损耗法和等效法，等效法中又包括等效电流法、等效转矩法和等效功率法。

（1）平均损耗法

根据国家标准规定，当变化周期 $t_z \leqslant 10\ min$ 时，周期性变化负载下电动机的稳定温升不会有大的波动，可以用平均温升代替最高温升，因而可以用平均损耗 ΔP_{av} 来校核发热。平均损

耗可按下式计算

$$\Delta P_{\text{av}} = \frac{\sum_{i=1}^{n} \Delta P_i t_i}{t_z} \quad\quad\quad (9.12)$$

式中　ΔP_i——t_i 段中电动机的损耗。

只要

$$\Delta P_{\text{av}} \leqslant \Delta P_N \quad\quad\quad (9.13)$$

发热校核通过。ΔP_N 为电动机额定运行时的损耗。

如果不满足式(9.13)的条件,则应重选额定功率大一级的电动机,重新校核发热直至通过。

平均损耗法适用于任何类型电动机,只要负载变化周期 $t_z \leqslant 10$ min。

(2)等效法

用平均损耗法校核电机发热,为计算平均损耗需要求出电动机运行时损耗的变化曲线 $\Delta P = f(t)$,这是比较麻烦的。为便于工程上的计算,特导出等效法。

等效法分为等效电流法、等效转矩法和等效功率法 3 种,其原理相同,但应用的条件不同。其中等效转矩法应用较为广泛。

1)等效电流法

电动机的损耗包含不变损耗和可变损耗两大类。

可变损耗就是铜耗,其大小与电流的平方成正比,即

$$\Delta P = p_0 + p_{\text{Cu}} = p_0 + CI^2$$

式中　C 为由绕组电阻和电路形式所决定的常数。将上式代入式(9.12)得

$$\Delta P = \frac{1}{t_z}\sum_{i=1}^{n}(p_0 + CI_i^2)t_i = p_0 + \frac{C}{t_z}\sum_{i=1}^{n}I_i^2 t_i$$

如保持平均损耗不变,则可用不变的等效电流 I_{dx} 来代替变化的电流 I_i,则

$$\Delta P = p_0 + CI_{\text{dx}}^2$$

以上两式相等,可得

$$I_{\text{dx}} = \sqrt{\frac{1}{t_z}\sum_{i=1}^{n}I_i^2 t_i} \quad\quad\quad (9.14)$$

在预选电机之后,根据生产机械的负载变化曲线和电机的工作情况,求出电动机电流的变化曲线 $I = f(t)$,便可按式(9.14)求出 I_{dx}。如果 $I_{\text{dx}} \leqslant I_N$,则发热校核通过,否则重选电机,再进行校核,直至通过为止。

上述等效电流法是从平均损耗法引伸出来的,在推导 I_{dx} 的过程中,曾认为空载损耗 p_0 和常数 C 都不变,因此等效电流法的应用条件有:

①$t_z \ll T_\theta$ 或 $t_z \leqslant 10$ min;

②空载损耗 p_0 不变;

③与绕组电阻有关的常数 C 不变。

对于深槽式和双鼠笼式异步电动机,在经常启、制动或反转时,电阻与损耗都在变,不能应用等效电流法,仍然只有采用平均损耗法来校验发热。

2)等效转矩法

如已知的不是电流负载图而是转矩负载图,又如果转矩与电流成正比(如直流机励磁不

变,异步机磁通 Φ 与 $\cos \varphi_2$ 不变时),可用等效转矩 T_{dx} 来代替等效电流 I_{dx},将式(9.14)写成转矩形式,即得等效转矩法。公式为

$$T_{dx} = \sqrt{\frac{1}{t_z} \sum_{i=1}^{n} T_i^2 t_i} \tag{9.15}$$

预选电动机后,在生产机械转矩负载图 $T_L = f(t)$ 上叠加上动态转矩 $\dfrac{GD^2}{375} \cdot \dfrac{\mathrm{d}n}{\mathrm{d}t}$,即得电动机的转矩负载图 $T = f(t)$,从而可按式(9.15)计算出等效转矩。当 $T_{dx} \le T_N$,发热校核通过。

T_N 可由预选电动机的 P_N 及 n_N 算出,即

$$T_N = 9\,550 \frac{P_N}{n_N}$$

由于 $T = f(t)$ 的计算比较方便,因此等效转矩法的应用最广。其适用条件为:

①,②,③与等效电流法的条件相同;

④转矩与电流成正比(即在直流电动机中磁通 Φ 不变,在异步电动机中 Φ_m,$\cos \varphi_2$ 不变)。而串励直流电动机、启制动频繁的鼠笼式异步电动机都不能采用等效转矩法。

他励直流电动机弱磁调速时,原则上只能用等效电流法。但有时在负载图中只有一段弱磁,其他阶段仍是额定磁通,此时可把等效转矩法略加修正,即在弱磁阶段把转矩 T 按与电流 I 成正比折算一下仍可应用等效转矩法。例如,在弱磁段 $T = T_i$,磁通由 Φ_N 变为 Φ,为了产生转矩 T_i,电枢电流应为额定磁通时的 Φ_N / Φ 倍,则转矩应按下式修正,其他各段转矩不变。

$$T_i' = T_i \frac{\Phi_N}{\Phi} \tag{9.16}$$

此时电枢电压保持不变,则磁通近似与转速成反比,T_i' 可按下式计算:

$$T_i' \approx T_i \frac{n}{n_N} \tag{9.17}$$

式中　n——弱磁时的转速。

3)等效功率法

若整个工作期间转速基本不变,输出功率近似与转矩成正比,则可用功率代替转矩,这叫等效功率法。

$$P_{dx} = \sqrt{\frac{1}{t_z} \sum_{i=1}^{n} P_i^2 t_i} \tag{9.18}$$

当 $P_{dx} \le P_N$ 时,发热校核通过。

由于等效功率法是在等效转矩法的基础上,加上转速基本不变的条件推导出来的,因此等效功率法的适用条件除等效转矩法的适用条件以外,还要加上一条转速基本不变。

如果在工作周期内,某一段的转速 $n < n_N$,例如他励直流电动机电枢回路串电阻调速或制动运行,三相绕线式异步电动机转子回路串电阻调速或制动运行时,必须将该功率向额定转速 n_N 进行折算,即将该段的功率 P_i 按下式折算为 P_i'

$$P_i' = P_i \frac{n_N}{n} \tag{9.19}$$

使用等效法校核发热时,还会遇到电动机的负载图中某段负载不为常值的情况,如图9.6所示的电流负载图 $I = f(t)$ 中,t_1 段和 t_3 段的电流不为常值,应先求这两段电流的等效值,再求

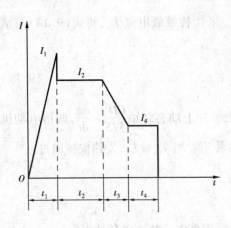

图 9.6 某段为变化负载的电流负载图

整个周期的等效电流。t_1 段电流的变化规律为

$$I = I_1 \frac{t}{t_1} \tag{9.20}$$

根据发热情况不变的原则求这段电流的等效值,应为

$$I_{dx1} = \sqrt{\frac{1}{t_1} \int_0^{t_1} I^2 dt} = \sqrt{\frac{1}{t_1} \int_0^{t_1} I_1^2 \frac{t^2}{t_1^2} dt} = \frac{I_1}{\sqrt{3}} \tag{9.21}$$

用同样的方法可以求出 t_3 段电流的等效值为

$$I_{dx3} = \sqrt{\frac{I_2^2 + I_2 I_4 + I_4^2}{3}} \tag{9.22}$$

此处以等效电流法为例导出的三角形及梯形变化负载电流等效值的求法,同样适用于等效转矩法和等效功率法。

当一个周期内包含启动、制动、停歇等过程时,如果电动机是自扇冷式的,由于这些时间段中散热条件变坏,实际温升会偏高。直接计算温升时,应取不同的发热时间常数。按平均损耗法或等效法计算时,把式(9.12)、(9.14)、(9.15)和(9.18)分母上的 t_z 适当减小,从而使 ΔP_{av},I_{dx},T_{dx},P_{dx} 的计算值变大一些,以此反映散热条件变坏的影响。为此,将 t_z 中对应的启动时间和制动时间乘以系数 α,对应的停歇时间乘以系数 β,α 与 β 均小于1。例如有一电动机的电流负载图,如图 9.7 所示,图中 t_1,t_2,t_3,t_0 分别为启动、稳定运转、制动、停歇时间;I_1,I_2,I_3 分别为启动、稳定运转、制动过程中的电流,修正以后的等效电流的公式为

$$I_{dx} = \sqrt{\frac{I_1^2 t_1 + I_2^2 t_2 + I_3^2 t_3}{\alpha t_1 + t_2 + \alpha t_3 + \beta t_0}} \tag{9.23}$$

对 ΔP_{av},T_{dx},P_{dx} 公式的修正与此相似。α,β 的取值因电动机而异,对于直流电动机,可取 $\alpha = 0.75$,$\beta = 0.5$;对于异步电动机,可取 $\alpha = 0.5$,$\beta = 0.25$。

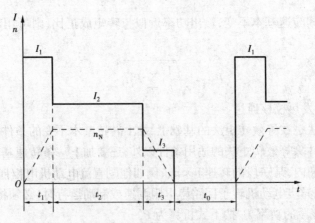

图 9.7 有启制动和停歇时间的变化负载的电流负载图

最后再将连续周期性变化负载下电动机额定功率选择的步骤归纳如下:

1)计算并绘制生产机械的负载图 $P_L = f(t)$ 或 $T_L = f(t)$。

2)求平均负载功率 P_{Lav} 或平均负载转矩 T_{Lav}。

3）按 $P_N \approx (1.1 \sim 1.6) P_{Lav}$

或
$$P_N \approx (1.1 \sim 1.6) \frac{T_{Lav} n_N}{9\,550}$$

预选电动机,由 $P_N, U_N, I_N, n_N, \eta_N$ 即可计算出 T_N 或 ΔP_N。

4）作电动机的负载图 $T = f(t)$,或 $I = f(t)$,或 $P = f(t)$,或者作出损耗曲线 $\Delta P = f(t)$。

5）选择一种合适方法校核发热。

6）校核过载能力,必要时校核启动能力。

7）如果校核通不过,必须重选电动机,再校核,直至通过为止。

例 9.2　某机械采用四极绕线式异步电动机拖动。已知其典型转矩曲线共分 4 段,各段的转矩分别为 200,120,100,−100 N·m,时间分别为 6,40,50,10 s,其中第一段是启动、第四段是制动,制动完毕停歇 20 s 再重复周期地工作。试选择合适的电动机。

解　对于绕线式异步电动机,采用电气启动和制动,可认为转矩始终近似与电流成正比,因此可以应用等效转矩法。

考虑到启动、制动和停歇时间散热条件恶化,参照式(9.23)计算等效转矩,并取 $\alpha = 0.5$,$\beta = 0.25$。

$$
\begin{aligned}
T_{dx} &= \sqrt{\frac{T_1^2 t_1 + T_2^2 t_2 + T_3^2 t_3 + T_4^2 t_4}{\alpha t_1 + t_2 + t_3 + \alpha t_4 + \beta t_0}} \\
&= \sqrt{\frac{200^2 \times 6 + 120^2 \times 40 + 100^2 \times 50 + (-100)^2 \times 10}{0.5 \times 6 + 40 + 50 + 0.5 \times 10 + 0.25 \times 20}} \\
&= \sqrt{\frac{1\,416\,000}{103}} = 117.25 \text{ N} \cdot \text{m}
\end{aligned}
$$

在 YR 系列小型四极绕线式异步电动机产品目录中给出了下列数据,并计算出额定转矩如表 9.3 所示。

表9.3　额定转矩

型　号	功率 P_N/kW	转速 $n_N/(\text{r} \cdot \text{min}^{-1})$	过载系数 λ_M	$T_N = \dfrac{9\,550 P_N}{n_N}/(\text{N} \cdot \text{m})$
YR180L-4	15.0	1 465	3.0	97.8
YR200L1-4	18.5	1 465	3.0	120.6
YR200L2-4	22.0	1 465	3.0	143.4

显然,应选择型号为 YR200L1-4 的绕线式异步电动机为宜。

校核电动机的过载能力时,应考虑电源电压可能出现的波动,一般按电压下降 10% 来计算最大转矩,故有

$$T_m = 0.9^2 \lambda_M T_N = 0.9^2 \times 3 \times 120.6 = 293 \text{ N} \cdot \text{m}$$

大于各段的转矩,过载能力校核通过。

9.4　短时工作制电动机额定功率的选择

短时工作制,可选用为连续工作制而设计的电动机,也可选用专为短时工作制而设计的电动机。

9.4.1　选连续工作制的电动机

设短时工作时功率为 P_g,时间为 t_g,如图9.4所示。选用连续工作制的电动机时,如果仍按 $P_N \geqslant P_g$ 选择电动机的额定功率,显然 $t = t_g$ 时电动机的温升 $\tau_m < \tau_W$,从发热观点考虑,电动机得不到充分利用。所以电动机的额定功率 P_N 应选得比 P_g 小,使电动机在短时工作时间 t_g 内达到的最高温升 τ_m 等于或接近于连续运行时的稳定温升 τ_W,亦即等于或接近于由绝缘材料决定的电动机的最高允许温升 τ_{max}。根据这一原则,可以导出下面的近似公式

$$\lambda_Q = \frac{P_g}{P_N} = \sqrt{\frac{1 + ke^{-t_g/T_\theta}}{1 - e^{-t_g/T_\theta}}} \tag{9.24}$$

式中　λ_Q——按发热观点得出的功率过载倍数。

根据 $k = p_0/p_{CuN}$,t_g 和 T_θ 按式(9.24)算出 λ_Q,再按下式选择连续工作制电动机的额定功率,电动机得到充分利用,发热又不会有问题。公式为

$$P_N \geqslant \frac{P_g}{\lambda_Q} \tag{9.25}$$

必须注意的是如果 t_g/T_θ 较小,λ_Q 较大,可能出现 $\lambda_Q > \lambda_M$,按式(9.25)选择的电动机的过载能力就可能通不过,此时应按下式选择连续工作制电动机的额定功率。

$$P_N \geqslant \frac{P_g}{\lambda_M} \tag{9.26}$$

因满足电动机过载能力时,一般发热肯定通过,而且还可能有裕度,因此不必再进行发热校核。如机床的横梁夹紧电动机或刀架移动电动机等,t_g 一般小于2 min,而 T_θ 一般大于15 min,$t_g/T_\theta \approx 0.1$,如果 $k = 1$ 则 λ_Q 将大于4,此时就应按式(9.26)选电动机的额定功率。

当短时工作期间负载功率变化时,如按发热观点选择电动机,应先求工作期间的等效功率,在式(9.25)中以等效功率代替式中的 P_g,此时还必须用最大的负载功率来校验电动机的过载能力。一台电动机的最大允许输出是定值,连续工作制运行时电动机输出功率小,允许过载倍数较大,同一台电动机短时工作制运行时输出功率增大,其允许过载倍数下降,如果电动机功率是按过载能力决定的,则在式(9.26)中的 P_g 即为最大负载功率(当负载功率变化时),因此不必进行过载能力的校核。某些电动机(如鼠笼式异步电动机)的启动转矩是一定的,无论是按发热还是过载能力决定电动机的额定功率,都必须校核启动能力。

例9.3　大型车床刀架快速移动机构,其拖动电机是短时工作制,刀架重5 300 N,移动速度为15 m/min,传动速比为100 r/m,动摩擦系数0.1,静摩擦系数0.2,传动效率为0.1,试选择电动机的额定功率。

解　刀架移动时,电动机的负载功率 P_L:

$$P_L = \frac{G\mu v}{60 \times 1\,000 \times \eta} \quad \text{kW} \tag{9.27}$$

式中　G——刀架重(N)；

μ——摩擦系数(启动时为 0.2，移动时为 0.1)；

v——移动速度，m/min；

η——传动效率。

将已知数据代入式(9.27)，得

$$P_L = \frac{5\,300 \times 0.1 \times 15}{60 \times 1\,000 \times 0.1} = 1.32 \text{ kW}$$

按允许过载能力选电动机，以 $P_L = P_g$ 代入式(9.26)，得

$$P_N \geqslant \frac{P_g}{\lambda_M} = \frac{1.32}{0.9^2 \times 2} = 0.81 \text{ kW}$$

式中　0.9——考虑交流电网电压波动 10%；

$\lambda_M = 2$——电动机的过载能力。

若初选型号为 Y90S-4 的鼠笼式异步电动机，其数据为：$P_N = 1.1$ kW，$U_N = 380$ V，$I_{1N} = 2.8$ A，$n_N = 1\,400$ r/min(由于已知速比为 100 r/m，则 $n_N \approx 100 \times 15 = 1\,500$ r/min)，启动转矩倍数为 $K_T = 2.2$，过载倍数 $\lambda_M = 2.2$。

必须校验启动能力：

由于静摩擦系数为动摩擦系数的两倍，故启动时负载功率为：

$$P_{Lst} = 2P_L = 2 \times 1.32 = 2.64 \text{ kW}$$

电动机能发出的启动功率为：

$$P_{st} = K_M P_N = 2.2 \times 1.1 = 2.42 \text{ kW}$$

由于 $P_{st} < P_{Lst}$，故启动能力校验通不过。

改选 Y90L-4 型，$P_N = 1.5$ kW，$n_N = 1\,400$ r/min，$\lambda_M = 2.2$，$K_T = 2.2$，则此时 P_{st} 为：

$$P_{st} = 2.2 \times 1.5 = 3.3 \text{ kW}$$

此时，$P_{st} \geqslant P_{Lst}$，启动能力校验可以通过。

9.4.2　选短时工作制电动机

我国专为短时工作制设计的电动机，其工作时间为 15,30,60,90 min 四种。对同一台电动机，对应不同的工作时间，其额定功率也不同，关系为 $P_{15} > P_{30} > P_{60} > P_{90}$，显然过载能力也不同，其关系为 $\lambda_{15} < \lambda_{30} < \lambda_{60} < \lambda_{90}$。一般在铭牌上标的是小时功率，即 P_{60}。选择这种电动机，当实际工作时间等于上述标准时间时很方便，直接选用即可。在变化负载下，可按算出的等效功率选择，同时还应进行过载能力与启动能力(对鼠笼式异步电动机)的校验。

当电动机实际工作时间 t_{gx} 与标准值 t_g 不同时，应把 t_{gx} 下的功率 P_x 换算到 t_g 下的功率 P_g，再按 P_g 来进行电动机功率的选择或发热校核，换算的依据是 t_{gx} 与 t_g 下的损耗相等。

由此可写出下式

$$\left[p_0 + p_{Cu}\left(\frac{P_x}{P_g}\right)^2 \right] t_{gx} = \left[p_0 + p_{Cu} \right] t_g$$

$$\left[k + \left(\frac{P_x}{P_g}\right)^2 \right] t_{gx} = (k+1) t_g$$

解得 P_g 与 P_x 的关系为

$$P_g = \frac{P_x}{\sqrt{\frac{t_g}{t_{gx}} + k\left(\frac{t_g}{t_{gx}} - 1\right)}}$$

(9.28)

当 $t_{gx} \approx t_g$ 时,上式可简化为

$$P_g \approx P_x \sqrt{\frac{t_{gx}}{t_g}}$$

(9.29)

换算时,应取与 t_{gx} 最接近的 t_g 代入上式。

如果没有合适的专为短时工作制设计的电动机,也可采用专为断续周期工作制设计的电动机,其对应关系可近似为:$t_g = 30$ min 相当于 $FS\% = 15\%$,$t_g = 60$ min 相当于 $FS\% = 25\%$,$t_g = 90$ min 相当于 $FS\% = 40\%$。

9.5 断续周期工作制电动机额定功率的选择

应大量生产机械的需要,有专为断续周期工作制而设计的电动机。此类电机的共同特点:启动能力强,过载能力大,惯性小、机械强度好,绝缘等级高,采用封闭式结构的较多,临界转差率 s_m(对鼠笼式电机)设计得较高。

对一台具体电机而言,不同负载持续率($FS\%$),所对应的额定输出功率不同,如表 9.4 所示。

表 9.4 断续周期工作制绕线式异步电动机的型号和数据

型 号	负载持续率/FS%	电机功率/kW	过载能力
YZR132M1-6	15	3.0	—
	25	2.5	—
	40	2.2	$\frac{T_m}{T_N(40\%)} = 2.9$
	60	1.8	
	100	1.5	

表 9.4 中在过载能力一项中,仅给出 $FS\% = 40\%$ 时最大转矩 T_m 与额定转矩 $T_N(40\%)$ 的比值,这是由于这台电动机的 T_m 为定值,而 T_N 随 $FS\%$ 的改变而改变,$FS\%$ 越小,P_N 与 T_N 越大,过载能力越低。

断续周期工作制电动机额定功率的选择步骤与连续工作制变化负载下额定功率的选择相似,在一般情况下,也要经过预选及校核等步骤。在计算负载功率后作出生产机械的负载图,初步确定负载持续率 $FS\%$。根据负载功率的平均值 P_{Lav}(不含停歇时间)及 $FS\%$,预选电动机,作出电动机的负载图,进行发热、过载能力及必要时的启动能力的校核。如工作时间内负载是变化的,可用等效法来校核发热,但公式中不应计入停歇时间 t_0,因它在 $FS\%$ 中已经考虑过了。此外,还得验算实际工作时的负载率与前面初步确定的是否相同。对自扇冷式电机,在启、制动时

散热条件变坏的影响,可在等效值计算公式中考虑,也可在 $FS\%$ 值计算时考虑,即

$$FS\% = \frac{t_1 + t_2 + t_3}{\alpha t_1 + t_2 + \alpha t_3 + t_0} \times 100\% \tag{9.30}$$

式中的 α 对直流电动机取 0.75,对异步机取 0.5。在等效值计算公式及式(9.30)的分母中,停歇时间 t_0 不再乘以散热恶化系数 β,因其影响在电机设计时已经考虑过了。

在电动机负载图中,如果不同工作循环的工作时间 t_g 与停歇时间为变数,则计算 $FS\%$ 时应取平均值,即

$$FS\% = \frac{\sum t_g}{\sum t_g + \sum t_0} \times 100\% \tag{9.31}$$

当电动机实际工作的负载持续率 $FS_x\%$ 与标准的 $FS\%$ 不同时,应把在 $FS_x\%$ 下的功率 P_x 换算成 $FS\%$ 下的功率 P,再选择电动机功率或校验发热。换算方法与短时工作制时相似,其依据也是实际工作 $FS_x\%$ 与标准值 $FS\%$ 下损耗相等,发热相同。这样,同样可以写出下式

$$\left[p_0 + p_{Cu} \left(\frac{P_x}{P} \right)^2 \right] FS_x\% = \left[p_0 + p_{Cu} \right] FS\% ,$$

$$\left[k + \left(\frac{P_x}{P} \right)^2 \right] FS_x\% = (k+1) FS\%$$

式中 $k = p_0 / p_{Cu}$。

由上式可解出 P 与 P_x 的关系为

$$P = \frac{P_x}{\sqrt{\frac{FS\%}{FS_x\%} + k \left(\frac{FS\%}{FS_x\%} - 1 \right)}} \tag{9.32}$$

当 $FS_x\%$ 与 $FS\%$ 相差不大时,可将上式中的 $k \left(\frac{FS\%}{FS_x\%} - 1 \right)$ 这项忽略,得简便的换算公式:

$$P \approx P_x \sqrt{\frac{FS_x\%}{FS\%}} \tag{9.33}$$

用上式时,应将 $FS_x\%$ 向最接近的 $FS\%$ 值进行换算。

如果 $FS_x\% < 10\%$,可按短时工作制选择电动机;如 $FS_x\% > 70\%$,可按连续工作制选择(即 $FS\% = 100\%$)电动机。

9.6 选择电动机额定功率的实用方法

如前所述,选择电动机的容量,首先应根据生产机械的运行特点和静负载功率的大小,初选电动机功率;再根据生产机械典型的工作过程作出电动机的负载图 $[I = f(t)$ 或 $T = f(t)$ 或 $P = f(t)]$;以此为根据去校验初选电动机的发热和过载能力。这种方法无疑是正确的,但对绝大多数生产机械而言,很难找出一个有代表性的典型负载图,就算有了负载图,计算起来不但工作量大而且准确度也差。为此,下面介绍两种简便而实用的方法。

9.6.1 统计分析法

将各国同类型先进生产机械所选用电动机的额定功率进行统计与分析,从中找出电动机的

额定功率和该类型机械主要参数的关系,再根据我国的国情得出相应的计算公式,这就叫统计分析法。

如机械制造业应用统计分析法得出表9.5所列几种机床功率的计算公式。

表9.5 几种机床的功率计算公式

机床名称	电动机所需功率的计算公式	符号说明
车床	$P = 36.5D^{1.54}$,kW	D——工件的最大直径,m
立式车床	$P = 20D^{0.86}$,kW	D——工件的最大直径,m
摇臂钻床	$P = (0.04 \sim 0.055)D^{1.18}$,kW	D——最大钻孔直径,mm;直径大者,系数取大值
外圆磨床	$P = 0.097k_{bc} \cdot b$,kW	b——砂轮宽度,mm k_{bc}——系数,滚动轴承时,$k_{bc} = 0.8 \sim 1.1$ 滑动轴承时,$k_{bc} = 1.0 \sim 1.3$
卧式镗床	$P = 0.004D^{1.6}$,kW	D——镗床主轴直径,mm
龙门铣床	$P = \dfrac{b^{1.1}}{166}$,kW	b——工作台宽度,mm

由于统计分析法是从同类型机械中得出的计算公式,因此不适用于不同类型机械电动机额定功率的计算,局限性很大。

9.6.2 类比法

类比法,就是在调查同类生产机械采用电动机功率的基础上,将新设计的生产机械从加工特点,静负载功率等方面和国内外同类生产机械相比较,根据工作条件最接近现有生产机械所用电动机大小来比照确定应选电动机的额定功率。

小　结

电动机的选择包括电流种类、结构形式、额定电压、额定转速和额定功率的选择等,其中以额定功率的选择为主要内容。

电动机负载运行时,全部损耗转换为热能,使电动机温度升高,随着电动机温度的升高,向周围介质散发的热量不断增加,当单位时间内由损耗转换的热量等于散发的热量时,电动机的温度达到稳定值。电动机的额定功率是指按规定的工作制运行、周围介质温度为标准值(40 ℃)时,电动机的稳定温度等于或接近但不超过绝缘材料所允许的最高温度时的输出功率,这时电动机得到充分利用而又不会过热。

根据电动机负载和发热情况的不同,电动机的工作制分为连续工作制、短时工作制和断续周期工作制3种。制造厂分别设计和制造不同工作制的电动机,一般情况下,电动机铭牌上标明的工作制应和电动机实际运行的工作制相一致,但有时也可以不一致,例如连续工作制的电动机也可用于短时工作制等,根据电机的不同工作制,按不同的变化负载的生产机械负载图,预选电机功率,在绘制电机负载图的基础上进行发热、过载能力及启动能力(鼠笼式异步电动机)的校验。

发热校验的方法有多种,但计算公式都是根据变化负载下电动机达到发热稳定循环时的平均温升等于或接近但小于绝缘材料所允许最高温升为条件推导出来的(设周围环境温度为标准值40 ℃)。

1)平均损耗法 应用范围最广,但计算损耗功率较为复杂;按 $\Delta P = f(t)$ 求出平均损耗功率 ΔP_{av},当 $\Delta P_{av} \leqslant \Delta P_N$ 时,则发热校验通过。

2)等效电流法 是按不变损耗及电动机电阻保持恒定的假定,由平均损耗法推导出来的。在 3 种等效法中应用范围最广,可按电流负载图 $I = f(t)$ 求出等效电流 I_{dx},当 $I_{dx} \leqslant I_N$ 时,则发热校验通过。等效电流法不能用于深槽式及双鼠笼式异步电动机,也不能用于经常启、制动及反转运行的鼠笼式异步电动机。对于这几种电机,应采用平均损耗法。

3)等效转矩法 是按转矩与电流成正比为假定,由等效电流法推导出来的。按转矩负载图 $T = f(t)$ 求出等效转矩 T_{dx},如 $T_{dx} \leqslant T_N$,发热校验通过。应用的局限性除与等效电流法相同外,在直流电机转矩负载图中 $\Phi < \Phi_N (n > n_N)$ 的时间段内,及异步电动机空载电流较大,其负载极小,接近空载时,必须对转矩值进行修正后才能用来求等效转矩。

4)等效功率法 是假定电机转速保持恒定,由等效转矩法推导出来的。按功率负载图 $P = f(t)$ 求出等效功率 P_{dx},如 $P_{dx} \leqslant P_N$,发热校验通过。在功率负载图中 $n < n_N$ 的时间段内,不能直接用功率值求等效功率,必须经修正后才能代入等效功率的公式。

思 考 题

9.1 电力拖动系统中电动机的选择主要包括哪些内容?

9.2 电机运行时为什么会有温升? 温升按什么规律变化? 稳定温升的大小决定于哪些因素?

9.3 电动机的输出功率、损耗、温升和温度之间有什么关系?

9.4 电动机运行时允许温升的高低取决于什么? 影响绝缘材料寿命的是温升还是温度?

9.5 电动机的 3 种工作制是如何划分的? 电动机实际运行的工作制和铭牌上标明的工作制可能有哪些区别?

9.6 选择电动机额定功率时,一般应校验哪 3 个方面?

9.7 电动机的额定功率是如何确定的? 环境温度长期偏离标准环境温度 40 ℃时,应如何修正?

9.8 为什么说平均损耗法和 3 种等效法只能用来进行发热校验而不能用来直接选择电动机的额定功率?

9.9 断续周期工作制的三相异步电动机,在不同的 $FS\%$ 下,实际过载倍数 λ_M 是否为常数? 为什么?

9.10 试比较 $FS\% = 25\%$,$P_N = 30$ kW 的电动机与 $FS\% = 40\%$,$P_N = 20$ kW 的电动机,哪一台的实际容量大?

习 题

9.1 一台离心式水泵,流量为 720 m³/h,排水高度 $H=21$ m,转速为 1 000 r/min,水泵效率 $\eta_B=0.78$,水的比重 $\gamma=9\,810$ N/m³,传动机构效率 $\eta=0.98$,电动机与水泵同轴连接。今有一电动机,其额定功率 $P_N=55$ kW,定子电压 $U_N=380$ V,额定转速 $n_N=980$ r/min,是否可以使用?

9.2 某台电动机的额定功率 $P_N=10$ kW,已知标准环境温度为 40 ℃,最高允许温升为 85 ℃,设可变损耗为全部损耗的 50%,求下列环境温度下电动机的允许输出功率应如何修正:

(1)环境温度 $\theta_0=50$ ℃;

(2)环境温度 $\theta_0=25$ ℃。

9.3 某生产机械需用一台三相异步电动机拖动,根据功率负载图可知:$t_1=20$ s,$P_{L1}=20$ kW,$t_2=40$ s,$P_{L2}=12$ kW,$t_3=40$ s,$P_{L3}=10$ kW。现拟选用的电动机的 $P_N=15$ kW,$\eta_N=89.5\%$。由该电动机的效率特性查得对应于各段的效率为 $\eta_1=85\%$,$\eta_2=90\%$,$\eta_3=92\%$。试用平均损耗法对该电机作发热校验。

9.4 一台他励直流电动机的数据为:$P_N=5.6$ kW,$U_N=220$ V,$I_N=31$ A,$n_N=1\,000$ r/min,它一个周期的负载图如图 9.8 所示,其中第一、四两段为启动,第三、六两段为制动,启制动各段及第二段的电动机磁通均为额定值 Φ_N,而第五段的电动机磁通则为额定值的 75%,该电机为自扇冷式。试用等效转矩法校验发热。

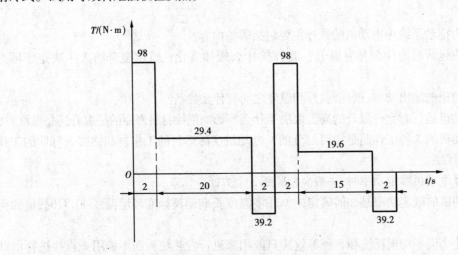

图 9.8 题 9.4 的负载图

9.5 有一台电动机拟用以拖动一短时工作制的负载,负载功率为 $P_g=18$ kW。现有下列两台电动机可供选用:

电动机 1:$P_N=10$ kW,$n_N=1\,460$ r/min,$\lambda_M=2.5$,启动转矩倍数 $K_T=2$;

电动机 2:$P_N=14$ kW,$n_N=1\,460$ r/min,$\lambda_M=2.8$,启动转矩倍数 $K_T=2$;

试校验过载能力及启动能力,以确定哪一台电动机适用(校验时应考虑电网电压可能降低 10%)。

9.6 一台 35 kW,30 min 的短时工作制电动机突然发生故障。现有一台 20 kW 连续工作制的电动机,其发热时间常数 $T_\theta = 90$ min,不变损耗与额定可变损耗之比 $k = 0.7$,过载能力 $\lambda_M = 2.2$。这台电动机能否临时代用?

9.7　某生产机械由一台三相异步电动机拖动,根据电流负载图可知:$I_{L1} = 50$ A,$t_1 = 10$ s,$I_{l2} = 80$ A,$t_2 = 20$ s,$I_{l3} = 40$ A,$t_3 = 30$ s。所选电动机的 $I_N = 59.5$ A。试对该电机进行发热校验。

9.8　一台断续周期性工作制的他励直流电动机,$FS\% = 60\%$ 时,$T_N = 45$ N·m,$k = 1$。当拖动某生产机械运行时,转矩负载图 $T = f(t)$ 和转速曲线 $n = f(t)$ 如图 9.9 所示,其中 $t_1 = 4$ s 为启动段,$t_2 = 21$ s 段为额定转速运行,$t_3 = 8$ s 段为弱磁升速运行,转速为 $1.2n_N$,$t_4 = 4$ s 段为额定转速运行,$t_5 = 2$ s 段为制动停车过程,$t_6 = 32$ s 为停歇时间。试校核该电动机采用他扇冷式时发热能否通过。

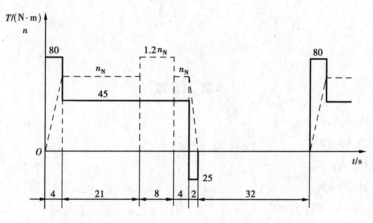

图 9.9　题 9.8 电动机的 $T = f(t)$ 和 $n = f(t)$

习题答案

第 1 章

1.1 (1) $I_N = 116.3$ A；

(2) $P_{1N} = 25.58$ kW。

1.2 (1) $I_N = 43.5$ A；

(2) $P_{1N} = 11.76$ kW。

1.3 (1) $y_1 = 5$，$y = y_k = 1$，$y_2 = 4$；

(2) 略；

(3) $2a = 4$。

1.4 单叠 $E_a = 300$ V，$R_a = 1.5$ Ω；

单波 $E_a = 600$ V，$R_a = 6$ Ω。

1.5 $E_a = 198.8$ V。

1.6 $T = 13.37$ N·m，不变。

1.7 (1) $E_a = 204.6$ V $< U$，电动机状态；

(2) $T = 96.39$ N·m；

(3) $P_1 = 16.28$ kW，$P_2 = 14.57$ kW，$\eta = 89.5\%$。

1.8 (1) $P_1 = 20.24$ kW；

(2) $P_2 = 17.4$ kW；

(3) $\sum p = 2.84$ kW；

(4) $p_{Cua} = 641$ W；

(5) $p_{Cuf} = 546$ W；

(6) $p_{mec} + p_{Fe} = 1.65$ kW。

1.9 (1) $\eta_N = 84\%$；

(2) $E_a = 211$ V；

(3) $T = 120.9$ N·m。

1.10 (1) $E_0 = 234.7$ V；

(2) $\Delta U = 6.68\%$ 。

第 2 章

2.1 (1) $n = 1\,613 - 1.61T$; $(0,1\,613)(70.08,1\,500)$;
　　(2) $n = 1\,613 - 7.24T$; $(0,1\,613)(70.08,1\,106)$;
　　(3) $n = 880 - 1.61T$; $(0.880)(70.08,767)$;
　　(4) $n = 2\,016 - 2.52T$ 。$(0.210\,6)(70.08,1\,839)$ 。

2.2 (1) $I_{st}^* = 10.59$;
　　(2) $R_{sa} = 0.582\ \Omega$, $U = 15.58$ V 。

2.3 (1) $R_{sa} = 0.437\ \Omega$;
　　(2) $U = 178.8$ V ;
　　(3) $\Phi/\Phi_N = 0.902$ 。

2.4 (1) $n = 1\,016$ r/min ;
　　(2) $n = 829$ r/min ;
　　(3) $n = 820$ r/min ;
　　(4) $n = 1\,250$ r/min 。

2.5 $n_{max} = 1\,402$ r/min , $n_{min} = 180$ r/min , $\delta_{max} = 28\%$, $\delta_{min} = 6.53\%$ 。

2.6 (1) $n_{min} = 1\,129$ r/min ;
　　(2) $D = 1.329$;
　　(3) $R_{sa} = 0.737\ \Omega$;
　　(4) $P_1 = 15.11$ kW , $P_2 = 9.78$ kW , $P_R = 3.48$ kW 。

2.7 (1) $R_{sa} = 0.278\ \Omega$;
　　(2) $R_{sa} = 0.609\ \Omega$;
　　(3) $T = -328.5$ N·m ;
　　(4) 能耗制动 , $n = 0$ 时 $T = 0$;
　　　　反接制动 , $n = 0$ 时 $T = -168.3$ N·m 。

2.8 (1) $R_{sa} = 0.68\ \Omega$;
　　(2) 反接制动 , $R_{sa} = 2.66\ \Omega$;
　　　　能耗制动 , $R_{sa} = 0.923\ \Omega$;
　　(3) $R_{sa} = 0.125\ \Omega$ 。

2.9 (1) $n_{min} = 44$ r/min ;
　　(2) $R_{sa} = 29.32\ \Omega$;
　　(3) $n_{min} = 829$ r/min 。

第 3 章

3.1 $I_{1N} = 288.7$ A , $I_{2N} = 458.2$ A 。

3.2 串/串: $k = 10$, $I_{1N}/I_{2N} = 2.27/22.7$ A ;
　　串/并: $k = 20$, $I_{1N}/I_{2N} = 2.27/45.4$ A ;
　　并/并: $k = 10$, $I_{1N}/I_{2N} = 4.54/45.4$ A ;

并/串: $k = 5$, $I_{1N}/I_{2N} = 4.54/22.7$ A。

3.3　$U_{0I} < U_{0II}$

3.4　(1)Φ_0 不变, $I_0' = \dfrac{2}{3}I_0$;

　　　(2)Φ_0 不变, $I_0' = 2I_0$。

3.5　(1)$I_1 = 0.966$ A, $I_2 = 9.66$ A, $U_2 = 108$ V;

　　　(2)$P_1 = 0.941$ kW;

　　　(3)$\Delta U = 2$ V;

　　　(4)$\eta = 99.15\%$。

3.6　(1)$R_m = 219.9$ Ω, $X_m = 2\,396$ Ω, $R_1 = R_2' = 1.18$ Ω, $X_1 = X_2' = 2.77$ Ω;

　　　(2)$\Delta U = 3.91\%$, $U_2 = 384.4$ V, $\eta = 97.24\%$;

　　　　　$\Delta U = -1.08\%$, $U_2 = 404.3$ V, $\eta = 97.24\%$。

3.7　(1)$\eta = 98.38\%$;

　　　(2)$\beta_m = 0.567$, $\eta_{max} = 98.6\%$。

3.8　a)Y, d9;　　b)Y, y8;　　c)D, y9。

3.9　略。

3.10　(1)$S_\alpha = 1\,190$ kVA, $S_\beta = 2\,060$ kVA;

　　　(2)$S = 3\,154$ kVA,　97.04%。

3.11　(1)$I_1 = 327.3$ A, $I_{12} = 72.7$ A;

　　　(2)$S_1 = S_2 = 72$ kVA, $S_{绕组} = 13.1$ kVA, $S_{传导} = 58.9$ kVA。

第 4 章

4.1　同心式, 略。

4.2　交叉式, 略。

4.3　$q = 3$, $\tau = 9$, $y_1 = 8$, $\alpha = 20°$, 略。

4.4　$f_1 = 0$

4.5　(1)$F_1 = 605$ A, $n_1 = 1\,000$ r/min;

　　　(2)$F_3 = 0$;

　　　(3)$F_5 = 8.68$ A, $n_5 = -200$ r/min;

　　　(4)$F_7 = 6.2$ A, $n_7 = 143$ r/min。

4.6　$\Phi_1 = 0.003\,62$ Wb。

4.7　(1)$E_{c1} = 0.526$ V

　　　(2)$E_{y1} = 18.3$ V

　　　(3)$E_{q1} = 35.36$ V

　　　(4)$E_1 = 212.1$ V

第 5 章

5.1　$I_N = 15.4$ A, $p = 2$, $s_N = 0.04$。

5.2　(1)$E_{2s} = 2.31$ V, $I_{2s} = 46.05$ A;

$(2)I_2 = 360.7$ A。

5.3 $(1)2p = 4$, $n_1 = 1\ 500$ r/min;

$(2)s_N = 0.04$;

$(3)I_1 = 17.2$ A, $I_2' = 16.4$ A, $I_m = 4.11$ A;

$(4)f_2 = 2$ Hz。

5.4 $I_{1N} = 20.2$ A, $\cos\varphi_N = 0.864$, $\eta_N = 87.03\%$。

5.5 $P_{em} = 59$ kW, $P_{mec} = 57.23$ kW, $p_{Cu2} = 1.77$ kW。

5.6 $s_N = 0.05$, $p_{Cu2} = 0.958$ kW, $\eta_N = 85.95\%$, $I_1 = 35.15$ A。

5.7 $(1)n_N = 1\ 456$ r/min;

$(2)T_0 = 1.77$ N·m;

$(3)T_2 = 65.6$ N·m;

$(4)T = 67.4$ N·m。

5.8 $R_2' = 0.436$ Ω, $X_1 = X_2' = 1.86$ Ω, $R_m = 3.44$ Ω, $X_m = 38.58$ Ω。

第 6 章

6.1 $(1)s_m = 0.123$;

$(2)T = 2\ 304.8$ N·m。

6.2 $T = \dfrac{4\ 775}{\dfrac{s}{0.183} + \dfrac{0.183}{s}}$, $T = \dfrac{4\ 775}{\dfrac{s}{0.51} + \dfrac{0.51}{s}}$

6.3 $(1)T_N = 65.9$ N·m;

$(2)U = 337$ V;

$(3)T_{st} = 30.8$ N·m $< \dfrac{1}{2}T_N$, 不能半载启动。

6.4 应选自耦变压器降压启动(64%)。

6.5 $R_1 = 0.212\ 5$ Ω, $R_2 = 0.485$ Ω, $R_3 = 1.107$ Ω, $R_{\Omega 1} = 0.119\ 4$ Ω, $R_{\Omega 2} = 0.272\ 6$ Ω, $R_{\Omega 3} = 0.622\ 3$ Ω。

6.6 $m = 4$, $R_{\Omega 1} = 0.048\ 3$ Ω, $R_{\Omega 2} = 0.090\ 6$ Ω, $R_{\Omega 3} = 0.17$ Ω, $R_{\Omega 4} = 0.318$ Ω。

6.7 $R_1 = 0.134\ 3$ Ω, $R_2 = 0.271$ Ω, $R_3 = 0.547$ Ω, $R_4 = 1.105$ Ω。

6.8 $(1)R_{sa} = 0.762$ Ω;

$(2)R_{sa} = 0.424$ Ω。

第 7 章

7.1 $(1)\delta = 31.92°$;

$(2)P_{max} = 28.37$ kW;

$(3)\delta' = 25.02°$。

7.2 $P_{em} = 22.52$ kW, $T = 143.4$ N·m。

7.3 $(1)P = 2\ 718$ kW; $(2)Q = 1\ 176$ kvar; $(3)\cos\varphi = 0.918$。

第 9 章

9.1 $P_L = 53.9$ kW, 可用。

9.2 $P_{50\ ℃}=0.874P_N$，$P_{25\ ℃}=1.163P_N$。

9.3 $\Delta P_d=1.59\ \text{kW}$，$\Delta P_N=1.76\ \text{kW}$，发热通过。

9.4 $T_{dx}=42.72\ \text{N·m}<T_N$，发热通过。

9.5   第二台可用。

9.6   发热、过载均能通过，可以临时代用。

9.7 $I_{dx}=57.88\ \text{A}<I_N$，发热通过。

9.8 $T_{dx}=48.65\ \text{N·m}>T_N$，发热通不过。

参考文献

［1］顾绳谷．电机及拖动基础(第 2 版)(上、下册)［M］．北京:机械工业出版社,2000.

［2］李发海,王岩．电机与拖动基础(第 3 版)［M］．北京:清华大学出版社,2005.

［3］应崇实．电机及拖动基础［M］．北京:机械工业出版社,1987.

［4］侯恩奎．电机与拖动［M］．北京:机械工业出版社,1991.

［5］郑朝科,唐顺华．电机学［M］．上海:同济大学出版社,1988.

［6］陈隆昌,陈筱艳．控制电机(第二版)［M］．西安:西安电子科技大学出版社,1994.

［7］许实章．电机学(修订本)［M］．北京:机械工业出版社,1990.

［8］刘宗富．电机学［M］．北京:冶金工业出版社,1986.

［9］任兴权．电力拖动基础［M］．北京:冶金工业出版社,1989.

［10］邱阿瑞.电机与电力拖动［M］.北京:电子工业出版社,2002.

［11］唐介.电机与拖动［M］.北京:高等教育出版社,2003.

［12］杨天明,陈杰.电机及拖动［M］.北京:中国林业出版社,2006.

［13］孟宪芳.电机及拖动基础［M］.西安:西安电子科技大学出版社,2006.

［14］王艳秋.电机及电力拖动［M］.北京:化学工业出版社,2005.

［15］诸葛致.电机及拖动基础［M］.重庆:重庆大学出版社,2004.